普通高等教育"十四五"规划新形态教材
第四届中国大学出版社优秀教材二等奖

U0668942

机械设计基础 机械设计 课程设计指导书

JIXIE SHEJI KECHENG SHEJI ZHIDAO SHU

◎ 主　编：赵又红　李佳豪

◎ 副主编：何丽红　牛秋林　周炬　郭文敏　伍丽群　张伟　杜青林　向锋　吴茵　秦长江

◎ 主　审：杨文敏　林国湘

第五版

"互联网+"教材特点

扫描书中二维码,阅读丰富的

- 演示动画　操作视频
- 工程图片　三维模型
- 微课视频　工程案例

Mechanical

中南大学出版社
www.csupress.com.cn

·长沙·

内容简介

本书是根据教育部高等学校机械基础课程教学指导分委员会最新制定的"高等学校机械设计及机械设计基础课程教学基本要求"中对课程设计的基本要求，并结合各工科院校在机械设计及机械设计基础课程设计教学方面的经验编写而成的。

全书共分2个部分。第1部分为机械设计（基础）课程设计指导，共9章，以常见的减速器为例，系统地介绍了机械传动装置的设计内容、步骤和方法。由于计算机辅助设计在本课程中的广泛应用，第8章介绍了相关知识。第2部分为附录，共9个附录，其中附录Ⅰ给出了机械设计及机械设计基础课程设计题目，供参考；附录Ⅱ～附录Ⅷ给出了课程设计常用资料、常用标准、规范及设计数据。附录Ⅸ给出了减速器装配图、零件图的参考图例。

本书可作为高等院校机械类、近机械类和非机械类各专业机械设计及机械设计基础课程设计的教材，也可供有关工程技术人员参考。

总序 F⊙REWORD

　　机械工程学科作为联结自然科学与工程行为的桥梁，它是支撑物质社会的重要基础，在国家经济发展与科学技术发展布局中占有重要的地位。21 世纪的机械工程学科面临诸多重大挑战，其突破将催生社会重大经济变革。当前机械工程学科进入了一个全新的发展阶段，总的发展趋势是：以提升人类生活品质为目标，发展新概念产品、高效高功能制造技术、功能极端化装备设计制造理论与技术、制造过程智能化和精准化理论与技术、人造系统与自然世界和谐发展的可持续制造技术等。这对担负机械工程人才培养任务的高等学校提出了新挑战：高校必须突破传统思维束缚，培养能满足国家高速发展需求的具有机械学科新知识结构和创新能力的高素质人才。

　　为了顺应机械工程学科高等教育发展的新形势，湖南省机械工程学会、湖南省机械原理教学研究会、湖南省机械设计教学研究会、湖南省工程图学教学研究会、湖南省金工教学研究会与中南大学出版社一起积极组织了高等学校机械类专业系列教材的建设规划工作，成立了规划教材编委会。编委会由各高等学校机电学院院长及具有较高理论水平和丰富教学经验的教授、学者和专家组成。编委会组织国内近 20 所高等学校长期在教学、教改第一线工作的骨干教师召开了多次教材建设研讨会和提纲讨论会，充分交流教学成果、教改经验、教材建设经验，把教学研究成果与教材建设结合起来，并对教材编写的指导思想、特色、内容等进行了充分的论证，统一认识，明确思路。在此基础上，经编委会推荐和遴选，近百名具有丰富教学实践经验的教师参加了这套教材的编写工作。历经两年多的努力，这套教材终于与读者见面了，它凝结了全体编写者与组织者的心血，是他们集体智慧的结晶，也是他们教学教改成果的总结，体现了编写者对教育部"质量工程"精神的深刻领悟和对本学科教育规律的熟练把握。

　　这套教材包括了高等学校机械类专业的基础课和部分专业基础课教材。整体看来，这套教材具有以下特色：

(1)根据教育部高等学校教学指导委员会相关课程的教学基本要求编写。遵循"重基础、宽口径、强能力、强应用"的原则，注重科学性、系统性、实践性。

(2)注重创新。这套教材不但反映了机械学科新知识、新技术、新方法的发展趋势和研究成果，还反映了其他相关学科在与机械学科的融合与渗透中产生的新前沿，体现了学科交叉对本学科的促进；教材与工程实践联系密切，应用实例丰富，体现了机械学科应用领域的不断扩大。

(3)注重质量。这套教材的编委会对教材内容进行了严格的审定与把关，力求概念准确、叙述精练、案例典型、深入浅出、用词规范，采用最新国家标准及技术规范，确保了教材的高质量与权威性。

(4)教材体系立体化。为了方便教师教学与学生学习，这套教材还提供了电子课件、教学指导、教学大纲、考试大纲、题库、案例素材等教学资源支持服务平台。

教材要出精品，而精品不是一蹴而就的，我将这套教材推荐给大家，请广大读者对它提出意见与建议，以利进一步提高。也希望这套教材的编委会及出版社能做到与时俱进，根据高等教育改革发展形势、机械工程学科发展趋势和使用中的新体验，不断对教材进行修改、创新、完善，精益求精，使之更好地适应高等教育人才培养的需要。

衷心祝愿这套教材能在我国机械工程学科高等教育中充分发挥它的作用，也期待着这套教材能哺育新一代学子茁壮成长。

中国工程院院士　钟　掘

第五版前言 PREFACE.

本书是普通高等教育"十四五"规划新形态教材。本书的第一版、第二版、第三版和第四版分别于2012年、2014年、2017年和2020年出版发行，经过20多所高等院校多年来的使用，普遍反映特色明显、效果良好，深受广大读者欢迎。为了使本书的质量更加完善，更好地满足读者的要求，出版社再次组织使用该教材学校的相关老师及编写组成员召开修订工作会议，在充分听取了广大用户的反馈建议和对教材提出的新要求的基础上，统一了修订意见。另外，当今我国高等工程教育改革发展已经站在新的历史起点，随着大数据、互联网+、人工智能与虚拟现实/增强现实对大学课程的影响，传统学习模式将被打破；而智能型学习时代的来临，使得"互联网+教学"的教学改革已经成为新时代发展的必然趋势。本书结合"新工科"建设的新理念，为方便读者学习，将信息技术融入教材。

本次修订具体做了如下工作：

(1)在新版教材中更新二维码内容，读者可以用智能手机扫描二维码阅读更新的动画、视频及拓展知识。

(2)更新书中过时的国家标准和技术规范，全书采用最新的国家标准及规范。

(3)新增了综合案例、标准数据及参考图例，内容更加实用。

(4)更正了第四版中文字、插图、表格、符号中的错误、疏漏及不规范之处。

参加本次修订工作的有：湘潭大学赵又红(第1章、第2章、附录Ⅴ)，湘潭大学张伟(第4章、附录Ⅷ、附录Ⅸ)、湘潭大学秦长江(第8章、附录Ⅰ)、湘潭大学卢安舸(第9章)、长沙理工大学李佳豪(第3章、第7章、附录Ⅲ、附录Ⅷ)，邵阳学院郭文敏(第5章、附录Ⅱ、附录Ⅳ)、湖南工程学院向锋(第6章、附录Ⅶ)。

由于编者水平和能力有限，书中不当和漏误之处在所难免，敬请各位教师和广大读者批评指正，编者不胜感激。

编者

2025年7月

第四版前言 PREFACE.

本书是普通高等教育"十四五"规划教材。本书的第一版、第二版和第三版分别于2012年、2014年和2017年出版发行，经过10多所高等院校多年来的使用，反响良好，深受广大读者欢迎。为了使本书的质量更加完善，更好地满足读者的需求，出版社再次组织使用该教材学校的相关老师及编写组成员召开了修订工作会议，在充分听取广大用户的反馈意见和对教材提出的新要求的基础上，统一了修订意见。另外，当今我国高等工程教育改革发展已经站在新的历史起点，随着大数据、互联网+、人工智能与虚拟现实/增强现实对大学课程的影响，传统学习模式将被打破；而智能型学习时代的来临，使得"互联网+教学"的教学改革已经成为新时代发展的必然趋势。本书结合"新工科"建设的新理念，为方便读者学习，将信息技术融入教材，采用了"互联网+"形式出版。

本次修订具体做了以下工作：

(1) 在新版教材中增加了二维码扫描，读者可以用智能手机或智能平板电脑浏览相关资源。

(2) 采用了最新的国家标准和技术规范。

(3) 增加了课程设计题目、标准数据及参考图例。

(4) 更正了第三版中文字、插图、表格、符号中的错误、疏漏及不规范之处。

参加本次修订工作的有：湘潭大学赵又红，湘潭大学刘金刚，湖南工程学院何丽红，湘潭大学姜胜强，邵阳学院丁志兵，湖南科技大学张华，湘潭大学傅兵。

在编写过程中，编者参考和引用了网络或其他公开资料中部分数据、图表或其他内容，版权归属原作者。若涉及版权或者其他问题，请联系出版社及时处理。在此对这些资料的编者表示衷心的感谢。

由于编者水平和能力有限，书中不当和漏误之处在所难免，敬请各位教师和广大读者批评指正，编者不胜感激。

本书获湘潭大学精品教材立项出版资助。

编者

2020 年 8 月

第三版前言 PREFACE.

本书是普通高等教育"十三五"规划教材。本书的第一版和第二版分别于 2011 年和 2013 年出版发行，经过 10 多所高等院校的使用，普遍反映特色明显，效果良好，深受广大读者欢迎。为了使本书的质量更加完善，更好地满足读者的要求，出版社再次组织使用该教材学校的相关老师及编写组成员召开修订工作会议，在充分听取了广大用户的反馈建议和对教材提出的新要求的基础上，统一了修订意见，布置了修订任务，明确了分工职责。本次修订主要做了以下工作：

(1) 调整了部分内容。第 4 章减速器的结构设计增加了套杯的设计内容；第 5 章较详细地介绍了圆锥-圆柱齿轮减速器装配草图的设计；附录 I 课程设计题目选编给出了设计要求和设计任务等。

(2) 采用最新国家标准和技术规范。

(3) 附录增加了课程设计题目，增加了参考图例。

(4) 适当更新了部分参考文献。

(5) 更正了第二版中文字、插图、表格、符号中的错误、疏漏及不规范之处。

参加本次修订工作的有：长沙理工大学吴茵(第 5 章等)，湘潭大学赵又红(第 4 章、第 6 章、第 9 章、附录 I、附录 II、附录 VIII、附录 IX 等)，湘潭大学姜胜强(附录 I、附录 VIII)；另外，湖南农业大学杨文敏(附录 IX 等)，邵阳学院邓清方对书中不完善之处进行了指正。

在编写过程中，编者参考和引用了有关教材的内容和插图，在此对这些教材的编者表示衷心的感谢。

另外，各兄弟院校老师和同学们等都曾对本书提出过许多意见和建议，出版社的编辑人员为本书的出版与质量的提高投入了大量的劳动，在此也一并表示衷心的感谢。

由于编者水平和能力有限，书中不当和漏误之处在所难免，敬请各位教师和广大读者批评指正。

本书获湘潭大学教材建设基金出版资助。

编者

2017 年 7 月

第二版前言 PREFACE.

本书的第一版于 2011 年 11 月出版发行后,经过 10 多所高等院校的使用,普遍反映特色明显,效果良好,深受广大读者欢迎。为了使本书的质量更加完善,更好地满足读者的要求,出版社组织使用教材学校的老师及编写组成员一起及时召开了修订工作会议,充分听取了广大用户的反馈建议和对教材提出的新要求,统一了修订意见,布置了修订任务,明确了分工职责。本书是在第一版的基础上修订而成,具体做了如下工作:

(1)重新编写了第 1 章课程设计概述,第 5 章减速器装配草图设计与绘制,第 6 章减速器装配工作图设计与绘制,重新编写的内容设计目的更明确,设计步骤更具体、更完整,全书更具有操作性和指导性。

(2)第 4 章减速器的结构设计增加了常用减速器附件轴承端盖的设计内容。

(3)附录增加了课程设计题目,更新了参考图例。

(4)更正了第一版中文字、插图、表格、符号中的错误、疏漏及不规范之处。

参加本次修订工作的有:湖南科技大学周知进(第 1 章、第 5 章和第 6 章),湘潭大学姜胜强(第 2 章、第 4 章、附录Ⅷ),湘潭大学赵又红(第 3 章、第 4 章、附录Ⅰ、附录Ⅲ、附录Ⅵ、附录Ⅶ、附录Ⅷ和附录Ⅸ),湖南工程学院何丽红(第 7 章、第 8 章),长沙学院戴娟(附录Ⅰ),中南大学何竞飞(第 1 章、第 2 章),长沙理工大学吴茵(第 4 章、第 5 章)。

本书获湘潭大学教材基金出版资助。

由于编者水平和能力有限,书中不当和漏误之处在所难免,敬请各位教师和广大读者批评指正,编者不胜感激。

编者

2014 年 7 月

前 言 PREFACE.

本书是根据教育部高等学校机械基础课程教学指导委员会最新制定的"高等学校机械设计及机械设计基础课程教学基本要求"中对课程设计的基本要求,并结合各工科院校在机械设计及机械设计基础课程设计教学方面的经验,由普通高等教育机械工程学科"十二五"规划教材编委会组织编写的系列教材之一。

全书共分 2 部分。第 1 部分为机械设计课程设计指导,共 9 章,以常见的减速器为例,系统地介绍了机械传动装置的设计内容、步骤和方法。内容包括概述、传动系统的总体设计、减速器传动零部件设计计算、减速器的结构设计、减速器装配图设计与绘制、零件工作图设计与绘制、计算机辅助设计以及编写设计计算说明书和答辩准备等,并附有参考图例,且充分利用插图列举常见正误结构示例,便于教学和自学。第 2 部分为附录,共 9 个附录,其中附录 I 给出了机械设计及机械设计基础课程设计题目,供参考;附录 II ~ 附录Ⅷ给出了常用设计资料、常用标准、规范及设计数据。附录Ⅸ给出了减速器装配图、零件图的参考图例。

目前,各高等院校机械类、近机械类和非机械类各专业机械设计课程设计的题目普遍选以减速器为主的传动装置设计,因此本书的设计题目(供参考)均为包含减速器的传动装置设计,内容也主要围绕减速器的设计指导进行,教材适用面广。

本书全部采用了最新的国家标准和技术规范。

本书一方面可作为高等院校机械类、近机械类和非机械类各专业机械设计课程设计的教材,满足教学要求;另一方面也可作为简明机械设计指南,供有关工程技术人员参考。

参加本书编写工作的有:湖南科技大学周知进(第 1 章、第 2 章),湘潭大学赵又红(第 3 章、第 4 章、附录Ⅷ),邵阳学院莫爱贵(第 5 章、第 6 章),湖南工程学院何丽红(第 7、8 章),长沙学院戴娟(第 9 章、附录 I),湘潭大学冯建军(附录Ⅲ),南华大学杨毅(附录Ⅳ、附录Ⅴ），湘潭大学刘金刚(附录Ⅵ)，湘潭大学杨世平(附录Ⅶ)，湖南理工学院李实(附录Ⅸ)，湖南理工学院谭湘夫，湖南文理学院何哲明，湖南工学院伍利群参加部分编写工作。全书由赵又红、周知进担任主编，由杨文敏、林国湘担任主审。

在编写过程中，编者参考和引用了有关教材的内容和插图，在此对这些教材的编者表示衷心的感谢。由于编者水平和能力有限，书中不当和漏误之处在所难免，敬请各位教师和广大读者批评指正。

编者

2012 年 6 月

CONTENTS 目录

2

第1章
概　述

1.1　机械设计(基础)课程设计的目的

　　机械设计(基础)课程设计是高等工科院校机械类和近机械类专业的主干课程,是"机械设计(基础)"课程学习后一个重要的实践性教学环节。学生通过机械设计(基础)课程设计综合训练,将达到以下主要目的:

　　(1)通过课程设计,可以巩固和加深工程制图、公差配合与技术测量、工程材料基础、机械设计(基础)等课程的知识,提高综合运用这些知识去分析和解决问题的能力;

　　(2)通过课程设计,了解机械设计的一般程序,熟悉和掌握机械设计的方法和步骤,培养创造性思维和独立完成工程设计的基本能力;

　　(3)通过课程设计,培养熟悉和正确地运用设计资料、手册、国家标准、规范去解决实际问题的能力;

　　(4)通过课程设计,提高在机械设计中运用计算机辅助设计的能力;

　　(5)通过课程设计,培养利用所学知识解决工程实际问题的能力和总体协调设计能力。

1.2　机械设计(基础)课程设计的内容

　　机械设计(基础)课程设计一般选择本课程所学过的通用机械零件所组成的机械传动装置或简单机械作为课程设计题目。目前机械设计(基础)课程设计普遍以减速器作为课程设计题目,主要是因为这个题目不仅包括了机械设计(基础)课程的主要教学内容,如带传动(链传动)、齿轮(蜗轮)、轴、轴承、键、联轴器等零件,而且减速器在现实生活中应用非常普遍。选择减速器进行设计可以使学生得到较全面的基本训练。

　　设计的主要内容包括:

　　(1)拟定、分析传动装置的运动和动力参数,确定传动方案。

　　(2)根据原始参数,动力传动路线,初步选择原动机,计算总传动比及分配各级传动比。

　　(3)各级传动零件的设计计算。

　　(4)减速器装配草图的绘制。

　　(5)轴的设计及键连接的选择与校核。

　　(6)轴承及其组合部件的设计与校核、联轴器的选择。

　　(7)箱体及附件的设计。

(8)润滑和密封的设计。

(9)减速器装配图的结构设计及绘制。

(10)零件工作图的设计与绘制。

(11)编写设计计算说明书。

(12)总结与答辩。

1.3　机械设计(基础)课程设计的一般步骤

机械设计(基础)课程设计从分析与确定传动方案开始,通过设计计算和结构的设计,最后以图纸和设计说明书表达设计结果。在设计过程中,由于在拟订传动方案和设计计算及结构设计时,有一些初选参数或初估尺寸、经验数据等,因此,随着设计的深入,一些开始时没有出现的问题逐渐暴露出来,这就需要设计时"边计算、边绘图、边修改",设计计算与结构设计绘图交替进行。

机械设计(基础)课程设计大体按表1-1中的步骤进行(时间分配以3周为例)。

表1-1　机械设计(基础)课程设计步骤

序号	设计步骤	设计内容	时间分配
1	设计准备	①研究设计任务书,明确设计任务和要求,了解原始数据和工作条件;②通过参观模型、实物、观看录像片、参阅设计资料等来了解设计对象;③拟订设计进度	0.5 天
2	传动装置的总体设计	①分析或拟定传动方案及传动装置的运动简图;②选择电动机;③计算传动装置的总传动比和分配各级传动比;④计算各轴的转速、功率、转矩	1.5 天
3	各级传动的主体设计	设计计算带传动、齿轮传动、蜗杆传动、链传动等的主要参数和尺寸	2.5 天
4	装配草图的设计和绘制	①初绘装配草图;②选择联轴器进行轴的结构设计;③校核轴、键强度及轴承寿命;④完成装配草图,并进行检查和修正	2.0 天
5	装配工作图的绘制和总成	①绘制装配图;②标注尺寸、配合及零件序号;③编写零件明细表、标题栏、技术特性及技术要求	4 天
6	零件工作图绘制	①尺寸标注:以能完全表示零件尺寸关系为准则,即,让人能知道零件的每个尺寸及尺寸的公差,要注意尺寸链;②加工粗糙度符号、形状公差和位置公差(根据需要);③技术要求;④其他,包括加工时需要特别注意的地方,如轴的中心孔、齿轮啮合特性等	2 天
7	设计说明书编写	整理编写设计计算说明书	2.0 天
8	设计总结和答辩	课程设计的收获和体会,质询与答辩	0.5 天

1.4　机械设计(基础)课程设计的要求和注意事项

机械设计(基础)课程设计是学生第一次进行比较全面的综合训练。在设计过程中学生必须严肃认真、刻苦钻研、一丝不苟、精益求精,还要积极思考,主动提问,及时向指导教师汇报情况,并注意处理好以下几个问题,这样才能在设计思想、设计方法和技能上都获得较大的提升。

课程设计要特别注意以下几点:

(1)要有端正的工作态度、严谨的作风。机械设计是一项复杂而又细致的工作,容不得半点马虎。在设计中,每一个学生都必须具有刻苦钻研、一丝不苟、精益求精的态度,严谨的工作作风。只有这样才能真正实现课程设计对学生的锻炼。

(2)处理好继承与创新的关系。机械设计是经历了长期发展的学科,形成了相对完整的体系,建立了严格的设计规范。学习和继承机械设计领域前人的成果是课程设计的主要任务。要分清哪些方面是必须遵守和借鉴的,哪些地方是可以灵活处理和大胆创新的。

(3)综合考虑强度和刚度要求、结构工艺性要求、标准化与经济性要求进行设计。机械零部件的设计不能只依靠计算,计算值只是一个重要的参考,还要综合考虑传动要求、加工和装配的工艺要求、标准化与互换性要求、经济性要求等因素,这样才能最终设计出合乎要求的机械。

(4)采用计算与作图互为依据的设计方法。零、部件的尺寸不是完全由计算确定的,因为各零件之间是互相联系互相影响的。随着设计的进展,考虑的问题会更全面、更合理,在设计的后阶段往往要对前阶段计算得到的参数进行修改。在确定传动方案后,运动参数和动力参数、传动零件基本参数和主要尺寸等,都只是初步计算的结果,应该尽早进入草图设计阶段,经过边计算、边绘图、边修改,最后才能确定各参数的合理数值。千万不要在初步设计阶段停滞不前,生怕初步设计的参数不正确而影响画图。必须明确,只有在图纸设计完成后才能最终检验参数设计的正确性。

(5)严格遵守规范化、标准化原则。应该熟悉各种相关的技术标准与设计规范,尽量采用标准件,减少材料的品种和标准件的规格数目。图纸要符合工程制图标准,遵循规定的表达方法。图纸表达正确、清晰、整洁。说明书要求计算准确、书写工整,并保证正确的书写格式。

第2章
传动系统的总体设计

　　机械系统的总体设计，主要是根据任务书中所给参数和工作要求，拟定传动方案、选择电动机型号、合理分配传动比以及计算传动装置的运动和动力参数，为计算各级传动件、设计和绘制装配草图提供条件。

2.1　传动方案的确定与传动系统的布置原则

　　一般工作机器通常由原动机、传动装置和工作装置这三个部分组成。传动装置传送原动机的动力、变换其运动，以实现工作装置预定的工作要求，它是机器的主要组成部分，如图2-1所示。实践证明，传动装置的重量和成本通常在整台机器中占有很大的比重；机器的工作性能和运转费用在很大程度上也取决于传动装置的性能、质量及设计布局的合理性。由此可见，在机械设计中合理拟定传动系统具有重要意义。

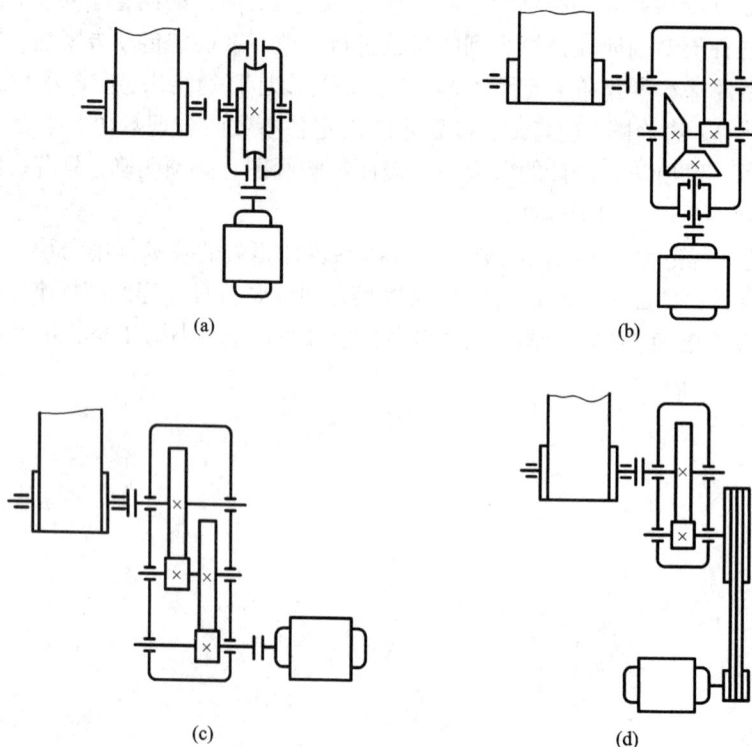

(a)

(b)

(c)

(d)

图2-1　带式输送机传动方案

实现工作装置预定的运动是拟定传动方案最基本的要求。但满足这个要求可以有不同的传动方式、不同的机构类型、不同的顺序和布局，以及在保证总传动比相同的前提下分配各级传动机构以不同的分传动比来实现的多种方案。这就需要将各种传动方案加以分析比较，针对具体情况择优选定。合理的传动方案除应满足机器预定的功能外，还要求结构简单、尺寸紧凑、工作可靠、制造方便、成本低廉、传动效率高和使用维护方便。要同时满足这些要求常常是困难的，设计者首先要保证重点要求。

分析和选择传动机构的类型及其组合是拟定传动方案的重要一环，这时应综合考虑工作装置载荷、运动以及机器的其他要求，再结合各种传动机构的特点、适用范围，加以分析比较、合理选择。为便于选型，将常用传动机构的性能和适用范围列于表 2-1。传动装置中广泛采用减速器，它是原动机和工作机之间的独立的闭式传动装置，用来降低转速和增大转矩以满足各种工作机的需要。表 2-2 列出了一些常用减速器的类型、特点及其应用。

表 2-1　传递连续回转运动常用机构的性能和适用范围

传动机构	普通平带传动	普通V带传动	摩擦轮传动	链传动	普通齿轮传动		蜗杆传动	行星齿轮传动		
					圆柱	圆锥		渐开线齿轮	摆线针齿轮	谐波齿轮
常用功率/kW	小（≤20）	中小（≤100）	小（≤20）	中（≤100）	大（最大达5000）		小（≤50）	大（最大达3500）	中（≤100）	中（≤100）
单级传动比常用值（最大值）	2~4（6）	2~4（15）	≤5（15）	2~5	3~5（10）	2~3（6~10）	7~40（80）	3~83	11~87	50~500
传动效率	中	中	中	中	高		低	中		
许用的线速度/(m·s⁻¹)	≤25(30)	≤25~30	≤15~25	≤40	6级精度 直齿≤18 非直齿≤36 5级精度达100		≤15~35①	基本同普通齿轮传动		
外廓尺寸	大	大	大	大	小		小	小		
传动精度	低	低	低	中等	高		高	高		
工作平稳性	好	好	好	较差	一般		好	一般		
自锁能力	无	无	无	无	无		可有	无		
过载保护作用	有	有	有	无	无		无	无		
使用寿命	短	短	短	中等	长		中等	长		
缓冲吸振能力	好	好	好	中等	差		差	差		
要求制造及安装精度	低	低	中等	中等	高		高	高		
要求润滑条件	不需	不需	一般不需	中等	高		高	高		
环境适应性	不能接触酸、碱、油类、爆炸性气体	一般	好	一般	一般		一般			
成本	低	低	低	中	中		高	高		

①指滑动速度。

表 2-2　常用减速器的类型、特点及应用

名　称		传 动 简 图	推荐传动比	特 点 及 应 用
单级圆柱齿轮减速器		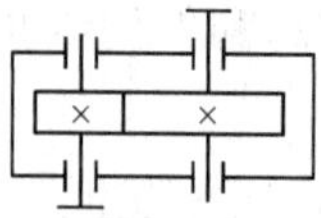	≤8~10	轮齿可做成直齿、斜齿和人字齿。直齿轮用于速度较低($v \leqslant 8$ m/s)、载荷较轻的传动;斜齿轮用于速度较高的传动;人字齿轮用于载荷较重的传动。箱体通常用铸铁做成,单件或小批生产有时采用焊接结构。轴承一般采用滚动轴承,重载或特别高速时采用滑动轴承
两级圆柱齿轮减速器	展开式	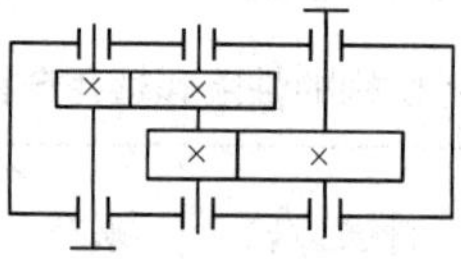	8~60	结构简单,应用最广。由于齿轮相对于轴承的位置不对称,因此要求轴有较大的刚度,并使转矩输入和输出端远离齿轮,这样,轴在弯矩作用下产生的弯曲变形和在转矩作用下产生的扭转变形可部分地互相抵消,以减少载荷沿齿宽分布不均匀的现象。高速级一般做成斜齿,低速级可做成直齿。用于载荷比较平稳的场合
	同轴式	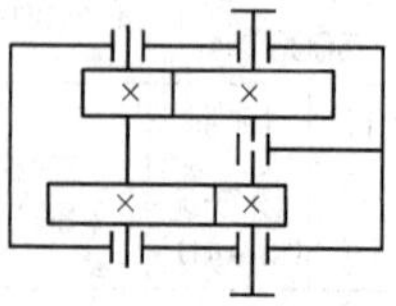		减速器横向尺寸较小,两对齿轮浸入油中深度大致相同。但轴向尺寸大和重量较大,且中间轴较长、刚度差,使载荷沿齿宽分布不均匀,高速级齿轮的承载能力难以充分利用。常用于输入和输出轴同轴线的场合
	分流式	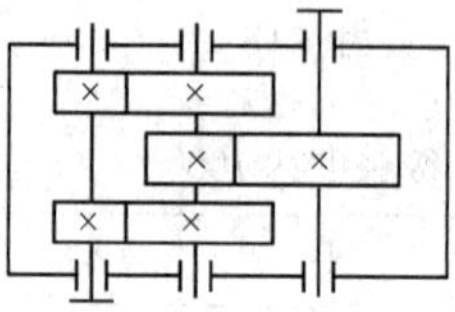		低速轴上的齿轮相对于轴承为对称布置,载荷沿齿宽分布较均匀。中间轴危险断面上的转矩是传递转矩的一半。高速级多用斜齿,为了减少轴向力,两对齿轮的螺旋线方向相反,结构较复杂,需多用一对齿轮,轴向尺寸较大。用于变载荷场合
单级圆锥齿轮减速器		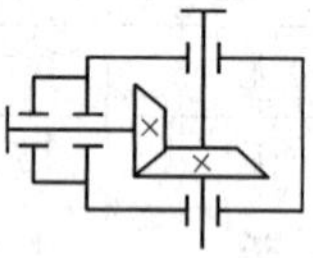	≤6~8	轮齿可做成直齿、斜齿或曲线齿。传动比不宜过大,以减小锥齿轮的尺寸,利于锥齿轮的加工。用于两轴垂直相交的传动中。由于制造安装复杂、成本高,所以仅在传动布置需要时才采用
两级圆锥-圆柱齿轮减速器		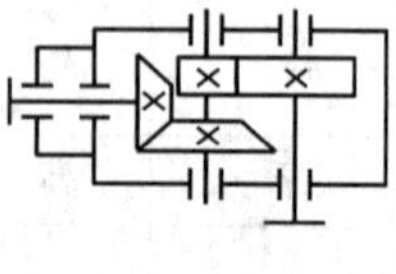	直齿圆锥齿轮 8~22。斜齿或曲线齿圆锥齿轮 8~40	特点同单级圆锥齿轮减速器。圆锥齿轮应布置在高速级,以使圆锥齿轮尺寸不至太大,否则加工困难。圆柱齿轮多采用斜齿,使其能将锥齿轮的轴向力抵消一部分

单级斜齿轮减速器　单级圆柱齿轮减速器装配

两级减速器

两级人字齿轮减速器

两级圆锥齿轮减速器

名　　称		传动简图	推荐传动比	特点及应用
单级蜗杆减速器	蜗杆下置式		10~80	传动比大,结构紧凑,但传动效率低,适用于中小功率、间歇工作的场合。蜗杆为下置式时,啮合处的润滑和冷却都较好,蜗杆轴承润滑也方便,但当蜗杆圆周速度高时,搅油损失大,一般用于蜗杆圆周速度 $v \geqslant$ 10 m/s 的场合。蜗杆为上置时,蜗杆的圆周速度可高些,但蜗杆轴承润滑不太方便
	蜗杆上置式			
行星齿轮减速器	单级 NGW		2.8~12.5	与普通圆柱齿轮减速器相比,尺寸小、重量轻,但制造精度要求较高,结构较复杂,在要求结构紧凑的动力传动中应用广泛
	两级 NGW		14~160	同单级 NGW 型

注：推荐传动比为减速器的总传动比。

传动系统应有合理顺序和布局。除必须考虑各级传动机构所适应的速度范围外,还必须参考以下几点。

(1)带传动是靠摩擦力来工作的,承载能力较低,在传递相同转矩时结构尺寸较啮合传动大;但传动平稳,能缓冲吸振,且能起过载保护作用。为了减小带传动的结构尺寸,应尽量将其置于传动系统的高速级。

(2)一般滚子链传动由于工作时链速和瞬时传动比呈周期性变化,运转不均匀,冲击振动大。为了减少振动和冲击,宜将其布置在低速级。

(3)齿轮传动承载能力高、速度范围大、瞬时传动比恒定。外廓尺寸小,工作可靠,效率高,是所有机械传动形式中最为常见的一种传动形式。斜齿轮传动较直齿轮传动平稳性好且承载能力高,相对应用于高速级或要求传动平稳的场合。

(4)锥齿轮(特别是大模数锥齿轮)的加工比较困难,一般只在需要改变轴的布置方向时采用,并尽量布置在高速级,以减小其直径和模数。但需注意,当锥齿轮的速度过高时,其精度也需相应提高,此时还应考虑能否达到所需制造精度以及成本问题。

7

（5）开式齿轮传动一般工作环境较差，润滑条件不良，磨损快，寿命短，应布置在低速级。

（6）蜗杆传动的传动比大，结构紧凑，传动平稳，但效率低，通常用于中小功率、间歇工作或要求自锁的场合。其承载能力较齿轮传动低，与齿轮传动同时应用时，常布置在传动系统的高速级，以获得较小的结构尺寸；同时，由于有较高的齿面相对滑动速度，易于形成液体动压润滑油膜，也有利于提高承载能力及效率。

（7）行星齿轮减速器由于具有减速比大、体积小、重量轻、效率高等优点，在许多情况下可代替二级、三级的普通齿轮减速器和蜗杆减速器。

（8）为简化传动装置，一般总是将改变运动形式的机构（如连杆机构、凸轮机构）布置在传动系统的末端或低速处；对于许多控制机构一般也尽量放在传动系统的末端或低速处，以免造成大的累积误差，降低传动精度。

（9）传动装置的布局应使结构紧凑、匀称，强度和刚度好，并适合车间布置和工人操作，便于装拆和维修。图2-1所示为带式输送机的四种传动方案。对这四种传动方案进行分析比较可知：方案（a），电机→蜗杆蜗轮传动→工作机，因采用蜗杆蜗轮传动，传动比大，但效率低；方案（b），电机→圆锥-圆柱齿轮（斜齿或直齿）减速器→工作机，因采用锥齿轮，加工比较困难；方案（c），电机→两级展开式圆柱齿轮（斜齿或直齿）减速器→工作机，因采用两级展开式圆柱齿轮，结构简单，减速器的尺寸小；方案（d），电机→带传动→单级圆柱齿轮减速器→工作机，因采用带传动，传动装置的外形尺寸大。

此外，在机械设计（基础）课程设计的任务书中，若已提供传动方案，则学生应论述该方案的合理性，也可提出改进意见，另行拟定更合理的方案。

2.2 原动机的选择

2.2.1 原动机的种类

原动机是机器中运动和动力的来源，其种类很多。按能量转换性质的不同将原动机分为第一类原动机和第二类原动机。第一类原动机是指把自然界的能源转变为机械能的原动机，如蒸汽机、柴油机、汽油机、水轮机等；第二类原动机是指把发电机等能源机所产生的各种形态的能源转变为机械能的原动机，如电动机、气动马达、液压马达和内燃机等。原动机的输出转矩与其相应转速间的关系称为原动机的机械特性或输出特性。机械中广泛采用第二类原动机。

1）电动机的种类

电动机是一种最常用的原动机。按不同的使用电源可分为交流电动机和直流电动机两大类。交流电动机根据电动机的转速与旋转磁场的转速是否相同，又分为同步电动机和异步电动机两种。三相异步电动机使用三相交流电源，是生产中广泛应用的一种电动机，它的品种很多。直流电动机则根据励磁方式分为他励、并励、串励、复励等形式。

2）气动马达和液压马达的种类

①气动马达。

气动马达是以压缩空气为动力，将气压能转变为机械能的动力装置。工作介质为空气。气动马达按工作原理可分为容积式和透平式两大类。容积式气动马达根据其结构不同又可分成多种形式。

　　②液压马达。

　　液压马达的作用与气动马达类似，是把液压能转变成旋转机械能的一种能量转换装置。液压马达按输出转矩的大小和转速高低可以分为两类：一类是高速小转矩液压马达，转速范围一般为 300~3000 r/min 或更高，转矩在几百牛·米以下；另一类是低速大转矩液压马达，转速一般低于 300 r/min，转矩为几百至几万牛·米。高速小转矩液压马达多采用齿轮式、叶片式和轴向柱塞式等结构，而低速大转矩液压马达常采用径向柱塞式。

　　3）内燃机的种类

　　内燃机是指燃料在气缸内部进行燃烧，直接将产生的气体（即工质）所含的热能转变为机械能的机械。内燃机按其主要运动机构的不同，分为往复活塞式内燃机和旋转活塞式内燃机两大类。

2.2.2　原动机的选择

　　在设计机械系统时，对原动机类型的选择，主要应从以下几个方面进行分析比较。

　　（1）分析工作机械的负载特性和要求，包括工作机械的载荷特性、工作制度、结构布置和工作环境等。

　　（2）分析原动机本身的机械特性，包括原动机的功率、转矩、转速等特性，以及原动机所能适应的工作环境。应使原动机的机械特性与工作机械的负载特性相匹配。

　　（3）进行经济性的比较，当同时可用多种类型的原动机进行驱动时，经济性的分析是必不可少的，包括能源的供应和消耗，原动机的制造、运行和维修成本的对比等。

　　（4）考虑机械系统整体结构布置的需要。

　　对于野外工作和移动式机械，除了具有专门配置的供电系统的电车、电瓶车和电力机车等选用电动机作为原动机，其他均采用第一类原动机。

　　第二类原动机中以电动机应用最为广泛。第二类原动机性能比较见表 2-3。若工作机械要求有较高的驱动效率和运动精度，应选用电动机。电动机的类型和型号较多，并具有各种特性，可满足不同类型工作机械的要求。在相同功率下，要求外形尺寸尽可能小、重量尽可能轻，且有高压油供给系统的场合，宜选用液压马达。要求在易燃、易爆、多尘、振动大等恶劣环境中工作，且有压缩空气站及供气系统的场合，宜选用气动马达。要求启动迅速、便于移动或在野外作业场地工作时，宜选用内燃机。

表 2-3　第二类原动机性能比较

类别	电动机	气动马达（气缸）	液压马达（油缸）
尺寸	较大	较小	最小
功率/重量	大	比电动机大	最大
输出刚度	硬	软	较硬
调速方法和性能	直流电动机可通过改变电枢的电阻、电压或改变磁通进行调速；交流电动机可通过变频、变极或变转差率进行调速	用气阀控制，简单、迅速，但不精确	通过阀或泵改变流量，调速范围大

类别	电动机	气动马达(气缸)	液压马达(油缸)
反转特性	通常是单向回转，需要时可采用反向开关，或电路反向	通过方向控制阀反向供气，简单、迅速	通过方向控制阀反向供油或使变量调节装置超过中心位置
运行温度的控制	在正常环境温度下使用，电动机采用风冷，温升应低于允许值	排气时空气膨胀而自冷	对油箱进行风冷或水冷
高温使用性能	受绝缘体的限制，采用耐热的绝缘材料和特殊设计，可提高使用温度	取决于结构材料的允许使用温度	受油液最高使用温度的限制，采用耐高温油可提高使用温度
防燃爆性能	须采用防爆电动机	介质不会燃爆，可用于易燃易爆的环境	用于易燃环境时，必须使用防燃性油
恶劣环境适应性	需采用防护式或封闭式电动机	适用于多尘、潮湿和不良的环境	需要密封结构
故障反应	运转故障或严重过载可能烧坏电动机，需考虑加装过载保护装置	过载不引起部件损坏	过载不引起部件损坏
噪声	噪声小	噪声较大，排气口应设消声器	噪声较大
初始成本	低	较高	高
运转费用	最低	最高	高
维护要求	较少	少	较多
功率范围	0.3~10000 kW，范围极广	与马达类型及供气压力有关，适用范围为 15 kW 以下，特别适用于 0.75 kW 以下的高速传动	受实际油压(一般最大为 35 MPa)和马达尺寸的限制。小功率(0.75 kW 以下)效率低，成本高

2.2.3　电动机的选择

课程设计中采用的原动机主要为电动机。

电动机构造简单、工作可靠、控制简便、维护容易，一般生产机械上大多数采用电动机驱动。电动机已经系列化，通常由专门工厂按标准系列成批或大量生产。机械设计中应根据工作载荷(大小、特性及其变化情况)、工作要求(转速高低、允差和调速要求、起动和反转频繁程度)、工作环境(尘土、金属屑、油、水、高温及爆炸气体等)、安装要求及质量、尺寸有无特殊限制等条件，从产品目录中选择电动机的类型和结构型式、容量(功率)和转速，确定具体型号。

1. 选择电动机的类型和结构

生产单位一般用三相交流电源，如无特殊要求(如在较大范围内平稳地调速，经常启动和反转等)，通常都采用三相交流异步电动机。我国已制定统一标准的 Y 系列一般用途的全封闭自扇冷鼠笼型三相异步电动机，适用于不易燃、不易爆、无腐蚀性气体和无特殊要求的机械，如金属切削机床、风机、输送机、搅拌机、农业机械和食品机械等。由于 Y 系列电动机还具有较好的启动性能，因此也适用于某些对起动转矩有较高要求的机械(如压缩机等)。在经常起动、制动和反转的场合，要求电动机转动惯量小和过载能力大，此时宜选用起重及冶金用的 YZ 型或 YZR 型三相异步电动机。

三相交流异步电动机根据其额定功率(指连续运转下电机发热不超过许可温升的最大功率，其数值标在电动机铭牌上)和满载转速(指负荷相当于额定功率时的电动机转速，当负荷减小时，电机实际转速略有升高，但不会超过同步转速—磁场转速)的不同，具有不同系列型号。为适应不同的安装需要，同一类型的电动机结构又制成若干种安装形式。各型号电动机的技术数据(如额定功率、满载转速、堵转转矩与额定转矩之比、最大转矩与额定转矩之比等)、外形及安装尺寸可查阅附录Ⅵ、产品目录或有关机械设计手册。

2. 确定电动机功率

电动机的容量(功率)选得合适与否，对电动机的工作和经济性都有影响。当容量小于工作要求时，电动机不能保证工作装置的正常工作，或电动机因长期过载而过早损坏；容量过大则电动机的价格高，能量不能充分利用，且因经常不在满载下运行，其效率和功率因数都较低，造成浪费。

电动机容量主要由电动机运行时的发热情况决定，而发热又与其工作情况有关。电动机的工作情况一般可分为两类：

(1)用于长期连续运转、载荷不变或很少变化的、在常温下工作的电动机。选择这类电动机的容量，只需使电动机的负载不超过其额定值，电动机便不会过热。这样可按电动机的额定功率 P_e 等于或略大于电动机所需的功率 P_d，即 $P_e \geqslant P_d$，选择相应的电动机型号，而不必再作发热计算。

电动机所需功率按下述方法计算：

若已知工作机的阻力(如运输带的最大拉力) F_w(N)，工作速度(如运输带的速度) v_w(m/s)，则工作机所需的功率为

$$P_w = F_w v_w / 1000 \quad (\text{kW}) \tag{2-1}$$

若已知工作机的转矩 T_w(N·m)和转速 n_w(r/min)，则工作机所需的功率为

$$P_w = T_w n_w / 9550 \quad (\text{kW}) \tag{2-2}$$

工作机实际需要的电动机输出功率为

$$P_d = P_w / \eta \quad (\text{kW}) \tag{2-3}$$

式中：η 为电动机至工作机之间传动装置及工作机的总效率。

$$\eta = \eta_1 \eta_2 \cdots \eta_n \eta_w \tag{2-4}$$

式中：η_1，η_2，…，η_n 分别为传动装置中每对传动副或运动副(如联轴器、齿轮传动、带传动、链传动和轴承等)的效率；η_w 为工作机的效率。其值可查阅机械设计手册，也可参考附表 2-3。

计算传动装置总效率时应注意以下几点：

①附表 2-3 中传动效率仅是传动效率，未计入轴承效率。表中轴承效率均指的是一对轴承的效率。

11

②动力每经过一对传动副或运动副，就有一次功率损耗，故计算效率时，都要计入各自的效率。

③由于效率与工作条件、加工精度及润滑状况等因素有关，附表2-3中推荐的效率值一般有一个范围。如工作条件差、加工精度低、维护不良时，则应取低值，反之则取高值。当情况不明时，一般取中间值。

④蜗杆传动效率与蜗杆头数及材料有关，设计时应初选头数，估计效率，待设计出蜗杆传动后再确定效率，并修正前面的设计计算数据。

（2）用于变载下长期运行的电动机、短时运行的电动机（工作时间短、停歇时间较长）和重复短时运行的电动机（工作时间和停歇时间都不长），其容量选择按等效功率法计算，并校验过载能力和起动转矩。需要时可参阅电力拖动等有关专著。

3. 确定电动机转速

额定功率相同的异步电动机有同步转速 3000 r/min、1500 r/min、1000 r/min 和 750 r/min 等几种转速可供设计选用。一般来说，电动机转速越高，则磁极越少，尺寸及重量越小，价格也越低；反之，转速越低，尺寸及质量越大，价格越贵。当工作机转速高时，选用高速电动机较经济。但若工作机转速较低也选用高速电动机，则减速传动所需传动装置的总传动比必然增大，传动级数增多，尺寸及重量增大，从而使传动装置的成本增加。因此确定电动机转速时应同时兼顾电动机及传动装置两者加以综合分析比较确定。在一般机械中，电动机选用最多的是同步转速为 1000 r/min 及 1500 r/min 这两种，如无特殊要求，一般不选用低于 750 r/min 的电动机。

根据选定的电动机类型、结构、容量和转速，从附录Ⅵ或设计手册中确定电动机的型号，并将其型号、额定功率 P_e、满载转速 n_m、外形尺寸、电动机中心高、轴伸尺寸、键连接尺寸等记下备用。

2.3 总传动比的计算及其分配

传动系统的运动计算可将传动系统中的一种传动机构作为一级，如带传动级、齿轮传动级等。传动系统的运动计算包含确定总传动比和各级传动比的分配两个方面。

1. 确定传动系统的总传动比 i

总传动比即传动系统首构件与末构件的转速比，通常也就是原动机转速与执行机构原动件转速之比。在选择好电动机和确定了工作机的生产节拍或速度后，根据电动机的满载转速 n_m 和工作机所需转速 n_w 按下式计算传动装置的总传动比：

$$i = n_m / n_w \tag{2-5}$$

2. 传动系统各级传动比的分配

总传动比数值不大的可用一级传动，数值大的通常采用多级传动而将总传动比分配到组成传动装置的各级传动机构。当传动系统由多级传动机构组成时，总传动比 i 与各级传动比 i_1，i_2，…，i_n 之间的关系为：

$$i = i_1 i_2 \cdots i_n \tag{2-6}$$

合理分配传动比是传动装置设计中的一个重要问题。它将影响传动装置的外廓尺寸、重量及润滑等很多方面。具体分配传动比时，应注意以下几点：

（1）各级传动的传动比都应在各自允许的合理范围内，以保证符合各种传动形式的工作特点并使其结构紧凑。各类传动的传动比参考值见表 2-1 和表 2-2。

（2）分配各种形式的传动比时，应注意使各传动零件尺寸协调、结构匀称合理及利于安装，不会造成互相干涉。如 V 带-单级齿轮减速器的传动中，带传动的传动比不宜过大，一般应使 $i_带 < i_齿$，这样可使传动装置结构较为紧凑。若带传动的传动比过大，大带轮半径可能大于减速器输入轴的中心高，造成安装不便，有时需将地基挖坑，如图 2-2(a) 所示。在两级圆柱齿轮减速器中，由于高速级传动比大，造成高速级大齿轮与低速轴干涉相碰[图 2-2(b)]。在运输机械装置中，若开式齿轮的传动比选得过小，也会造成滚筒与开式小齿轮轴相干涉[图 2-2(c)]。

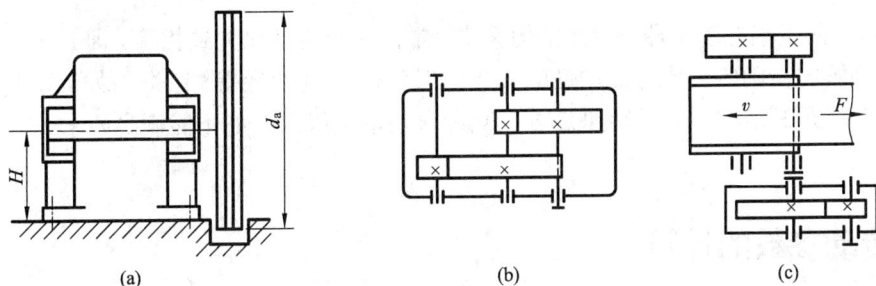

图 2-2　几种常见的干涉现象

（3）应注意使传动级数少、传动机构个数少、传动系统简单，以提高传动效率和减少精度降低。

（4）对于两级或多级齿轮减速器，传动比是否合理分配直接影响减速器外廓尺寸的大小、承载能力能否充分发挥，以及各级传动零件润滑是否方便等。如图 2-3 所示的两级圆柱齿轮在总中心距和总传动比相同的情况下，方案(b) 较方案(a) 具有较小的外形尺寸。

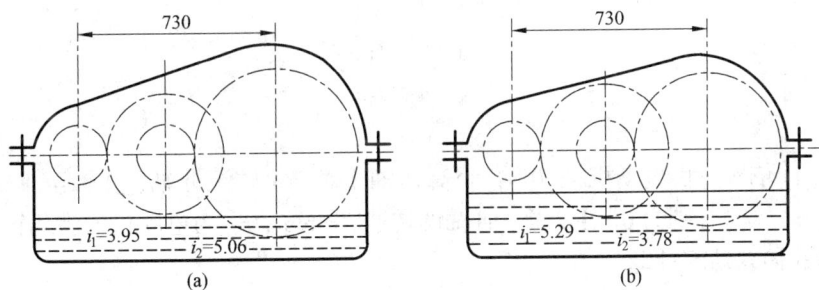

图 2-3　两级圆柱齿轮减速器的传动比分配

（5）在卧式齿轮减速器中，当减速器内的齿轮采用油雾润滑时，常设计各级大齿轮直径相近，可使其浸油深度大致相等，如图 2-3(b) 所示，便于齿轮浸油润滑；而在图 2-3(a) 所示方案中，若要保证高速级大齿轮浸油，则低速级大齿轮的浸油深度过大，且外廓尺寸也较大。另由于低速级齿轮的圆周速度较低，一般其大齿轮直径可大一些，亦即浸油深度可深一些，这样有利于浸油润滑。

此外，对标准减速器，其各级传动比按标准分配；对非标准减速器，可参考下述数据分配传动比：

（1）对于两级展开式圆柱齿轮减速器，一般按齿轮等浸油高度要求，即按各级大齿轮直径相近的条件分配传动比，常取 $i_1 = (1.3 \sim 1.5)i_2$（式中：i_1、i_2 分别为减速器高速级和低速级的传动比）；对同轴式减速器，则常取 $i_1 \approx i_2 \approx \sqrt{i}$（$i$ 为减速器总传动比，下同）。

（2）对于圆锥-圆柱齿轮减速器，为使大锥齿轮的尺寸不致过大，应使高速级锥齿轮的传动比 $i_1 = 0.25i$，且一般应使 $i_1 \leqslant 3$。

（3）对于蜗杆-圆柱齿轮减速器，为使传动效率高，可取低速级圆柱齿轮传动比 $i_2 = (0.03 \sim 0.06)i$。

（4）对于两级蜗杆减速器，为使结构紧凑，常使两级传动比大致相等，即 $i_1 \approx i_2 \approx \sqrt{i}$。

传动装置的精确传动比与传动件的参数（如齿数、带轮直径等）有关，故传动件的参数确定以后，应验算工作轴的实际转速是否在允许误差范围以内。如不能满足要求，应重新调整传动比。

2.4 传动参数的计算

为了进行传动零件的设计计算，需计算传动装置各轴的转速、功率和转矩。计算时可先将各轴从高速轴至低速轴依次编号为 0 轴（电动机轴）、Ⅰ轴、Ⅱ轴、Ⅲ轴等，再按此顺序逐级计算。

1. 各轴的转速计算

各轴的转速可根据电动机的满载转速 n_m 和各相邻轴间的传动比进行计算。各轴的转速为

$$\left. \begin{array}{l} n_0 = n_m \\ n_{\text{Ⅰ}} = n_m / i_0 \\ n_{\text{Ⅱ}} = n_{\text{Ⅰ}} / i_1 \\ n_{\text{Ⅲ}} = n_{\text{Ⅱ}} / i_2 \\ \vdots \end{array} \right\} \tag{2-7}$$

式中：i_0、i_1、i_2 依次为由电动机轴（0 轴）至高速轴Ⅰ轴，Ⅰ轴至Ⅱ轴，Ⅱ轴至Ⅲ轴间的传动比；n_0、$n_{\text{Ⅰ}}$、$n_{\text{Ⅱ}}$、$n_{\text{Ⅲ}}$ 分别为 0、Ⅰ、Ⅱ、Ⅲ轴的转速，r/min；n_m 为电动机的满载转速，r/min。

2. 各轴的输入功率计算

有以下两种计算各轴输入功率的方法：

（1）按电动机的所需输出功率 P_d 计算。当所设计的传动装置用于某一专用机器时，常用此方法，因为它是电动机在稳定工作情况下实际发出的功率，保证的是系统在目前工作环境中的工作能力，它的优点是设计出的传动装置结构紧凑。

（2）按电动机的额定功率 P_e 计算。设计通用机器或设计的传动装置用途不明时，为留有储备能力，以备发展或不同工作的需要，可按额定功率 P_e 计算，保证的是系统在电动机最大输出情况下的工作能力。

在课程设计中，一般按第一种方法，即按电动机所需功率 P_d（电动机的输出功率）计算，各轴的输入功率为

$$
\left.
\begin{aligned}
P_0 &= P_d \\
P_{\mathrm{I}} &= P_d \eta_{01} \\
P_{\mathrm{II}} &= P_{\mathrm{I}} \eta_{12} = P_d \eta_{01} \eta_{12} \\
P_{\mathrm{III}} &= P_{\mathrm{II}} \eta_{23} = P_d \eta_{01} \eta_{12} \eta_{23} \\
&\vdots
\end{aligned}
\right\}
\tag{2-8}
$$

式中：P_d 为电动机的输出功率，kW；P_0、P_{I}、P_{II}、P_{III} 分别为 0、I、II、III 轴的输入功率，kW；η_{01}、η_{12}、η_{23} 依次为电动机与 I 轴，I 轴与 II 轴，II 轴与 III 轴间的传动效率。

3. 各轴的输入转矩计算

$$
\left.
\begin{aligned}
T_0 &= 9550 P_0 / n_0 \\
T_{\mathrm{I}} &= 9550 P_{\mathrm{I}} / n_{\mathrm{I}} \\
T_{\mathrm{II}} &= 9550 P_{\mathrm{II}} / n_{\mathrm{II}} \\
T_{\mathrm{III}} &= 9550 P_{\mathrm{III}} / n_{\mathrm{III}} \\
&\vdots
\end{aligned}
\right\}
\tag{2-9}
$$

式中：T_0、T_{I}、T_{II}、T_{III} 分别为 0、I、II、III 轴的输入转矩，N·m。

运动和动力参数的计算数值可以整理列表备查。

2.5　总体设计举例

某带式输送机的传动系统如图 2-1 所示。已知输送机室内工作，单向输送、运转平衡。两班制工作，每年工作 300 天，使用期限 8 年，大修期 3 年。环境有灰尘，电源有三相交流，电压 380 V。驱动卷筒直径 350 mm，输送带有效拉力 $F = 5000$ N，带速 $v = 1.5$ m/s，速度允差±5%。传动尺寸无严格限制，中小批量生产。

1. 传动方案的拟定

为了确定出传动方案，可根据已知条件计算出工作机滚筒的转速为

$$n_w = 60 \times 1000 v / (\pi D) = 60 \times 1000 \times 1.5 / (\pi \times 350) \approx 81.85 \text{ r/min}$$

若选用常用的同步转速为 1500 r/min 或 1000 r/min 的电动机，则可估算出传动系统的总传动比 i 约为 18 或 12。根据这个传动比及工作条件可拟定图 2-1 所示的四种传动方案。对这四种传动方案进行分析比较可知：方案(a)采用蜗杆传动，结构紧凑，但传动效率较低，在长期连续使用时不经济；方案(b)采用锥齿传动，会产生轴向力，圆柱齿轮则可采用斜齿，另一方面锥齿轮尺寸太大时，加工困难；方案(c)采用两级圆柱齿轮减速器，结构简单，使用维修方便，但由于齿轮相对轴承作不对称布置，要求轴的刚度较大，且因轴的弯曲变形引起载荷沿齿宽分布不均匀，结构尺寸较大；方案(d)采用带传动使传动系统的外形尺寸大，但齿轮相对轴承对称布置，轴的变形小，轮齿上载荷分布较均匀，且成本低。以下按方案(d)进行计算。

2. 电动机选择

1）电动机类型选择

按工作要求和条件，选用 YE3 系列（IP55）超高效率三相异步电动机，电压 380 V。

2）电动机容量选择

工作机所需工作功率为

$$P_w = Fv/1000 = 5000 \times 1.5/1000 = 7.5 \text{ kW}$$

为了计算电动机的所需功率 P_d，先要确定从电动机至输送带（工作机）之间的总效率 η，η 为

$$\eta = \eta_1 \times \eta_2^3 \times \eta_3 \times \eta_4 \times \eta_5$$

式中：η_1、η_2、η_3、η_4、η_5 分别为 V 带传动、轴承、齿轮传动、联轴器和卷筒的传动效率。由附表 2-3 取 $\eta_1 = 0.96$，$\eta_2 = 0.99$，$\eta_3 = 0.97$，$\eta_4 = 0.99$，$\eta_5 = 0.96$，则可求得电动机至输送带的传动总效率为

$$\eta = \eta_1 \times \eta_2^3 \times \eta_3 \times \eta_4 \times \eta_5 = 0.96 \times 0.99^3 \times 0.97 \times 0.99 \times 0.96 = 0.859$$

电动机所需输出功率为

$$P_d = P_w/\eta = 7.5/0.859 = 8.73 \text{ kW}$$

由附表 6-1 或有关手册选取额定功率 $P_e = 11$ kW 的电动机。

3）电动机转速选择

通常，V 带传动的传动比常用范围为 2~4，单级圆柱齿轮的传动比常用范围为 3~5，则总传动比的范围为 $i = (2 \sim 4) \times (3 \sim 5) = 6 \sim 20$，故电动机转速的可选范围为

$$n_d' = i \cdot n_w = (6 \sim 20) \times 81.85 \text{ r/min} = 491.1 \sim 1637 \text{ r/min}$$

符合这一范围的同步转速有 750 r/min、1000 r/min、1500 r/min。现选择常用同步转速为 1000 r/min 和 1500 r/min 的两种方案进行比较。

4）电动机型号的确定

根据电动机类型、容量和转速，由附录Ⅵ或有关手册选定电动机型号为 YE3-160M-4 和 YE3-160L-6。

根据电动机的满载转速和滚筒转速可算出总传动比。现将此两种电动机的数据和总传动比列于表 2-4 中。

表 2-4　电动机的数据及总传动比

方案	电动机型号	额定功率/kW	同步转速/(r·min⁻¹)	满载转速/(r·min⁻¹)	总传动比
1	YE3-160M-4	11	1500	1460	17.84
2	YE3-160L-6	11	1000	970	11.85

由表 2-4 可知，方案 1 中虽然电动机转速高、价格低，但总传动比大。综合考虑电动机和传动系统的尺寸、质量及价格等因素，合理地分配传动比以使传动系统结构紧凑，决定选用方案 2，即电动机型号为 YE3-160L-6。查附表 6-2 或有关手册可知，该电动机的中心高 $H = 160$ mm，轴外伸长度 $E = 110$ mm，轴外伸轴径 $D = 42$ mm。

16

3. 传动比分配

为使 V 带传动外廓尺寸不致过大，根据表 2-1，初步取 V 带传动比 $i_1 = 2.5$，则斜齿轮传动比 $i_2 = 11.85/2.5 = 4.74$。

4. 计算传动系统的运动和动力参数

1）各轴输入转速

$$n_0 = n_m = 970 \text{ r/min}$$
$$n_{\text{I}} = n_m/i_1 = 970/2.5 = 388 \text{ r/min}$$
$$n_{\text{II}} = n_{\text{I}}/i_2 = 388/4.74 = 81.86 \text{ r/min}$$
$$n_w = n_{\text{II}} = 81.86 \text{ r/min}$$

2）各轴输入功率

$$P_{\text{I}} = P_d \times \eta_1 = 8.73 \times 0.96 = 8.38 (\text{kW})$$
$$P_{\text{II}} = P_1 \times \eta_2 \times \eta_3 = 8.38 \times 0.99 \times 0.97 = 8.05 (\text{kW})$$
$$P_{\text{卷}} = P_{\text{II}} \times \eta_2 \times \eta_4 = 8.05 \times 0.99 \times 0.99 = 7.89 (\text{kW})$$

3）各轴输入转矩

电动机轴的输出转矩 T_d 为

$$T_d = 9.55 \times 10^6 P_d/n_m = 9.55 \times 10^6 \times 8.73/970 = 85.95 \times 10^3 (\text{N} \cdot \text{mm})$$

其余各轴的输入转矩为

$$T_{\text{I}} = 9.55 \times 10^6 P_{\text{I}}/n_{\text{I}} = 9.55 \times 10^6 \times 8.38/388 = 206.26 \times 10^3 (\text{N} \cdot \text{mm})$$
$$T_{\text{II}} = 9.55 \times 10^6 P_{\text{II}}/n_{\text{II}} = 9.55 \times 10^6 \times 8.05/81.86 = 939.13 \times 10^3 (\text{N} \cdot \text{mm})$$
$$T_{\text{III}} = 9.55 \times 10^6 P_{\text{卷}}/n_{\text{II}} = 9.55 \times 10^6 \times 7.89/81.86 = 920.47 \times 10^3 (\text{N} \cdot \text{mm})$$

将上述计算结果汇总于表 2-5，以备查用。

表 2-5　各轴的运动及动力参数

轴　名	功率 P/kW	转矩 T/(N·mm)	转速 n/(r·min⁻¹)	传动比 i	效率 η
0 轴(电动机轴)	8.73	85.95×10^3	970	2.5	0.96
I 轴	8.38	206.26×10^3	388	4.74	0.96
II 轴	8.05	939.13×10^3	81.86		
卷筒轴	7.89	920.47×10^3	81.86	1	0.98

第3章
传动零件设计计算和轴系零件的初步选择

进行减速器装配图和零件图设计时，首先必须对各级传动零件进行设计计算，确定各传动零件的主要参数、尺寸、材料和结构，因为传动件尺寸是决定装配图结构和相关零件尺寸的主要依据，包括带传动、链传动、齿轮传动(或蜗杆蜗轮传动)等。一般应先计算箱外传动件(如带、链)，后计算箱内传动件。其次，还需通过初算确定各传动轴的轴径和选择联轴器型号等。

各传动件的具体设计计算方法按教材所述进行。下面仅就课程设计中对传动件设计计算时应注意的一些问题作简要提示和说明。

3.1 V带传动设计

V带传动设计所需的已知条件包括原动机种类、传递功率、主动轮和从动轮的转速(或传动比)、工作要求、外廓尺寸和传动位置的要求等。设计V带传动时应确定带的型号、带的长度、中心距、根数、带轮的直径和宽度以及压轴力。

在确定带轮毂孔(轴孔)直径时，应根据带轮的安装情况来考虑。当带轮直接装在电动机轴或减速器轴上时，应取带轮毂孔直径等于电动机或减速器轴的直径；当带轮装在其他轴上时，则应根据该轴直径来确定。带轮轮毂长度与带轮轮缘宽度不一定相等，一般轮毂宽度 L 按轴孔直径 d_0 来确定(参见图 3-1)，轮缘宽度 B 则由带的型号和根数来确定(参见表 3-1)。

设计带传动时，应检查带轮尺寸与传动装置外廓尺寸的相互关系，如装在电机轴上的小带轮外圆半径是否大于电机中心高、大带轮外圆半径是否过大造成带轮与机架相碰等、带轮轴孔直径与电机轴径或减速器输入轴尺寸是否相适应。如图 2-2(a)所示。如有不合适的情况，应考虑改选带轮直径 d_{d1} 及 d_{d2}，重新设计计算。

带轮直径确定后，应验算带传动实际传动比和大带轮转速，并以此修正减速器传动比和输入转矩。

V带轮轮缘及轮槽尺寸参见表 3-1，普通 V 带轮的结构及尺寸参见图 3-1。

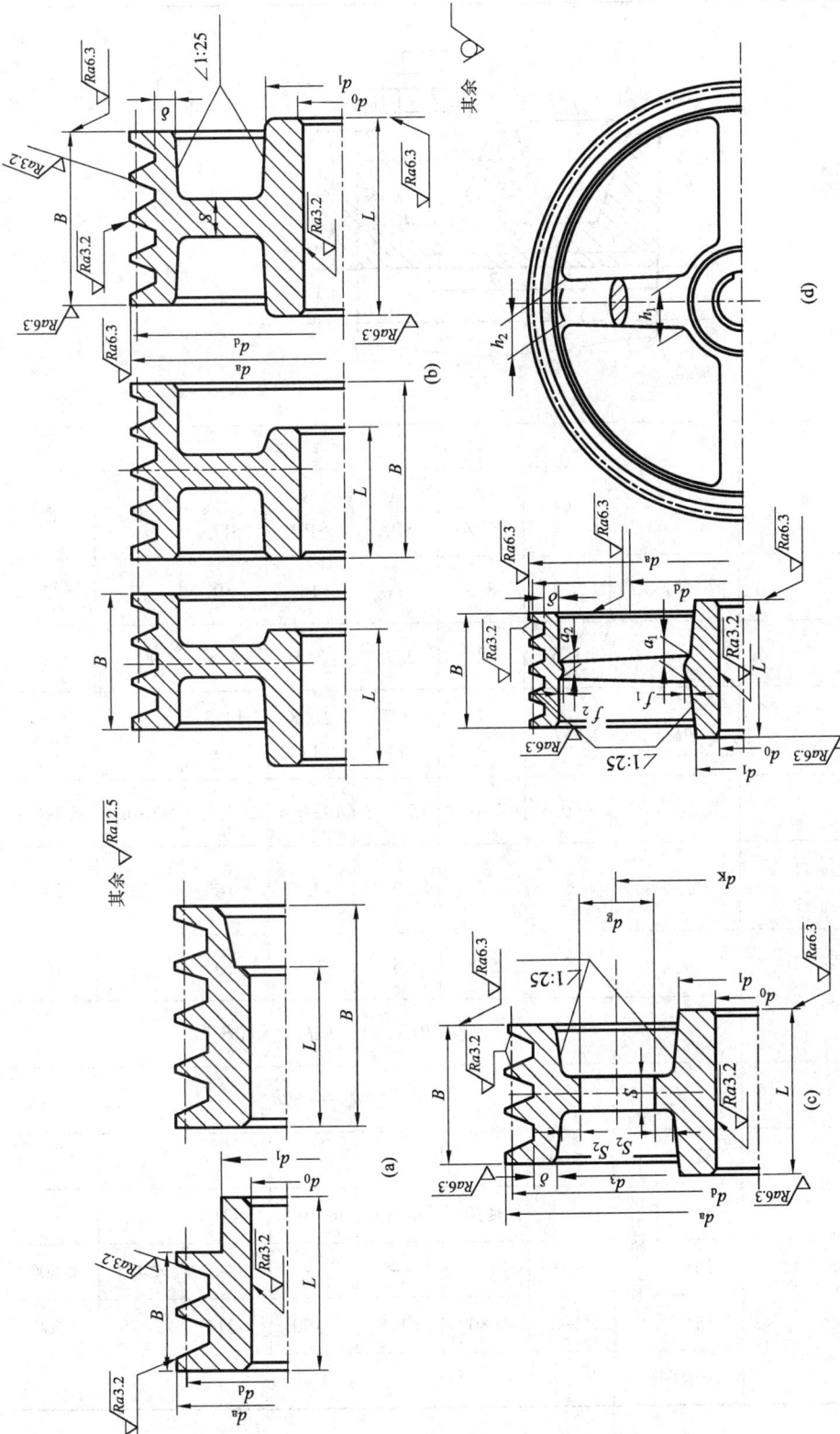

图3-1　V带轮的典型结构

(a)实心轮；　(b)辐板轮；　(c)孔板轮；　(d)椭圆轮辐

$d_1=(1.8\sim2)d_0$，d_0为轴的直径；$L=(1.5\sim2)d_0$，当 $B<1.5d_0$时，$L=B$，$S=(\frac{1}{7}\sim\frac{1}{4})B$，$B$值查表3-1，$S_2=0.8d_a$；$a_1=0.4h_1$；$a_2=0.8a_1$；$f_1=0.2h_1$；$f_2=0.2h_2$；$d_k=0.5(d_1+d_3)$；$d_g=(0.2\sim0.3)(d_3-d_1)$；$h_2=0.8h_1$；$h_1=290\sqrt[3]{\dfrac{P}{nA}}$(mm)，式中，$P$为传递的功率(kW)，$n$为带轮的转速(r/min)，$A$为轮辐数

表 3-1　V 带轮轮缘及轮槽尺寸（基准宽度制）（摘自 GB/T 13575.1—2022）　　　　　　　（mm）

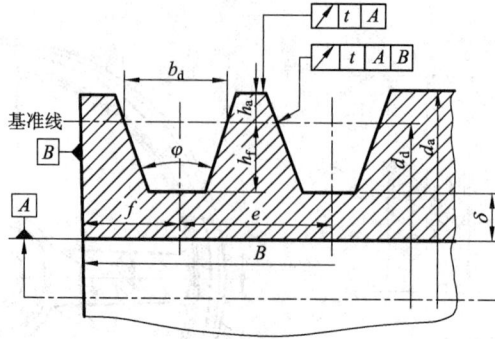

GB/T 13575.1—2022普通和窄V带传动（基准宽度制）

项　目	符号	槽　型						
		Y	Z SPZ	A SPA	B SPB	C SPC	D	E
节宽	b_d	5.3	8.5	11	14	19	27	32
基准线上槽深	h_{amin}	1.6	2	2.75	3.5	4.8	8.1	9.6
基准线下槽深	h_{fmin}	4.7	7 9	8.7 11	10.8 14	14.3 19	19.9	23.4
槽间距	e	8±0.3	12±0.3	15±0.3	19±0.4	25.5±0.5	37±0.6	44.5±0.7
第一槽对称面至端面的最小距离	f_{min}	6	7	9	11.5	16	23	28
最小轮缘厚度（参考）	δ_{min}	5	5.5	6	7.5	10	12	15
带轮宽	B	$B=(z-1)e+2f$，z 为轮槽数						
外径	d_a	$d_a=d_d+2h_a$						

项目				Y	Z SPZ	A SPA	B SPB	C SPC	D	E
轮槽角 φ	32°	相应的基准直径 d_d	≤60		—	—	—	—	—	—
	34°		—		≤80	≤118	≤190	≤315	—	—
	36°		>60		—	—	—	—	≤475	≤600
	38°				>80	>118	>190	>315	>475	>600
	极限偏差		±30′							

带轮安装在轴伸端的周向固定采用键连接,轴向定位采用轴肩,轴向固定采用螺钉连接的轴端挡圈,选择轴端挡圈查附表 3-22。

带轮的技术要求为:

(1) V 带轮轮槽工作表面粗糙度 Ra 为 1.6 μm 或 3.2 μm,轴孔表面为 3.2 μm,轴孔端面为 6.3 μm,其余表面为 12.5 μm。轮槽的棱边要倒圆或倒钝。

(2) 轮槽对称平面与带轮轴线垂直度为 ±30′。

(3) 带轮的平衡按 GB/T 11357 的有关规定。

(4) 带轮外圆的径向圆跳动和基准圆的斜向圆跳动公差 t 不得大于表 3-2 的规定。

表 3-2　带轮的圆跳动公差 t　　　　　　　　　　(mm)

带轮基准直径 d_d	径向圆跳动	斜向圆跳动	带轮基准直径 d_d	径向圆跳动	斜向圆跳动
≥20~100	0.2		≥425~630	0.6	
≥106~160	0.3		≥670~1000	0.8	
≥170~250	0.4		≥1060~1600	1.0	
≥265~400	0.5		≥1800~2500	1.2	

例　如附图 9-3 所示,减速器高速轴的轴伸直径 $d=25$ mm,轴上安装大带轮(未画出),且由轴肩定位,轴端采用挡圈固定。试确定 1) 大带轮的毂孔直径和轮毂宽度;2) 高速轴外伸端的尺寸及其键连接;3) 大带轮的定位轴肩高度和轴端挡圈型号;4) 挡圈的螺纹连接与防松。

解:1) 确定大带轮的毂孔直径和轮毂宽度

大带轮毂孔与轴伸配合安装,即毂孔直径 d_0 等于轴伸直径 d,则

$$d_0 = 25 \text{ mm}$$

查图 3-1 得带轮轮毂宽度 $L_带$

$$L_带 = (1.5~2)d_0 = (1.5~2) \times 25 = (37.5~50)(\text{mm})$$

取 $L_带 = 45$ mm

2) 确定高速轴外伸端的尺寸及其键连接

为保证轴端挡圈对带轮可靠固定(轴端挡圈只压在带轮上而不压在轴的端面上),与带轮相配合部分的轴段长度比带轮轮毂宽度略短一点,查附表 3-22 得

$$L_轴 = L_带 - (1~2) = 45 - (1~2) = 44~43 (\text{mm})$$

取轴伸长度 $L_轴 = 43$ mm。

① 选取 A 型普通平键,根据减速器高速轴轴伸直径 $d=25$ mm 查附表 3-29 知平键的截面尺寸:宽度 $b=8$ mm,高 $h=7$ mm,因轴伸长度 $L_轴$ 为 43 mm,故取键长 $L=36$ mm,标记:

键 8×7×36 GB/T 1096—2003

② 校核键的连接强度(如果键的强度不够,需采取改正措施。方法之一是采用 B 型键,可取键长 $L=40$ mm。此外,也可采用双键,两个平键最好布置在沿周向 180°,考虑到载荷分配的不均匀性,在强度校核中按 1.5 个单键计算。强度满足后不应改变轴伸原设计尺寸,此例略。

3)大带轮的定位轴肩高度和轴端挡圈型号

①由附表 2-20 查得轴的倒圆半径 R 为 1 mm，为定位固定可靠，取大带轮毂孔倒角 $C_1 = 1.6$ mm(要求 $C_1 > R$)，轴肩直径 $d_1 = d + (4 \sim 6) C_1 = 25 + (4 \sim 6) \times 1.6 = 31.4 \sim 34.6$(mm)。

减速器高速轴采用 J 形无骨架橡胶油封，由表 4-22 查得密封处轴径 $d_1 = 35$(mm)，且满足轴肩要求。油封标记：

J 形油封 35×60×12 HG4—338—66

②由附表 3-22 按 B 型制造，根据 $d_0 = 25$ mm 选择螺栓紧固轴端挡圈，其公称直径 $D = 32$ mm，标记：

挡圈 GB 892—86—B 32

4)挡圈的螺纹连接与防松

由附表 3-22 推荐采用螺栓连接，螺栓 GB/T 5783—2016，M6×20；采用弹簧垫圈防松，垫圈 GB 93—87 6。

3.2 链传动设计

链传动设计所需的已知条件包括载荷特性、工作情况、传递功率、主动轮和从动轮的转速、外廓尺寸、传动布置方式以及润滑条件等。设计链传动时应确定链的节距、齿数、链轮直径、轮毂宽度、中心距及作用在轴上的力。

设计时应尽量取较小的链节距，必要时采用双排链。为使磨损均匀，大、小链轮的齿数最好取奇数或不能整除链节数的数。为避免使用过渡链节，链节数最好取为偶数。为不使大链轮尺寸过大，速度较低的链传动的齿数不宜取得过多。设计时还要检查链轮外廓尺寸、轴孔尺寸、轮毂孔尺寸是否与减速器、工作机的其他零件相适应。同时还要考虑润滑和链轮的布置。

确定参数后，与带传动相似，要计算链传动的实际传动比，并据此调整减速器所需传动比和转矩。

滚子链链轮结构及尺寸见图 3-2～图 3-5 及表 3-3～表 3-6。链轮公差见表 3-7～表 3-10。对于一般用途的滚子链链轮，其轮齿经机械加工后，表面粗糙度 $Ra \leqslant 6.3$ μm。

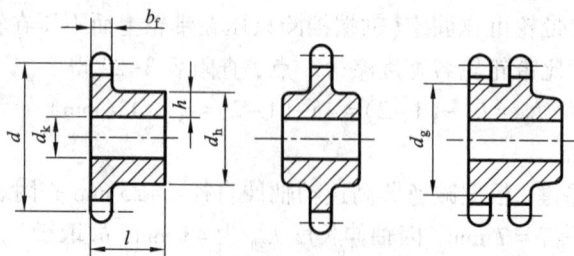

图 3-2 整体式钢制小链轮结构

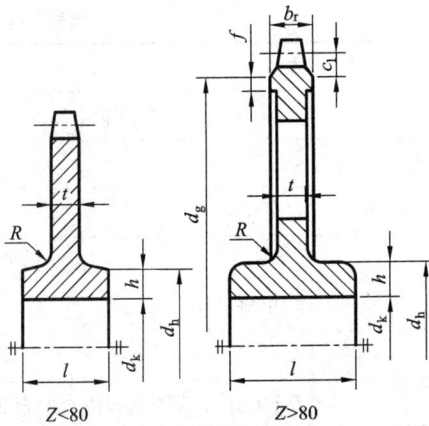

图 3-3 腹板式单排铸造链轮结构

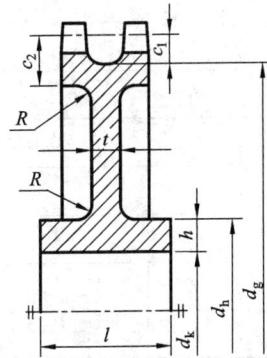

图 3-4 腹板式多排铸造链轮结构

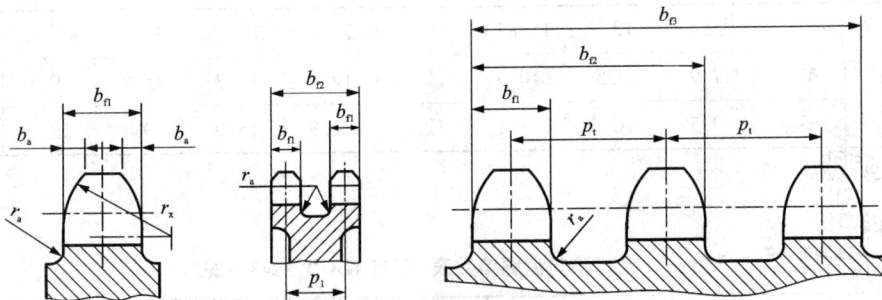

图 3-5 轴向齿廓

表 3-3 整体式钢制小链轮主要结构尺寸

（mm）

名　称	符　号	结构尺寸(参考)			
轮毂厚度	h	$h=K+\dfrac{d_k}{6}+0.01d$			
		常数 K	d	<50	50～100	100～150	>150
			K	3.2	4.8	6.4	9.5
轮毂长度	l	$l=3.3h$; $l_{min}=2.6h$			
轮毂直径	d_h	$d_h=d_k+2h$; $d_{hmax}<d_g$, d_g 为排间槽底直径			
齿宽	b_f	见表 3-6			

表 3-4 腹板式铸造链轮主要结构尺寸

（mm）

名　称	符　号	结　构　尺　寸	
		单　排	多　排
轮毂厚度	h	$h=9.5+\dfrac{d_k}{6}+0.01d$	
轮毂长度	l	$l=4h$; 对四排链, $l_M=b_{f4}$, b_{f4} 见表 3-6	

名　　称	符号	结　构　尺　寸	
		单　排	多　排
轮毂直径	d_h	$d_h = d_k + 2h$; $d_{hmax} < d_g$	
齿侧凸缘宽度	b_r	$b_r = 0.625p + 0.93b_1$, b_1 为内链节内宽	
轮缘部分尺寸	c_1	$c_1 = 0.5p$	同单排链轮
	c_2	$c_2 = 0.9p$	
	f	$f = 4 + 0.25p$	
圆角半径	R	$R = 0.04p$	$R = 0.5t$, t 为腹板厚度,见表3-5

表3-5　腹板式铸造链轮腹板厚度 t　　　　　　　　　　　　　　　　（mm）

节　距 p		9.525	12.7	15.875	19.05	25.4	31.75	38.1	44.45	50.8
腹板厚度 t	单排	7.9	9.5	10.3	11.1	12.7	14.3	15.9	19.1	22.2
	多排	9.5	10.3	11.1	12.7	14.3	15.9	19.1	22.2	25.4

GB/T 1243—2024传动用短节距
精密滚子链、套筒链、附件和链轮

表3-6　链轮轴向齿廓参数表（摘自 GB/T 1243—2024）　　　　　　（mm）

名　　称		代号	计算公式		备　　注
			$p \leqslant 12.7$	$p > 12.7$	
齿宽	单排	b_{f1}	$0.93b_1$	$0.95b_1$	$p \leqslant 12.7$ 时,四排以上链轮的公式可以由用户和制造商之间协议后使用; b_1 为内链节内宽
	双排、三排		$0.91b_1$	$0.93b_1$	
	四排以上		$0.88b_1$		
齿边倒角宽		b_a	$b_{a公称} = 0.06p$		适用于 081、083、084、085 规格链条
			$b_{a公称} = 0.13p$		适用于其余 A 或 B 系列链条
齿侧半径		$r_{X公称}$	$r_{X公称} = p$		
齿侧凸缘(或排间角)圆角半径		r_a	$r_a \approx 0.04p$		
齿全宽		b_{fn}	$b_{fn} = (n-1)p_t + b_{f1}$		n 为排数

表3-7　滚子链链轮齿根圆直径极限偏差 Δd_f 和跨柱测量距极限偏差 ΔM_R（摘自 GB/T 1243—2024）

　　　　　　　　　　　　　　　　　　　　　　　　　　　　　　　　　　　（mm）

项　　目	尺　寸　段	上偏差	下偏差	备　　注
齿根圆直径极限偏差 (Δd_f) 和跨柱测量距极限偏差 (ΔM_R)	$d_f \leqslant 127$	0	-0.25	链轮齿根圆直径下偏差为负值,它可以用量柱法间接测量,跨柱测量距 M_R 的公称尺寸值见表3-8
	$127 < d_f \leqslant 250$	0	-0.30	
	$250 < d_f$	0	h11	

24

表 3-8　滚子链链轮的跨柱测量距 M_R（摘自 GB/T 1243—2024）

项　　目		符　　号	计　算　公　式
跨柱测量距（M_R）	偶数齿	M_R	$M_R = d + d_R$
	奇数齿		$M_R = d\cos\dfrac{90°}{z} + d_R$

注：量柱直径 $d_R = d_1{}^{+0.01}_{\ \ 0}$（$d_1$ 为最大滚子直径）。

表 3-9　滚子链链轮齿根圆径向圆跳动和端面圆跳动

项　　目	齿根圆直径/mm	
	$d_f \leqslant 250$	$d_f > 250$
齿根圆径向圆跳动	10 级	11 级
齿根圆处端面圆跳动		

表 3-10　齿坯公差（摘自 GB/T 1243—2024）

项　　目	代　　号	公　差　带
孔径	d_k	H8
齿宽	b_f	h14

3.3　齿轮传动设计

齿轮设计的条件为：传递的功率（或转矩）、转速、传动比、工作条件及尺寸限制等。设计的内容有：齿轮的材料，齿轮传动参数（如中心距、齿数、模数、螺旋角、旋向、变位系数、齿宽、分度圆、齿根圆、齿顶圆直径等，对锥齿轮传动，还有锥距、分度圆锥角、根锥角及顶锥角等），齿轮其他几何尺寸和结构。

对开式齿轮传动和闭式齿轮传动应区别对待。

1. 开式齿轮传动

常用于低速，一般采用直齿，由于润滑、密封条件差，应注意材料配对，使其具有较好的耐磨性。选择齿轮材料时，应注意与毛坯制造方法相一致。如当齿轮顶圆直径估计大于 500 mm 时，多用铸造毛坯，材料相应为铸钢或铸铁；当齿顶圆直径不超过 500 mm 时，可采用锻造毛坯，其材料应为锻钢；当小齿轮齿根圆直径与装配轴径相近时，应将齿轮和轴制成整体的齿轮轴，此时材料选择还应兼顾轴的要求。

开式齿轮传动的主要失效形式为齿面的磨损和轮齿的弯曲疲劳折断，因此，开式齿轮设计时一般只需计算轮齿弯曲疲劳强度。考虑齿面磨损，应将强度计算所求得的模数加大 10%~20%。

由于开式齿轮的支撑刚性较差，为减轻轮齿载荷分布不均，齿宽系数应选小些。另外，在开式齿轮传动中，为使轮齿不致过小以保证齿根弯曲强度，小齿轮不宜选用过多的齿数。

与带传动和链传动相似，同样要检查齿轮尺寸与传动装置总体尺寸及工作机尺寸是否相称，是否与其他零件相干涉。

开式齿轮传动设计完成后,要由选定的大、小齿轮齿数计算实际传动比。

2. 闭式齿轮传动

具体设计计算方法及结构设计均可依据教材所述。此外,还应注意以下几点:

(1)齿轮材料、热处理方法及毛坯类型。若传递功率大,且要求尺寸紧凑,应选用合金钢,并采用表面淬火或渗碳淬火、碳氮共渗等热处理方式;若对齿轮的尺寸没有严格要求,则可选用普通碳钢或铸铁,采用正火或调质等热处理方式。锻造毛坯适用于齿轮顶圆直径 $d_a \leqslant 500$ mm 时,材料为锻钢。铸造毛坯适用于齿轮直径较大(一般情况,圆柱齿轮 $d_a > 400$ mm,锥齿轮 $d_a > 300$ mm)时,常用材料为铸钢或铸铁。当齿轮直径与轴径相差不大(对于圆柱齿轮,齿轮的齿根至键槽底部的距离 $x < 2.5 m_n$;对于直齿锥齿轮,圆锥齿轮小端的齿根圆至键槽底部的距离 $x < 1.6 m$)时,则齿轮应和轴做成一体,此时选材要兼顾轴的要求。对单件或小批生产的大齿轮,为缩短生产周期和减轻齿轮重量,有时也采用焊接齿轮结构。同一减速器中的各级小齿轮(或大齿轮)的材料应尽可能选用一致,以减少材料牌号数目和简化工艺流程。齿轮结构尺寸主要按经验公式确定,对常见的齿轮的结构及尺寸在设计时可参见教材或相关资料。

(2)齿轮强度计算。锻钢齿轮分软齿面(≤350 HBW)和硬齿面(>350 HBW)两种,设计时应按工作条件和尺寸要求选择齿面硬度。大、小齿轮的齿面硬度差一般为:

软齿面齿轮 HBW_1 值-HBW_2 值≈30~50。

硬齿面齿轮 HRC_1 值≈HRC_2 值。

在强度计算公式中,载荷和几何参数是用小齿轮的传递转矩 T_1 和直径 d_1(或 mz_1)表示的。因此,计算齿轮强度时,不管是针对大齿轮还是小齿轮,公式中的转矩、直径、齿数应按小齿轮参数代入。考虑到补偿装配时大小两个齿轮的轴向位置误差,通常小齿轮齿宽 b_1 比大齿轮齿宽 b_2 大 5~10 mm,因此计算齿面接触疲劳强度时,齿宽 $b = \phi_d d_1$ 指的是大齿轮的齿宽;计算齿根弯曲疲劳强度时,应各按各的齿宽代入计算公式。

(3)齿轮传动的几何参数和尺寸。齿轮传动的参数和尺寸,有些应取标准值,有些则必须求出精确值,有些则应圆整。如模数应取标准值;分度圆、齿顶圆、齿根圆直径、螺旋角、变位系数等啮合尺寸必须计算其精确值,长度尺寸精确到小数点后 2~3 位(单位 mm),角度精确到秒;中心距和齿宽及其他结构尺寸(如轮毂直径和长度、轮辐的厚度和孔径、轮缘长度和内径等)应尽量圆整。为了便于制造和测量,中心距尽量圆整到尾数为 0 或 5。对于斜齿圆柱齿轮传动可通过调整螺旋角 β 来实现;对直齿圆柱齿轮传动可通过调整模数 m 和齿数 z,或采用变位来达到。

(4)齿轮传动设计计算中尚需注意:在选择齿数 $z_1(z_2)$、模数 $m(m_n)$ 和分度圆螺旋角 β 时,不能孤立地一个个决定,而应综合考虑。当齿轮传动的中心距一定时,齿数多、模数小,则既能增加重合度,改善传动平稳性,又能降低齿高,减小滑动系数,减少磨损和胶合。但是齿数多、模数小又会降低轮齿的弯曲强度。齿数取得太少会发生根切现象。为避免根切,对于标准直齿圆柱齿轮,$z_{\min} = 17$;对于标准斜齿圆柱齿轮,$z_{\min} = 17\cos^3\beta$。闭式齿轮传动中,通常可取 $z_1 = 20 \sim 40$。为增加传动的平稳性,可在保证齿根弯曲强度的前提下 d_1 取大一些,但要同时兼顾传递动力用的齿轮模数一般不宜小于 1.5 mm;在高速传动中,尽量避免大齿轮的齿数为小齿轮齿数的整数倍。关于斜齿圆柱齿轮,分度圆螺旋角 β 的选取既不能太大,也不能太小,太大将使轴向力过大,太小则不能充分体现斜齿轮的优越性。初选 z_1 或 m_n 时,可取 $\beta = 8° \sim 20°$,然后将 m_n 标准化及中心距 a 圆整后,再确定分度圆螺旋角 β 的精确值。

3. 圆锥齿轮传动

圆锥齿轮传动设计中要注意以下问题:

(1)直齿圆锥齿轮的锥距 R、分度圆直径 d(大端)等几何尺寸,应按大端模数和齿数精确计算至小数点后 3 位数值。

(2)两轴交角为 90°时,分度圆锥角 δ_1 和 δ_2 可以由齿数比 $i=z_2/z_1$ 算出,其中小锥齿轮齿数 z_1 可取 17~25,对于标准锥齿轮,$z_{\min}=17\cos\delta$。i 值的计算应达到小数点后 3 位,δ 值的计算应精确到秒。

(3)大、小圆锥齿轮的齿宽应相等,按齿宽系数 $\phi_R=b/R$ 计算出 b 的数值并圆整。

4. 蜗杆传动

蜗杆传动设计中要注意以下问题:

(1)蜗杆传动设计内容为:一般是先根据传动的功用和传动比的要求,选择蜗杆和蜗轮的材料及其热处理方式、蜗杆头数 z_1、蜗轮齿数 z_2,按强度计算确定模数 m、蜗杆直径系数 q、中心距 a,计算它们的分度圆直径、齿顶圆直径、齿根圆直径、蜗杆导程角(蜗轮螺旋角)、蜗轮轮缘宽度和轮毂宽度以及结构尺寸等。

(2)蜗杆副材料的选择。由于蜗杆传动的滑动速度大,摩擦发热剧烈,因此要求蜗杆蜗轮副材料具有较好的耐磨性和抗胶合能力。一般是在初估滑动速度的基础上选择材料。当蜗杆传动尺寸确定后,应校核滑动速度和传动效率是否与估值相符,并检查材料选择是否恰当。若与初估值有较大出入,则应重新修正计算。

(3)为了便于加工,蜗杆和蜗轮的螺旋线方向应尽量取为右旋。模数 m 和蜗杆分度圆直径 d_1 要符合标准规定。

(4)闭式蜗杆传动因发热大,易产生胶合,应进行热平衡计算,但须在蜗杆减速器装配草图完成后进行。

3.4 联轴器的选择

减速器通常通过联轴器与电动机轴、工作机轴相连接,选择联轴器包括选择联轴器的类型和型号。

1. 选择联轴器的类型

根据工况选择合适的类型。一般说来,对载荷平稳、低速、刚性大、同轴度好、无相对位移的传动轴选用刚性联轴器;对刚性小、有相对位移的两轴宜选用挠性联轴器,以补偿其安装误差。同时要考虑联轴器的可靠性与工作环境:通常由金属元件制成的不需润滑的联轴器比较可靠,含有非金属元件的联轴器对温度、腐蚀性介质等比较敏感,且容易老化。在满足使用性能的前提下,还应选用装拆方便、维护简单、成本较低的联轴器:刚性联轴器结构简单,装拆方便,可用于低速、刚性大的传动轴;一般的非金属挠性联轴器由于具有良好的综合性能,广泛应用于一般的中小功率传动中。特殊场合若无适当的标准联轴器可供选用时,则可根据实际工况自行设计。本课程设计时可以参考以下内容:

(1)连接电动机轴与减速器高速轴的联轴器,由于轴的转速较高,故一般应选具有缓冲、吸振作用的弹性联轴器,如弹性柱销联轴器、弹性套柱销联轴器等。

(2)减速器低速轴与工作机轴连接用的联轴器,由于转速较低,传递的力矩大,且减速器轴与工作机轴之间往往有较大的轴线偏移，故常选用刚性可移式联轴器，如滚子链联轴器、齿式联轴器等。

（3）对于中小型减速器，其输出轴与工作机轴的轴线偏移不很大时，也可选用弹性柱销联轴器这类可移式联轴器。

2. 选择联轴器的型号

按照计算转矩、轴的转速、轴径及可能的轴线偏移量选定所需的型号和尺寸。要求所选联轴器的许用转矩大于计算转矩，还应注意联轴器所连接的两轴轴径可以不等，所选用联轴器毂孔直径范围是否与所连接两轴的直径大小相适应。若不适应，则应重选型号或改变轴径。且应注意电动机选定后，其轴径是一定的，应注意调整高速轴外伸端的直径。

常用联轴器类型及型号可参见附录Ⅳ。

3.5　初算轴的直径

按扭矩初步估算轴的最小直径，即

$$d \geqslant C\sqrt[3]{P/n} \tag{3-1}$$

式中：P 为轴所传递的功率，kW；n 为轴的转速，r/min；C 为与轴的材料有关的系数，其值可查表 3-11。对于确定的材料，当弯矩相对于转矩的影响较大或对轴的刚度要求较高时，C 取较大值；反之，C 取较小值。在多级齿轮减速器中，高速轴的转矩较小，C 取较大值；低速轴的转矩较大，C 取较小值；中间轴取中间值。

表 3-11　轴常用材料的 C 值

轴的材料	Q235A、20	Q275、35(1Cr18Ni9Ti)	45	40Cr、35SiMn、38SiMnMo、3Cr13
C 值	126~149	112~135	103~126	97~112

应用式（3-1）求出的 d 值，一般可作为轴受转矩作用部分的最小直径，通常是轴端最小直径。若该轴段有键槽，则应适当加大并将其圆整到标准值。该轴段同一剖面有一个键槽时，d 值增大 5%；有双键槽时，d 值增大 10%。也可以采用经验公式来估算轴的直径。如在一般减速器中，输入轴的轴端直径可根据与之相连的电机轴的直径 D 来估算，$d=(0.8\sim1.2)D$。

3.6　初选滚动轴承

滚动轴承类型的选择应在对各类轴承的工作特性充分了解的基础上，根据轴承所受载荷大小、性质、方向，轴的转速及工作要求进行选择。当承受纯径向载荷、轴的转速较高时，一般选用深沟球轴承或圆柱滚子轴承。当轴承同时承受径向载荷和轴向载荷时，若轴向载荷较小时，可选用深沟球轴承或接触角较小的角接触球轴承、圆锥滚子轴承；若轴向载荷较大时，可选用接触角较大的角接触球轴承、圆锥滚子轴承。

根据初算轴径，考虑轴上零件的轴向定位和固定，估计出装轴承处的轴径，再假设选用轻系列或中系列轴承，这样可初步定出滚动轴承型号。至于选择得是否合适，则有待于在减速器装配草图设计中进行寿命验算后再行确定。

常用滚动轴承类型及型号可参见附录Ⅴ。

第 4 章
减速器的结构设计

结构设计是在总体方案、主要参数或若干主要尺寸已经拟定的基础上进行，确定机械各部分几何形状、尺寸、配合要求、制造精度和表面粗糙度等细节的过程。结构设计也是在充分了解产品计划和总体方案所考虑的设计意图和全部结论的基础上进一步创造的过程，必要时可能需要修改甚至推翻前阶段的结论。结构设计的好坏，不仅会影响机械的工作质量，而且直接影响到制造、装配和维修是否方便，成本是否低廉。正确、合理地设计结构，可以显著地提高设计质量。

机械设计中结构设计涉及面较广且相当灵活。本章以减速器为例，通过其结构分析，阐述机械结构设计方面的一些共性问题。

减速器结构设计的主要内容为：进行轴的结构设计，确定轴承的型号、轴的支点距离和力的作用点，进行轴的强度和轴承寿命计算，完成轴系零件的结构设计以及减速器箱体的结构设计。

4.1　减速器概述

1. 减速器的用途

减速器是指原动机与工作机之间独立的闭式传动装置，用来降低转速并相应地增大转矩。它是一种典型的机械基础部件，广泛应用于各个行业，如冶金、运输、化工、建筑、食品甚至艺术舞台。在某些场合，也有用作增速的装置，并称为增速器。

2. 减速器的分类

减速器分为标准减速器和非标准减速器两类。标准减速器是按国家有关标准设计和制造的，在生产实际中，标准减速器不可能完全满足机械设备的各种功能要求，故常需要自行设计非标准减速器。

非标准减速器有通用减速器和专用减速器两种。课程设计中所设计减速器为非标准通用减速器。

常用减速器的类型、特点及应用见表 2-2。

3. 减速器的结构

在长期的生产实践中，通用减速器的结构已基本定型。减速器的基本结构由传动零件（齿轮或蜗杆、蜗轮等）、轴和轴承、箱体、润滑和密封装置以及减速器附件等组成。根据不同要求和类型，减速器有多种结构。图 4-1~图 4-4 分别为单级圆柱齿轮减速器、双级圆柱齿轮减速器、圆锥-圆柱齿轮减速器和蜗杆减速器的典型结构。

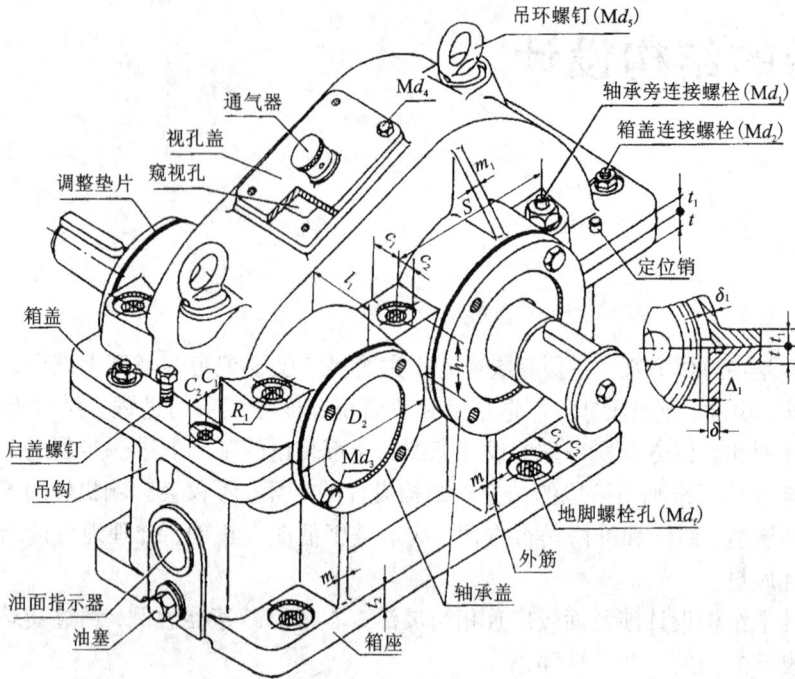

图 4-1 单级圆柱齿轮减速器

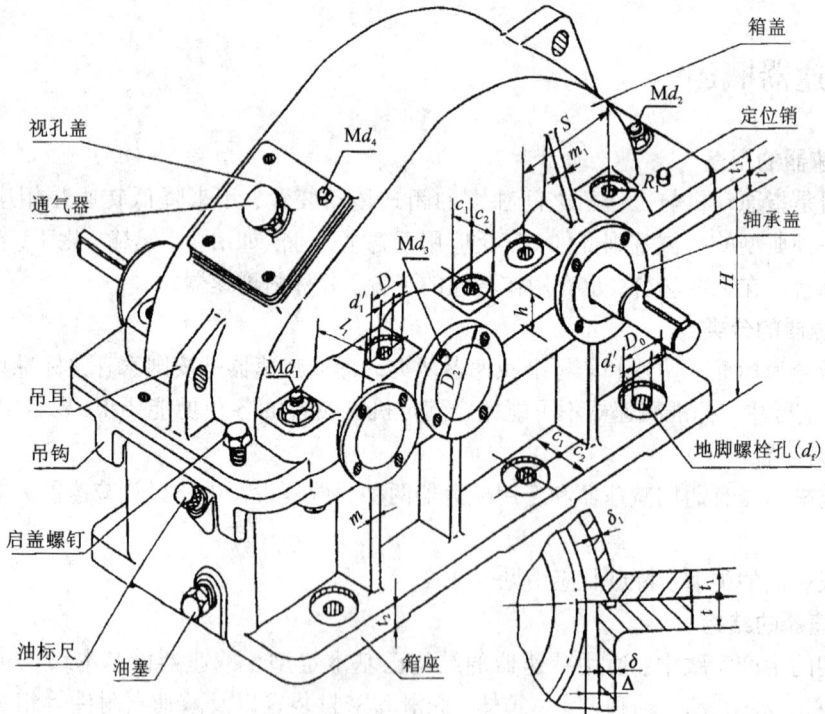

图 4-2 双级圆柱齿轮减速器

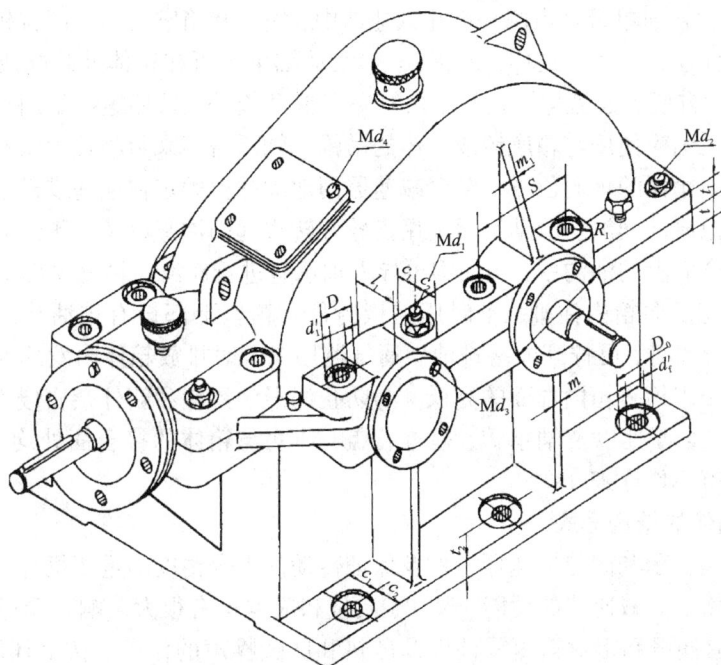

图 4-3　圆锥-圆柱齿轮减速器

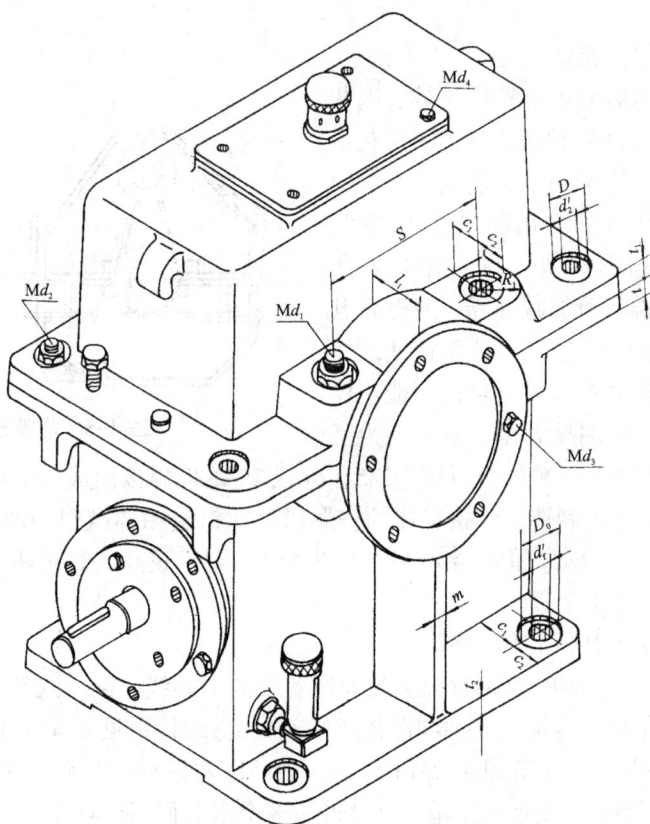

图 4-4　蜗杆减速器

在图 4-1 所示普通单级直齿圆柱齿轮减速器中，箱盖和箱座由两个圆锥销精确定位，并用一定数量的螺栓连成一体。这样，齿轮、轴、滚动轴承等可在箱体外装配成轴系部件后再装入箱体，使装拆方便。起盖螺钉是便于由箱座上揭开箱盖，吊环螺钉是用于吊运箱盖，而整台减速器的吊运则应使用与箱座铸成一体的吊钩。轴承盖用来封闭轴承室和固定轴承、轴系其他零件相对于箱体的轴向位置。整台减速器用地脚螺栓固定在地基或机架上。该减速器齿轮传动采用油池浸油润滑。滚动轴承利用齿轮旋转溅起的油雾以及飞溅到箱盖内壁上的油液汇集到箱体接合面上的油沟中，经油沟再导入轴承室进行润滑。箱盖顶部所开检查孔用于检查齿轮啮合情况及向箱内注油，平时用盖板封住。箱座下部设有排油孔，平时用油塞封住，需要更换润滑油时，可拧开油塞排油。通气器用来及时排放箱体内发热温升而膨胀的空气。油面指示器用来检查箱内油面的高低。为防止润滑油渗漏和箱外杂质侵入，减速器在轴的伸出处、箱体结合面处以及轴承盖、检查孔盖，油塞与箱体的接合面处均采取密封措施。其他几种减速器就不作详细介绍。

4. 减速器箱体的结构形式

减速器箱体是支承和固定减速器零件及保证传动件啮合精度的重要机件，其质量约占减速器总质量的 50%，对减速器的性能、尺寸、质量和成本均有很大影响。箱体一般还兼作润滑油的油箱，具有润滑和密封箱内零件以及散热和屏蔽噪声的作用。按毛坯制造方法不同，箱体分为铸造与焊接两类；按剖分与否分为剖分式和整体式；按外形结构不同分为平壁式和凸壁式。

1) 铸造箱体和焊接箱体

大部分通用减速器采用灰铸铁箱体，因灰铸铁具有良好的铸造性能和减震性能，易获得合理和复杂的外形，易于切削，且成本低，但较重，适宜于批量生产。常用牌号为 HT200、HT250 两种。铸造箱体如图 4-1～图 4-4 所示。对重型或受冲击载荷的减速器，为提高其承受震动和冲击的能力，也可用球墨铸铁或铸钢制造。轻型减速器也有采用轻合金铸造箱体的。在单件生产中，特别是大型减速器，为了

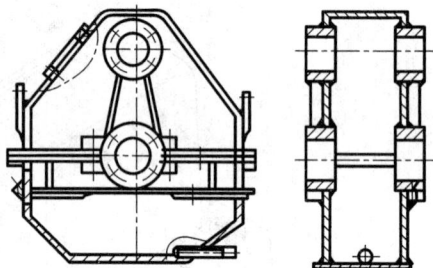

图 4-5　焊接箱体

减轻质量或缩短生产周期，箱体也可用 Q235、20 或 25 钢板焊接而成（图 4-5），其轴承座部分可用圆钢、锻钢或铸钢制造。焊接箱体的壁厚可以比铸造箱体减薄 20%～30%，故焊接箱体常比铸造箱体轻 1/4～1/2。但焊接时易产生热变形，要求较高的焊接技术及焊后作退火处理，并应留有足够的加工余量。

2) 剖分式箱体和整体式箱体

箱体多采用剖分式结构，且剖分面多数通过各轴的中心线。剖分式箱体的接合面，除为了有利于多级齿轮传动的等油面浸油润滑作成倾斜式剖分面［参见 4.4 小节图 4-25（a）］外，一般均为水平式［参见 4.4 小节图 4-25（b）］。一般减速器只有一个水平剖分面，但在重型立式减速器中，为便于制造、安装和运输，也可采用多个剖分面（图 4-6）。小型蜗杆减速器为整体式箱体，蜗轮轴承支承在与整体箱体配合的两个大端盖中。小型立式单级圆柱齿轮减速器有时也采用整体式箱体结构，顶盖与箱体接合。这种整体式箱体尺寸紧凑，刚度大，质量

较轻，易于保证轴承与座孔的配合要求，但装拆和调整往往不如剖分式箱体方便。

3）平壁式箱体和凸壁式箱体

平壁式箱体，常设外筋；凸壁式箱体，常设内筋。凸壁式箱体的刚性、油池容量和散热面积等都比较大，且外表光滑、美观，但高速时油的阻力大，铸造工艺也较为复杂，且外凸部分只能采用螺钉或双头螺柱连接。箱座上须制出螺纹孔。

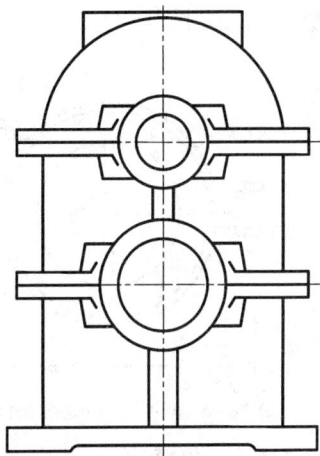

图 4-6　立式减速器

4.2　减速器箱体的结构设计

箱体的具体结构设计与减速器传动件、轴系和轴承部件以及润滑密封等密切相关，同时还应综合考虑使用要求、强度、刚度及铸造、机械加工和装拆工艺等多方面因素。

4.2.1　箱体结构的设计要点

箱体结构设计应考虑以下几个方面的问题：

第一，为便于轴系部件的安装和拆卸，箱体大多采用剖分式结构（图 4-1～图 4-4）。

第二，为保证具有足够的强度和刚度，箱体要有一定的壁厚，并在轴承孔处设置加强筋。

箱体在加工和使用过程中，因受复杂的变载荷而引起相应的变形。若箱体的刚度不够，会产生过大的变形，引起轴承孔中心线的过度偏斜，从而影响传动件的运转精度，甚至因载荷集中而导致运动副的加速损坏。因此设计时应注意：

（1）确定合理的箱体壁厚 δ。它与受载大小有关。铸造箱体壁厚与结构尺寸参考图 4-1～图 4-4 及表 4-1、附表 2-30。

（2）保证轴承座有足够的刚度，设置加强筋。有时加强筋还可以增加箱体的冷却面积，提高冷却效果。齿轮减速器常设外筋，蜗杆减速器常设内筋。

为了提高轴承座孔的连接刚度，对于连接螺栓的数量、间距、大小等都有一定的要求，见表 4-1。轴承座孔两侧的连接螺栓应尽量靠近，但注意不得与端盖螺钉孔及箱内输油沟发生干涉，如图 4-7 所示。为提高刚度，轴承座座孔附近应做出凸台 [图 4-8（b）]。凸台要有一定高度，以保证其上有足够的扳手空间，但高度不应超过轴承座孔外径尺寸（图 4-9）。确定凸台高度 h：在最大的轴承座孔（低速级轴承座孔）的那个轴承旁连接螺栓的中心线确定后，根据轴承旁连接螺栓直径 d_1 确定所需的扳手空间 c_1 和 c_2 值，用作图法确定凸台高度 h。用这种方法确定的 h 值不一定为整数，可向大的方向圆整为 R_{20} 标准数列值。

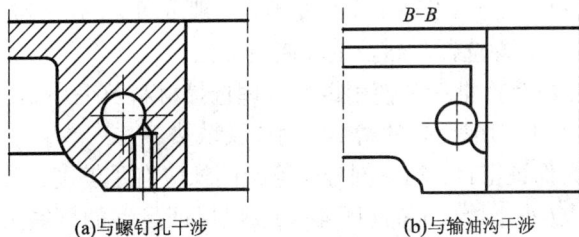

(a)与螺钉孔干涉　　(b)与输油沟干涉

图 4-7　连接螺栓相距过近造成干涉

其他较小轴承座孔凸台高度，为了制造方便，均设计成等高。考虑铸造拔模，凸台侧面的斜度一般取 $1:20$(图 4-9)。

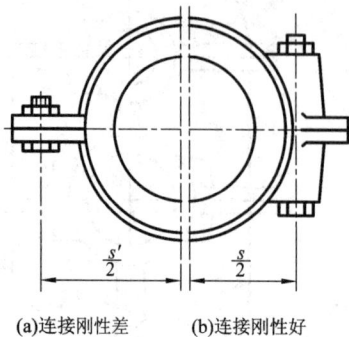

(a)连接刚性差　(b)连接刚性好

图 4-8　箱体轴承座孔连接螺栓位置

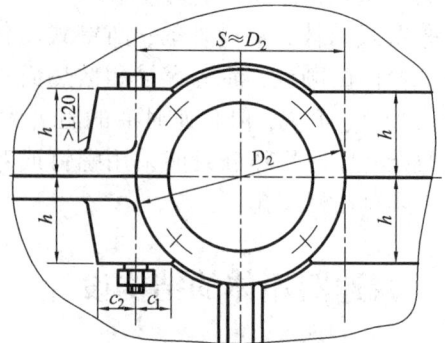

图 4-9　轴承旁连接螺栓凸台的设计

画凸台结构应在三视图上同时进行。当凸台位置位于箱体轮廓线内侧时，其投影关系如图 4-10(a)所示。在主视图上确定好凸台及箱体结构的投影后，就可以确定小齿轮顶圆与箱体内壁间的距离，进而完成俯视图。当凸台位置位于外侧时，其投影关系如图 4-10(b)所示。

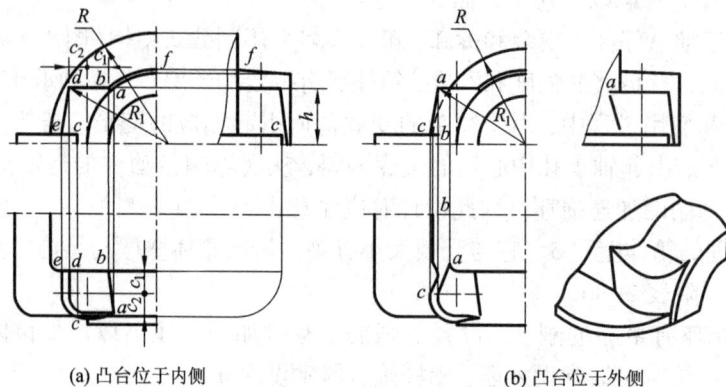

(a) 凸台位于内侧　　　　　　(b) 凸台位于外侧

图 4-10　小齿轮一侧箱盖圆弧的确定及凸台投影关系

为了保证接合面连接处的局部刚度与接触刚度，箱盖与箱座连接凸缘厚度 t_1 和 t 应取大些，箱座底面凸缘厚度 b_2 更要适当厚些，见表 4-1。箱体底凸缘的宽度 B 应超过箱体内壁[图 4-11(a)]，以利于支承受力，一般取 $B=c_1+c_2+2\delta$。而图 4-11(b)是不好的结构。

(3)合理选择材料及毛坯制造方法。

根据生产批量和使用情况合理选择材料及毛坯制造方法，见本章第 4.1 节中的介绍。

(4)应考虑良好的密封、润滑及散热。

为保证密封，箱体剖分面连接凸缘应有足够宽，并要精刨或刮研，连接螺栓间距 S 也不应过大(小于 150 mm)(图 4-9)，以保证足够的压紧力。为了保证轴承孔的精度，剖分面间不得加垫片。为提高密封性，将油沟布置在剖分面上(图 4-12)。按用途不同，油沟可分为输油沟(也叫导油沟)[图 4-12(a)]及回油沟[图 4-12(b)]两种。输油沟的作用是把飞溅到

34

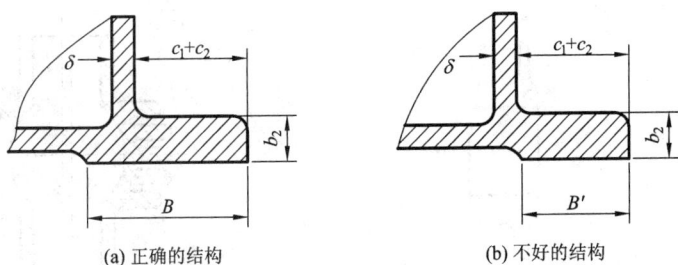

(a) 正确的结构　　　　　(b) 不好的结构

图 4-11　箱体底凸缘的宽度

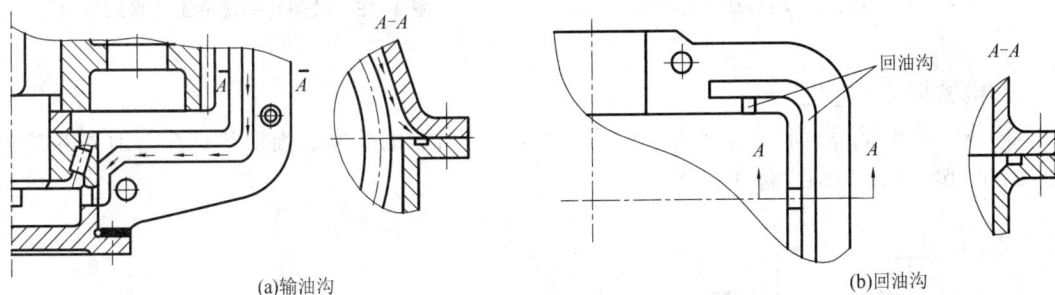

(a)输油沟　　　　　　　　　　(b)回油沟

图 4-12　输油沟和回油沟结构

箱盖而沿斜坡口流入的润滑油汇集引到端盖的缺口输入轴承。回油沟的作用是把从箱体剖面处渗出的油沿油沟的斜槽流回箱内。油沟的加工方法不同, 其形状及尺寸也不同(图 4-13)。为了提高密封性也允许在剖分面间涂以密封胶。

对于大多数减速器, 由于其传动件的圆周速度小于 12 m/s, 传动零件一般采用浸油润滑方式进行润滑, 故减速器箱体兼做油池, 轮廓尺寸应足够大, 以容纳一定量的润滑油, 保证润滑和散热。

(5)箱体应有良好的结构工艺性。

箱体的结构工艺性对箱体的质量、成本以及加工、装配、使用和维修等都有直接影响。

①铸造工艺性。

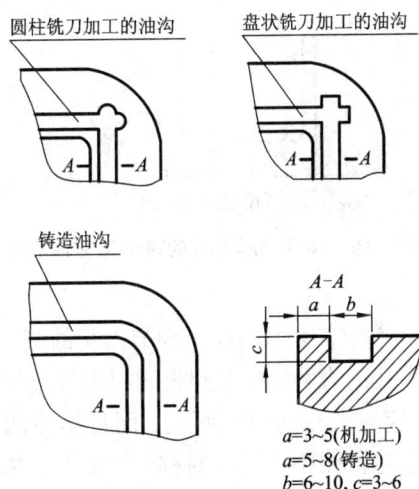

圆柱铣刀加工的油沟　　盘状铣刀加工的油沟

铸造油沟

a=3~5(机加工)
a=5~8(铸造)
b=6~10, c=3~6

图 4-13　油沟形状及尺寸

设计铸造箱体时, 力求壁厚均匀、过渡平缓、外形简单。在采用砂型铸造时, 金属不应局部积聚(图 4-14)。凡外形转折处都应有铸造圆角, 以减少铸件的热应力和避免缩孔, 箱体铸造圆角半径一般可取 $R \geqslant 5$ mm。为使液态金属流动顺畅, 壁厚应大于最小铸造壁厚(最小铸造壁厚见附表 2-30)。还应注意各轴承孔的凸台高度应一致, 尽量减少沿拔模方向的凸起部分, 并应注意铸件要有 1:20 至 1:10 的拔模斜度。图 4-15(a)所设计的蜗杆减速器散热片便于拔模, 图 4-15(b)不便于拔模。图 4-16 是铸件凸起部分的设计。

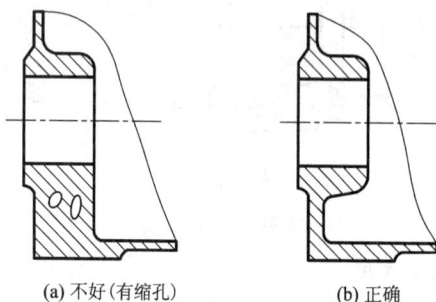

(a) 不好(有缩孔)　　　(b) 正确

图 4-14　铸造时金属不应局部积聚

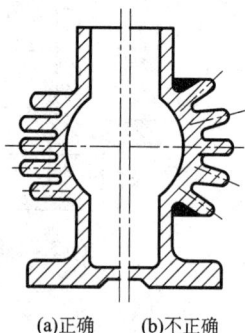

(a)正确　　(b)不正确

图 4-15　散热片的铸造工艺性对比

②机械加工工艺性。

箱体结构形状应有利于减少加工面积。图 4-17 所示的箱座底面形状是在与地基的结合处具有凸起结构,可减少加工面积。

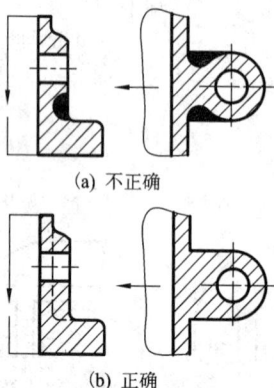

(a) 不正确

(b) 正确

图 4-16　铸件凸起部分的铸造工艺性对比

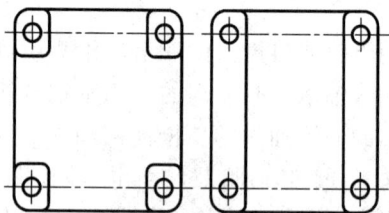

图 4-17　箱座底面的结构形状

设计时应考虑减少工件与刀具的调整次数,以提高加工精度和生产率,如同一轴心线两轴承座孔的直径、精度和表面粗糙度应尽量相同,以便一次镗出。又如,被加工面(如轴承座端面)应力求在同一平面上,而且箱体两侧轴承座孔端面应与箱体中心平面对称,便于加工和检验。

箱体上的加工面与非加工面应严格分开,并且不应在同一平面内。因此,箱体与轴承端盖结合面、窥视孔盖、通气器、吊环螺钉、油标和油塞等接合处与螺栓头部或螺母接触处都应做出凸台(凸台高度 h = 3~5 mm),如图 4-18 所示。也可将与螺栓头部或螺母接触处锪出沉头座坑。沉头座孔锪平时,深度不限,锪平为止,在图上可画出 2~3 mm 深,以表示锪

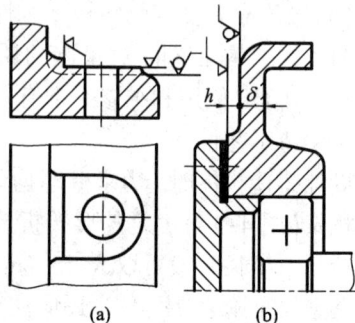

(a)　　(b)

图 4-18　加工表面与非加工表面应分开

平深度。图 4-19 表示沉头座坑的加工方法，图 4-19(c) 和图 4-19(d) 是刀具不能从下方接近时的加工方法。

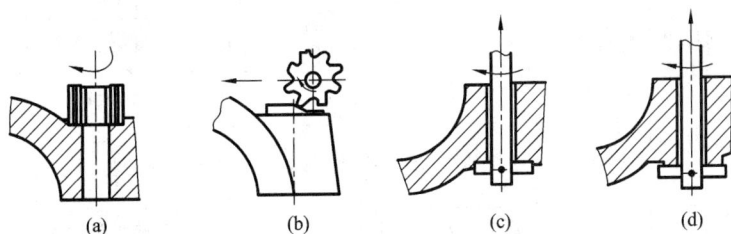

图 4-19　沉头座坑的加工方法

(6) 箱体形状应力求均匀、美观。

箱体设计应考虑艺术造型问题。例如采用"方形小圆角过渡"的造型比"曲线大圆角过渡"的造型显得挺拔有力、庄重大方。

外形的简洁和整齐会增强统一协调的美感，例如尽量减少外凸形体，箱体剖分面的凸缘、轴承座凸台伸到箱体壁内，并设置内筋(或去掉剖分面)，这种构型不仅提高了刚性，而且有的还克服了造型形象支离破碎的缺陷，使外形更加整齐、协调和美观。

4.2.2　箱体结构尺寸的确定

由于箱体的结构和受力情况比较复杂，目前尚无对箱体进行强度和刚度计算的成熟方法，箱体的结构尺寸通常根据其中的传动件、轴和轴系部件的结构，按经验设计关系或类比法在减速器装配图的设计和绘制过程中初步确定，绘制工作图时进一步修正。表 4-1 为其尺寸的经验关系，供设计人员参考。

表 4-1　铸造减速器箱体主要结构尺寸(图 4-1~图 4-4)　　　　　　　　(mm)

名　称	符　号	减速器型式及荐用结构尺寸			
			齿轮减速器	锥齿轮减速器	蜗杆减速器
箱座(体)壁厚	δ	一级	$0.025a+1 \geqslant 8$	$0.0125(d_{1m}+d_{2m})+1 \geqslant 8$ 或 $0.01(d_1+d_2)+1 \geqslant 8$	$0.04a+3 \geqslant 8$
		二级	$0.025a+3 \geqslant 8$	$d_{1m}、d_{2m}$ 为小、大锥齿轮的平均直径	
		三级	$0.025a+5 \geqslant 8$	$d_1、d_2$ 为小、大锥齿轮的大端直径	
箱盖壁厚	δ_1	一级	$0.02a+1 \geqslant 8$	$0.01(d_{1m}+d_{2m})+1 \geqslant 8$ 或 $0.0085((d_1+d_2))+1 \geqslant 8$	蜗杆在上，$\approx \delta$；蜗杆在下，$0.85\delta \geqslant 8$
		二级	$0.02a+3 \geqslant 8$		
		三级	$0.02a+8 \geqslant 8$		
箱座剖分面处凸缘厚度	t	$t = 1.5\delta$			
箱盖剖分面处凸缘厚度	t_1	$t_1 = 1.5\delta_1$			

名　称	符号	减速器型式及荐用结构尺寸		
		齿轮减速器	锥齿轮减速器	蜗杆减速器
箱底座剖分面处凸缘厚度	t_2	$t_2 = 2.5\delta$		
箱盖、箱座筋厚	m_1, m	$m_1 \approx 0.85\delta_1, m \approx 0.85\delta$		
轴承旁凸台的高度和半径	h, R_1	h 由结构要求确定(见图4-9),$R_1 \approx c_2$(c_2 见本表)		
轴承端盖(即轴承座)的外径	D_2	凸缘式:$D+(5\sim5.5)d_3$(d_3 见本表,D 为轴承外径) 嵌入式:$1.25D+10$(D 为轴承外径)		
轴承旁连接螺栓距离	S	尽量靠近轴承,注意保证 Md_1 和 Md_2 互不干涉,一般取 $S \approx D_2$		

地脚螺钉 直径与数目 d_f, n:

蜗杆减速器:$d_f = 0.036a+12, n=4$

单级减速器:

a(或 R)	≤100	≤200	≤250	≤350	≤450
d_f	12	16	20	24	30
n	4	4	4	6	6

两级减速器:

a_1+a_2(或 $R+a$)	≤350	≤400	≤600	≤750
d_f	16	20	24	30
n	6	6	6	6

名称	符号					
通孔直径	d_f'	15	20	25	30	40
沉头座直径	D_0	32	45	48	60	85
底座凸缘尺寸	c_{1min}	22	25	30	35	50
	c_{2min}	20	23	25	30	50

连接螺栓:

名称	符号	值
轴承旁连接螺栓直径	d_1	$0.75d_f$
箱盖与箱座连接螺栓直径	d_2	$(0.5\sim0.6)d_f$
连接螺栓 d_2 的间距	l	$150\sim200$

名称	符号									
连接螺栓直径	d	6	8	10	12	14	16	20	24	30
通孔直径	d'	6.6	9	11	13.5	15.5	17.5	22	26	33
沉头座直径	D	13	18	22	26	30	33	40	48	61
凸缘尺寸	c_{1min}	12	14	16	18	20	22	26	34	40
	c_{2min}	10	12	14	16	18	20	24	28	35

名称	符号	值
定位销直径	d_6	$(0.7\sim0.8)d_2$
轴承端盖螺钉直径	d_3	$(0.4\sim0.5)d_f$

名　　称	符　号	减速器型式及荐用结构尺寸		
		齿轮减速器	锥齿轮减速器	蜗杆减速器
视孔盖螺钉直径	d_4	$(0.3{\sim}0.4)d_{\rm f}$		
吊环螺钉直径	d_5	按减速器质量确定(见表4-13)		
箱体外壁至轴承座端面的距离	l_1	$c_1+c_2+(5{\sim}10)$		
大齿轮顶圆与箱体内壁的距离	Δ_1	$\geqslant 1.2\delta$		
齿轮端面与箱体内壁的距离	Δ_2	$\geqslant\delta$(或$\geqslant 10{\sim}15$)		

注：1. 多级传动时，a 取低速级中心距。对圆锥-圆柱齿轮减速器，按圆柱齿轮传动中心距取值。

　　2. 当算出的 δ、δ_1 值小于 8 mm 时，应取 8 mm。

　　3. 焊接箱体的箱壁厚度为铸造箱体壁厚的 0.7~0.8 倍。

4.3　减速器附件的结构设计

　　为了保证减速器正常工作和具备完善的性能，如检查传动件的啮合情况、注油、通气和便于安装吊运等，减速器上通常需要设置一些必要的装置零件，这些装置和零件及箱体上相应的局部结构统称为附件(参见图4-1~图4-4)。现将附件的功用、结构设计注意事项、设计经验公式及结构尺寸做一简介。

4.3.1　观察孔及盖板设计

　　为检查传动零件的啮合、润滑及轮齿损坏情况，并向减速器箱体内注入润滑油，应在箱盖顶部的适当位置设置观察孔，由观察孔可直接观察到齿轮啮合部位，以允许手伸入箱体内进行检查操作为宜。观察孔处应设计一个高度为3~5 mm凸台以便于加工，孔盖通过螺钉固定在凸台上，平时观察孔用孔盖盖住。观察孔盖的结构和尺寸可参照表4-2，也可自行设计。

表 4-2　观察孔盖　　　　　　　　　　　　　　　　　(mm)

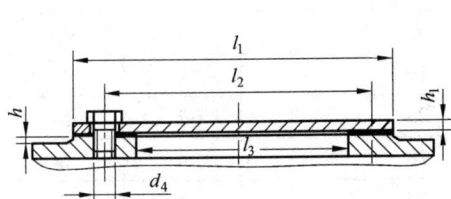

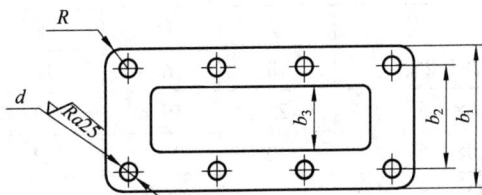

h=3~5
d_4=M6或M8

减速器中心距 a、a_Σ		l_1	l_2	l_3	b_3	b_1	b_2	d		盖厚 h_1	R
								直径	孔数		
单级	$a \leqslant 150$	90	75	60	40	70	55	7	4	4	5
	$a \leqslant 250$	120	105	90	60	90	75	7	4	4	5
	$a \leqslant 350$	180	165	150	110	140	125	7	8	4	5
	$a \leqslant 450$	200	180	160	140	180	160	11	8	4	10
	$a \leqslant 500$	220	200	180	160	200	180	11	8	4	10
双级	$a \leqslant 250$	140	125	110	90	120	105	7	8	4	5
	$a \leqslant 425$	180	165	150	110	140	125	7	8	4	5
	$a \leqslant 500$	220	190	160	100	160	130	11	8	4	15
	$a \leqslant 650$	270	240	210	120	180	150	11	8	6	15
	$a \leqslant 850$	350	320	290	160	220	190	11	8	10	15

注：观察孔盖材料为Q235-A。

4.3.2 透气器设计

减速器工作时，由于箱体内温度升高，气体膨胀，使压力增大，箱体内外压力不等。为使箱体内受热膨胀的气体自由排出，以保持箱体内外压力平衡，不致使润滑油沿分箱面或轴伸密封件处向外渗漏，箱体顶部应装有通气器，一般设置在箱盖顶部或观察孔盖上。常见通气器的结构和尺寸见表4-3~表4-5。选择通气器类型时应考虑其对环境的适应性，其规格尺寸应与减速器大小相适应。

表 4-3 通气器及手提式通气器 　　　　　　　　　　　　　　　（mm）

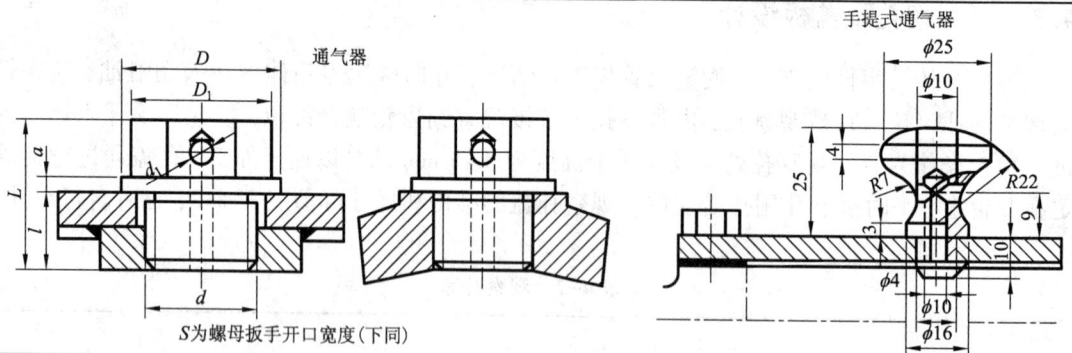

S 为螺母扳手开口宽度（下同）

d	D	D_1	S	L	l	a	d_1
M12×1.25	18	16.5	14	19	10	2	4
M16×1.5	22	19.6	17	23	12	2	5
M20×1.5	30	25.4	22	28	15	4	6
M22×1.5	32	25.4	22	29	15	4	7
M27×1.5	38	31.2	27	34	18	4	8
M30×2	42	36.9	32	36	18	4	8

表 4-4　通气罩　　　　　　　　　　　　　　　　　　　　　　　　　　　　　　　　　　　　（mm）

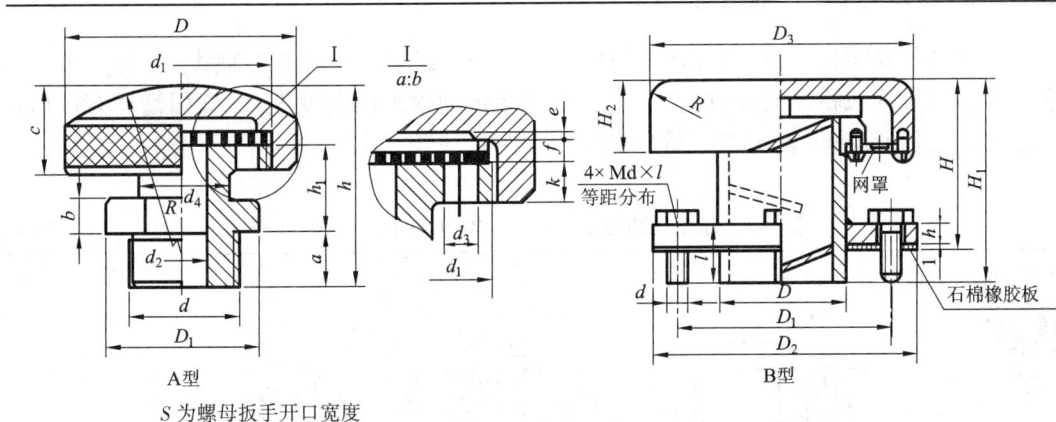

A 型
S 为螺母扳手开口宽度

A 型

d	d_1	d_2	d_3	d_4	D	h	a	b	c	h_1	R	D_1	S	k	e	f
M18×1.5	M33×1.5	8	3	16	40	40	12	7	16	18	40	26.4	22	6	2	2
M27×1.5	M48×1.5	12	4.5	24	60	54	15	10	22	24	60	36.9	32	7	2	2
M18×1.5	M64×1.5	16	6	30	80	70	20	13	28	32	80	53.1	41	7	3	3

B 型

序号	D	D_1	D_2	D_3	H	H_1	H_2	R	h	$d×l$
1	60	100	125	125	77	95	35	20	6	M10×25
2	114	200	250	260	165	195	70	40	10	M20×50

表 4-5　通气帽　　　　　　　　　　　　　　　　　　　　　　　　　　　　　　　　　　　　（mm）

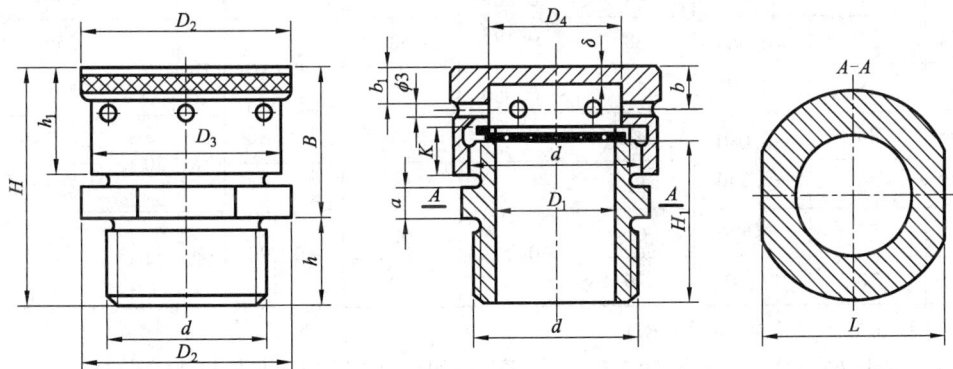

d	D_1	B	h	H	D_2	H_1	a	δ	K	b	h_1	b_1	D_3	D_4	L	孔数
M27×1.5	15	≈30	15	≈45	36	32	6	4	10	8	22	6	32	18	32	6
M36×2	20	≈40	20	≈60	48	42	8	4	12	11	29	8	42	24	41	6
M48×3	30	≈45	25	≈70	62	52	10	5	15	13	32	10	56	36	55	8

4.3.3 油标设计(油面指示装置)

油标的作用在于检查减速器箱体油面的高度,使其经常保持适当的油量。油标一般设置在便于检查且油面较稳定的部位上(通常在低速级传动附近的箱壁上)。常用油标有圆形油标(表4-6)、长形油标(表4-7)、管状油标(表4-8)和杆式油标(油标尺)(表4-9)等。

表4-6 压配式圆形油标(摘自 JB/T 7941.1—1995)　　　　　(mm)

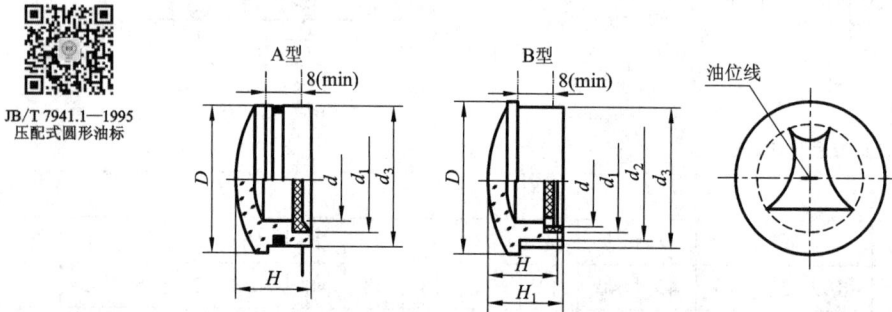

标记示例:

视孔 $d=40$、A 型压配式圆形油标的标记:油标 A40 JB/T 7941.1—1995

d	D	d_1		d_2		d_3		H	H_1	O 形橡胶密封圈(按 GB/T 3452.1—2005)
		基本尺寸	极限偏差	基本尺寸	极限偏差	基本尺寸	极限偏差			
12	22	12	−0.050 −0.160	17	−0.050 −0.160	20	−0.065 −0.195	14	16	15×2.65
16	27	18		22	−0.065 −0.195	25				20×2.65
20	34	22	−0.065 −0.195	28		32	−0.080 −0.240	16	18	25×3.55
25	40	28		34	−0.080 −0.240	38				31.5×3.55
32	48	35	−0.080 −0.240	41		45		18	20	38.7×3.55
40	58	45		51		55	−0.100 −0.290			48.7×3.55
50	70	55	−0.100 −0.290	61	−0.100 −0.290	65		22	24	—
63	85	70		76		80				

注: 1. 与 d_1 相配合的孔极限偏差按 H11。

2. A 型用 O 形橡胶密封圈的沟槽尺寸按 GB/T 3452.3—2005,B 型用密封圈由制造厂设计选用。

表 4-7　长形油标(摘自 JB/T 7941.3—1995)　　　　　　　　　　(mm)

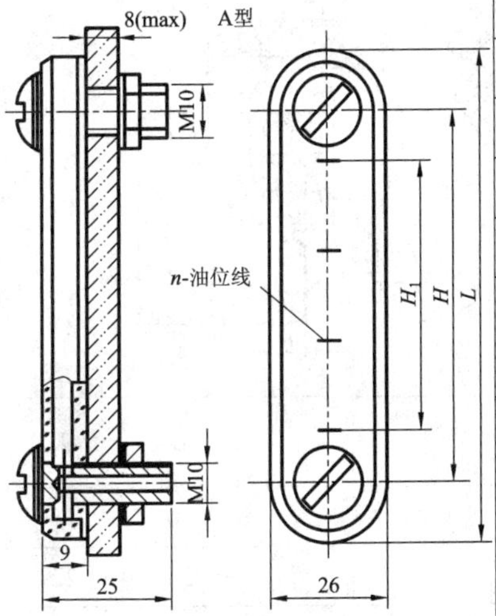

H		H_1	L	n/条
基本尺寸	极限偏差			
80	±0.17	40	110	2
100		60	130	3
125	±0.20	80	155	4
160		120	190	6

O 形橡胶密封圈 (GB/T 3452.1—2005)	六角螺母 (GB/T 6172.2—2000)	弹性垫圈 (GB/T 861—87)
10×2.65	M10	10

标记示例：

$H=100$、A 型长形油标的标记：

油标 A100 JB/T 7941.3—1995

JB/T 7941.3—1995
长形油标

注：B 型长形油标见 JB/T 7941.3—1995。

表 4-8　管状油标(摘自 JB/T 7941.4—1995)　　　　　　　　　　(mm)

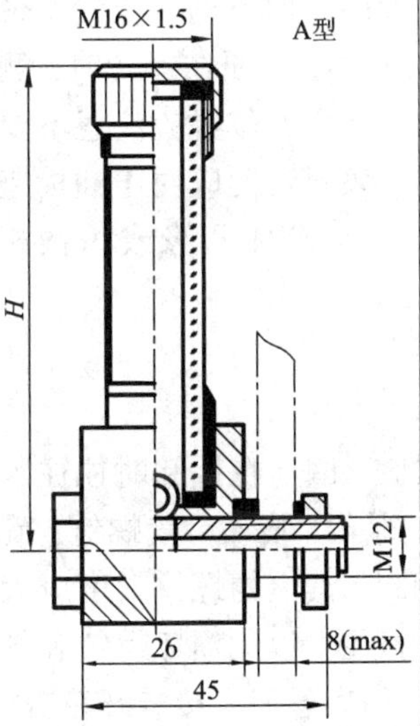

H	O 形橡胶密封圈 (GB/T 3452.1—2005) /(mm×mm)	六角螺母 (GB/T 6172.2—2000)	弹性垫圈 (GB/T 861—87)
80，100，125，160，200	11.8×2.65	M12	12

JB/T 7941.4—1995
管状油标

标记示例：

$H=200$、A 型管状油标的标记：油标 A200 JB/T 7941.4—1995

注：B 型管状油标的尺寸见 JB/T 7941.4—1995。

表 4-9　杆式油标　　　　　　　　　　　　　　　　　　　　　　　（mm）

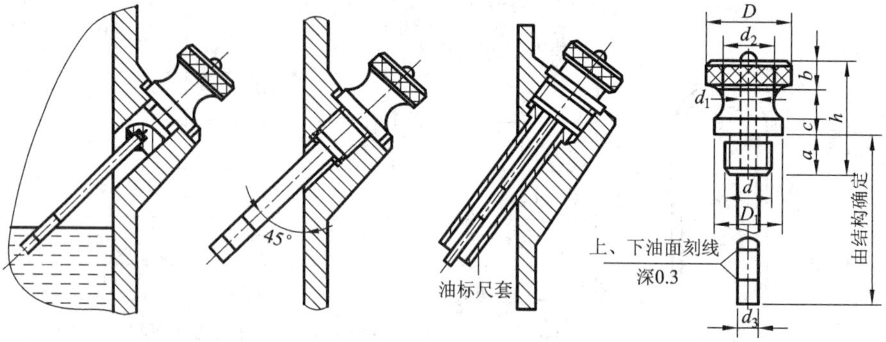

上、下油面刻线
深0.3

油标尺套

由结构确定

$d\left(d\dfrac{\mathrm{H9}}{\mathrm{h9}}\right)$	d_1	d_2	d_3	h	a	b	c	D	D_1
M12(12)	4	12	6	28	10	6	4	20	16
M16(16)	4	16	6	35	12	8	5	26	22
M20(20)	6	20	8	42	15	10	6	32	26

减速器离地面较高，容易观察时或箱座较低无法安装杆式油标时，可采用圆形油标、长形油标等透明油标，但其易损坏或因温度变化而松动。

在难以观察到的地方，应采用杆式油标。杆式油标结构简单可靠，在减速器中经常应用。油标尺总长度根据结构需要确定，按油面的最高位置和最低位置确定两条刻线位置。带油标隔套的油标，可以减轻油搅动的影响，故常用于长期运转的减速器，以便在运转时，测油面高度。间断工作的减速器，可用不带油标隔套的油标。设置油标凸台的位置应注意不要太低，以防油溢出，油标尺中心线一般与水平面成45°或大于45°，其倾斜角度应便于油标座孔的加工及油标的装拆，而且注意加工油标凸台和安装油标时，不与箱体凸缘或吊钩相干涉。

4.3.4　起盖螺钉、定位销、放油螺塞的选择

由于装配减速器时在箱体剖分面上涂有密封用的水玻璃或密封胶，因而在拆卸时往往因胶结紧密难于开盖。为此，常在箱盖凸缘的适当位置加工出 1~2 个螺孔，装入启盖螺钉，旋动启盖螺钉便可将箱盖顶起。启盖螺钉的大小可与凸缘连接螺栓相同，其上的螺纹长度应大于箱盖连接凸缘的厚度 b_1。螺钉端部应制成或圆柱形或大倒角或半圆形，以免损坏螺纹和剖分面(图 4-20)。对于小型减速器也可不设启盖螺钉，拆卸减速器时用螺丝刀直接撬开箱盖。

为保证装拆减速器箱盖时仍能保持轴承座孔制造加工时的精度，应在精加工轴承座孔前，在箱盖与箱座的连接凸缘上配装两个圆锥销。两定位锥销相距应尽量远些，以提高定位精度，并设置在箱体的两纵向连接凸缘上。对称箱体的两定位销的位置应呈非对称布置，以免错装。圆锥销是标准件(GB/T 117—2000)，其直径一般取 $d=(0.7~0.8)d_2$(d_2 为箱盖与箱座凸缘连接螺栓直径)，其长度应稍大于箱体连接凸缘总厚度，并使两头露出，以便于装拆(图 4-21)。圆锥销尺寸见附录Ⅲ或设计手册。

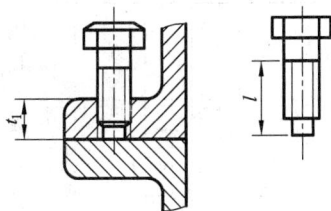

图 4-20　启盖螺钉设计

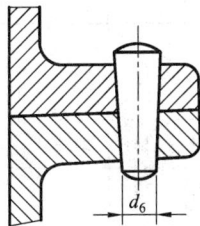

图 4-21　定位销设计

为排放污油和便于清洗减速器箱体内部，在箱座油池的最低处设置放油孔，并安排在减速器不与其他部件靠近的一侧，油池底面做成斜面，向放油孔方向倾斜 1°~5°，平时用放油螺塞将放油孔堵住，放油螺塞采用细牙螺纹。在放油螺塞头和箱体凸台端面间应加防漏用的封油垫，以保证良好的密封，封油垫常用石棉橡胶纸板或皮革制成。图 4-22 为放油螺塞的正误图。螺塞及封油垫的尺寸参考表 4-10。

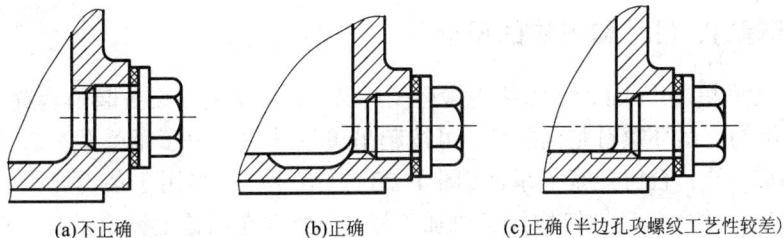

(a)不正确　　　　　　　(b)正确　　　　　(c)正确(半边孔攻螺纹工艺性较差)

图 4-22　放油螺塞的正误图

表 4-10　外六角螺塞及封油垫(摘自 JB/ZQ 4450—2006)　　　　　　　　(mm)

JB/ZQ 4450—2006
外六角螺塞

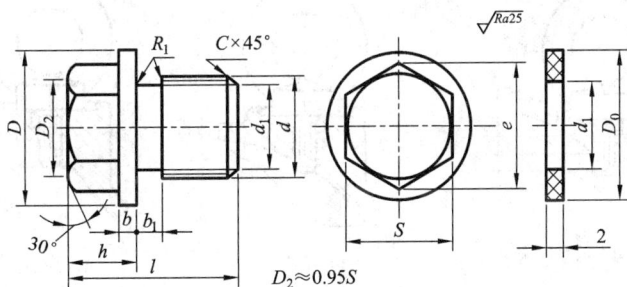

标记示例：d 为 M20×1.5 的外六角螺栓；螺塞 M20×1.5 JB/ZQ 4450—2006

d	d_1	D	e	S		l	h	b	b_1	C	D_0	R_1	可用减速器的中心距 a_{Σ}
				基本尺寸	极限偏差								
M14×1.5	11.8	23	20.8	18		25	12	3	3	1.0	22	1	单级 $a=100$
M18×1.5	15.8	28	24.2	21	0 −0.28	27	15				25		单级 $a \leqslant 300$ 两级 $a_{\Sigma} \leqslant 425$ 三级 $a_{\Sigma} \leqslant 450$
M20×1.5	17.8	30				30					30		
M22×1.5	19.8	32	27.7	24							32		
M24×2	21	34	31.2	27		32	16	4	4	1.5	35		
M27×2	24	38	34.6	30		35	17				40		单级 $a \leqslant 450$ 两级 $a_{\Sigma} \leqslant 750$ 三级 $a_{\Sigma} \leqslant 950$
M30×2	27	42	39.3	34	0 −0.34	38	18				45		
M33×2	30	45	41.6	36		42	20	5			48		

注：螺塞材料为 Q235；封油垫材料为耐油橡胶、工业用皮革、石棉橡胶纸。

4.3.5 吊环螺钉、吊耳和吊钩的设计

当减速器质量超过 25 kg 时，为便于搬运及拆卸，在箱体上需设置起吊装置，它包括吊环螺钉、吊耳及吊钩。吊环螺钉是标准件，可按起吊重量选取。由于承受载荷较大，必须把螺钉完全拧入箱盖，使其台肩抵紧支承面(图 4-23)。吊环螺钉多用于装拆箱盖，也允许用来吊运轻型减速器。采用吊环螺钉增加了机加工量，为此常在箱盖上铸出吊耳，其功用与吊环螺钉相同。为了起吊较重的箱座或整个减速器，箱体两端多铸出吊钩。常用起吊装置见表 4-11~表 4-13。

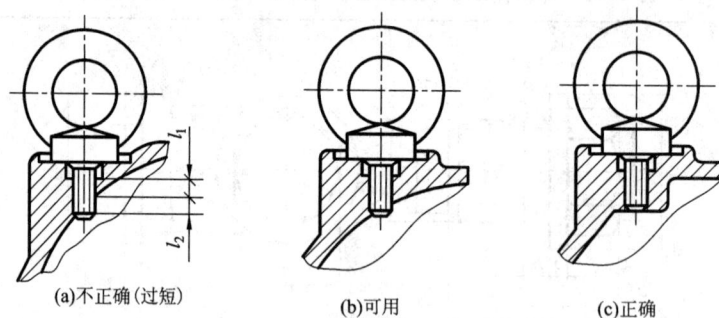

(a)不正确(过短)　　(b)可用　　(c)正确

图 4-23 吊环螺钉设计

表 4-11　起重吊耳及吊钩　　　　　　　　　　　　　　　（mm）

(a)吊耳(起吊箱盖用)　　　　(b)吊耳环(起吊箱盖用)　　　　(c)吊钩(起吊整机用)

$c_3 = (4 \sim 5)\delta_1$	$d = (1.8 \sim 2.5)\delta_1$	$B = c_1 + c_2$
$c_4 = (1.3 \sim 1.5)c_3$	$R = (1 \sim 1.2)d$	$H \approx 0.8B$
$b = 2\delta_1$	$e = (0.8 \sim 1)d$	$h \approx 0.5H$
$R = c_4$	$b = 2\delta_1$	$r \approx 0.25B$
$r = 0.225c_3$	δ_1 为箱盖壁厚	$b = 2\delta$
$r = 0.275c_3$		δ 为箱座壁厚
δ_1 为箱盖壁厚		c_1、c_2 为扳手空间尺寸

表 4-12　起重螺栓（摘自 GB/T 2225—91）　　　　　　　（mm）

GB/T 2225—91

A型　　　　　　　　相配件尺寸

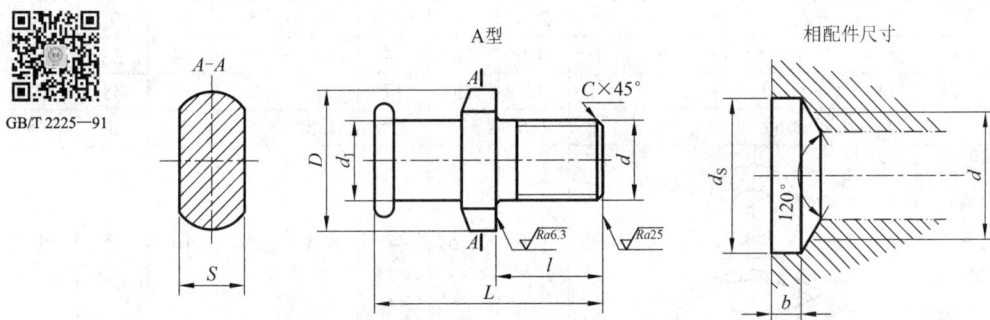

标记示例：A 型 M20 起重螺栓的标记：AM20 GB/T 2225—91

起重螺栓用于吊箱盖，结构紧凑，使箱体造型美观，材料为 45 钢

d	D	L	S	d_1	l	C	允许负载/kN	d_S	b
M16	35	62	27	16	32	2	1.9	22	6
M20	42	75	32	20	38	2.5	2.6	28	8

表 4-13　吊环螺钉(摘自 GB 825—88)　　　　　　　　　　　　　　(mm)

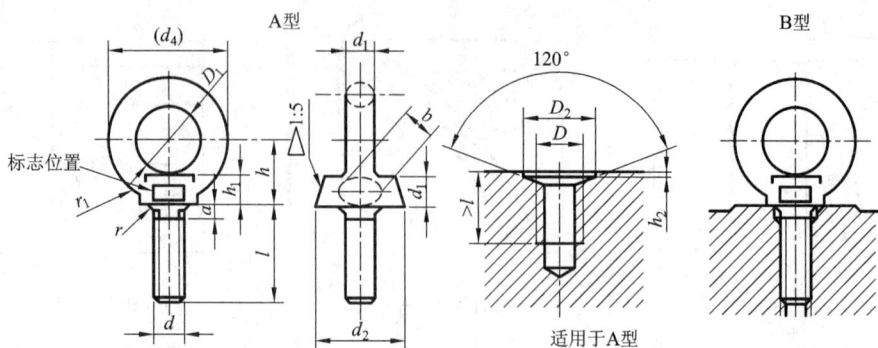

GB 825—88
吊环螺钉

标记示例:螺纹规格 d = M20、材料为 20 钢、经正火处理、不经表面处理的 A 型吊环螺钉的标记:

螺钉 GB 825—88 M20

螺纹规格 d		M8	M10	M12	M16	M20	M24	M30	M36
d_1(max)		9.1	11.1	13.1	15.2	17.4	21.4	25.7	30
D_1(公称)		20	24	28	34	40	48	56	67
d_2(max)		21.1	25.1	29.1	35.2	41.4	49.4	57.7	69
h_1(max)		7	9	11	13	15.1	19.1	23.2	27.4
h		18	22	26	31	36	44	53	63
d_4(参考)		36	44	52	62	72	88	104	123
r_1		4	4	6	6	8	12	15	18
r(min)		1	1	1	1	1	2	2	3
l(公称)		16	20	22	28	35	40	45	55
a(max)		2.5	3	3.5	4	5	6	7	8
b		10	12	14	16	19	24	28	32
D_2(公称 min)		13	15	17	22	28	32	38	45
h_2(公称 min)		2.5	3	3.5	4.5	5	7	8	9.5
最大起吊重量/kN	单螺钉起吊	1.6	2.5	4	6.3	10	16	25	40
	双螺钉起吊	0.8	1.25	2	3.2	5	8	12.5	20

减速器重量 W(kN)与中心矩 a(mm)的关系(供参考)(软齿面减速器)

一级圆柱齿轮减速器					二级圆柱齿轮减速器				
a/mm	100	160	200	250	315	a/(mm×mm)	100×140	140×200	180×250	200×280	250×355
W/kN	0.26	1.05	2.1	4	8	W/kN	1	2.6	4.8	6.8	12.5

注:1. 材料为 20 或 25 钢。2. 表中 M8~M36 均为商品规格。

4.3.6　轴承盖

表 4-14　凸缘式轴承盖　　　　　　　　　　　　　　　　　　（mm）

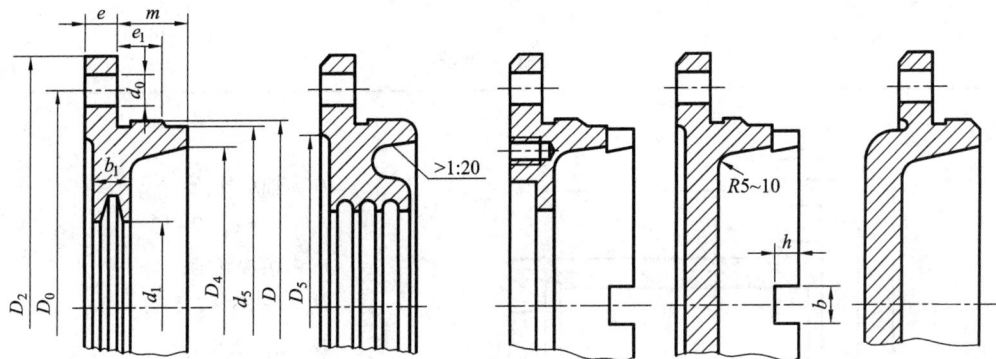

$d_0 = d_3 + 1$；$d_5 = D - (2 \sim 4)$；

$D_0 = D + 2.5 d_3$；$D_5 = D_0 - 3 d_3$；

$D_2 = D_0 + 2.5 d_3$；b_1、d_1 由密封尺寸确定；

$e = (1 \sim 1.2) d_3$；$b = 5 \sim 10$；

$e_1 \geqslant e$；$h = (0.8 \sim 1) b$；

m 由结构确定；$D_4 = D - (10 \sim 15)$；

d_3 为端盖的连接螺钉直径，尺寸见右表；

当端盖与套杯相配时，图中 D_0 和 D_2 应与套杯相一致（见表 4-16 中的 D_0 和 D_2）

轴承盖连接螺钉直径 d_3

轴承外径 D	螺钉直径 d_3	螺钉数目/个
45~65	M6~M8	4
70~100	M8~M10	4~6
110~140	M10~M12	6
150~230	M12~M16	6

注：材料为 HT150。

表 4-15　嵌入式轴承盖　　　　　　　　　　　　　　　　　　（mm）

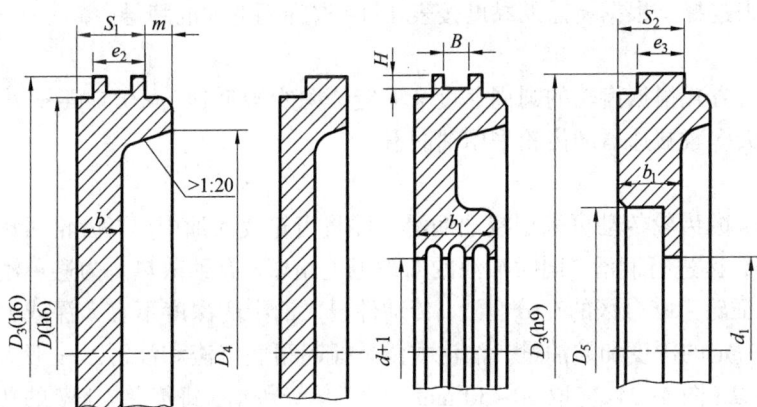

$e_2 = 8 \sim 12$；$S_1 = 15 \sim 20$；

$e_3 = 5 \sim 8$；$S_2 = 10 \sim 15$；

m 由结构确定；

$b = 8 \sim 10$；

$D_3 = D + e_2$，装有 O 形圈的，按 O 形圈外径取整（参见表 4-24）；D_5、d_1、b_1 等由密封尺寸确定；H、B 按 O 形圈的沟槽尺寸确定（参见表 4-24）。

注：材料为 HT150。

4.3.7 套杯

当整个轴承部件的轴向位置需要调整时，采用套杯使调整便于进行，这种结构用于小圆锥齿轮轴系结构中；当几个轴承组合在一起时，采用套杯使轴承的固定更为方便。

表 4-16 套杯

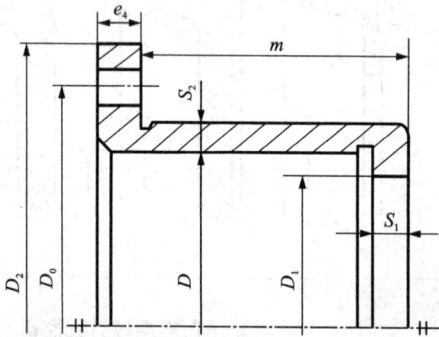

D 为轴承外径；

$S_1 \approx S_2 \approx e_4 = 7 \sim 12$；

m 由结构确定；

$D_0 = D + 2S_2 + 2.5d_3$；

$D_2 = D_0 + 2.5d_3$；

D_1 由轴承安装尺寸确定

注：材料为 HT150。

4.4 减速器的润滑与密封

减速器中齿轮、蜗轮、蜗杆等传动件以及轴承在工作时都需要良好的润滑，以降低摩擦，减少磨损和发热，提高效率。

4.4.1 齿轮和蜗杆传动的润滑

1. 润滑剂的选择

齿轮传动、蜗杆传动所用润滑剂的黏度根据传动的工作条件、圆周速度或滑动速度、温度分别按表 4-17、表 4-18 来选择。根据所需的黏度按表 4-19 选择润滑油的牌号。

2. 润滑方式

在减速器中，齿轮的润滑方式根据齿轮的圆周速度 v 而定。除少数低速（$v<0.5$ m/s）小型减速器采用脂润滑外，绝大多数减速器的齿轮采用油润滑。

1）油池浸油润滑

对于圆周速度 $v \leqslant 12$ m/s 的齿轮传动可采用浸油润滑。即将齿轮浸入油中，当齿轮回转时粘在其上的油液被带到啮合区进行润滑，同时油池的油被甩上箱壁，有助散热。为避免浸油润滑的搅油功耗太大及保证轮齿啮合区的充分润滑，传动件浸入油中的深度不宜太深或太浅，浸油润滑的油应保持一定的深度和贮油量。油池太浅易搅起箱底沉渣和油污。一般大齿轮顶圆至油池底面的距离 H_2（图 4-24）应取 30 ~ 50 mm。对于单级传动，每传递 1 kW 的功率需油量 $Q_0 = (0.35 \sim 0.7)$ dm³（润滑油黏度大时取大值）。对多级传动，应按级数成比例增加。

表 4-17　齿轮传动中润滑油黏度荐用值　　　　　　　　　　　　　　（mm^2/s）

齿轮材料	齿面硬度	圆周速度/(m·s⁻¹)						
		<0.5	0.5~1	1~2.5	2.5~5	5~12.5	12.5~25	>25
		运动黏度 $v_{50°}$						
调质钢	<280 HBW	266(32)	177(21)	118(11)	81.5	59	44	32.4
	280~350 HBW	266(32)	266(32)	177(21)	118(11)	81.5	59	44
渗碳或表面淬火钢	40~64 HRC	444(52)	266(32)	266(32)	177(21)	118(11)	81.5	59
塑料、青铜、铸铁		177	118	82	59	44	32.4	—

注：1. 多级齿轮传动，采用各级传动圆周速度的平均值来选择润滑油黏度。2. 括号内的数值为温度 100 ℃时的黏度。

表 4-18　蜗杆传动中润滑油黏度荐用值及给油方法

滑动速度 v_s/(m·s⁻¹)	≤1	≤2.5	≤5	>5~10	>10~15	>15~25	>25
载荷类型	重	重	中	(不限)	(不限)	(不限)	(不限)
运动黏度 $v_{40°}$/(mm²·s⁻¹)	900	500	350	220	150	100	80
润滑方法	油池润滑			油池或喷油润滑	喷油润滑时的喷油压力/MPa		
					0.7	2	3

表 4-19　常用润滑油的主要质量指标与用途

名　称	黏度代号或牌号	运动黏度/(mm²·s⁻¹)		倾点/℃ 不高于	闪点(开口)/℃ 不低于	用　途
		40 ℃	50 ℃			
L-AN 全损耗系统用油（GB 443—89，原名为机械油）	AN46	41.4~50.6	26.1~31.3	-5	160	对润滑油无特殊要求的锭子、轴承、齿轮和其他低载荷机械，不适合于循环润滑系统
	AN68	61.2~74.8	37.1~44.4			
	AN100	90.0~110	52.4~56		180	
	AN150	135~165	75.9~91.2			
齿轮油 中载荷工业齿轮油（GB 5903—2011）	L-CKC68	61.2~74.8	37.1~44.4	-8	180	适用于齿面接触应力小于 $1.1×10^9$ Pa 的齿轮润滑，如冶金、矿山、化纤、化肥等工业的闭式齿轮装置
	L-CKC100	90~110	52.4~63			
	L-CKC150	135~165	75.9~91.2			
	L-CKC220	198~242	108~129		200	
	L-CKC320	288~352	151~182			
	L-CKC460	414~506	210~252			
	L-CKC680	612~748	300~360	-5	220	

名 称		黏度代号或牌号	运动黏度/(mm²·s⁻¹)		倾点/℃ 不高于	闪点(开口)/℃ 不低于	用 途
			40 ℃	50 ℃			
齿 轮 油	重载荷工业齿轮油	CKD150	135~165	75.9~91.2	-8	200	适用于齿面接触应力大于1.1×10⁹ Pa的齿轮及具有冲击载荷或要求优良抗乳化性能的齿轮装置的润滑,如石油、冶金、煤矿、化纤、化肥等引进设备的齿轮装置
		CKD220	198~242	108~129			
		CKD320	288~352	151~182			
	蜗轮蜗杆油 (SH/T 0094—91)	220	198~242	108~129	-6	200	适用于滑动速度大的铜-钢蜗轮传动装置
		320	288~352	151~182			
		460	414~506	210~252			
		680	612~748	300~360		220	
		1000	900~1100	425~509			
	L-HL 液压油 (GB 11118.1—2011)	L-HL15	13.5~16.5	—	-12	140	适用于机床和其他设备的低压齿轮泵,也可以用于使用其他抗氧防锈型润滑油的机械设备(如轴承和齿轮等)
		L-HL22	19.8~24.2		-9		
		L-HL32	28.8~35.2		-6	160	
		L-HL46	41.4~50.6				
		L-HL68	61.2~74.8			180	
		L-HL100	90~110				

①对于单级圆柱齿轮减速器、蜗轮和蜗杆,传动件的浸油深度H_1,如图4-24所示,以浸入大齿轮1~2个齿全高为宜;对于锥齿轮,则最少为0.7个齿宽,但浸油深度都不应小于10 mm。为避免搅油损失过大,传动件的浸油深度不应超过其分度圆半径的1/3。

②对于多级圆柱齿轮减速器,为使各级传动的大齿轮都能浸入油中,低速级大齿轮浸油深度可允许大一些。当其圆周速度$v=0.8\sim12$ m/s时,可达1/6齿轮分度圆半径;当$v<0.8$ m/s时,可达1/6~1/3的分度圆半径。如果为使高速级的大齿轮浸油深度约为1~2个齿高而导致低速级大齿轮的浸油深度超过上述范围时,可采取下列措施:将箱体剖分面制成倾斜式[图4-25(a)]以减小低速级大齿轮浸油深度;还可采用溅油轮把润滑油间接带给高速级齿轮进行润滑[图4-25(b)]。溅油轮常用塑料制成,宽度约为其啮合齿轮宽度的1/3~1/2,浸油深度约为0.7个齿高,但不小于10 mm。

③对于圆锥-圆柱齿轮减速器,一般按大锥齿轮有足够的浸油深度来确定油面位置,然后检验低速级大齿轮浸油深度不应超过1/6~1/3的齿轮分度圆半径。通常以大锥齿轮整个齿宽[图4-24(b)]或至少0.7倍齿宽浸入油中为宜。

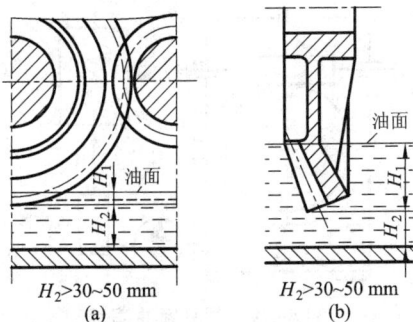

图 4-24 油池深度与浸油深度

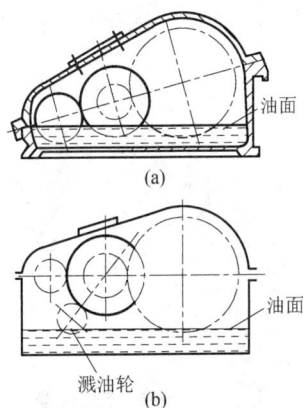

图 4-25 保持浸油深度均匀一致的结构

④对于蜗杆减速器,将蜗杆上置时,与单级圆柱齿轮减速器相同[图 4-26(a)];将蜗杆下置时,蜗杆浸油深度为 0.75~1.0 倍蜗杆齿全高,但一般不应超过支承蜗杆的滚动轴承的最下面滚动体的中心线[图 4-26(b)],以免增加功耗。但如果因满足后者而使蜗杆未能浸入油中(或浸油深度不足)时,则可在蜗杆轴两侧分别装上溅油轮,使其浸入油中,旋转时将油甩到蜗杆端面上,而后流入啮合区进行润滑(图 4-27)。蜗杆轴线与箱底距离可取 0.8~1.0 倍的中心距。另外,由于蜗杆减速器发热较大,箱体大小应考虑散热面积的需要,并进行热平衡计算;若不能满足热平衡要求,应适当增大箱体尺寸或增设散热片和风扇。散热片方向应与空气流动方向一致。发热严重时还可在油池中放置蛇形冷却水管,以降低油温。

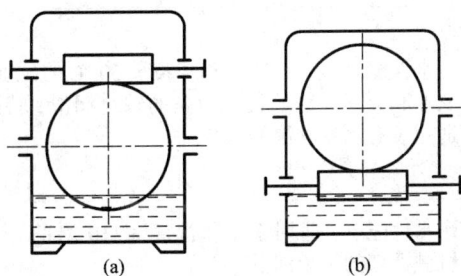

图 4-26 蜗杆传动油池润滑

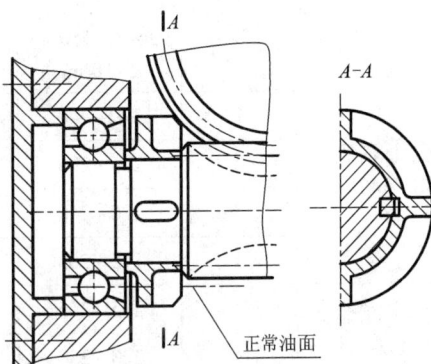

图 4-27 溅油轮

2) 压力喷油润滑

当齿轮圆周速度 $v>12$ m/s 或上置式蜗杆圆周速度 $v>10$ m/s 时,则不宜采用浸油润滑,因为粘在齿轮上的油由于圆周速度过高会被离心力甩出去而送不到啮合区,而且搅油激烈会使油温升高、油起泡和氧化等,从而降低润滑性能,还会搅起箱底的杂质,加速齿轮的磨损。此时宜用喷油润滑,即利用油泵(压力约 0.05~0.3 MPa)借助管子将润滑油从喷嘴直接喷到啮合面上(图 4-28、图 4-29),喷油孔的距离应沿齿宽均匀分布。喷油润滑也常用于速度并不高但工作条件相当繁重的重型减速器中和需要大量润滑油进行冷却的减速器中。由于喷油润滑需要专门的管路、滤油器、冷却及油量调节装置，因而费用较高。

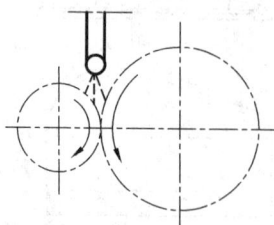

图 4-28　齿轮喷油润滑

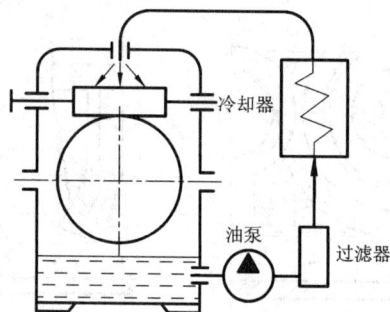

图 4-29　蜗杆喷油润滑

4.4.2　滚动轴承的润滑

为了减小摩擦与磨损，滚动轴承必须维持良好的润滑。同时，润滑还可以起到散热、减小接触应力、吸收振动、降低噪声及防止锈蚀等作用。

1. 润滑剂的选择

滚动轴承常用的润滑方式有脂润滑和油润滑两种。采用脂润滑还是油润滑，这与轴承的速度有关。若采用润滑油润滑，可直接用减速器内用于润滑齿轮(或蜗轮)的油来润滑。若采用润滑脂润滑，润滑脂的牌号可根据工作条件参考表 4-20 进行选择。

表 4-20　常用润滑脂的主要性能和用途

名　　称	牌　号	针入度 (25 ℃,150 g) /(1/10 mm)	滴点/℃ ≥	主　要　用　途
钙基润滑脂 (GB/T 491— 2008)	1	310~340	80	耐水性能好，适用于工作温度≤60 ℃的工业、农业和交通运输等机械设备的轴承润滑，特别适用于有水或潮湿的场合
	2	265~295	85	
	3	220~250	90	
	4	175~205	95	
钠基润滑脂 (GB 492—89)	2	265~295	160	耐水性能差，适用于工作温度≤110 ℃的一般机械设备的轴承润滑
	3	220~250	160	
钙钠基润滑脂 (SH/T 0368—92)	1	250~290	120	适用于工作温度 80~100 ℃，有水分或较潮湿环境中工作的机械润滑，多用于铁路机车、列车、小电动机、发电机的滚动轴承(温度较高者)润滑，不适于低温工作
	2	200~240	135	
滚动轴承脂 (SH/T 0386—92)	ZG69-2	250~290 -40 ℃时为 30	120	适用于各种机械的滚动轴承润滑
通用锂基润滑脂 (GB/T 7324— 2010)	1	310~340	170	适用于工作温度在-20~120 ℃范围内的各种机械设备的滚动轴承和滑动轴承及其他摩擦部位的润滑
	2	265~295	175	
	3	220~250	180	

名　　称	牌　号	针入度 (25 ℃,150 g) /(1/10 mm)	滴点/℃ ≥	主　要　用　途
齿轮润滑脂 (SH/T 0469—94)	7407	75~90	160	适用于各种低速齿轮、中或重载齿轮、链和联轴器等的润滑,使用温度≤120 ℃,承受冲击载荷≤25000 MPa
铝基润滑脂 (SH/T 0371—92)	—	230~280	75	耐水性好,适用于航空机器的摩擦部位及金属表面防腐蚀

2. 润滑方式

1) 脂润滑

当滚动轴承速度较低[$dn \le (2 \sim 3) \times 10^5$ mm · r/min, d 代表轴承内径, n 代表轴承转速]时,一般可采用脂润滑。脂润滑因润滑脂不易流失,容易密封,故一次充填润滑脂可以维持相当长的一段时间。滚动轴承润滑脂的填充量一般为轴承和轴承壳体空间的 $1/3 \sim 1/2$,可通过轴承座上的注油孔及通道注入。为防止箱内的油浸入轴承与润滑脂混合,并防止润滑脂流失,应在箱体内侧装挡油盘,其结构尺寸参见图4-30。产品生产批量较大时,可采用冲压挡油盘(图4-31)(此种结构也适用于滚动轴承采用油润滑时,若轴上小斜齿轮直径小于轴承座孔直径,可防止齿轮啮合过程中挤出的润滑油大量冲入轴承的情况)。

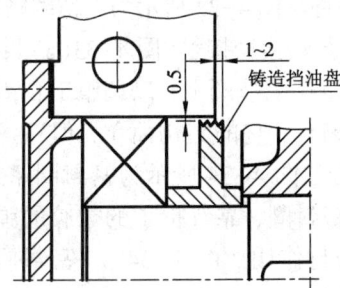

图4-30　铸造挡油盘

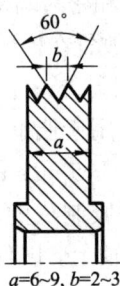

$a=6\sim9, b=2\sim3$

图4-31　冲压挡油盘

2) 油润滑

油润滑的优点是比脂润滑摩擦阻力小,并能散热,但对密封要求高,并且油的性能由传动件确定,长期使用的油中含有杂质,这对轴承润滑有不利影响。油润滑主要用于高速或工作温度较高的轴承,其方式可分为以下三种:

①飞溅润滑。

当箱内传动件圆周速度较大时($v \ge 2$ m/s),传动件转动时飞溅带起的油润滑轴承。此时为使润滑可靠,常在箱座接合面上制出输油沟,让溅到箱盖内壁上的油汇集在油沟内,并应在端盖上开缺口[图4-12(a)、图4-31]。输油沟的结构及其尺寸见图4-13。当 v 更高时,可不设置油沟,直接靠飞溅的油形成油雾溅入轴承室。在难以设置输油沟汇集油雾进入轴承室时,亦可采用引油道润滑或导油槽润滑。

②刮油润滑。

当浸油齿轮的圆周速度 $v<2$ m/s 时,油飞溅不起来;以及下置式蜗杆的圆周速度即使大

于 2 m/s，但因蜗杆的位置太低，且与蜗轮轴线成空间垂直交错，飞溅的油难以进入蜗轮轴轴承室，此时可采用刮油润滑（图 4-32）。利用刮油板将油从蜗轮轮缘端面刮下后经输油沟流入蜗轮轴轴承。刮板润滑装置中，刮油板与轮缘之间应保持一定的间隙（约 0.5 mm），因而轮缘端面跳动和轴的轴向窜动也应加以限制。

③浸油润滑。

下置式蜗杆的轴承常浸在油中润滑。此时油面一般不应高于轴承最下面滚动体的中心，以免加大搅油损失。

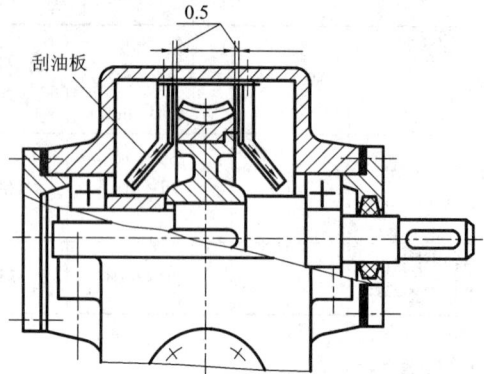

图 4-32　刮油润滑

4.4.3　减速器的密封

减速器需要密封的部位一般有轴伸出处、箱盖与箱座接合面处、轴承室内侧、检查孔及排油孔与箱体接合面等处。

1. 轴伸出处的密封

1）接触式密封

接触式密封常用的结构形式有毛毡圈密封和密封圈密封两种。图 4-33 所示为毛毡圈密封，在轴承盖上开出梯形槽，将矩形断面的毛毡圈放置在梯形槽中与轴紧密接触[图 4-33（a）]；或者在轴承盖上开缺口放置毛毡圈密封，然后用另外一个零件压在毛毡圈上，以调整毛毡圈与轴的密合程度[图 4-33（b）]。这种密封主要用于脂润滑的场合，它的结构简单，但摩擦较大，要求环境清洁，用于轴颈圆周速度 v 不大于 5 m/s 的场合。图 4-34 所示为密封圈密封，在轴承盖中，放置一个用皮革、塑料或耐油橡胶制成的唇形密封圈，靠弯折了的橡胶的弹力和附加的环形螺旋弹簧的扣紧作用而紧套在轴上，以便起密封作用。图 4-34（a）密封唇朝里，目的是防漏油；图 4-34（b）密封唇朝外，主要目的是防灰尘、杂质进入。这种装置可用于脂或油润滑、轴颈圆周速度 $v<7$ m/s 的场合。

2）非接触式密封

使用接触式密封，总会在接触处产生滑动摩擦。使用非接触式密封，就能避免此缺点，且其安全可靠，无须更换，但只能低油位时采用。常用的非接触式密封有隙缝密封和曲路密封两种。图 4-35 所示为隙缝密封，靠轴与盖间的细小环形间隙密封，间隙愈小愈长，效果愈好，半径间隙常取 0.1~0.3 mm。如果在轴承盖上车出环槽[图 4-35（b）]，在槽中填以润滑脂，可提高密封效果。图 4-36 所示为曲路密封。它是将旋转件与静止件之间的间隙做成曲路（迷宫）形式，并在间隙中充填润滑油或润滑脂以加强密封效果。分径向、轴向两种，图 4-36（a）为径向曲路，图 4-36（b）为轴向曲路。

2. 箱盖与箱座接合面的密封

在箱盖与箱座接合面上涂密封胶密封最为普遍，也有在箱座接合面上同时开回油沟，让渗入接合面间的油通过回油沟及回油道流回箱内油池以增加密封效果。

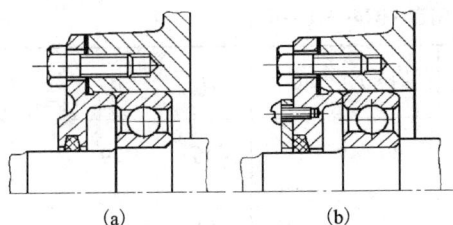

图 4-33　毛毡圈密封

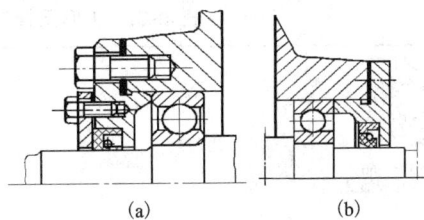

图 4-34　密封圈密封

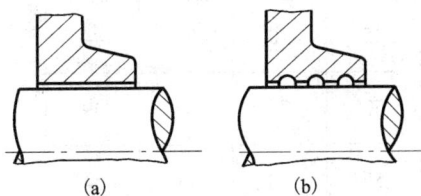

图 4-35　隙缝密封

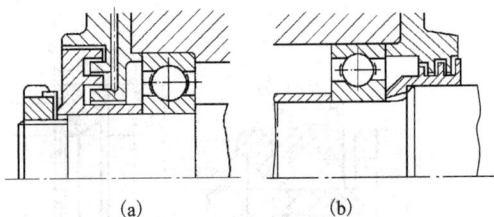

图 4-36　曲路密封

3. 其他部位的密封

检查孔盖板、排油螺塞、油标与箱体的接合面间均需加纸封油垫或皮封油圈。凸缘式轴承端盖与箱体之间需加密封垫片，嵌入式轴承端盖与箱体间常用橡胶密封圈密封防漏。

常用密封装置及尺寸见表 4-21~表 4-26。

表 4-21　毡封圈及槽的型式及尺寸(摘自 JB/ZQ 4606—1997)　　　　(mm)

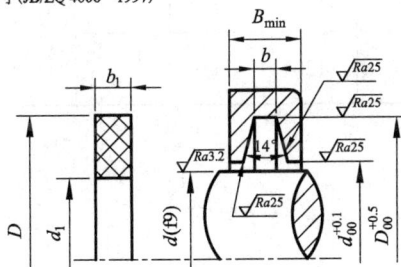

毡封圈及槽的型式及
尺寸(JB/ZQ 4606—1997)

标记示例:

$d = 30$ mm 的毡圈油封的标记:

毡圈 30 JB/ZQ 4606—1997

(材料:半粗羊毛毡)

轴 径	毡 圈			槽				
							B_{min}	
d	D	d_1	b_1	D_0	d_0	b	钢	铸铁
16	29	14	6	28	16	5	10	12
20	33	19		32	21			
25	39	24	7	38	26	6	12	15
30	45	29		44	31			
35	49	34		48	36			
40	53	39		52	41			
45	61	44	8	60	46	7		
50	69	49		68	51			
55	74	53		72	56			
60	80	58		78	61			
65	84	63		82	66			
70	90	68		88	71			
75	94	73		92	77			
80	102	78	9	100	82	8	15	18

表 4-22　J 形无骨架橡胶油封（摘自 HG4-338—66）　　　　　　　　　　（mm）

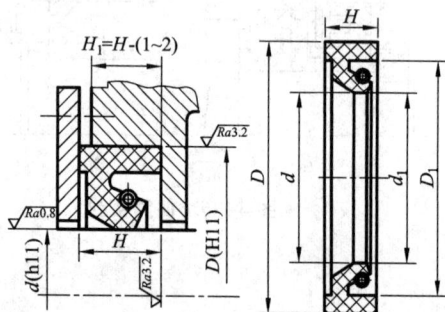

HG 4-338—66
J型无骨架橡胶油封

标记示例：

$d = 45$ mm、$D = 70$ mm、$H = 12$ mm 的 J 形无骨架橡胶油封
的标记：

J 形油封 45×70×12 HG 4-338—66

轴径 d	D	D_1	d_1	H
30	55	46	29	
35	60	51	34	
40	65	56	39	
45	70	61	44	
50	75	66	49	
55	80	71	54	
60	85	76	59	
65	90	81	64	12
70	95	86	69	
75	100	91	74	
80	105	96	79	
85	110	101	84	
90	115	106	89	
95	120	111	94	

表 4-23 内包骨架旋转轴唇形密封圈(摘自 GB/T 13871.1—2022) (mm)

GB/T 13871.1—2022密封元件为
弹性体材料的旋转轴唇形密封圈
第1部分：尺寸和公差

B型(单唇) FB型(双唇)

标记示例：

(F)B 50 72 8 × ××

- 制造单位或代号
- 胶种代号
- b=8 mm
- D=72 mm
- d=50 mm
- (有副唇)内包骨架旋转轴唇形密封圈

轴径 d	D	b
20	35,40,(45)	7
22	35,40,47	
25	40,47,52	
28	40,47,52	
30	42,47,(50),52	
32	45,47,52	8
35	50,52,55	
38	55,58,62	
40	55,(60),62	
42	55,62	
45	62,65	
50	68,(70),72	
55	72,(75),80	
60	80,85	
65	85,90	10
70	90,95	
75	95,100	
80	100,110	
85	110,120	
90	(115),120	12
95	120	

注：1. 括号内尺寸尽量不采用。

2. 为便于拆卸密封圈，在壳体上应有 d_0 孔 3~4 个。

3. 在一般情况下(中速)，采用材料为 B-丙烯酸酯橡胶(ACM)。

表 4-24 O 形橡胶密封圈(摘自 GB/T 3452.1—2005) (mm)

GB/T 3452.1—2005
O形圈系列及公差

标记示例：

通用 O 形圈内径 d_1 = 50 mm，截面直径 d_2 = 3.55 mm 的标记：O 形密封圈 50×3.55G GB 3452.1—2005

内径 d_1	截面直径 d_2			内径 d_1	截面直径 d_2		
	2.65±0.09	3.55±0.10	5.30±0.13		2.65±0.09	3.55±0.10	5.30±0.13
19.0	×	×	×	35.5	×	×	×

内径 d_1	截面直径 d_2			内径 d_1	截面直径 d_2		
	2.65±0.09	3.55±0.10	5.30±0.13		2.65±0.09	3.55±0.10	5.30±0.13
20	×	×		36.5	×	×	
21.2	×	×		37.5	×	×	×
22.4	×	×		38.7	×	×	×
23.6	×	×		40.0	×	×	×
25	×	×		41.2	×	×	×
25.8	×	×		43.7	×	×	×
26.5	×	×		45	×	×	×
28	×	×		46.2	×	×	×
30	×	×		47.5	×	×	×
31.5	×	×		48.7	×	×	×
32.5	×	×		50	×	×	×
33.5	×	×		51.5	×	×	×
34.5	×	×		53	×	×	×

注：1. d_1 的极限偏差：19.0~30.0 为±0.21，31.5~40.0 为±0.28，41.2~50 为±0.33，51.5~63.0 为±0.40。

2. 有"×"者为适合选用。

3. 标记中的 G 代表通用 O 形密封圈。

表 4-25　迷宫式密封槽（摘自 JB/ZQ 4245—2006）　　（mm）

JB/ZQ 4245—2006
迷宫式密封槽

轴径 d	25~80	>80~120	>120~180	>180
R	1.5	2	2.5	3
l	4.5	6	7.5	9
b	4	5	6	7
d_1	$d_1 = d + 1$			
a_{min}	$a_{min} = nl + R$；n 为油沟数			

注：1. 表中 R、l、b 尺寸，在个别情况下可用于与表中不相对应的轴径上。

2. 一般油沟数 $n = 2~4$ 个，使用 3 个的较多。

表 4-26　迷宫密封槽　　（mm）

轴径 d	e	f
15~50	0.2	1
50~80	0.3	1.5
80~110	0.4	2
110~180	0.5	2.5

第 5 章
减速器装配草图设计与绘制

5.1　减速器装配草图设计的目的和基本要求

　　装配图表达了机器总体结构的设计构思，也清楚地显示了各个零件间的相互位置关系、结构形状以及尺寸。它是绘制零件图、进行部件组装、调试、维护等的技术依据。设计装配图时，应综合考虑其材料、强度、刚度、加工工艺、拆装、调整、润滑和维护等多方面的要求，且在视图表达上务必清楚。

　　装配工作图的设计既包括结构设计又包括校核计算，设计过程比较复杂，常常需要边绘图、边计算、边修改。因此为保证设计质量，初次设计时，应先绘制草图。一般先用细线绘制装配草图(或在草图纸上绘制草图)，经过设计过程中的不断修改，待全部完成并经检查、审查后再加深(或重新绘制正式装配图)。

5.2　减速器装配草图的设计步骤

　　减速器的装配工作图可按以下步骤进行设计：

　　(1)装配工作图设计的准备。

　　(2)绘制装配草图。画出传动件及箱体内壁线的位置，进行轴的结构设计，计算轴的强度和校核轴承寿命。

　　(3)进行传动件的结构设计、轴承端盖的结构设计，选择轴承的润滑及密封方式。

　　(4)设计减速器的箱体及附件。

　　(5)检查装配草图。

　　(6)完成装配图。

　　装配草图绘图前的准备：

　　在画装配图之前，应翻阅有关资料，参观或装拆实际减速器，弄懂各零部件的功用，做到对设计内容心中有数。此外，还要注意减速器的以下几项技术数据：

　　(1)电动机型号、电动机输出轴轴径、轴伸长度、电动机的中心高。

　　(2)联轴器的型号、孔径范围、孔宽和装拆尺寸要求。

　　(3)传动零件的中心距、分度圆直径、齿顶圆直径以及轮齿的宽度。

　　(4)滚动轴承的类型。

　　(5)箱体的结构方案(剖分式或整体式)。

（6）所选箱体结构的有关尺寸。

绘图时，应选好比例尺，尽量优先采用1:1，以加强真实感。

5.3 减速器装配草图中关键间距的确定

5.3.1 齿轮与箱体之间相对位置的确定

绘制装配草图时，要注意箱体与箱体内零件间的相互位置关系以及箱体内零件间的相互位置和间隙。

箱体内壁与传动件间应留有一定间隙，以免发生干涉。齿顶圆与箱体内壁间留有间距 Δ_1，齿轮端面与箱体内壁留有间距 Δ_2（图 5-1），Δ_1、Δ_2 的取值分别为：$\Delta_1 = 1.2\delta$，$\Delta_2 = \delta$，δ 为箱座的壁厚。

对于圆锥齿轮减速器，由于锥齿轮的轮毂宽度大于齿轮的宽度，为防止干涉，应使箱体内壁与轮毂端面间的间距 $\Delta_3 = (1.0 \sim 1.2)\delta$，$\Delta_2 = \Delta_3$（图 5-2），$\Delta_5 = b_1 - b_2 = (5 \sim 10)/2 \text{ mm}$。

对于蜗杆减速器，由于箱体内壁与传动件间的距离由蜗杆轴系的结构尺寸确定，一般离得较远，不会发生干涉。

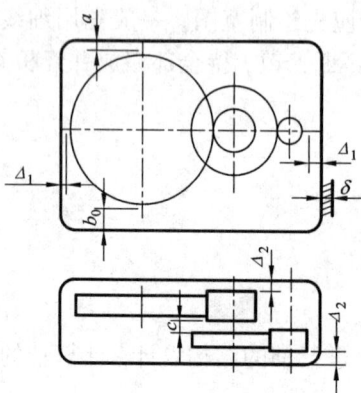

图 5-1　齿轮端面间距（一）

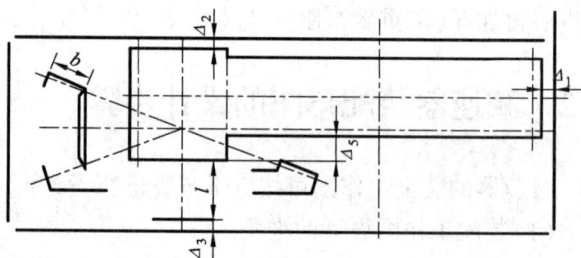

图 5-2　齿轮端面间距（二）

5.3.2 确定各传动件的尺寸及其相对位置

首先画箱内传动件的中心线、齿顶圆（或蜗轮外圆）、节圆、齿根圆、轮缘及轮毂宽等轮廓尺寸。

要注意各零件间的相互位置和间隙。如设计二级齿轮减速器时，应注意一轴上齿轮的齿顶不能与另一轴表面相碰，而两级齿轮端面的间距 c 要大于 $2m$（m 为低速级齿轮模数），并大于 8 mm，如图 5-1 所示。

5.3.3　轴承座端面位置的确定

为了增加轴承的刚性，轴承旁的螺栓应尽量靠近轴承。

轴承座端面的位置由箱体的结构确定。当采用剖分式箱体时，轴承座的宽度 L 由轴承盖、箱座连接螺栓的大小确定，即由考虑螺栓扳手空间后的 C_1 和 C_2 确定，如图 5-3 所示。一般要求轴承座的宽度 $L \geqslant \delta + C_1 + C_2 + (5 \sim 8)$ mm，其中 C_1、C_2 可由表 4-1 查得；δ 为箱体壁厚，也由表 4-1 查得；$(5 \sim 8)$ mm 为轴承座端面凸出箱体外表面的距离，以便于进行轴承座端面的加工。两轴承座端面间的距离应进行调整。

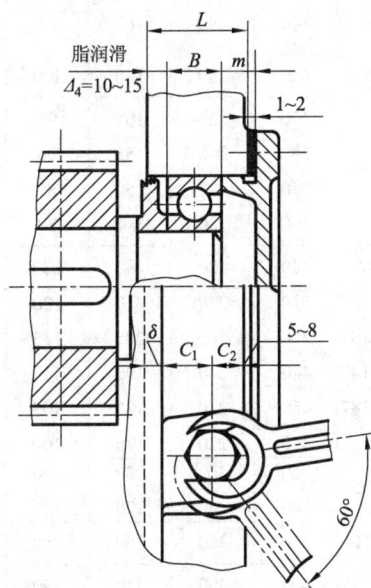

图 5-3　轴承座端面位置的确定

表 5-1　凸台及凸缘的结构尺寸图 　　　　　　　　　　　　　　　　（mm）

螺栓直径	M6	M8	M10	M12	M14	M16	M18	M20	M22	M24	M27	M30
C_{1min}	12	14	16	18	20	22	24	26	30	34	38	40
C_{2min}	10	12	14	16	18	20	22	24	26	28	32	35
D_0	13	18	22	26	30	33	36	40	43	48	53	61
R_{0max}	5					8				10		
r_{max}	3					5				8		

5.4 轴的结构设计与计算

1. 选择轴的材料及热处理工艺，确定许用应力

轴的常用材料及其机械性能见表5-2。

表5-2 轴的常用材料及其机械性能

材料牌号	热处理	毛坯直径 /mm	硬度 /HBW	抗拉强度 $\sigma_b \geqslant$ /MPa	屈服强度 $\sigma_s \geqslant$ /MPa	弯曲疲劳极限 $\sigma_{-1} \geqslant$ /MPa	扭转疲劳极限 $\tau_{-1} \geqslant$ /MPa	许用弯曲应力 $[\sigma_{+1}]$ /MPa	$[\sigma_0]$ /MPa	$[\sigma_{-1}]$ /MPa	备注
Q235-A	—	—	—	440	240	180	105	125	70	40	用于不重要或载荷不大的轴
20	正火	25	≤156	420	250	180	100	125	70	40	用于载荷不大，要求韧性较高的场合
	正火回火	≤100	103~156	400	220	165	95	125	70	40	
		>100~300		380	200	155	90				
		>300~500		370	190	150	85				
		>500~700		360	180	145	80				
35	正火	25	≤87	540	320	230	130	165	75	45	用于有一定强度要求和加工塑性要求的轴
	正火回火	≤100		520	270	210	120	165	75	45	
		>100~300	149~187	500	260	205	115				
		>300~500	143~187	480	240	190	110				
		>500~750	137~187	460	230	185	105				
		>750~1000		440	220	175	100				
	调质	≤100	156~207	560	300	230	130	175	85	50	
		>100~300		540	280	220	125				
45	正火	25	≤241	610	360	260	150	195	95	55	应用最广泛
	正火回火	≤100	170~217	600	300	240	140	195	95	55	
		>100~300	162~217	580	290	235	135				
		>300~500		560	280	225	130				
		>500~750	156~217	540	270	215	125				
	调质	≤200	217~255	650	360	270	155	215	100	60	
40Cr	调质	25		1000	800	485	280	245	120	70	用于载荷较大，而无很大冲击的重要轴
		≤100	241~286	750	550	350	200	245	120	70	
		>100~300	229~269	700	500	320	185				
		>300~500		650	450	295	170				
		>500~800	217~255	600	350	255	145				
35SiMn 42SiMn	调质	25		900	750	445	255	245	120	70	性能接近40Cr，用于中小型轴
		≤100	229~286	800	520	355	205	245	120	70	
		>100~300	217~269	750	450	320	185				
		>300~400	217~255	700	400	295	170				
		>400~500	196~255	650	380	275	160				
40MnB	调质	25		1000	800	485	280	245	120	70	性能同40Cr，用于重要的轴
		≤200	241~286	750	500	335	195	245	120	70	

64

材料牌号	热处理	毛坯直径 /mm	硬度 /HBW	抗拉强度 $\sigma_b \geq$ /MPa	屈服强度 $\sigma_s \geq$ /MPa	弯曲疲劳极限 $\sigma_{-1} \geq$ /MPa	扭转疲劳极限 $\tau_{-1} \geq$ /MPa	许用弯曲应力 $[\sigma_{+1}]$ /MPa	$[\sigma_0]$ /MPa	$[\sigma_{-1}]$ /MPa	备 注
40CrNi	调质	25		1000	800	485	280	285	130	75	用于很重要的轴
35CrMo	调质	25	207~269	100	850	500	285	245	120	70	性能接近 40CrNi，用于重载荷的轴
		≤100		750	550	350	200	245	120	70	
		>100~300		700	500	320					
		>300~500		650	450	290	185				
		>500~800		600	400	270	170 155				
38SiMnMo	调质	≤100	229~286	750	600	360	210	275	120	70	性能接近于 35CrMo
		>100~300	217~269	700	550	335	195				
		>300~500	196~241	650	500	310	175				
		>500~800	187~241	600	400	270	155				
37SiMn2MoV	调质	25		1000	850	495	285	275	120	70	用于高强度、大尺寸和重载荷的轴
		≤200	269~302	880	700	425	245	275	120	70	
		>200~400	241~286	830	650	395	230				
		>400~600	241~269	780	600	370	215				
38CrMoAlA	调质	30	229	1000	850	495	285	275	125	75	用于要求耐磨、高强且热处理变形很小的（氮化）轴
20Cr	渗碳淬火回火	≤60	表面 HRC 56~62	850	550	375	215	215	100	60	用于要求强度、韧性均较高的轴（如齿轮轴、蜗杆）
				650	400	280	160				
20CrMnTi	渗碳淬火回火	15	表面 HRC 56~62	1100	850	525	300	365	165	100	
1Cr13	调质	≤60	187~217	600	420	275	155	275	130	75	用于腐蚀条件下工作的轴
2Cr13	调质	≤100	197~248	660	450	295	170	275	130	75	
1Cr18Ni9Ti	淬火	≤60	≤192	550	220	205	120	165	75	45	用于在高、低温及强腐蚀条件下工作的轴
		>60~180		540	200	195	115				
		>100~200		500	200	185	105				
QT400-15	—	—	156~197	400	300	145	125	100			用于结构、形状复杂的轴
QT450-10	—	—	170~207	450	330	160	140	110			
QT500-7	—	—	187~255	500	380	180	155	125			
QT600-3	—	—	197~269	600	420	215	185	150			

注：1. 表中所列疲劳极限数据，均按下式计算：$\sigma_{-1} \approx 0.27(\sigma_b + \sigma_s)$，$\tau_{-1} \approx 0.156(\sigma_b + \sigma_s)$。

2. 其他性能，一般可取 $\tau_s \approx (0.55 \sim 0.62)\sigma_s$，$\sigma_0 \approx 1.4\sigma_{-1}$，$\tau_0 \approx 1.5\tau_{-1}$。

3. 球墨铸铁 $\sigma_{-1} \approx 0.36\sigma_b$，$\tau_{-1} \approx 0.31\sigma_b$。

4. 许用静应力 $[\sigma_{+1}] = \sigma_b / [S]_b$，许用疲劳应力 $[\sigma_{-1}] \approx \sigma_{-1} / [S]_{-1}$。

5. 选用 $[\sigma_{-1}]$ 时，重要零件取小值，一般零件取大值。

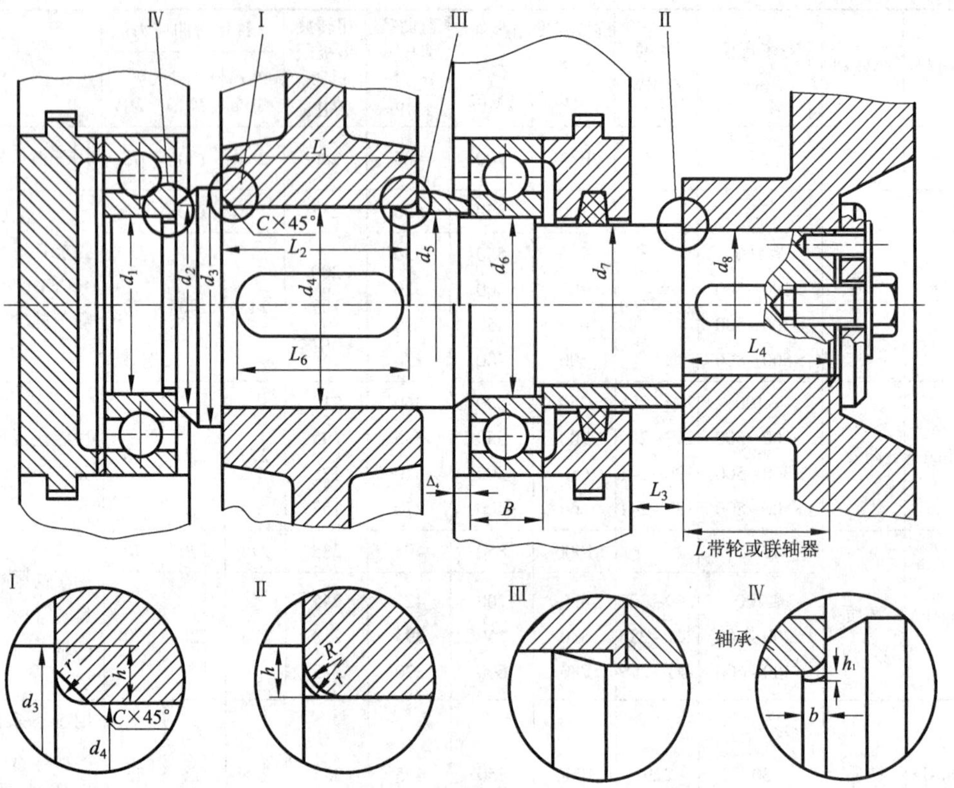

图 5-4 轴系的结构设计

2. 初步估算轴径

减速器中轴径的直径(也称为轴的最小直径)可按扭转剪应力计算公式(3-1)初步估算,

即利用公式 $d \geq C\sqrt[3]{\dfrac{P}{n}}$ (mm)进行计算。式中: P、n 分别为轴所传递的功率(kW)和轴的转速

(r/min), C 值从表 3-11 中查出。

算出的 d 值应圆整,取其尾数为 0、2、5、8,并以此 d 值作为轴最细处的直径。

当高速输入轴与电动机轴相连时,可取轴端直径 $d = (1 \sim 0.8)d_{电}$ ($d_{电}$ 为电动机外伸轴的直径)。

如果轴的外伸端装联轴器,则初估直径必须与所选联轴器的孔径相符(见附录Ⅳ),如果轴的外伸端上装带轮或链轮,则外伸端直径要与相配合轮的孔径要求配合安装(所选 V 带对应的带轮孔径见图 3-1),以免出现轮径与轴径不相等的现象。

3. 轴的结构设计

轴的结构设计要综合考虑轴的强度、刚度、加工工艺性和轴上零件的安装、固定、拆卸等因素。在确定轴各段直径和长度的同时,也要确定其他一些零件及箱体的有关尺寸。

轴的结构设计可分为两步进行,即先确定轴的各段直径,再确定轴的各段长度。下面以图 5-4 为例说明阶梯轴各段直径和长度的确定方法。直径确定方法由表 5-3 给出;长度确定方法由表 5-4 给出。

66

表 5-3　轴各段直径的确定

轴段直径	确定方法及说明	备注
d_8	轴段 d_8 处装有带轮，除按公式(3-1)计算外，还要与带轮孔径相符，带轮孔径计算见图 3-1	
d_7	$d_7=d_8+2h$，h 为轴肩高度，用于轴向零件的定位和固定，故 h 值应稍大于毂孔的圆角半径或倒角深，通常取 $h\geqslant(0.07\sim0.1)d_8$；$d_7$ 应符合密封元件的孔径要求	
d_6	$d_6=d_7+(1\sim5)$mm。图 5-4 中 d_7 至 d_6 的变化尽为装配方便，故其差值可小些。该轴径过渡为自由表面。d_6 与滚动轴承相配，必须与轴承孔径一致(轴承尺寸见附录Ⅴ)，开始设计时预选中系列轴承	
d_5	$d_5=d_6+(1\sim5)$mm。为了装配方便而加大直径，倒角半径见零件的圆角与倒角国家标准。d_5 与齿轮孔相配，应圆整为标准直径	
d_4	$d_4=d_5+(1\sim5)$mm。为了装配方便而加大直径，倒角半径见零件的圆角与倒角国家标准。d_4 与齿轮孔相配，应圆整为标准直径	
d_3	$d_3=d_4+2h$，h 为轴肩高度，用于齿轮的定位和固定，故 h 值应稍大于毂孔的圆角半径或倒角深，通常取 $h\geqslant(0.07\sim0.1)d_4$	
d_2	由轴肩倒角的大小来决定	
d_1	许多轴承成对使用，一般取 $d_1=d_6$。因为同一轴上的滚动轴承选用同一型号，便于轴承座孔镗削和减少轴承类型	

注：d_1、d_2 之间有越程槽，设计标准参照附表 2-18。

表 5-4　轴各段长度的确定

符　号	名　　称	确定方法及说明
L_4	外伸轴上装旋转零件的轴段长度	由轴上旋转零件(如带轮、联轴器等)的毂孔宽度及固定方式而定，当采用键连接时，L_4 应满足键的强度要求，一般取 $L_4=(1.2\sim1.8)d_8$。这里带轮轴向采用轴端挡板固定，为了使挡板压紧带轮，一般 $L_4=L_{带轮}-(1\sim2)$mm
L_3	外伸端上旋转零件内端面与轴承盖外端面的距离	对于嵌入式轴承盖，这个长度为 5~10 mm；对于凸缘式轴承端盖，这个长度为 15~20 mm。具体与轴承端盖结构、端盖固定螺钉、密封装置有关
L	轴承座宽度	L 由轴承座两旁连接螺栓直径要求的扳手空间位置来确定(见图 4-1、图 4-2、图 5-3 等)。$L=\delta+C_1+C_2+(5\sim8)$mm，$\delta$ 查表 4-1
m e	轴承盖尺寸	如表 4-14、表 4-15、图 5-3 所示，$m=L-\Delta_4-B+(1\sim2)$mm。对于凸缘式轴承盖 m 尺寸不宜太短，以免拧紧固定螺钉时轴承盖歪斜，一般 $m\geqslant e$，若 $m<e$，则应加大 m，也即增大 L 尺寸
Δ_4	箱体内壁至轴承内端面的距离	当轴承为脂润滑时，应设油环，取 $\Delta_4=10\sim15$ mm。当轴承为油润滑时，取 $\Delta_4=3\sim5$ mm。见图 5-3、图 5-4
Δ_2	小齿轮端面至箱体内壁的距离	$\Delta_2=10\sim15$ mm，见图 5-8、图 5-9 等，对重型减速器应取大值

67

符 号	名 称	确定方法及说明
b_1	小齿轮宽度	取 $b_1 = b_2 + (5 \sim 10)$ mm。b_2 为大齿轮宽度，即齿轮啮合的有效宽度，由齿轮设计计算时确定
h_1 b_0	越程槽的深度与宽度	按 GB/T 6403.5—2008 砂轮越程槽标准执行，参考附表 2-18

4. 轴上零件的轴向固定(具体见表 5-5)

1)轴向固定

轴向固定主要采取轴肩、轴环、轴端挡圈和圆锥面、轴套(套筒)、圆螺母，还有弹性挡圈以及圆锥销、紧定螺钉等方式。保证零件在轴上有确定的轴向位置，防止零件作轴向移动，并能承受轴向力。

2)周向固定

周向固定主要采用键联接、过盈配合、键与过盈配合组合，还有圆锥销、紧定螺钉等。目的是传递转矩，防止零件与轴产生相对的转动。

表 5-5　轴上零件的轴向定位与固定

定位与固定方法	简 图	特点与应用
轴肩、轴环	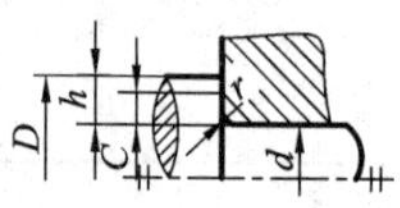 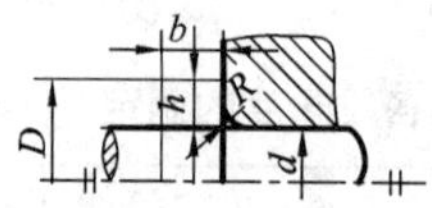	结构简单、可靠，能承受较大的轴向力。一般取 $h = 0.07d + (1 \sim 2)$ mm，$b \geq 1.4h$，$r < c$，$r < R$，$h > c$。安装滚动轴承的轴肩，其 a 值由滚动轴承安装要求确定
圆螺母	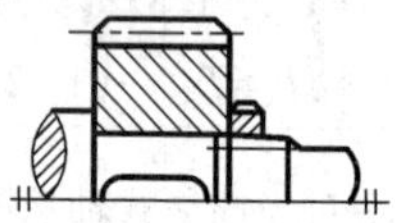 	固定可靠，能承受较大的轴向力。需要防松措施，如图中的双螺母、止动垫圈。圆螺母、止动垫圈的结构尺寸见 GB/T 810、GB/T 812 及 GB/T 858。结构较复杂。螺纹位于承载轴段时，会削弱轴的疲劳强度
圆锥面	 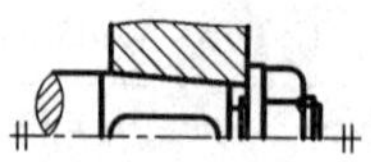	轴和轮毂间无径向间隙，装拆较方便，能承受冲击载荷，多用于轴端零件的定位与固定。锥面加工较麻烦。同轴度高但轴向定位不准确。高速轻载及同轴度要求高时可以不用键，圆锥形轴伸的结构尺寸见 GB/T 1570
弹性挡圈	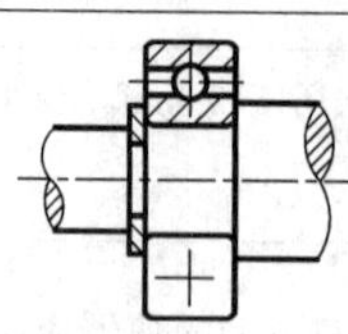 	结构简单、紧凑，只能承受较小的轴向力，可靠性差。挡圈位于承载轴段时，轴的强度削弱较严重。轴用弹性挡圈及轴槽的结构尺寸见 GB/T 894.1、GB/T 894.2

定位与 固定方法	简　图	特点与应用
轴端挡圈		适于轴端零件的定位和固定。可承受剧烈的振动和冲击载荷，需采取防松措施，如图中的防松结构。轴端挡圈的结构尺寸见 GB/T 891 及 GB/T 892
锁紧挡圈		结构简单，不能承受大的轴向力。有冲击、振动的场合，应采取防松措施。锁紧挡圈的结构尺寸见 GB/T 883、GB/T 884、GB/T 885
套 筒		结构简单、可靠。适于轴上两零件间的定位和固定，轴上不需开槽、钻孔。可将零件的轴向力不经轴而直接传到轴承上
轴端挡板		适于心轴的轴端定位和固定，只能承受小的轴向力

5. 确定轴上力的作用点和支点跨距

轴的结构确定后，便可以从减速器装配图初步设计确定轴上力的作用点，计算出轴的支点距离，如图 5-3 和图 5-5 所示。当采用向心角接触轴承时，轴承支点应取在离轴承端面处，如图 5-6 所示，a 值可以从轴承标准(附录Ⅴ)中查出。轴上零件作用力一般视作集中力作用于轮缘宽度中间。

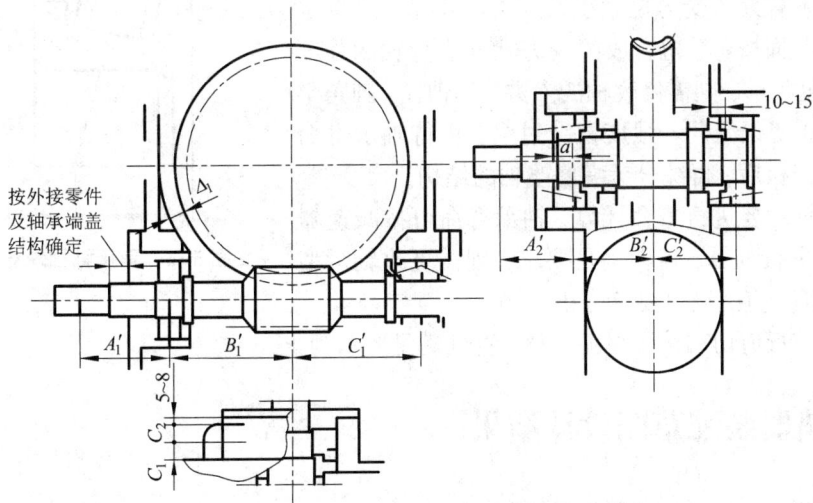

图 5-5　轴的支点跨距简图

6. 校核轴、键的强度及轴承的寿命

1）轴的受力计算

画出受力简图并按适当比例画出弯矩图、转矩图。弯矩图、转矩图上的特征点必须注明数值大小，然后校核轴的强度，其详细方法和步骤见教材。

2）键的选择计算

轴与齿轮、带轮、联轴器等的连接常用普通平键，其尺寸可根据轴的直径由附表3-28选取。键的长度可根据轮毂的宽度从附表3-28键的长度系列值中选取，键长一定要比轮毂的宽度稍短一些。然后验算键的挤压强度，如果验算结果强度不足，可增加键的长度（但不得超过轮毂宽度）或改用两个键，或增大轴的直径，以满足强度要求。使用两个键时，考虑到各键受载不均，其承载能力应按单键的1.5倍计算，即在验算挤压强度时，将许用挤压力提高1.5倍。

3）校核滚动轴承寿命

按教材中的方法校核。轴承使用寿命可参考教材或手册中对各种设备中轴承使用寿命的推荐值来选定。如校核结果表明轴承寿命余量过大，则应改选轻系列轴承；如寿命不够，则应改选重系列轴承，但不要轻易改动轴承内孔尺寸，否则轴及轴上零件尺寸都要改变。

5.5 轴、轴承及键的校核

1. 轴上力的作用点及支点跨距的确定

根据轴上零件的位置，可定出轴的支点跨距和轴上零件的力的作用点位置。传动力的作用线的位置可取在轮缘宽度的中部，深沟球轴承与支反力作用点在轴承宽度的中部，角接触轴承支点位置在 a 处，如图5-6所示，a 值可查轴承标准（附录Ⅴ）。

2. 轴、轴承、键的强度校核

支点跨距和力的作用点确定后，即可进行受力分析和画力矩图。

根据轴上各处所受力矩大小及应力集中情况，选定1~2个危险截面按弯、扭合成的受力状况进行轴的强度校核，若强度不够，则需修改轴的参数，如轴径、圆角半径、截面尺寸变化等。若强度富余过多，可待轴承寿命及键的强度校核后，再综合考虑修改轴的结构。

对滚动轴承要进行寿命计算，轴承寿命可按减速器的使用寿命进行计算，若不满足要求，则需更改轴承型号后再行计算，直到满足要求为止。

对键要进行剪切和挤压强度校核，直到满足要求为止。

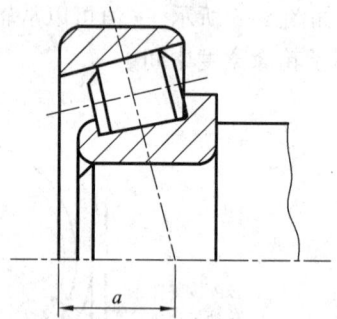

图5-6 角接触轴承支点位置

5.6 减速器装配草图设计结果

1）单级圆柱齿轮减速器装配草图

单级圆柱齿轮减速器装配草图的主视图和俯视图，如图5-7所示。根据第5.4节和

70

图 5-5 的前期设计基础，在主视图和俯视图上画出齿轮中心线、齿顶圆、节圆及齿轮宽度对称线、齿轮宽度线等轮廓线。然后确定齿轮端面与箱体内壁之间的间隙 Δ_1 和 Δ_2，以及大小齿轮顶圆与箱体内壁间应留有一定间隙 Δ_1。为了避免安装误差影响轮齿的接触宽度，应使小齿轮齿宽 b_1 比大齿轮齿宽 b_2 大 5～10 mm。图中 δ 为箱座壁厚，由表 4-1 确定。减速器中心高 $H \geq \dfrac{d_{a2}}{2} + (30\sim50) + \delta + 5\sim8(\mathrm{mm})$。对于铸造箱体，箱盖顶部一般为圆弧形，大齿轮一侧，可以以轴心为圆心，以 $R \geq \dfrac{d_{a2}}{2} + \Delta_1 + \delta$ 为半径画出圆弧作为箱盖顶部的部分轮廓。而在小齿轮一侧，用上述方法取的半径画出的圆弧，往往会使小齿轮轴承座孔凸台超出圆弧，一般最好使小齿轮轴承座孔凸台

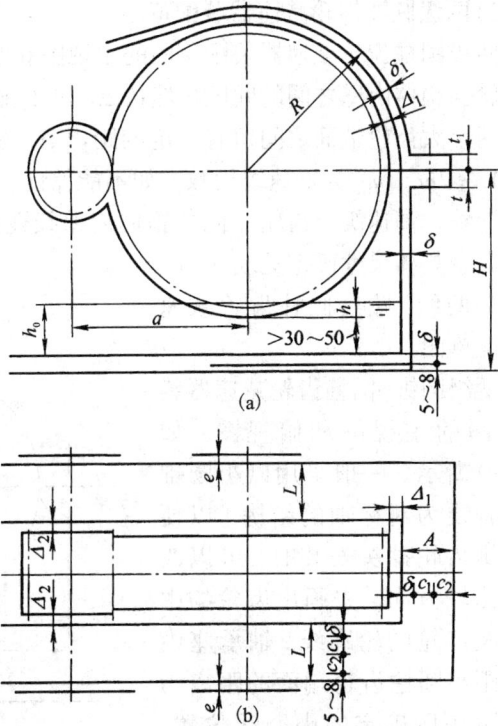

图 5-7　单级圆柱齿轮减速器装配草图

在圆弧内，这时圆弧半径 R 应大于 R'（R' 为小齿轮轴的轴心到凸台处的距离）。以 R 为半径画出的小齿轮处箱盖的部分轮廓如图 4-10(a) 所示。当然也有小齿轮轴承座孔凸台在圆弧以外的结构，如图 4-10(b) 所示。其余符号含义见第 4 章相关内容。具体尺寸确定见表 5-6。

表 5-6　圆柱齿轮减速器结构参数确定值

符号	名　称	尺　寸
Δ_2	转动零件端面至减速器内壁的距离	$\Delta_2 \approx 10\sim15$ mm，对于重型减速器应取大些
b_1	小齿轮宽度	由齿轮结构设计确定
B	轴承宽度	开始设计时按中系列轴承选择，见图 5-3
Δ_1	大齿轮顶圆与减速器内壁之间的最小间隙	$\Delta_1 \geq 1.2\delta$，δ 为箱座壁厚
l	轴承支点间的距离	由装配图计算决定
Δ_4	轴承端面至箱体内壁的距离	轴承用油池内油润滑时 $\Delta_4 = 3\sim5$ mm，轴承用脂润滑且有挡油环时 $\Delta_4 = 10\sim15$ mm，见图 5-3
l_3	轴承端盖及连接螺栓头高度	根据轴承端盖结构决定
l_5	箱外零件至轴的配合长度	$l_5 = (1.2\sim1.5)d$，d 为配合处轴径
Δ_5	齿顶圆与轴之间的距离	$\Delta_5 \geq 2m_n$，m_n 为低速级模数
L_3	箱外零件至固定零件的距离	$L_3 = 15\sim20$ mm
Δ_3	小齿轮与大齿轮端面之间的距离	$\Delta_3 = 8\sim15$ mm

2) 两级圆柱齿轮减速器装配草图

两级圆柱齿轮减速器装配草图的主视图和俯视图，如图 5-8 所示。两级传动中小齿轮与大齿轮与箱体内壁之间的间隙仍然按 Δ_2 和 Δ_1 确定。在设计两级展开式齿轮减速器时，应注意使两个大齿轮端面之间留有一定的距离 Δ_3，并使高速级大齿轮齿顶到低速轴之间的距离 Δ_5，$\Delta_5 \geqslant 2m_n$，m_n 为低速级模数。如不能保证，则应调整齿轮传动的参数。其他参数确定与前面一致。高速级小齿轮一侧的箱体内壁线还应考虑其他条件才能确定，所以暂时不能画出。其余具体尺寸确定见表 5-6。

3) 两级圆锥-圆柱齿轮减速器装配草图

两级圆锥-圆柱齿轮减速器装配草图的主视图和俯视图，如图 5-9 所示。一般采用以小圆锥齿轮轴线为对称轴的结构，以便大圆锥齿轮掉头安装时，可以改变输出轴方向。先画出齿轮的中心线及齿轮的轮廓线，轴承座内端面距小圆柱齿轮端面的距离为 Δ_2。再按所确定的中心线位置，画出锥齿轮的轮廓尺寸。锥齿轮轮廓端面与箱体内壁的距离为 Δ_4、锥齿轮顶圆与箱体内壁的距离为 Δ_1，取大锥齿轮轮毂长度 $l = (1.1 \sim 1.2)d$，d 为锥齿轮轴孔直径。大锥齿轮背部端面与轮毂端面轴向距离较大，为使箱体宽度方向结构紧凑，大锥齿轮轮毂端面与箱体轴承座内端面(通常为箱体内壁)间的距离应小些，取 $\Delta_4 = (0.3 \sim 0.6)\delta(\delta$ 为箱体壁厚)，$\Delta_4 = \Delta_2$。其余具体尺寸确定见表 5-6。

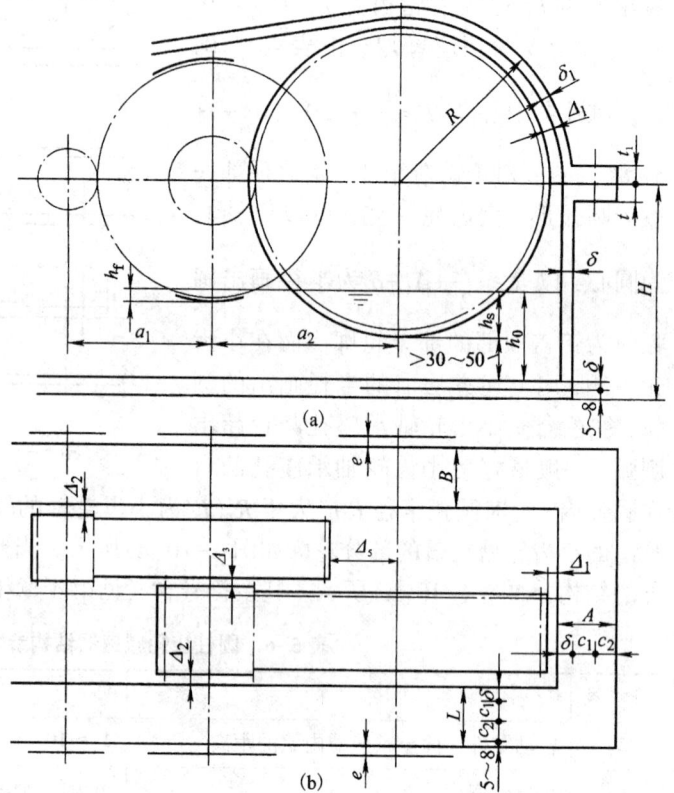

图 5-8　两级圆柱齿轮减速器装配草图

小锥齿轮背锥面距箱盖内壁的距离为 Δ_1，大圆柱齿轮齿顶圆距箱体内壁的距离为 Δ_1，大圆柱齿轮齿顶圆距箱体内底面的距离应大于 30 mm。画出箱盖及箱座内壁位置。

参考两级展开式圆柱齿轮减速器的说明，进一步画出主视图箱体外壁和右侧分箱面凸缘结构，画出俯视图中分箱面三个侧面的外边线，以及轴承盖凸缘外端面线，如图 5-9 所示。

小锥齿轮轴承座外端面位置及结构暂不考虑，待设计小锥齿轮轴系部件时确定。

图 5-10 所示是单级锥齿轮减速器装配草图。

4) 蜗杆蜗轮减速器装配草图

蜗杆蜗轮减速器装配草图的主视图和俯视图，如图 5-11 所示。画出蜗杆和蜗轮的中心线及节圆和顶圆等轮廓线，蜗轮外圆与箱体内壁间的距离 Δ_1 及蜗轮外圆与蜗杆轴的轴承座距离 Δ_3 可查表 5-7。

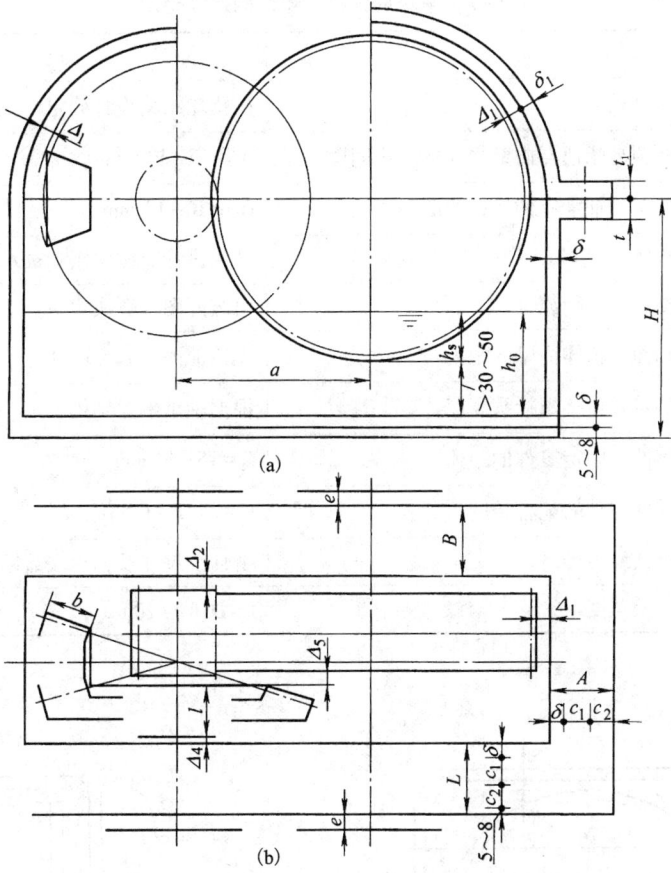

图 5-9　两级圆锥-圆柱齿轮减速器装配草图

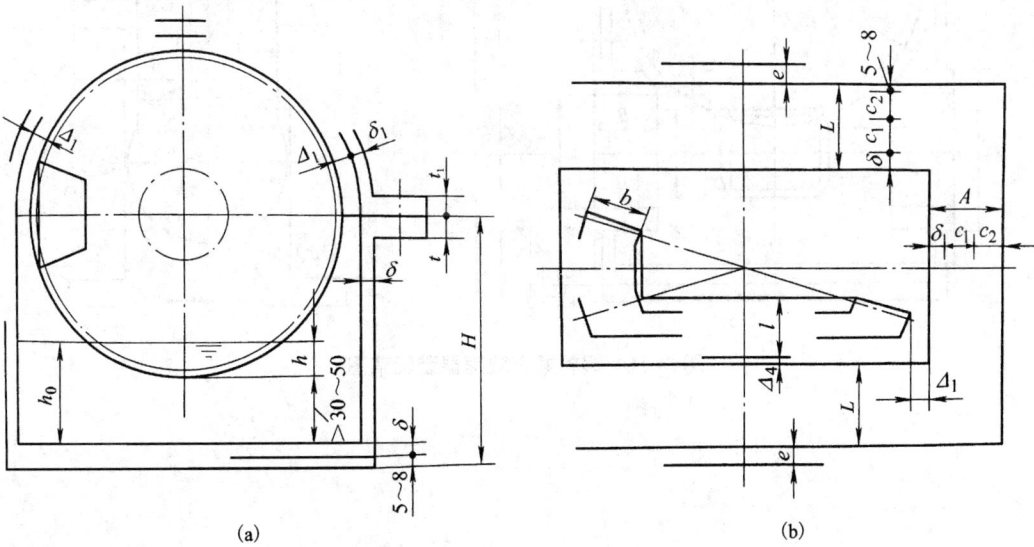

图 5-10　单级锥齿轮减速器装配草图

表 5-7　蜗轮蜗杆减速器结构尺寸确定

符　号	名　　称	尺　　寸
D_2	蜗轮外直径	由蜗轮结构设计确定
Δ_2	蜗轮外圆与减速器内壁之间的最小间隙	$\Delta_2 = 15 \sim 30$ mm
Δ_3	蜗轮外圆与轴承座的最小间隙	$\Delta_3 \geqslant 10 \sim 12$ mm
B	轴承宽度	开始设计时按中系列轴承选择，见图 5-3
l	轴承支点间的距离	由装配图计算决定
l_2	轴承端面至箱体内壁的距离	无挡油环时 $l_2 = 5 \sim 10$
l_3	轴承端盖及连接螺栓头高度	根据轴承端盖结构决定
l_4	箱外零件至固定零件的距离	$l_4 = 15 \sim 20$ mm
l_5	箱外零件与轴的配合长度	$l_5 = (1.2 \sim 1.5)d$，d 为配合处轴径
D	轴承座凸缘外径	由轴承尺寸及轴承端盖结构确定
b	箱座内壁宽度	$b = D(10 \sim 20)$

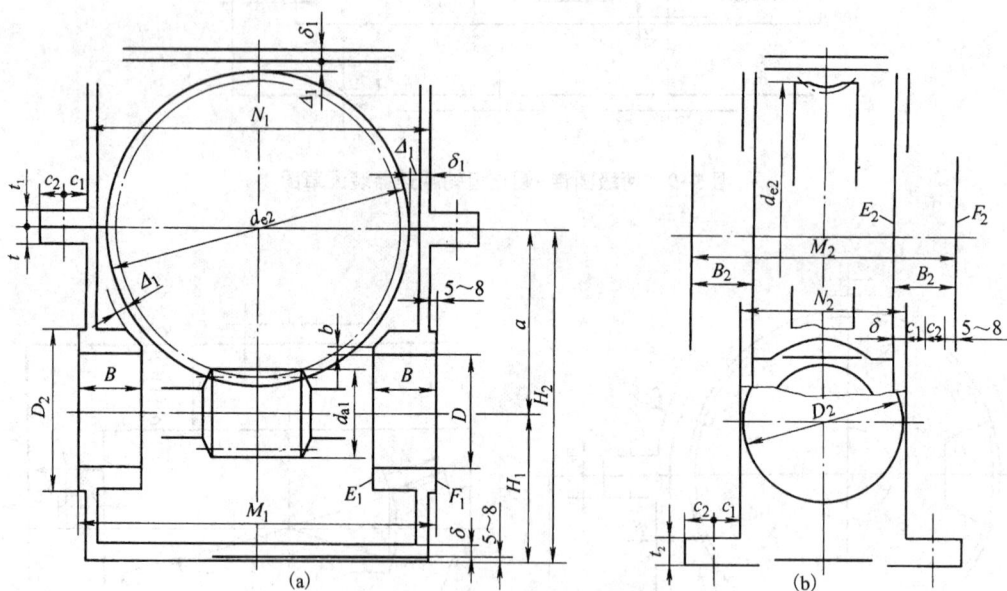

图 5-11　蜗轮蜗杆减速器装配草图

第 6 章
减速器装配工作图设计与绘制

　　减速器装配图表达减速器的工作原理和各零件部件之间的装配关系，也清楚地表达了各零、部件之间相互位置、尺寸和结构形状，也是绘制零件工作图、部件组装、调试及修理维护等的技术依据。因此，装配图设计与绘制是整个机械设计过程中极为重要的环节。

　　由于装配图需要完成的内容较多，所以装配图设计与绘制时要综合考虑减速器的工作要求以及材料、强度、刚度、加工、装拆、调整、润滑、密封、维护及经济性等各方面的因素，并用足够的视图表达清楚。由于主要零件的结构和尺寸在前面设计阶段已经完成，所以在这个阶段工作内容既包括结构设计，又有校核计算。因此设计过程比较复杂，须采用"由主到次、由粗到细""边绘图、边计算、边修改"的方法逐步完成。减速器装配草图在第 5 章中已经完成，现在对装配草图进行认真检查、修改无误后，再按机械制图标准选取不同线型，完成正式的装配图。

6.1　布置装配图

　　在绘制减速器装配图前，根据前面有关设计计算，需取得下列参数、尺寸和数据：①电动机的型号、外伸轴直径、中心高等；②各传动零件的主要参数和尺寸。如齿轮和蜗杆传动的中心距、分度圆和顶圆直径及齿宽等。③联轴器型号及相关参数初步选择。④轴支承形式及轴承初步选择。

　　减速器装配图一般需要三个视图才能清楚表达减速器的内部结构，如图 6-1 所示。一般减速器装配图用 A0 或 A1 号图纸绘出，优先选择 1:1 的比例尺绘制。图纸幅面及图框格式应符合机械制图标准，见附表 2-7。具体按如下布置设计：

　　(1)估计图面上除掉标题栏、明细表、减速器特性表和技术要求等所需位置后剩下的空白图面。

　　(2)根据传动件的大小(齿顶圆直径、轴长等)，参考类似结构，估计出减速器的大约轮廓尺寸。

　　(3)根据空白图面和减速器轮廓尺寸，选择图样比例。为了加强设计的真实感，应优先选用 1:1 或 1:2 的图样。

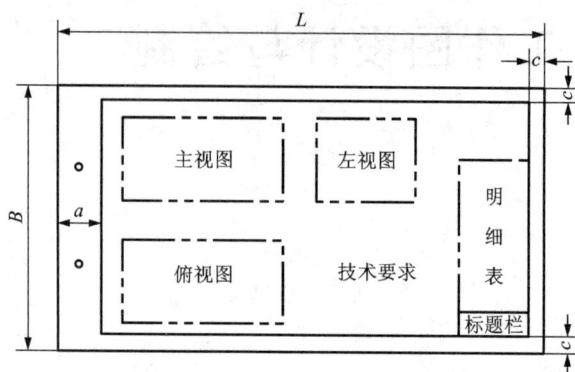

图 6-1　装配图图面布置

6.2　减速器装配图的绘制步骤

在第 5 章中设计装配草图的最初任务是确定箱体内外零、部件的外形尺寸和相互位置关系；选择联轴器，设计轴的结构尺寸；验算轴的强度；校核滚动轴承的承载能力与寿命；选择键联接并验算其强度。

传动零件、轴和轴承是减速器的主要零件，其他零件的结构和尺寸则由这些零件确定。因此绘图时要先画主要零件，后画次要零件；先从箱体内的零件画起，逐步向外画；先画零件的中心线及轮廓线，后画详细结构。画图时要以一个视图(一般为俯视图)为主，兼顾其他几个视图。减速器装配图绘制的一般步骤如下(以单级直齿减速器为例)。

1. 画传动零件的中心线、轮廓线及机箱内壁线

根据图面布置，先在主视图和俯视图上画出齿轮中心线、齿顶圆、节圆及齿轮宽度对称线、齿轮宽度线等轮廓线。应注意，为避免安装误差影响轮齿的接触宽度，应使 b_1 较 b_2 宽 5~10 mm(图 5-8)。箱体内壁与齿轮端面及大小齿轮顶圆间应留有一定间隙 Δ_1 及 Δ_2，以避免铸造箱体的尺寸误差和箱体表面的凹凸不平造成间隙过小，甚至使箱体与齿轮相碰，推荐的间隙 Δ_1、Δ_2 值见表 4-1。注意，小齿轮顶圆与箱体内壁的距离暂不定。查出 Δ_1、Δ_2 值即可画出内壁位置线。图 6-2 中 δ_1 为箱(机)座壁厚。

2. 选择联轴器

为便于确定轴的最小直径，应先选定联轴器。

1)选联轴器类型

联轴器的类型可根据工作要求选择。

轴的转速低、刚性大、能保证严格对中或轴的长度不大时，可选用固定式刚性联轴器(凸缘联轴器)。

减速器输入轴和电动机相连接时，其转速高、转矩小，多选用弹性套柱销联轴器。它不仅可以缓和冲击，还适用于频繁起动或正反转的工况，并能补偿轴向移动和角位移，但当角位移过大时，耐油橡胶制作的弹性圈易磨损。

中小型减速器输出轴可采用弹性柱销联轴器。这种联轴器制造容易，装拆方便，成本

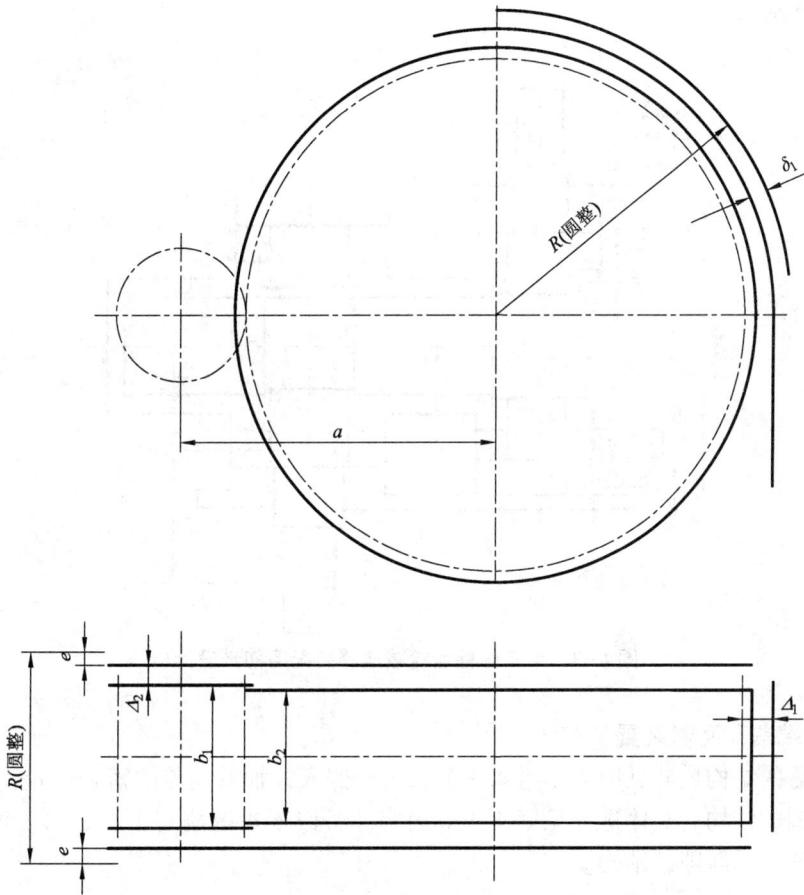

图 6-2　单级圆柱齿轮减速器齿轮中心线、轮廓线及箱体内壁线

低，可用于频繁起动或正反转，并有一定轴向位移和角位移的场合，在高速级可代替弹性套柱销联轴器。

对于安装对中困难、频繁启动和正反转的低速重载轴的连接，可选用齿轮联轴器。这种联轴器的制造工艺复杂，成本较高。对高温、潮湿或多尘的单向传动，且有一定角位移时，可选用滚子链联轴器。为便于选用时比较，附录Ⅳ给出了几种常用联轴器的性能、使用条件及优缺点供参考。

2）选择联轴器的型号和尺寸

在确定好联轴器类型之后可根据轴所传递转矩大小和轴转速从附表 4-2 至附表 4-7 中选取适用的型号。所选型号的许用转矩和许用转速应大于计算转矩及实际转速。

计算转矩的计算方法见教材有关内容。

3. 轴的支承与结构设计(见第5.4节内容)

如图6-3所示。

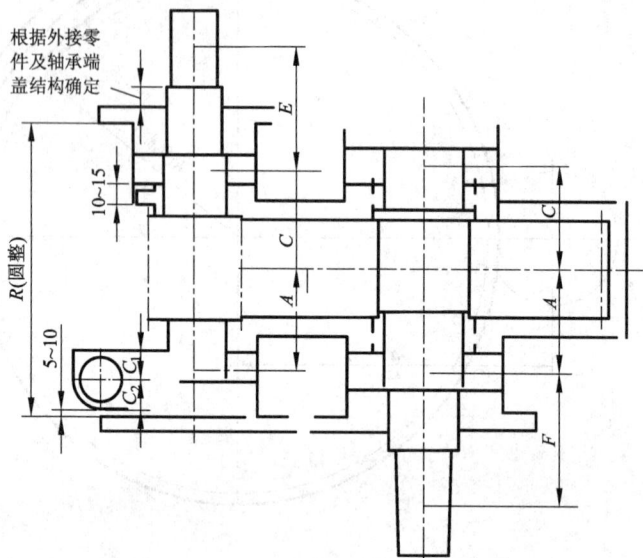

图6-3 单级圆柱齿轮减速器装配图初步设计

4. 轴承端盖和密封装置

轴承端盖的结构尺寸见第4章第4.3节。由于嵌入式轴承端盖的密封性差,一般应选用带唇形密封圈的结构。具体选择见第4.4节内容。若嵌入式端盖用于固定向心角接触轴承,则应增加调整轴承间隙的结构。

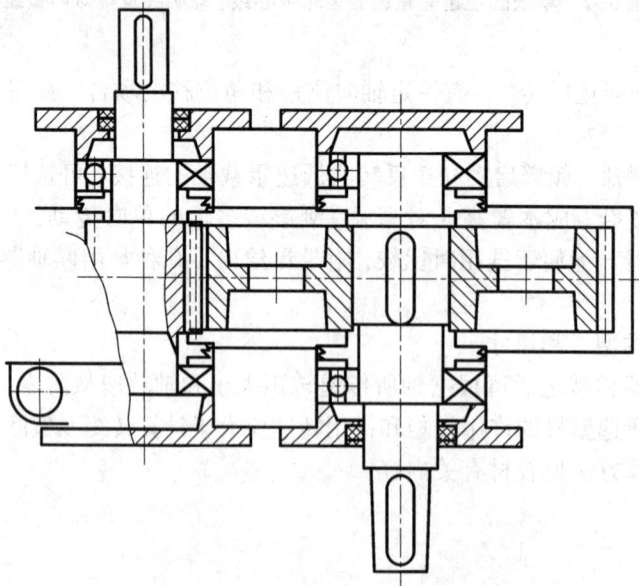

图6-4 绘制单级圆柱齿轮减速器草图

（1）双支点单向固定，适用于一般齿轮减速器和轴承支点跨距<300 mm 的蜗杆减速器的轴。

（2）一端双向固定，一端游动。它的特点是允许轴系有较大的热伸长，但结构复杂。适用于温升较高的细长轴。

（3）轴系的轴向位置调整目的是保证传动件的正确啮合，对圆锥齿轮及蜗杆传动，调整方法和结构可看教材有关章节。

5. 滚动轴承的配置

单级圆柱齿轮减速器草图绘制见图 6-4。

6. 箱体结构与附件设计

（1）箱体结构设计见本书第 4 章第 4.2 节。

连接箱座和箱盖的螺栓组应对称布置，在保证不与轴承端盖螺钉发生干涉的前提下，使轴承两侧的连接螺栓尽量靠近轴承。一般说来，当连接螺栓的中心线与轴承盖外圆相切时，可得到较为满意的效果。

（2）箱体上附件的结构设计。

箱体上附件的结构设计，见本书第 4 章第 4.3 节。

（3）减速器的润滑及油面高度的确定、润滑油的选择、箱体接合面的密封有关内容见本书第 4 章第 4.4 节。

7. 补画细部结构

如窥视孔盖板，通气器，油标、油塞、定位销、启盖螺钉、吊环、吊钩，结构尺寸见本书4.3 节介绍。绘制减速器油沟结构。

8. 根据投影关系绘制左视图

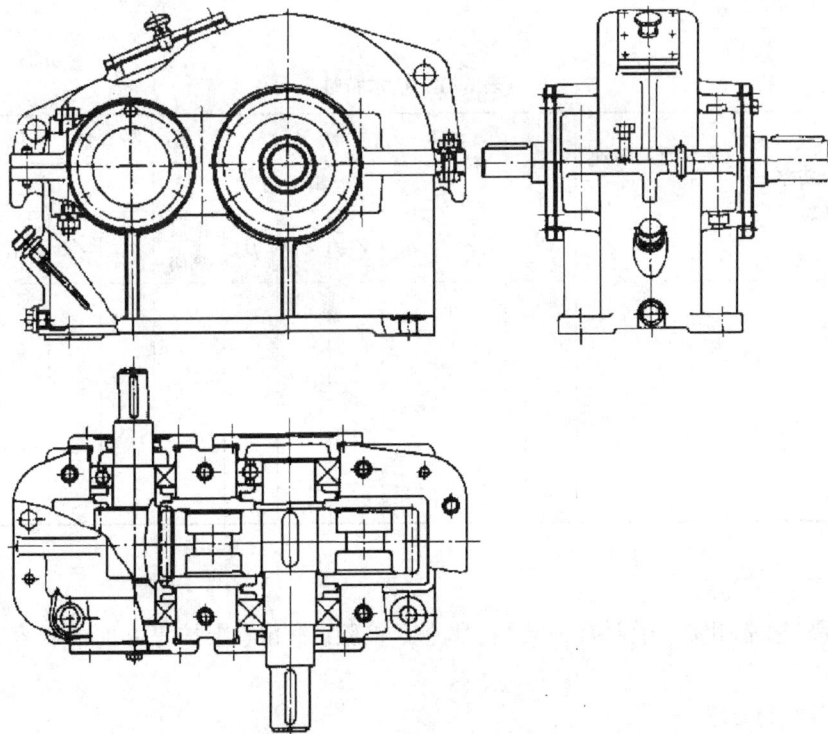

图 6-5　绘制单级圆柱齿轮减速器的三个视图

6.3 完成减速器装配工作图

底图完成后,要仔细检查,是否有漏线和多余的线,查漏补缺。最后完成装配工作图。
完成装配工作图阶段很关键,此阶段的内容如下。

(1)标注必要的尺寸。

装配图应标注的尺寸有:

① 特性尺寸。

传动零件中心距及偏差。

② 安装尺寸。

输入和输出轴外伸端直径、长度、减速器中心高、地脚螺栓孔的直径和位置尺寸、箱体底面尺寸等。

③ 最大外形尺寸。

减速器的总长、总宽、总高,供车间布置及包装运输时参考。

④ 配合尺寸。

装配图中主要零件间的配合处都应标出基本尺寸,配合精度等级。

尺寸标注时,尺寸排列应整齐、清晰,尽量布置在视图的外面,并集中标注在反映主要结构的视图上。

(2)写出减速器的技术特性。

在装配图中的适当位置写出减速器的技术特性,或列表表示。表6-1为两级齿轮减速器技术特性示范表。

表6-1 技术特性

输入功率 /kW	输入转速 /(r·min^{-1})	效率 η	总传动比 i	传 动 特 性									
				第一级					第二级				
				m_n	Z_2	Z_1	β	精度等级	m_n	Z_2	Z_1	β	精度等级

(3)编写技术要求。

技术要求通常用文字说明有关装配、调整、检验、润滑、维护等方面的内容。主要内容如下。

① 对零件的要求。

装配前所有零件用煤油或汽油清洗,箱体内不许有任何杂物,箱体内壁涂上防侵蚀的涂料。

②　对润滑剂的要求。

润滑剂有减少摩擦、降低磨损、清洗、降温、防锈、减振等作用。应写明润滑剂牌号、用量及更换时间等。详见《机械设计》教材，更换油时间一般为半年左右。

③　对密封的要求。

所有接触面及密封处均不许漏油，箱体剖分面可涂密封胶或水玻璃，但不许用垫片。

④　传动侧隙和接触斑点。

必须保证齿轮或蜗杆传动所需的侧隙及齿面接触斑点，其要求是由传动件精度等级确定的。

检查侧隙可用塞尺测量，或用碾压铅丝检测。

检查斑点的方法是在主动件上涂色检查。

⑤　滚动轴承轴向游隙的要求。

对深沟球轴承，一般留轴向间隙 $\Delta = 0.1 \sim 0.4$ mm。对可调间隙轴承的轴向游隙可查机械设计手册。

⑥　试验要求。

做空载试验时，正、反转各 1 h，要求运转平稳，噪声小，连接固定处不得松动。

负载试验时，油池温升不得超过 35 ℃，轴承温升不得超过 40 ℃。

⑦　外观、包装及运输要求。

箱体表面应涂漆，外伸轴及其他零件需涂油并包装严密。包装箱外应写明"不可倒置""防雨淋"字样。

（4）零件编号。

零件编号时，可不区分标准件和非标准件而统一编号，也可把标准件和非标准件分开，分别编号。零件编号要齐全，不重复。相同的零件只有一个编号，编号线互不相交，且不与剖面线平行。装配关系清楚的零件组（如螺栓、螺母、垫片）可共一个公共指引线，编号应按顺时针或逆时针方向依次排列，水平方向编号在一条水平线上，竖直方向编号在一条竖直线上，编号字体高度要比尺寸数字高度大一号或两号。

（5）编制明细表及填写标题栏。

所有零件均应列入明细表中。明细表由下向上填写。对标准件，应注明名称、材料、规格、件数、标准代号。齿轮应注明模数、齿数、螺旋角等。

装配图明细栏和标题栏可采用国家标准规定的格式，也可采用课程设计使用的格式，见附表 2-7。

（6）检查装配工作图。

完成装配工作图后，应对此阶段的设计再进行一次检查。主要内容有：视图是否清楚地表达出减速器的结构和装配关系；零件结构是否合理；尺寸标注是否正确、合理；零件编号是否齐全；技术要求和技术特性是否完善、正确；是否符合制图标准。

待画完零件图后再加深描粗，应保持图纸干净整洁。

6.4 减速器装配图中常见错误

图6-6列举了减速器装配图中常见错误。

①轴承采用油润滑，但油不能流入导油沟内。

②窥视孔太小，不便于检查传动件的啮合情况，并且没有垫片密封。

③两端吊钩的尺寸不同，并且左端吊钩尺寸太小。

④油尺座孔不够倾斜，无法进行加工和装拆。

⑤放油螺塞孔端处的箱体没有凸起，螺塞与箱体之间也没有封油圈，并且螺纹孔长度太短，很容易漏油。

⑥ ⑫箱体两侧的轴承孔端面没有凸起的加工面。

⑦垫片孔径太小，端盖不能装入。

⑧轴肩过高，不能通过轴承的内圈来拆卸轴承。

⑨ ⑲轴段太长，有弊无益。

⑩ ⑯大、小齿轮同宽，很难调整两齿轮在全齿宽上啮合，并且大齿轮没有倒角。

⑪ ⑬投影交线不对。

⑭间距太短，不便拆卸弹性柱销。A为弹性套柱销联轴器安装尺寸，见手册。

⑮ ⑰轴与齿轮轮毂的配合段同长，齿轮轴向固定不可靠。

⑱箱体两凸台相距太近，铸造工艺性不好，造型时出现尖砂。

⑳ ㉗箱体凸缘太窄，无法加工凸台的沉头座，连接螺栓头部也不能全坐在凸台上。相对应的主视图投影也不对。

㉑输油沟的油容易直接流回箱座内而不能润滑轴承。

㉒没有此孔，此处缺少凸台与轴承座的相贯线。

㉓键的位置紧贴轴肩，加大了轴肩处的应力集中。

㉔齿轮轮毂上的键槽，在装配时不易对准轴上的键。

㉕齿轮联轴器与箱体端盖相距太近，不便于拆卸端盖螺钉。

㉖端盖与箱座孔的配合面太短。

㉘所有端盖上应当开缺口，使润滑油在较低油面就能进入轴承以加强密封。

㉙端盖开缺口部分的直径应当缩小，也应与其他端盖一致。

㉚未圈出。图中有若干圆缺中心线。

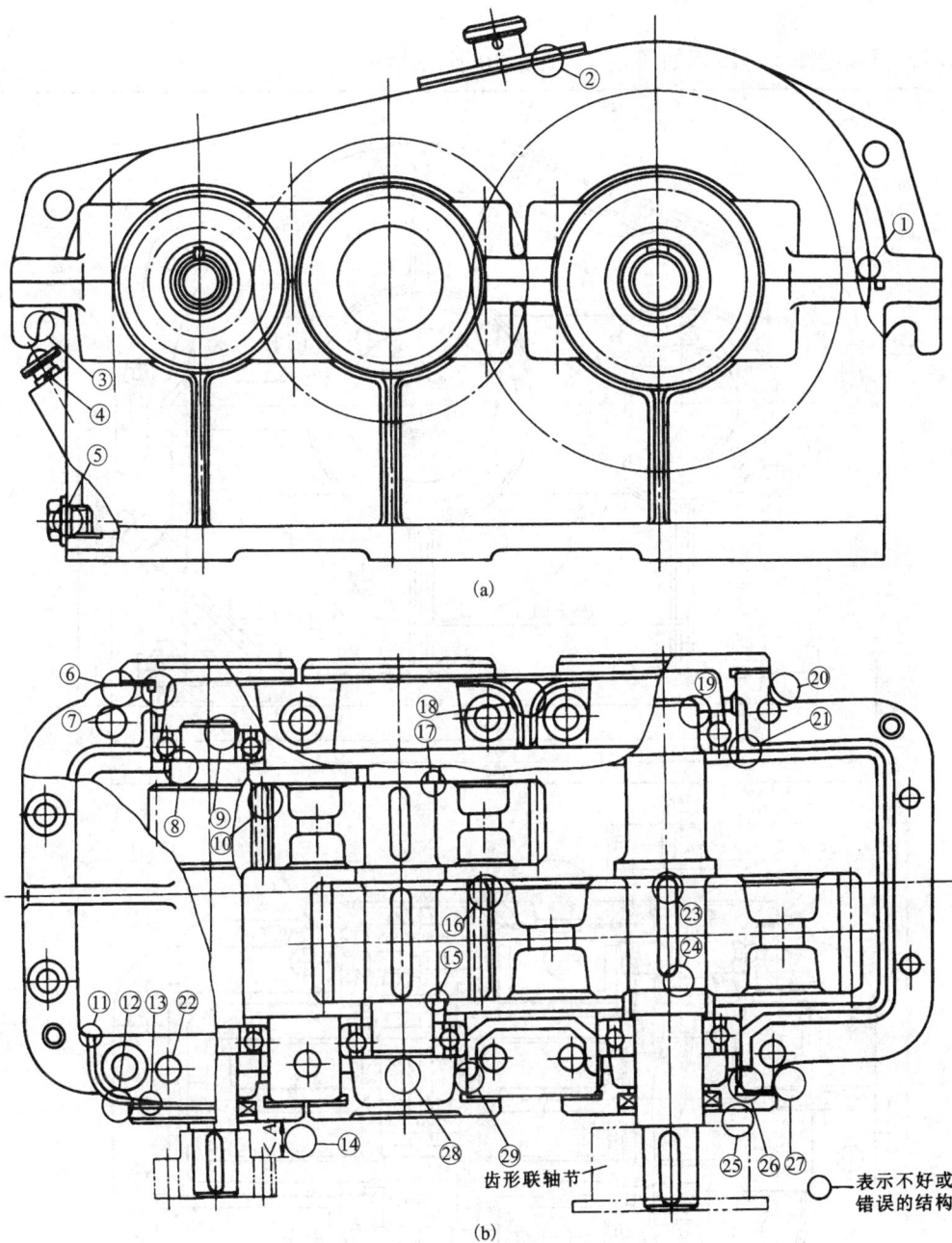

(a)

(b)

图 6-6　减速器装配图中常见错误

齿形联轴节

表示不好或
错误的结构

6.5 减速器装配图参考图例

减速器装配图参考图例如图 6-7~图 6-10 所示。

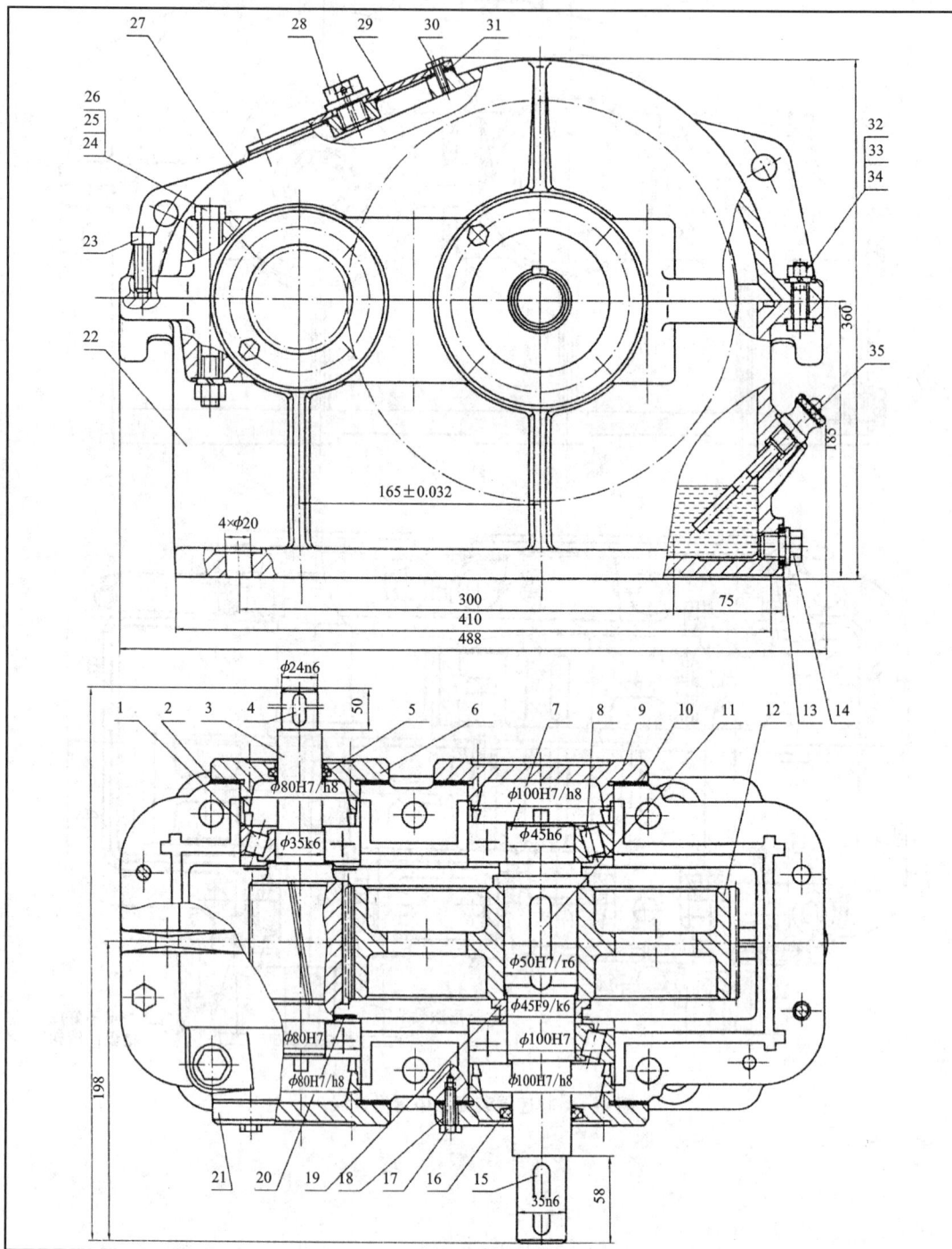

图 6-7 单级圆柱齿轮减速器装配图

84

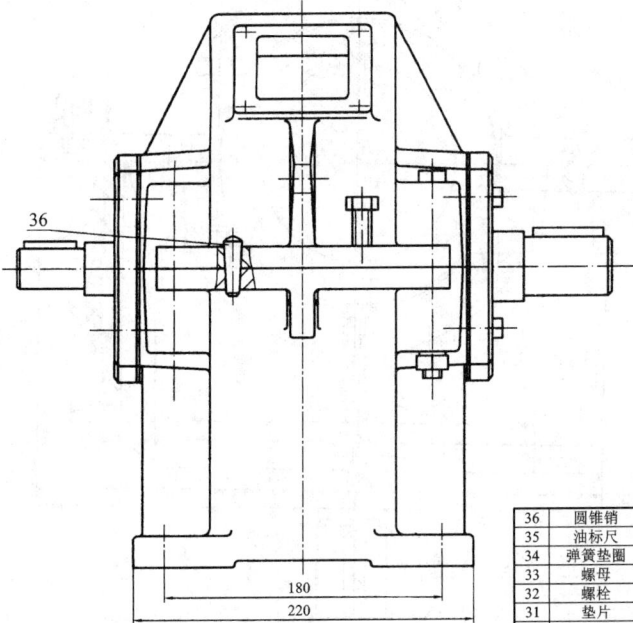

拆去视孔盖部件

技术特性

输入功率/kW	输入转速/(r·min⁻¹)	效率η	传动比i	传动特性			
				β	m_n	齿数	精度等级
3.42	720	0.95	4.15	12°14′19″	2.5	Z_1 25	8 GB/T 10095—2008
						Z_2 104	8 GB/T 10095—2008

技术要求

1. 装配前, 所有零件需用煤油清洗, 滚动轴承用汽油清洗, 箱内不允许有任何杂物, 内壁用耐油油漆涂刷两次。
2. 齿轮啮合侧隙用铅丝检验, 其侧隙值不小于0.16 mm。
3. 检验齿面接触斑点, 按齿高不小于45%, 齿长不小于60%。
4. 滚动轴承30207、30209的轴向调整游隙均为0.05~0.1 mm。
5. 箱内加注AN150全损耗系统用油(GB 443—1989)至规定油面高度。
6. 剖分面允许涂密封胶或水玻璃, 但不允许使用任何填料。剖分面、各接触面及密封处均不得漏油。
7. 减速器外表面涂灰色油漆。
8. 按试验规范进行试验, 并符合规范要求

序号	名　称	数量	材料	标准及规格	备注
36	圆锥销	2	35	销 GB/T 117 A8×30	
35	油标尺	1	Q235-A		组合件
34	弹簧垫圈	2	65Mn	垫圈 GB/T 93 10	
33	螺母	2	Q235-A	螺母 GB/T 6170 M10	
32	螺栓	2	Q235-A	螺栓 GB/T 5782 M10×40	
31	垫片	1	石棉橡胶纸		
30	螺钉	4	Q235-A	螺钉 GB/T 5781 M6×16	
29	视孔盖	1	Q235-A		
28	通气塞	1	Q235-A		
27	箱盖	1	HT200		
26	弹簧垫圈	6	65Mn	垫圈 GB/T 93 12	
25	螺母	6	Q235-A	螺母 GB/T 6170 M12	
24	螺栓	6	Q235-A	螺栓 GB/T 5782 M12×120	
23	启盖螺钉	1	Q235-A	螺栓 GB/T 5783 M10×35	
22	箱座	1	HT200		
21	轴承端盖	1	HT200		
20	挡油环	2	Q235-A		冲压件
19	轴套	1	45		
18	轴承端盖	1	HT200		
17	螺栓	16	Q235-A	螺栓 GB/T 5783 M8×25	
16	毡圈	1	半粗羊毛毡	毡圈 JB/ZQ 4606 42	
15	键	1	45	键 GB/T 1096 10×50	
14	油塞	1	Q235-A	M16×1.5	
13	封油垫	1	石棉橡胶纸		
12	齿轮	1	45	$m_n=2.5, Z=104$	
11	键	1	45	键 GB/T 1096 14×63	
10	调整垫片	2组	08F		
9	轴承端盖	1	HT200		
8	圆锥滚子轴承	2		滚子轴承 GB/T 297 30209	
7	轴	1	45		
6	轴承端盖	1	HT200		
5	毡圈	1	半粗羊毛芭	毡圈 JB/ZQ 4606 32	
4	键	1	45	键 GB/T 1096 8×45	
3	齿轮轴	1	45	$m_n=2.5, Z=25$	
2	调整垫片	2组	08F		
1	圆锥滚子轴承	2		滚子轴承 GB/T 297 30207	
序号	名　称	数量	材料	标准及规格	备注

单级圆柱齿轮减速器	图号	比例	质量	第　张
				共　张

设计		年　月	机械设计	(校名)
绘图			课程设计	(班名)
审核				

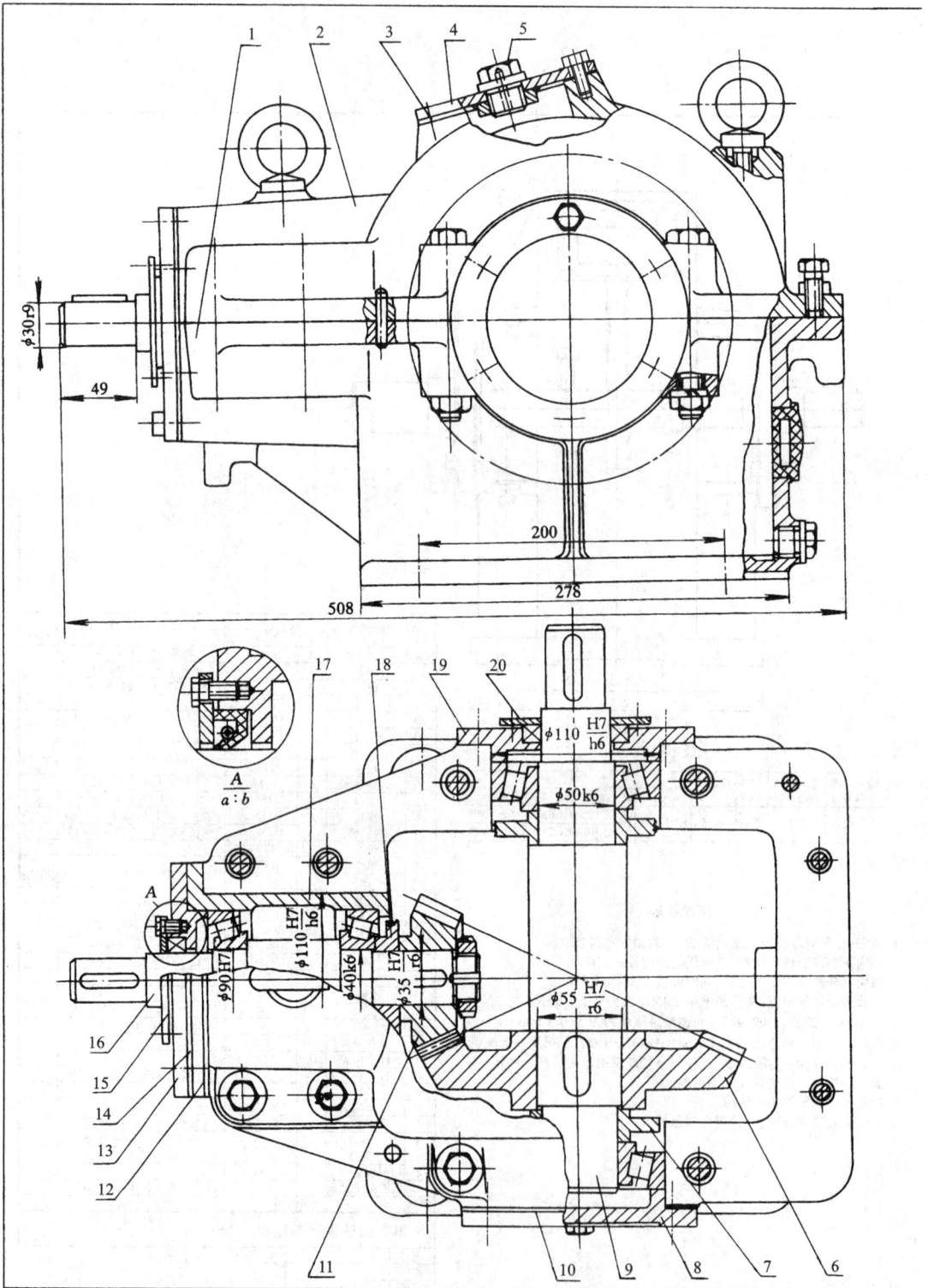

图 6-8　单级圆锥齿轮减速器装配图

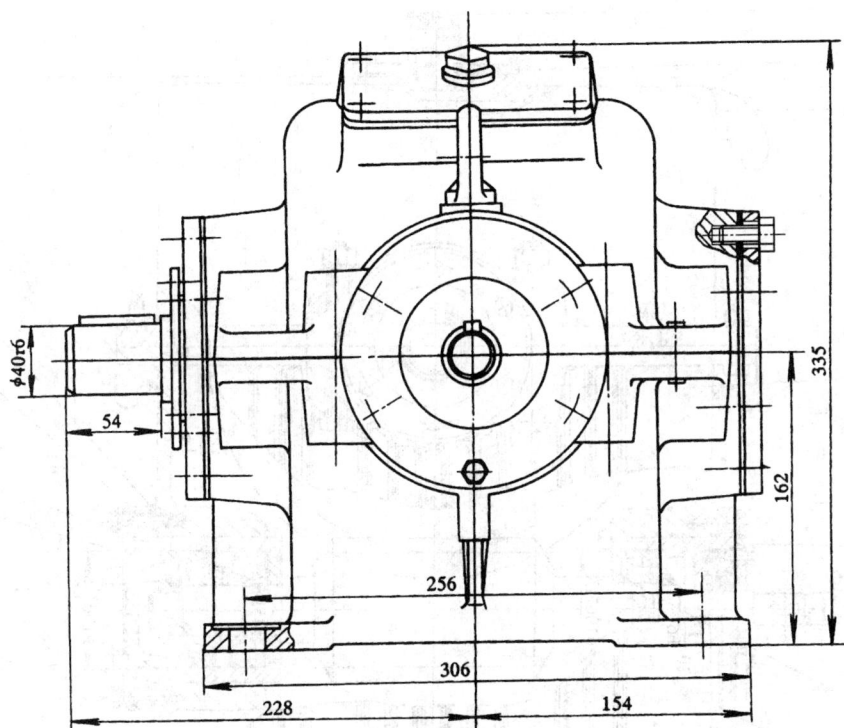

技术特性

输入功率/kW	输入转速/(r·min⁻¹)	传动比i
4.5	420	2.1

技术要求

1. 装配前,所有零件进行清洗,箱体内壁涂耐油油漆。

2. 啮合侧隙之大小用铅丝来检验,保证侧隙不小于 0.17 mm,所用铅丝直径不得大于最小侧隙的 2 倍。

3. 用涂色法检验齿面接触斑点,按齿高和齿长接触斑点都不少于 50%。

4. 调整轴承轴向间隙,高速轴为 0.04~0.07 mm,低速轴为 0.05~0.1 mm。

5. 减速器剖分面、各接触面及密封处均不许漏油,剖分面允许涂密封胶或水玻璃。

6. 减速器内装L-AN全损耗系统用油(GB 443—1989)中的50号工业齿轮油至规定高度。

7. 减速器表面涂灰色油漆。

20	密封盖	1	Q215A	
19	轴承端盖	1	HT150	
18	挡油环	1	Q235A	
17	套杯	1	HT150	
16	轴	1	45	
15	密封盖板	1	Q215A	
14	调整垫片	1组	08F	
13	轴承端盖	1	HT150	
12	调整垫片	1组	08F	
11	圆锥小齿轮	1	45	$m=5,z=20$
10	调整垫片	2组	08F	
9	轴	1	45	

8	轴承端盖	1	HT150	
7	挡油环	2	Q235A	
6	圆锥大齿轮	1	45	$m=5,z=42$
5	通气器	1	Q235A	
4	窥视孔盖	1	Q235A	组件
3	垫片	1	压纸板	
2	箱盖	1	HT150	
1	箱座	1	HT150	
序号	名称	数量	材料	备注
	(标题栏)			

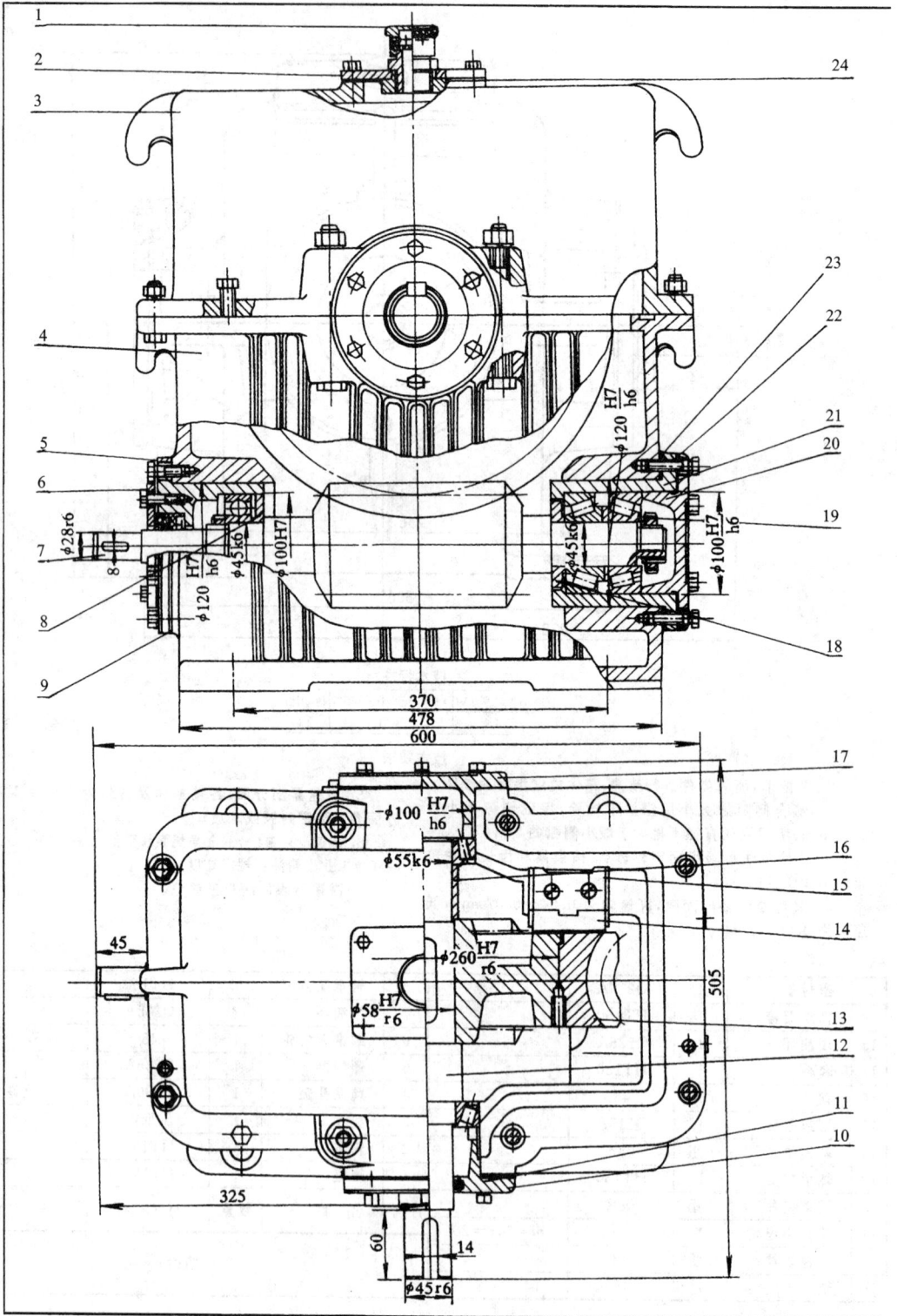

图 6-9 单级蜗杆减速器(下置式)装配图

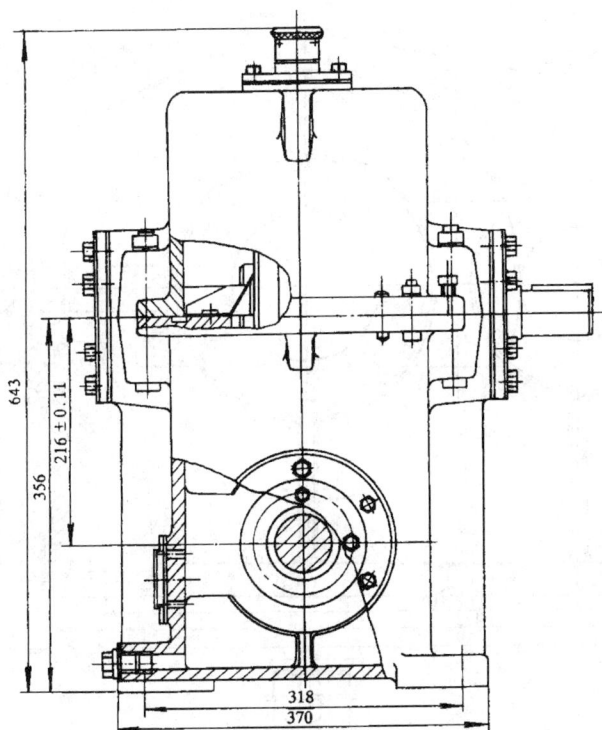

技术特性

输入功率 /kW	输入转速 /(r·min⁻¹)	效率 η/%	传动比 i
4	1500	82	28

技术要求

1. 装配前所有零件均用煤油清洗,滚动轴承用汽油清洗。

2. 各配合处、密封处、螺钉连接处用润滑脂润滑。

3. 保证啮合侧隙不小于 0.19 mm。

4. 接触斑点按齿高不得小于 50%,按齿长不得小于 50%。

5. 蜗杆轴承的轴向间隙为 0.04~0.07 mm,蜗轮轴承的轴向间隙为 0.05~0.1 mm。

6. 箱内装 SH 0094—91 蜗轮蜗杆油 680 号至规定高度。

7. 未加工外表面涂灰色油漆,内表面涂红色耐油漆。

24	垫片	1	石棉橡胶纸		10	轴承端盖	1	HT150	
23	调整垫片	1组	08F		9	密封垫片	1	08F	
22	调整垫片	1组	08F		8	挡油环	1	Q235A	
21	套杯	1	HT150		7	蜗杆轴	1	45	
20	轴承端盖	1	HT150		6	压板	1	Q235A	
19	挡圈	1	Q235A		5	套杯端盖	1	HT150	
18	挡油环	1	Q235A		4	箱座	1	HT200	
17	轴承端盖	1	HT150		3	箱盖	1	HT200	
16	套筒	1	Q235A		2	窥视孔盖	1	Q235A	
15	油盘	1	Q235A		1	通气器	1		组件
14	刮油板	1	Q235A		序号	名　称	数量	材　料	备　注
13	蜗轮	1	组件						
12	轴	1	45			(标题栏)			
11	调整垫片	2组	08F						

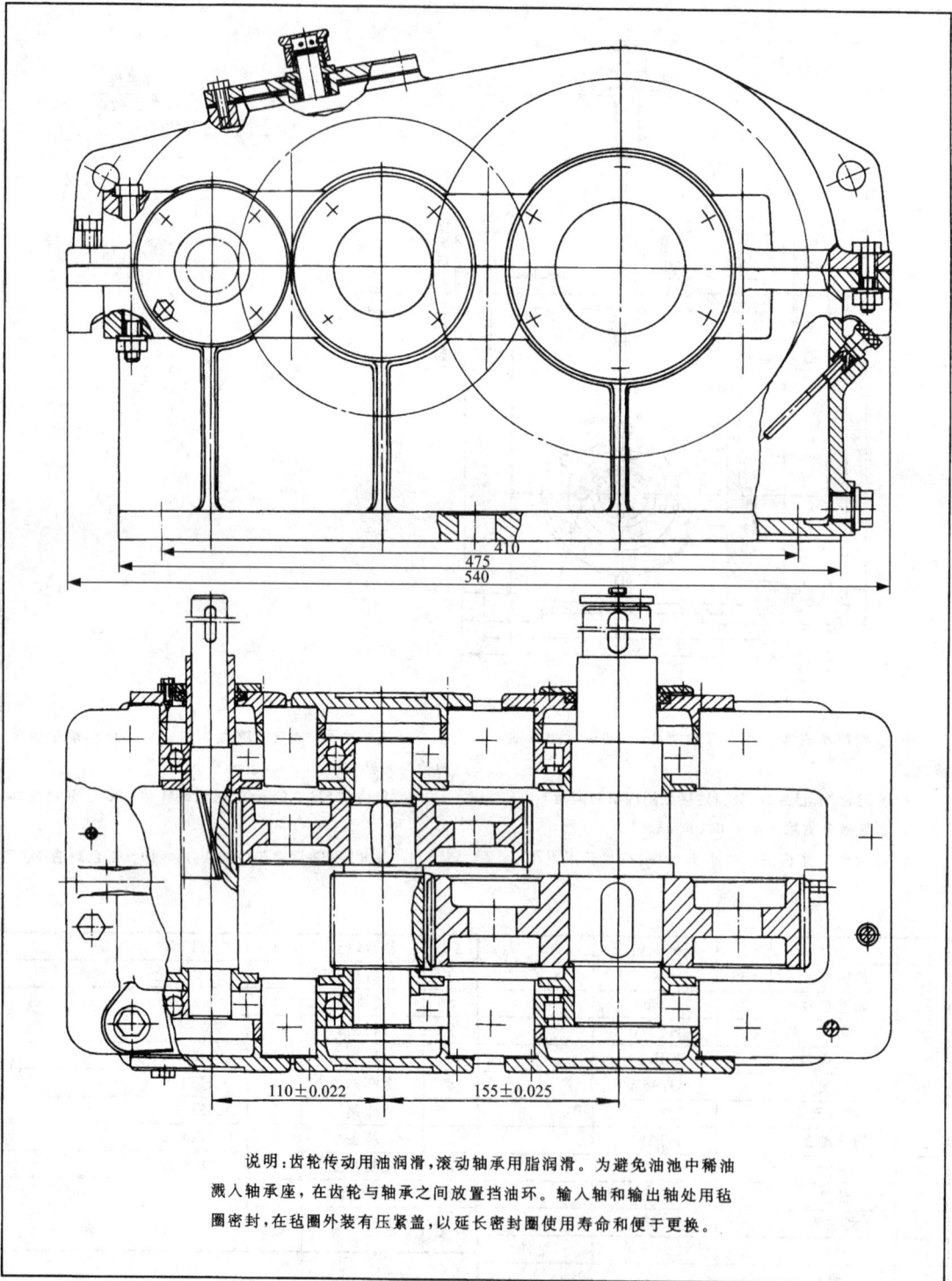

475

410

540

110±0.022

155±0.025

说明:齿轮传动用油润滑,滚动轴承用脂润滑。为避免油池中稀油
溅入轴承座,在齿轮与轴承之间放置挡油环。输入轴和输出轴处用毡
圈密封,在毡圈外装有压紧盖,以延长密封圈使用寿命和便于更换。

图 6-10 两级圆柱齿轮减速器结构图(展开式)

第 7 章
零件工作图设计与绘制

7.1　零件工作图的内容及要求

7.1.1　零件工作图的作用

零件工作图是在完成装配图设计的基础上绘制的。装配图只是确定了机器或部件中各个部件或零件间的相对位置关系、配合要求和总体尺寸，至于每个零件的结构形状和尺寸只是得到反映，因而装配图不能直接作为加工零件的依据。为了将装配图中的各个零件制造出来，还必须在装配图基础上拆绘和设计出每个零件的工作图。零件工作图是零件制造、检验和制订工艺规程的基本技术文件。合理设计和正确绘制零件工作图是设计过程中的一个重要环节。

在课程设计中，绘制零件工作图的目的主要是锻炼学生的设计能力及使学生掌握零件工作图的内容、要求和绘制方法。由于时间限制，根据课程设计的教学要求，指导教师可指定绘制 2~3 个典型零件的工作图。

7.1.2　零件工作图的内容及要求

零件工作图既要反映其功能要求，明确表达零件的详细结构，又要考虑加工装配的可能性和合理性。一张完整的零件工作图要求能全面、正确、清晰地表达零件结构、制造和检验所需的全部尺寸和技术要求。其主要内容有视图、尺寸与公差、形位公差、表面粗糙度、技术条件、技术参数表、标题栏。其设计要点如下。

1. 正确选择视图

零件视图应选择能完整、正确、清晰地表达出零件的结构和尺寸的视图（包括基本视图、剖视图和局部视图等），为了增强对零件的真实感，通常采用 1:1 比例尺绘图。对于零件的细小部分结构，如零件的圆角、倒角、退刀槽及铸件壁厚的过渡部分等细部结构，可采用局部放大视图。

每一零件应单独绘制在一张标准图幅中，根据视图轮廓大小，考虑标注尺寸，书写技术条件以及标题栏等占据的位置，合理布置图面。

零件的基本结构和尺寸应与装配图相同，若有必要改动时，则应对装配图作相应的修改。

2. 合理标注尺寸及公差

在标注尺寸前，应分析零件的制造工艺过程，从而正确选定尺寸基准。尺寸基准应尽可能与设计基准、工艺基准和检验基准一致，以利于零件的加工和检验。标注的尺寸应齐全，不遗漏，不重复，也不能封闭。图面上供加工和检测用的尺寸应足够，以避免在加工过程中作任何换算。零件的大部分尺寸尽量标注在最能反映该零件结构特征的一个视图上。

对于配合处的尺寸和精度要求较高的尺寸，应根据装配图中已经确定了的配合和精度等级，标注出尺寸的极限偏差。自由尺寸公差一般可不标出。

零件工作图上应标注必要的形状和位置公差。形位公差是评定零件加工质量的重要指标之一。对各种零件的工作性能的要求不同，则标注的形位公差项目和精度等级也应不同。

3. 合理标注表面粗糙度

零件表面粗糙度选择是否恰当，既会影响零件表面的耐磨性、耐腐蚀性、零件的抗疲劳能力及配合性质，又会影响零件的加工工艺和制造成本。

零件的所有表面（包括非加工的毛坯表面）都应注明表面粗糙度参数值。在常用参数值范围内，推荐优先选用 Ra 参数。表面粗糙度参数值的选择，应根据设计要求确定，在保证正常工作的条件下，尽量选取数值较大者，以利于加工和降低加工费用。较多表面具有相同粗糙度时，可在图纸标题框上方统一标注。

4. 编写技术要求

凡是用图样和符号不便于表示，而在制造时又必须保证的条件和要求，均可用文字简明扼要地书写在技术要求中。它的内容根据不同的零件，不同的加工方法而有所不同。一般包括：

（1）对铸造或锻造毛坯的要求。如毛坯表面不允许有氧化皮及毛刺；箱体铸件在机械加工前必须经时效处理等。

（2）对零件表面性能的要求。如热处理方法及热处理后表面硬度、淬火深度及渗碳深度等。

（3）对加工的要求。如是否要与其他零件一起配合加工（如配钻或配铰）等。

（4）其他要求。如对未注明的倒角、圆角尺寸的说明；对零件个别部位的修饰加工如对某表面要求涂色、镀铬等；对高速、大尺寸的回转零件的平衡试验要求。

对齿轮、蜗杆和蜗轮等传动零件要绘制技术参数表。技术参数表可布置在零件工作图的右上角（或适当的位置）。

7.2 箱体零件工作图设计与绘制

7.2.1 视图

箱体（箱盖和箱座）是减速器中结构较复杂的零件。为了能清楚地表明零件各部分的结构和尺寸，通常采用主视、俯视、左视三个主要视图，而且在结构复杂的部位增加必要的剖视图、向视图和局部放大图。

7.2.2 标注尺寸

箱体结构比较复杂，因而在标注尺寸方面比轴、齿轮等零件要复杂得多。标注尺寸时，既要考虑铸造、加工工艺及测量的要求，又要做到清晰正确、多而不乱、不重复、不遗漏、尺寸醒目。在标注箱体尺寸时应注意以下几个问题：

(1) 选择好基准面，标注箱体定位尺寸。定位尺寸是确定箱体各部位相对于基准的尺寸。标注定位尺寸时，应首先选好基准和辅助基准。尽可能采用加工基准作为标注尺寸的基准，这样便于加工和测量。以铸造箱座为例，一般以分箱面为基准，确定分箱面凸缘厚度及轴承孔两侧螺栓凸台的高度等。以箱座底平面为辅助基准，确定箱座高度、油标尺孔位置高度和底座的厚度等。以箱座对称中心线为辅助基准，确定箱座宽度方向的尺寸和螺栓孔、定位销孔在箱座宽度方向的尺寸等。又以轴承孔中心线为辅助基准，确定分箱面上螺栓孔及地脚螺钉孔在箱座长度方向的位置尺寸。

(2) 直接标出箱体的形状尺寸。箱体的形状尺寸，即表明箱体各部分形状大小的尺寸，如箱体的长、宽、高，壁厚，加强筋的厚度和高度，曲线的曲率半径，各倾斜部分的斜度等。这类尺寸应直接标出，而不应通过运算得出。

(3) 对于影响减速器工作性能的重要尺寸，如箱体轴承座孔中心距及其偏差等，应直接标出，以保证加工精确性。

(4) 所有圆角、倒角尺寸及铸件的拔模斜度等都必须注全，也可在技术要求中加以说明。

7.2.3 标注尺寸公差和形位公差

箱体工作图上应标注的尺寸公差有：轴承座孔的尺寸偏差，按装配图上选定的配合要求进行标注；圆柱齿轮传动和蜗杆传动的中心距极限偏差，按相应的传动精度等级规定的数值标注。

形状公差包括轴承座孔的圆柱度、剖分面的平面度，这都会影响箱体与轴承的配合性能及对中性。

位置公差包括轴承座孔轴线对端面的垂直度，其影响的是轴承固定及轴向受载的均匀性；轴承座孔轴线间的平行度或锥齿轮减速器和蜗杆减速器的轴承孔轴线间的垂直度，其会影响传动件的传动平稳性及载荷分布的均匀性；两轴承座孔轴线的同轴度，其影响减速器的装配和传动零件的载荷分布均匀性。

7.2.4 标注表面粗糙度

箱体加工表面粗糙度的荐用值见表 7-1。

表 7-1 箱体加工表面粗糙度 *Ra* 荐用值 (μm)

表面位置	表面粗糙度荐用值
箱体剖分面	3.2~1.6
与滚动轴承配合的轴承座孔 D（适用于普通精度等级轴承）	0.8(D 小于 80 mm)；1.6(D 大于 80 mm)
轴承座孔外端面	6.3~3.2
螺栓孔沉头座	12.5
与轴承盖及其套杯配合的孔	3.2
机加工油沟及观察孔上表面	12.5
箱体底面	12.5~6.3
定位销孔	3.2~1.6

7.2.5 编写技术要求

箱体零件图上提出的技术要求一般有以下内容：

（1）对未注明的铸造圆角和铸造斜度的说明。

（2）对铸件质量要求的说明，如铸件不能有裂纹、砂眼和超过规定的缩孔等。

（3）箱体应进行时效处理，以消除内应力。

（4）箱盖与箱座的定位销孔，应在机盖与机座用螺栓连接后配钻、配铰。

（5）加工箱盖与箱座轴承孔时，应先安装好定位销，拧紧连接螺栓，然后进行镗孔。

（6）箱体加工好后须经清洗、涂漆或防侵蚀涂料和消除内应力的工序。

以上技术要求不一定全部列出，设计者应根据具体情况选择其中重要的几项。

7.2.6 工作图示例

图 7-6 为箱盖零件工作图，图 7-7 为箱座零件工作图，供参考。

7.3 轴类零件工作图设计与绘制

7.3.1 视图

根据轴类零件的结构和加工特点，一般只需要一个主视图，即将轴线水平布置，且使键槽朝上，便能表达轴类零件的外形和尺寸，再在键槽、圆孔等处加画辅助的剖面图。对于零件的细部结构，如退刀槽、砂轮越程槽、中心孔等处，必要时应绘制局部放大图。

7.3.2 标注尺寸

轴类零件主要是标注各段直径尺寸和轴向长度尺寸。标注直径尺寸时，各段直径都要逐一标注，若是配合直径，还需标出尺寸偏差。各段之间的过渡圆角或倒角等细部结构的尺寸也应标出（或在技术要求中加以说明）。

标注轴的轴向长度尺寸时，首先应根据设计和工艺要求确定主要基准和辅助基准，保证轴上所装零件的轴向定位，选择合理的标注形式。基准面常选择在传动零件定位面处或轴的端面处。尽量使标注的尺寸反映加工工艺及测量要求，避免出现封闭尺寸链。

对于长度尺寸精度要求较高的轴段，应尽量直接标出其尺寸。通常将轴中最不重要的一段轴向尺寸作为尺寸的封闭环而不标注。此外在标注键槽尺寸时，除标注键槽长度尺寸外，还应注意标注键槽的定位尺寸。

图 7-1 为某齿轮减速器中输出轴的直径和长度尺寸的标注示例。图中以齿轮定位轴肩（Ⅱ）为主要基准，L_1、L_2、L_3 等尺寸都以基面Ⅱ作为基准注出，以减少加工误差。考虑到加工情况，以轴承定位轴肩（Ⅲ）及两端面（Ⅰ、Ⅳ）为辅助基准。密封段的长度误差不影响装配及使用，故作为封闭环不注尺寸，使加工误差积累在该轴段上，避免了封闭的尺寸链。

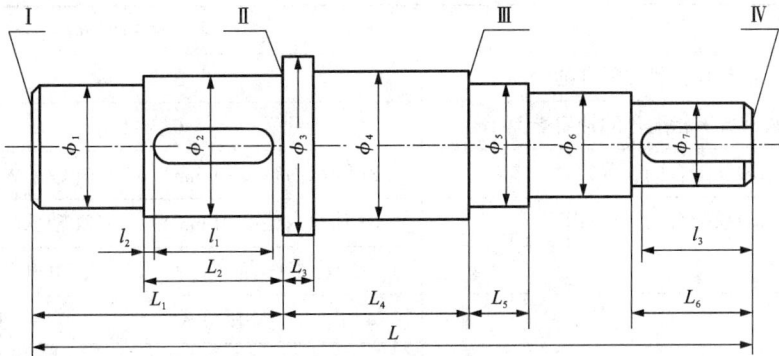

图 7-1　轴的直径和长度尺寸标注参考

7.3.3　标注尺寸公差和形位公差

　　轴零件图上要标注的尺寸公差包括轴的重要直径尺寸公差和键槽尺寸公差。轴的重要直径一般指安装齿轮、轴承、带轮、联轴器等零件处的直径。为保证轴的加工精度和装配质量，轴类零件图上应标注必要的形位公差。减速器轴的形位公差的推荐标注项目和精度等级列于表 7-2，供设计时参考。

表 7-2　轴的形位公差的推荐标注项目

内容	项　　目	符　　号	精度等级	对工作性能的影响
形状公差	与传动零件相配合直径的圆度	○	6	影响传动零件与轴配合的松紧及对中性
	与传动零件相配合直径的圆柱度	⌀	6~7	
	与轴承相配合直径的圆柱度	⌀	6	影响轴承与轴配合的松紧及对中性
位置公差	齿轮定位端面相对轴线的端面圆跳动	↗	6~8	影响齿轮和轴承的定位及其受载均匀性
	轴承定位端面相对轴线的端面圆跳动	↗	6	
	与传动零件相配合的直径相对轴线的径向圆跳动	↗	6~8	影响传动件运动中的偏心量和稳定性
	与轴承相配合的直径相对轴线的径向圆跳动	↗	6~8	影响轴承运动中的偏心量和稳定性
	键槽对轴线的对称度	═	7~9	影响键与键槽受载的均匀性及安装时的松紧

7.3.4　标注表面粗糙度

　　轴的所有表面都应标注表面粗糙度，轴的表面粗糙度参数 Ra 值可参照表 7-3 选择。

表 7-3　　轴的表面粗糙度 *Ra* 荐用值 　　　　　　　　　　　　　　　　（μm）

加工表面	表面粗糙度 *Ra*			
与传动零件、联轴器等轮毂相配合的表面	3.2~0.8			
与传动零件、联轴器等相配合的轴肩端面	6.3~1.6			
与普通精度滚动轴承配合的轴径表面	0.8(轴承内径≤80 mm)		1.6(轴承内径>80 mm)	
与普通精度滚动轴承配合的轴肩端面	1.6(轴承内径≤80 mm)		3.2(轴承内径>80 mm)	
平键键槽	3.2(工作表面)		6.3(非工作表面)	
安装密封件处的轴径表面	接触式			非接触式
	密封处圆周速度(m/s)			3.2~1.6
	≤3	>3~5	>5~10	
	1.6~0.8	0.8~0.4	0.4~0.2	

7.3.5　编写技术要求

轴零件图上的技术要求主要包括以下几个方面：

(1)对材料的力学性能和化学成分的要求及允许代用的材料等。

(2)对材料表面性能的要求，如热处理方法、热处理后应达到的硬度值、淬火深度等。

(3)对中心孔的要求，如图上未画中心孔，应在技术要求中注明中心孔的类型及标准代号(也可在图上作指引线标出)。

(4)对图中未注明的圆角、倒角尺寸及其他特殊要求的说明等。

7.3.6　轴零件工作图示例

图 7-2 为轴零件工作图示例，供参考。

7.4　圆柱齿轮零件工作图设计与绘制

7.4.1　视图

圆柱齿轮零件图，一般用两个视图表达。将齿轮轴线水平布置，采用全剖或半剖画出齿轮零件的主视图，其左视图可以全画，也可以画成局部视图，只表达出轴孔和键槽的形状和尺寸。若齿轮是轮辐结构，则应详细画出左视图，并附加必要的局部视图，如轮辐的横剖面图。若为斜齿圆柱齿轮，应在图中表示出其螺旋方向。齿轮轴的视图与轴零件相似。

7.4.2　标注尺寸

为了保证齿轮加工的精度和有关参数的测量，标注尺寸时要考虑到基准面。齿轮零件工作图上的各径向尺寸以孔中心线为基准标注，齿宽方向的尺寸则以端面为基准标出。齿轮的分度圆直径是设计计算的基本尺寸，必须标出。齿根圆是根据齿轮参数加工得到的，其直径按规定不必标注。另外还应标注键槽尺寸。对于齿轮轴,不论是车削加工还是切制轮齿都是以中心孔作为基准的。

7.4.3　标注尺寸公差和形位公差

齿轮的尺寸公差和形位公差的项目与相应数值的确定都与传动的工作条件有关。通常按齿轮的精度等级确定其公差值。

以下说明齿轮工作图上需标注的尺寸公差:

(1)齿轮的轴孔是加工、测量和装配的重要基准,尺寸精度要求较高,应根据装配图上标定的配合性质和公差精度等级,查公差表,标出其极限偏差值。

(2)齿顶圆直径的尺寸偏差。

(3)键槽宽度 b 的极限偏差和尺寸($d-t_1$)的极限偏差,查附录Ⅲ表 3-28。

(4)齿轮毛坯的加工精度对齿轮的加工精度及检测、安装精度的影响很大。要保证毛坯精度,就必须控制齿轮毛坯精度。

齿轮工作图上需标注的形位公差推荐项目见表 7-4。

表 7-4　形位公差推荐项目表

内容	项　　目	符号	精度等级	对工作性能的影响
形状公差	与轴配合孔的圆柱度	⌭	7~8	影响传动零件与轴配合的松紧及对中性
位置公差	圆柱齿轮以顶圆为工艺基准时,顶圆的径向圆跳动 锥齿轮顶锥的径向圆跳动 蜗轮顶圆的径向圆跳动 蜗杆顶圆的径向圆跳动 基准端面对轴线的径向圆跳动	↗	按齿轮、蜗杆、蜗轮和锥齿轮的精度等级确定	影响齿厚的测量精度,并在切齿时产生相应的齿圈径向跳动误差,使零件加工中心位置与设计位置不一致,引起分度不均,同时会引起齿向误差; 影响齿面载荷分布及齿轮副间隙的均匀性
	键槽对孔轴线的对称度	═	8~9	影响键与键槽受载的均匀性及装拆时的松紧

7.4.4　标注表面粗糙度

在齿轮零件工作图上还应标注各加工表面相应的表面粗糙度,表面粗糙度 Ra 可参考表 7-5 进行标注。

7.4.5　编写啮合特性表

在齿轮工作图中应有啮合特性表,将其布置在图幅的右上角。齿轮啮合特性表内容包括:

(1)齿轮的基本参数(齿数 z,法向模数 m_n,齿形角,斜齿轮的螺旋角 β 和旋向等)。

(2)精度等级。齿轮的精度应根据齿轮传动的用途、使用条件、传递的圆周速度和功率等来选择。一般机械制造及通用减速器中常用 7~9 级精度的齿轮,其加工方法和应用范围可查附录Ⅷ。

表 7-5　齿轮类零件的表面粗糙度 Ra 荐用值　　　　　　　　　（μm）

加工表面		表面粗糙度 Ra			
传动精度等级		6	7	8	9
轮齿工作面	圆柱齿轮	0.8~0.4	1.6~0.8	3.2~1.6	6.3~3.2
	锥齿轮		0.8	1.6	3.2
	蜗杆、蜗轮		0.8	1.6	3.2
顶圆	圆柱齿轮		1.6	3.2	6.3
	锥齿轮			3.2	3.2
	蜗杆、蜗轮		1.6	1.6	3.2
轴/孔	圆柱齿轮		0.8	1.6	3.2
	锥齿轮			6.3~3.2	
与轴肩配合面		3.2~1.6			
齿圈与轮芯配合表面		3.2~1.6			
平键键槽		3.2~1.6(工作面)，6.3(非工作面)			

（3）圆柱齿轮和齿轮传动检验项目。

齿轮公差项目较多，但有些性质近似，因此在检查和验收齿轮的精度时，没有必要对所有的项目都进行检验，可以根据实际情况选择。选择检验指标要根据齿轮传动的用途、检验的目的、齿轮的大小、批量及计算仪器和经济效益来确定。

齿轮副中心矩及其极限偏差根据齿轮副的中心矩和精度等级查附表 8-4。径向跳动偏差 F_r、齿矩累计总偏差 F_P、齿廓偏差 F_α 根据齿轮的分度圆直径、法向模数、精度等级查附表 8-2。螺旋线总偏差 F_β 根据齿轮的分度圆直径、精度等级和齿宽查附表 8-3。齿厚极限偏差可根据附录Ⅷ中齿侧间隙检验项目的计算来确定。

7.4.6　编写技术要求

齿轮零件工作图上的技术要求一般包括：
（1）对铸件、锻件或其他类型坯件的要求。
（2）对材料表面性能的要求，如热处理方法，热处理后应达到的硬度值。
（3）对图中未标明的圆角、倒角尺寸及其他特殊要求的说明。
（4）对大型或高速齿轮的平衡校验的要求。

7.4.7　齿轮工作图示例

图 7-3 为齿轮零件工作图示例。

7.5　圆柱蜗杆、蜗轮零件工作图设计与绘制

蜗杆零件工作图的视图选择与齿轮轴的工作图相似。在零件图上应画出蜗杆齿的轴向和法向齿形，并标注轴向齿距、法向齿厚及齿高等。因检验齿厚是以蜗杆外圆为基准面的，因此要标注蜗杆的外径偏差。蜗杆外圆径向圆跳动公差参见附录Ⅷ，蜗杆齿面、齿顶的表面粗糙度 Ra 荐用值见表 7-5。

蜗轮的结构除铸铁蜗轮和尺寸较小的整体式青铜蜗轮外，多采用组合式结构，即青铜齿圈装在铸铁轮芯上。对这种装配式蜗轮，先分别加工齿圈和轮芯，然后将齿圈和轮芯压配后切齿。因此，除了要画出蜗轮零件工作图，还要分别画出轮缘和轮芯的毛坯零件图。

蜗轮零件工作图的视图选择及尺寸标注与齿轮基本相同，只是轴向增加蜗轮中间平面到蜗轮轮缘基准端面的距离；在直径方向增加蜗轮轮齿的外圆直径。对于组合式蜗轮，还应标注配合部分的尺寸。

蜗轮外圆直径偏差、蜗轮中间平面至蜗轮轮毂基准端面的距离的偏差值、蜗轮外圆径向圆跳动公差和蜗轮基准端面圆跳动公差可查附录Ⅷ。蜗轮齿面及顶圆处的表面粗糙度 Ra 值查表 7-5。蜗杆、蜗轮的精度等级应根据传动用途、使用条件、传递功率、圆周速度等技术条件要求决定。图 7-4 为蜗杆零件工作图示例，图 7-5 为蜗轮零件工作图示例。

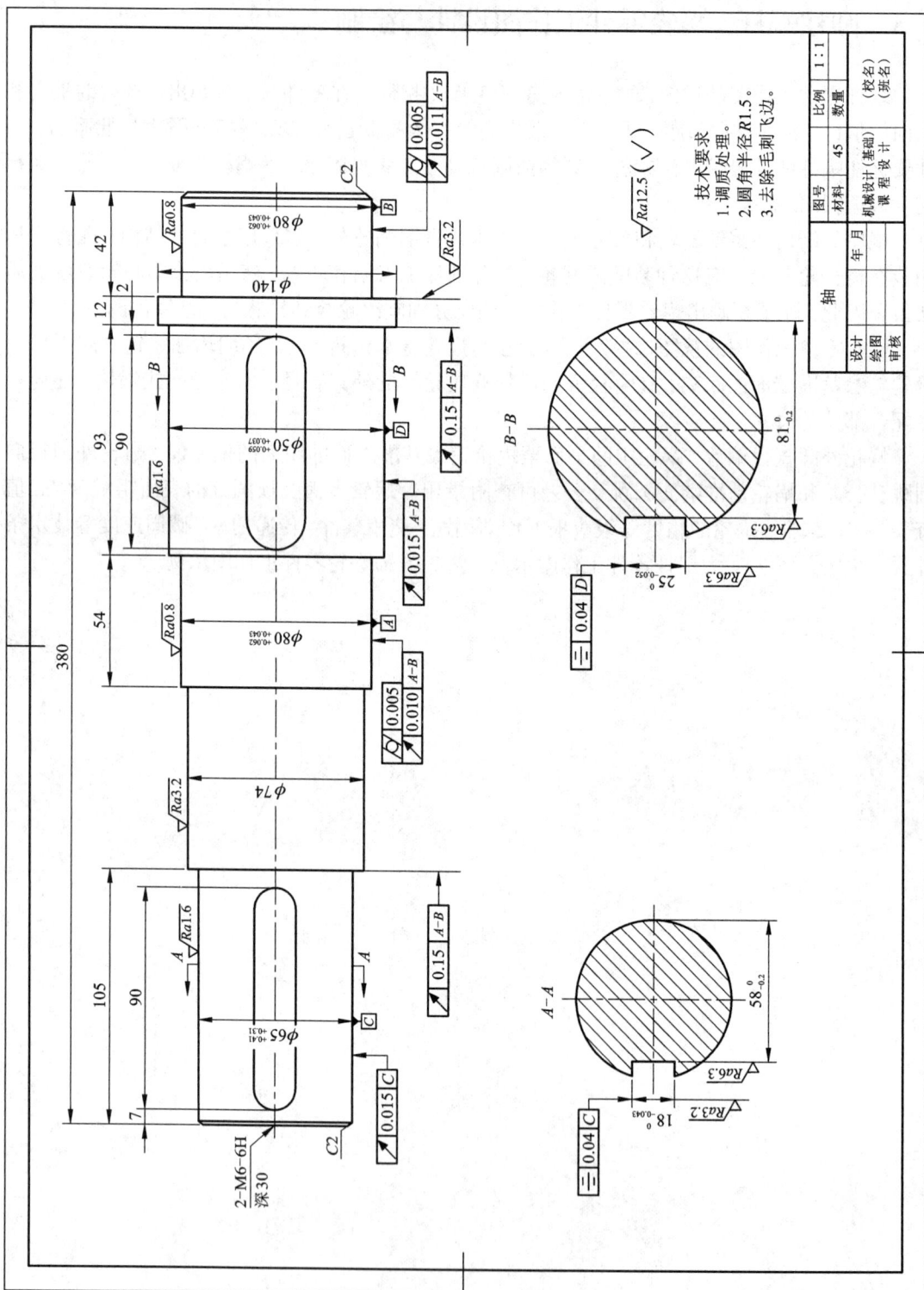

图 7-2 轴零件工作图

法向模数	m_n	3
齿数	z	81
法向压力角	α	20°
齿顶高系数	h_{an}^*	1
螺旋角	β	12°50'24"
全齿高	h	6.75
径向变位系数	x	0
齿面精度等级	GB/T 10095.1—2022 ISO 1328—1：2013	7
径向综合精度等级	GB/T 10095.2—2023 ISO 1328—2：2020	R44
单个齿距偏差	$\pm f_{pt}$	±0.013
齿距累积总偏差	F_p	0.05
齿廓总偏差	F_a	0.018
齿向跳动偏差	F_r	0.04
螺旋线总偏差	F_β	0.021
跨测齿数	k	10
径向综合总偏差	F_{id}	0.061
端面齿厚	s	4.83

齿轮		图号		机械设计（基础） 课程设计
		材料	45	
设计		年 月	比例	1:1
绘图			数量	
审核			（校名） （班名）	

技术要求
1. 调质处理，齿面硬度240HBW。
2. 未注圆角半径R5。
3. 未注倒角C2。
4. 清除毛刺。

$\sqrt{Ra12.5}$（√）

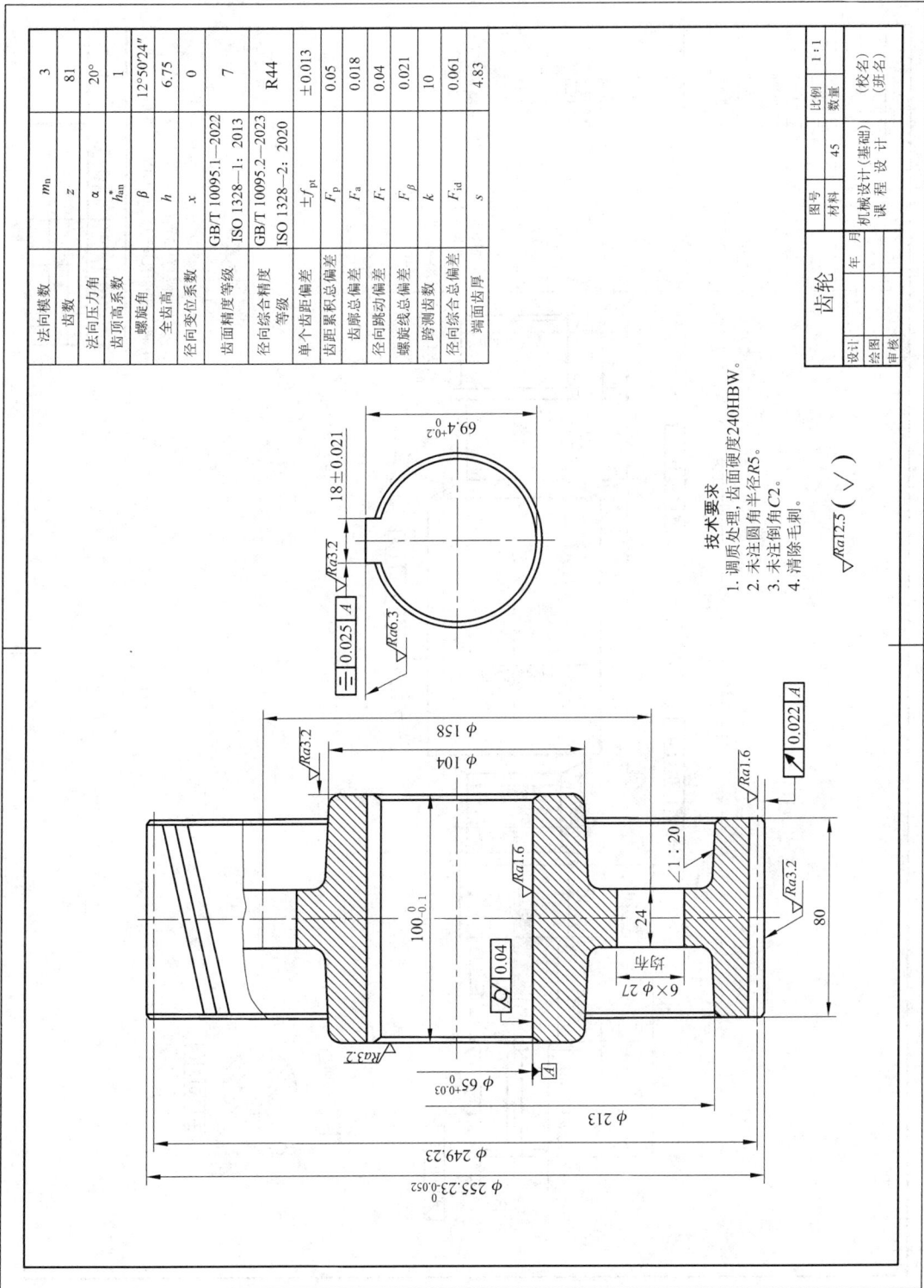

图 7-3　齿轮零件工作图

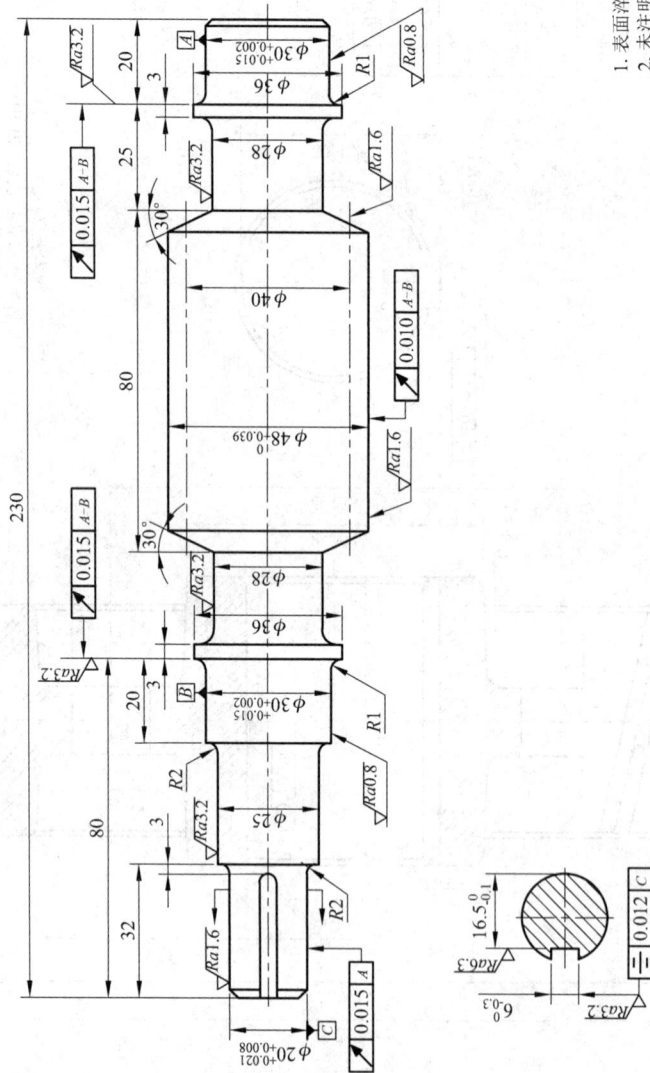

蜗杆类型		阿基米德
模数	m	4
齿数	z_1	2
齿形角	α	20°
齿顶高系数	h_a^*	1
导程	γ	11°18'36"
螺旋方向		右旋
精度等级	7级	图号 GB/T 10089—2018
配对蜗轮	齿数	
蜗杆齿廓总偏差	F_a	0.019
蜗杆导程总偏差	F_P	0.016
蜗杆径向跳动偏差	F_r	0.025
用标准蜗轮检测量得到的单面啮合总偏差	F'_i	0.041
蜗杆相邻轴向齿距偏差	f_u	0.015
蜗杆轴向齿距偏差	f_p	0.012
用标准蜗轮检测量得到的单面一齿啮合偏差	f'_i	0.022

技术要求

1. 表面淬火处理，硬度为45~50HRC。
2. 未注明倒圆角半径R3。
3. 不注明倒角1.5×45°。
4. 两端中心孔B3.15/10 GB/T 4459.5—1999。

蜗杆	图号		比例	1:1
	材料	45	数量	
设计	年 月	机械设计(基础) 课程设计	(校名)	
绘图			(班级)	
审核				

图 7-4 蜗杆零件工作图

模数	m	8
齿数	z_2	38
分度圆直径	d_2	304
齿顶高系数	h_a^*	1
变位系数	x_2	0
分度圆齿厚	b	$12.563_{-0.060}^{0}$
螺旋线方向		右旋
精度等级	7级	GB/T 10089—2018
配对蜗轮	图号	07-18
	齿数	1
蜗轮齿廓总偏差	F_α	0.024
蜗轮齿距累计总偏差	F_p	0.063
蜗轮径向跳动公差	F_r	0.045
用标准蜗杆测量得到的单面啮合综合公差	F_i''	0.069
蜗轮相邻齿距偏差	f_u	0.02
蜗轮单个齿距偏差	f_p	0.016
用标准蜗杆测量得到的单面一齿啮合综合偏差	f_i''	0.027

$\sqrt{Ra12.5}(\sqrt{})$

3	轮芯	1		HT-200			图号		比例	1:1	备注
2	螺栓	6		Q235-A	GB/T 5783 M10×40				数量		
1	轮缘	1		ZCuSn10P1		标准		材料			
序号	名称	数量		材料							
									(校名)		
									(班级)		
							机械设计(基础) 课程设计				
设计					年 月						
绘图									蜗轮		
审核											

技术要求
1. 轮缘和轮芯装配好后再精车和切制轮齿。
2. 件2拧紧后沿件1、件3端面锯平。

$\phi 260 \frac{H7}{r6}$

$79.9_{0}^{+0.2}$

$20_{0}^{+0.026}$

$\sqrt{Ra3.2}$

$\boxed{= | 0.018 | A}$

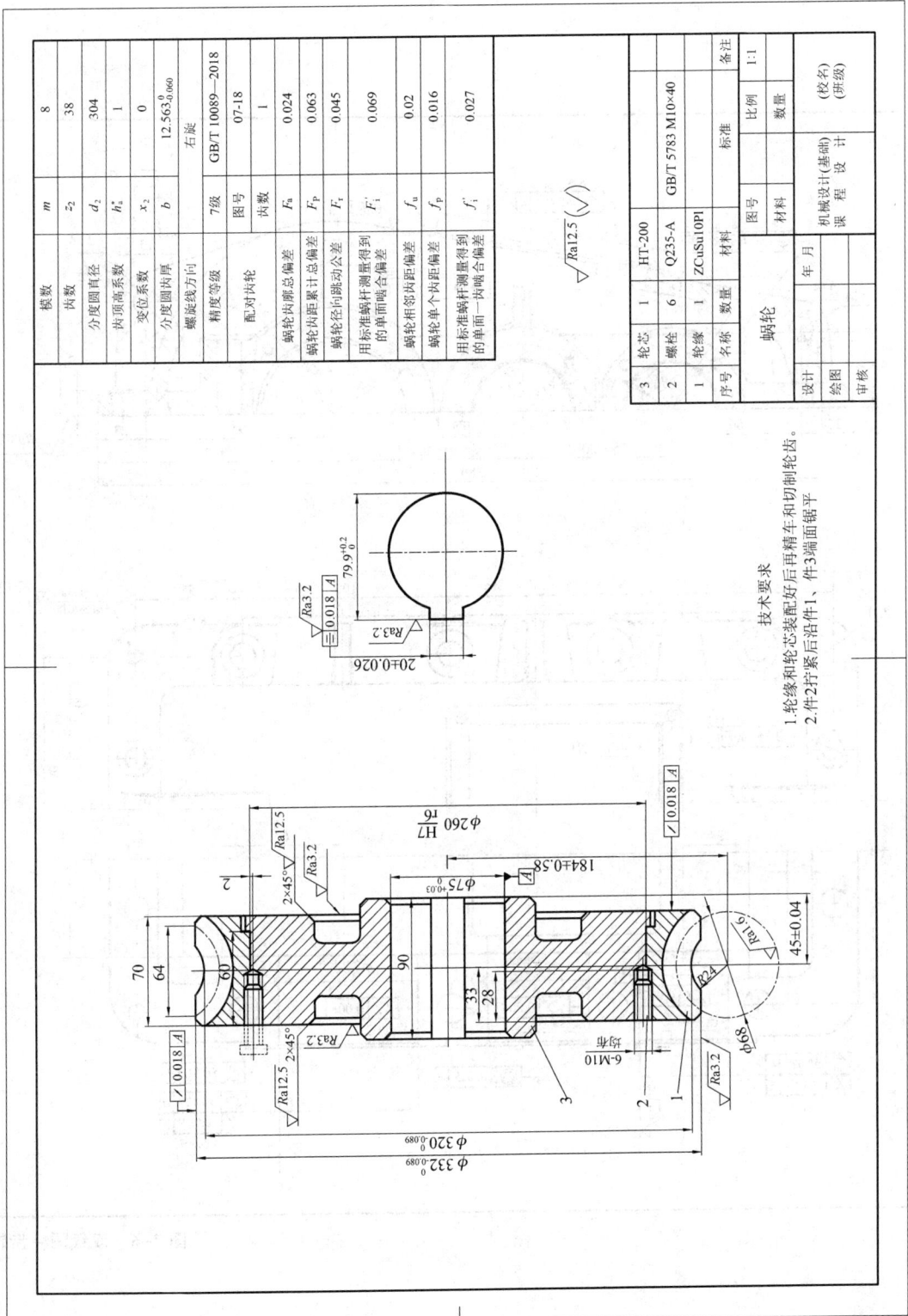

图 7-5　蜗轮零件工作图

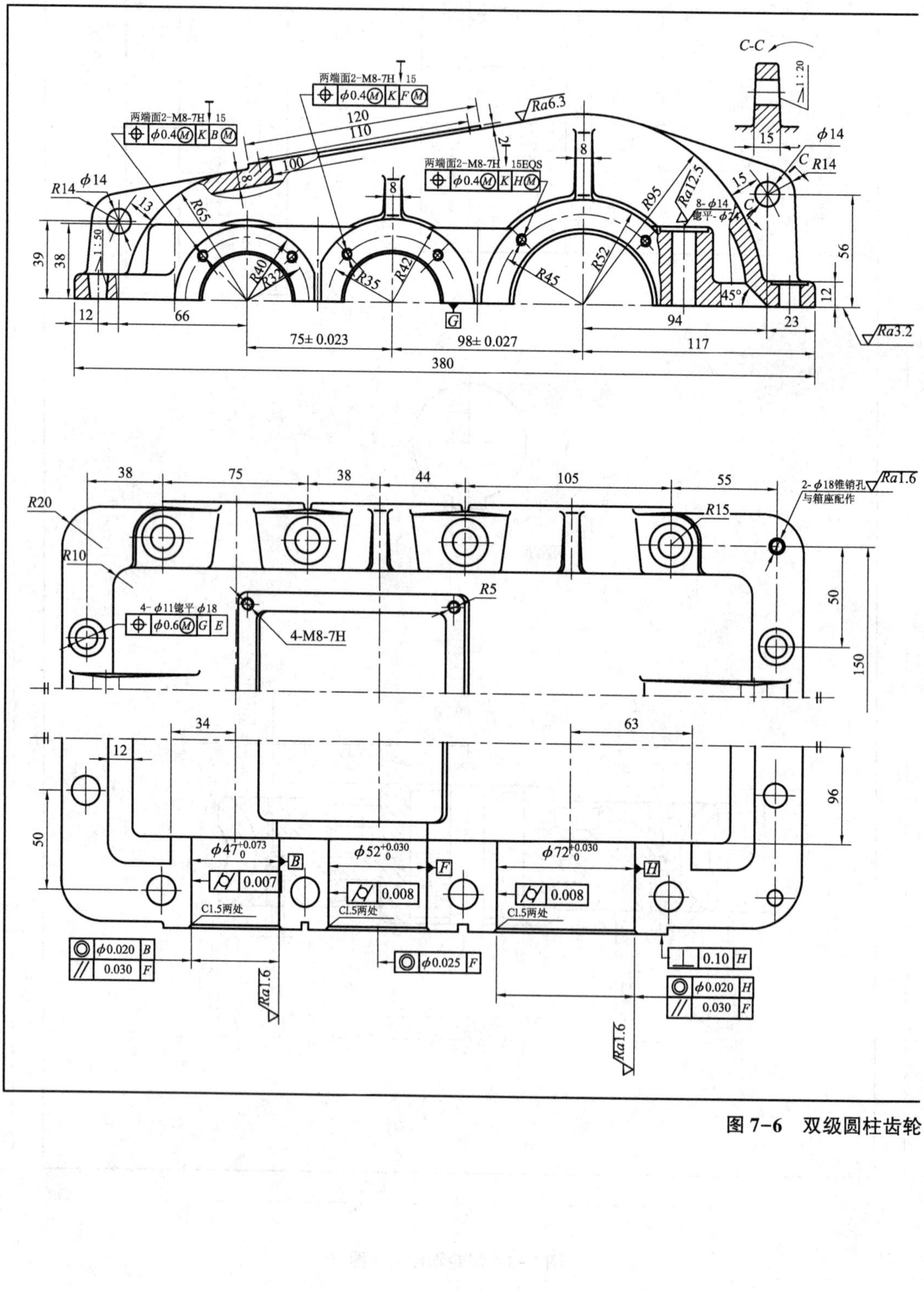

图 7-6 双级圆柱齿轮

104

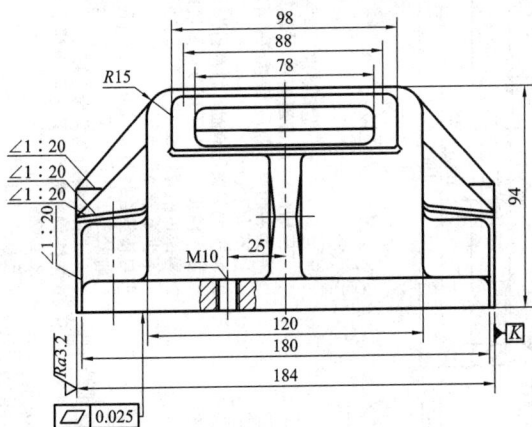

技术要求

1. 箱盖铸成后, 应进行清砂, 并进行时效处理。
2. 箱盖和箱座合箱后, 边缘应平齐, 相互错位每边不大于1 mm。
3. 应仔细检查箱盖和箱座剖分面的密合性, 用0.05 mm塞尺塞入深度不大于剖分面宽度的三分之一, 用涂色法检查接触面积达到每平方厘米不少于一个斑点。
4. 箱盖和箱座合箱后, 先打上定位销, 连接后再进行镗孔。
5. 轴承孔中心线与剖分面不重合度应小于0.15 mm。
6. 未注明的铸造圆角半径R=5~10 mm。

(标题栏)

减速器箱盖零件工作图

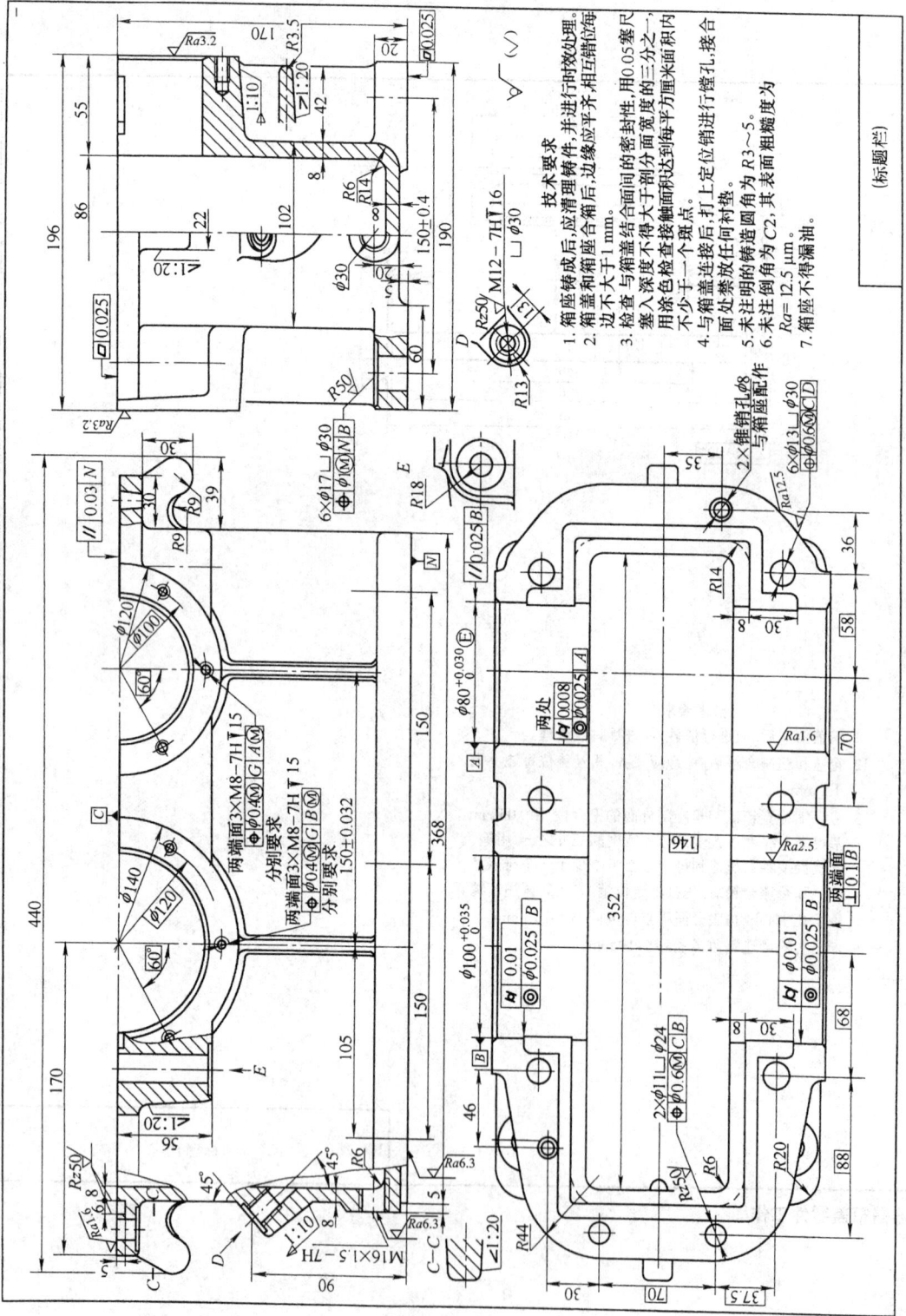

图7-7 箱座零件工作图

第8章
计算机辅助设计

在机械设计过程中，计算机可以帮助我们完成计算、信息存储和制图等项工作。机械设计课程设计的前期工作是大量的设计计算，如带传动设计，链传动设计，齿轮传动设计等，花费了大量的时间和精力。这些过程我们也可以借助《机械设计手册（软件版）》，它是一套大型机械设计专业技术工具软件，包括机械设计数据所需资源如零件结构设计工艺性、润滑与密封装置等；机械设计计算和查询程序，如公差与配合查询、形状与位置公差查询、螺栓连接设计校核、键连接设计校核等；机械标准件 2D 和 3D 图库，如螺栓、螺母、垫圈、滚动轴承等标准件的三维实体模型。利用《机械设计手册（软件版）》可以缩短设计计算时间，将更多时间花在结构设计上。

本章介绍几种常用的计算机绘图软件和典型零件的三维模型设计，通过课程设计实践，可进一步提高计算机绘图的能力。

8.1 常用计算机绘图软件简介

8.1.1 AutoCAD 软件简介

AutoCAD 是由美国 Autodesk 公司于 20 世纪 80 年代初开发的通用计算机辅助设计（computer aided design，CAD）软件，广泛应用于土木建筑、装饰装潢、城市规划、园林设计、电子电路、机械设计、服装鞋帽、航空航天、轻工化工等诸多领域。特别是在机械设计和机械制造领域，已成为广大工程技术人员的必备工具。

AutoCAD 具有良好的用户界面，通过交互菜单或命令行方式便可以进行各种操作。AutoCAD 具有广泛的适应性，它可以在各种操作系统支持的微型计算机和工作站上运行，并支持分辨率由 320×200 到 2048×1024 的各种图形显示设备，以及数字仪、绘图仪和打印机等。

AutoCAD 软件能以多种方式创建直线、圆、椭圆、多边形、样条曲线等基本图形对象；AutoCAD 提供了正交、对象捕捉、极轴追踪、捕捉追踪等绘图辅助工具；AutoCAD 具有强大的编辑功能，可以移动、复制、旋转、阵列、拉伸、延长、修剪、缩放对象等；可以创建多种类型尺寸，标注外观可以自行设定；能轻易在图形的任何位置书写文字，可设定文字字体、倾斜角度及宽度缩放比例等属性；AutoCAD 可创建 3D 实体及表面模型，能对实体本身进行编辑；AutoCAD 提供了多种图形图像数据交换格式及相应命令；AutoCAD 允许用户定制菜单和工具栏，并能利用内嵌语言 Auto Lisp、Visual Lisp、VBA、ADS、ARX 等进行二次开发。

AutoCAD 正式出版以来,得以快速发展,迅速升级,在性能和功能方面逐渐增强,现已成为国际上广为流行的绘图工具。.dwg 文件格式成为二维绘图的事实标准格式。

在 AutoCAD 绘图中要注意的问题很多,这里列出几点,供参考:

(1)绘图前先做好必要的准备。如设置图层、线型、标注样式、目标捕捉、单位格式、图形界限。还有图纸幅面与格式、比例、字体、图线、剖面符号、标题栏、明细栏以及 CAD 工程图的图层及其对应的线型、颜色均可参考 GB/T 18229—2000 的有关规定。也可以在模板中设置好,开始新图绘制时直接用。

(2)在 AutoCAD 中最好使用 1:1 比例画图,输出比例可以根据需要调整。

(3)一般设定粗线线宽为 0.4 或 0.5 mm,细线线宽为 0.13 或 0.2mm。在线宽设置完成后,应选择合适的线宽显示比例,以方便画图。

(4)插入表面粗糙度符号快速定位的方法。在插入块时,插入基点均为表面粗糙度符号的尖点,如将对象捕捉方式选择为自动捕捉"最近点",则能将该表面粗糙度符号准确地标注在代表零件表面的轮廓线上。

(5)对零件编号采用引线标注,为保证零部件序号在水平方向和竖直方向对齐,应首先绘制一水平线或竖直线作为辅助线,在绘制引线时,捕捉到辅助线上的点,最后删除辅助线。如果零件的序号被圆圈住,这时应分两步做,先标注引线,然后将序号定义为块,序号的大小定义为块的属性,采用插入块的方式快速标注零部件序号。

(6)修改 AutoCAD 自动保存的时间,比如 15 min。

8.1.2 CAXA 电子图板简介

CAXA 电子图板由 CAXA 公司开发而成,1997 年推出了第一代产品——电子图板 97,而后相继推出了多个版本,版本不断更新,功能愈来愈完善。现已形成了以 CAXA 电子图板为基础,CAXA 工艺图表、CAXA 数控车、CAXA 线切割、CAXA 制造工程师以及 CAXA 雕刻等设计、制造加工和编程系列软件,其产品的应用范围也愈来愈广。

1. CAXA 电子图板与 AutoCAD 功能比较

(1)界面比较。CAXA 电子图板的下拉菜单、工具栏和状态栏等与 AutoCAD 界面基本一致,但它以立即菜单取代了 AutoCAD 的命令行,各种命令在立即菜单中都有显示,无须键盘输入命令。与 AutoCAD 的界面相比,CAXA 电子图板更简洁,相同尺寸屏幕上绘图区的利用率更大。

(2)绘图功能比较。CAXA 电子图板的绘图功能比 AutoCAD 更加全面,还增加了中心线、轮廓线以及等距线绘制;在直线命令中集成了 AutoCAD 的射线、构造线和多义线等命令。增加了角平分线、切线/法线的绘制;中心线命令可以画出圆、圆弧以及两平行直线的中心线;轮廓线命令相当于 AutoCAD 中的多义线,可在直线和圆弧间不断切换画出连续的轮廓线;等距线命令相当于 AutoCAD 中的偏移命令,但它可双向同时偏移,还可进行偏移填充。

(3)编辑功能比较。CAXA 电子图板的实体编辑命令几乎包含了 AutoCAD 的所有编辑命令,其中最具特色的是倒角命令中的外倒角、内倒角以及局部放大命令。外倒角和内倒角分别用于轴端和轴孔倒角,绘制轴孔类零件十分方便。

(4)尺寸标注比较。CAXA 电子图板的尺寸标注与 AutoCAD 相比,命令更齐全,集成度

108

更高。例如，一个尺寸标注命令包括了基本标注(含半径标注、直径标注)、连续标注、三点角度、半标注、大圆弧标注、射线标注、锥度标注以及曲率半径标注等多项内容。尺寸标注除包含了 AutoCAD 所有的尺寸标注命令外，还新增了许多更加实用的命令(如锥度标注、倒角标注、自动列表标注、基准代号标注、粗糙度标注、焊接符号标注、剖切符号标注等)。CAXA 电子图板的尺寸驱动功能可通过修改尺寸值而动态改变图形中的尺寸标注。CAXA 电子图板的尺寸标注样式也比 AutoCAD 更简洁、便于掌握。

(5)图库设置。图库设置是 CAXA 电子图板的明显特色之一，为绘制机械图提供了极大方便。CAXA 电子图板为用户提供了丰富的标准件的参数化图库，包括常用的机械零件、密封件、管件、机床夹具、电机、电气符号、液压气动符号以及农机符号等。用户还可以通过自定义图符，方便快捷地建立自己的图库。需要时，用户可以直接提取所需零件，按规格输入尺寸参数或非标准尺寸，即可获得选用零件的轮廓图。

CAXA 电子图板还根据机械图特点设立了构件库，提供了六种锁止孔、退刀槽结构，只需输入槽的宽度和深度即可获得所需的结构。此外，CAXA 电子图板还设立了技术要求库，分一般要求、热处理要求、公差要求和装配要求等，用户选用某技术要求后可添加、修改参数和项目，在图形上直接生成技术要求文本。

(6)幅面设置。CAXA 电子图板的幅面设置与 AutoCAD 相比，除了有符合国标的图纸幅面、图框设置，还单独设有标题栏、零件序号和明细表。调入图框，再调入标题栏后可直接填写项目，用户也可根据需要将自行绘制的图形定义为标题栏。零件序号功能可以逐件编排零件序号，输入明细项目后自动生成明细栏。通过明细表菜单，还可定义表头、填写或修改明细项目，这些功能对于绘制装配图十分有用。

2. CAXA 电子图板的主要问题

CAXA 电子图板与 AutoCAD 相比虽然有不少创新之处，但仍存在许多不足。

(1)AutoCAD 绘制的矩形、多边形均作为独立实体，而 CAXA 电子图板的矩形、多边形则是由多个实体组成，在执行移动、旋转、复制和镜像等编辑命令时十分不便。

(2)AutoCAD 的"对象捕捉"功能在一次选择后可连续使用，而 CAXA 电子图板特征点的捕捉只能选一次用一次，不利于提高绘图速度。

(3)AutoCAD 的图块可在当前图中使用，也可存为文件块在其他图中调用。而 CAXA 电子图板的图块是将多个对象组合为一个实体，仅仅只是为了方便执行移动、旋转、复制以及镜像等编辑命令，无其他任何作用。块的属性虽然有属性名、属性列表，但实用价值很小，与 AutoCAD 的属性块的功能截然不同，无法像 AutoCAD 那样动态改变其属性值插入属性块。

通过使用比较，CAXA 电子图板在功能方面比 AutoCAD 更全面、更实用，而在成熟命令的使用上不如 AutoCAD 方便。如果 CAXA 电子图板每一次版本升级更新，在功能增加的同时都不断改进存在的问题，将更易被广大的使用者接受。

8.1.3　Pro/Engineer 简介

Pro/Engineer(Pro/E 操作软件)是美国参数技术公司(Parametric Technology Corporation，简称 PTC)的重要产品。在目前的三维造型软件领域中占有着重要地位，并作为当今世界机械 CAD/CAE/CAM 领域的新标准而得到企业界的认可和推广，是现今最成功的 CAD/CAM 软件之一。

Pro/Engineer是采用参数化设计的、基于特征的实体模型化系统，工程设计人员采用具有智能特性的基于特征的功能生成模型，如腔、壳、倒角及圆角，可以随意勾画草图，轻易改变模型。这一功能特性给工程设计者提供了在设计上从未有过的简易和灵活。

Pro/Engineer采用了模块方式，可以分别进行草图绘制、零件制作、装配设计、钣金设计、加工处理等，保证用户可以按照自己的需要进行选择使用。

下面简单介绍Pro/Engineer的主要特性。

（1）全相关性。Pro/Engineer的所有模块都是全相关的。即在产品开发过程中某一处进行的修改，能够扩展到整个设计中，同时自动更新所有的工程文档，包括装配体、设计图纸以及制造数据。全相关性使并行工程成为可能。

（2）基于特征的参数化造型。Pro/Engineer使用用户熟悉的特征作为产品几何模型的构造要素。这些特征是一些普通的机械对象，例如：设计特征有弧、圆角、倒角等，它们对工程人员来说是很熟悉的，因而易于使用。加工、装配、制造都使用这些特征。通过给这些特征设置参数，然后修改参数，进行多次设计迭代，以实现产品开发。

（3）数据管理。为了实现在较短的时间内开发更多的产品，必须允许多个学科的工程师同时对同一产品进行开发。数据管理模块的开发研制，正是专门用于管理并行工程中同时进行的各项工作，由于使用了Pro/Engineer独特的全相关性功能，因而使之成为可能。

（4）装配管理。Pro/Engineer的基本结构能利用一些直观的命令，例如"啮合""插入""对齐"等把零件装配起来，同时保持设计意图。高级的功能支持大型复杂装配体的构造和管理，这些装配体中零件的数量不受限制。

（5）易于使用。菜单以直观的方式联级出现，提供了逻辑选项和预先选取的最普通选项，还提供了简短的菜单描述和完整的在线帮助，使得容易学习、使用。

8.1.4 UG产品的特点

Unigraphics CAD/CAM/CAE系统提供了一个基于过程的产品设计环境，使产品开发从设计到加工真正实现了数据的无缝集成，从而优化了企业的产品设计与制造。UG面向过程驱动的技术是虚拟产品开发的关键技术，在面向过程驱动技术的环境中，用户的全部产品以及精确的数据模型能够在产品开发全过程的各个环节保持相关，从而有效地实现并行工程。

UG软件不仅具有强大的实体造型、曲面造型、虚拟装配和产生工程图等设计功能；而且在设计过程中可进行有限元分析、机构运动分析、动力学分析和仿真模拟，以提高设计的可靠性；同时，可用建立的三维模型直接生成数控代码，用于产品的加工，其后处理程序支持多种类型数控机床。另外它所提供的二次开发语言UG/Open GRIP，UG/Open API简单易学，实现功能多，便于用户开发专用CAD系统。具体来说，该软件具有以下特点：

（1）具有统一的数据库，真正实现了CAD/CAE/CAM等各模块之间的无数据交换的自由切换，可实施并行工程。

（2）采用复合建模技术，可将实体建模、曲面建模、线框建模、显示几何建模与参数化建模融为一体。

（3）用基于特征（如孔、凸台、槽沟、倒角等）的建模和编辑方法作为实体造型基础，形象直观，类似于工程师传统的设计办法，并能用参数驱动。

（4）曲面设计采用非均匀有理B样条作基础，可用多种方法生成复杂的曲面，特别适合于汽车外形设计、汽轮机叶片设计等复杂曲面造型。

(5)出图功能强,可十分方便地从三维实体模型直接生成二维工程图。能按 ISO 标准和国标标注尺寸、形位公差和汉字说明等,并能直接对实体做旋转剖、阶梯剖和轴测图,挖切生成各种剖视图,增强了绘制工程图的实用性。

8.1.5　SolidEdge 基本模块介绍

SolidEdge 是机械零件和组合件设计的革命性软件模型系统。提供专业的 3D CAD 功能,以及取出即用的方便性。SolidEdge 具备了崭新的易学易用特性,能让 2D CAD 的使用者很快地采用参数化实体模型设计的技术。SolidEdge 零件模块具有智能导航参数式草图功能和以参数化、特征为基础模型的操作方式,建立了容易使用的软件模型新标准。SolidEdge 提供了一个简单的方法使用现存的 2D 工程图建立 3D 立体模型。

8.1.6　SolidWorks 简介

SolidWorks 三维机械设计系统功能强大,且操作简单方便、易学易用。它可以提供不同的设计方案以减少设计过程中的错误并提高产品质量。SolidWorks 独有的拖曳功能,能在比较短的时间内完成大型装配。SolidWorks 资源管理器是同 Windows 资源管理器一样的 CAD 文件管理器,用它可以方便地管理 CAD 文件。SolidWorks 整个产品设计是 100% 可编辑的,零件设计、装配设计和工程图之间是全相关的。特征模板为标准件和标准特征提供了良好的环境,用户可以直接从特征模板上调用标准的零件和特征,并可共享。SolidWorks 提供的 AutoCAD 模拟器,使得 AutoCAD 用户可以保持原有的作图习惯,顺利地从二维设计转向三维实体设计。

8.1.7　CATIA 简介

CATIA 是法国达索公司开发的产品。模块化的 CATIA 系列产品旨在满足客户在产品开发活动中的需要,包括风格和外形设计、机械设计、设备与系统工程、管理数字样机、机械加工、分析和模拟。

CATIA 系列产品已经在七大领域里成为首要的 3D 设计和模拟解决方案:汽车、航空航天、船舶制造、厂房设计、电力与电子、消费品和通用机械制造。

CATIA 具有先进的混合建模技术,包括设计对象的混合建模、变量和参数化混合建模、几何和智能工程混合建模。

CATIA 具有在整个产品周期内方便地修改能力,尤其是后期修改性。无论是实体建模还是曲面造型,由于 CATIA 提供了智能化的树结构,用户可方便快捷地对产品进行重复修改,即使是在设计的最后阶段需要做重大的修改,或者是对原有方案的更新换代,对于 CATIA 来说,都是非常容易的事。

CATIA 所有模块具有全相关性,并行工程的设计环境使得设计周期大幅缩短。

CATIA 提供了完备的设计能力:从产品的概念设计到最终产品的形成,以其精确可靠的解决方案提供了完整的 2D、3D、参数化混合建模及数据管理手段,从单个零件的设计到最终电子样机的建立;同时,作为一个完全集成化的软件系统,CATIA 将机械设计、工程分析及仿真、数控加工和 CAT Web 网络应用解决方案有机地结合在一起,为用户提供严密的无纸工作环境,特别是 CATIA 中针对汽车、摩托车业的专用模块,使 CATIA 拥有了最宽广的专业覆盖面,从而帮助客户达到缩短设计生产周期、提高产品质量及降低费用的目的。

8.2 零件图样三维模型设计

8.2.1 输出轴的造型设计

减速器中的输出轴属于直轴中的阶梯轴,为中心对称结构,因此采用回转特征构建模型主体。首先绘制截面草图回转成轴的框架结构,再利用沟槽命令创建退刀槽、利用键槽命令创建键槽,最后进行必要的倒角和圆角操作,完善模型。

下面简要说明利用 UG 软件设计阶梯轴的方法与一般步骤:

(1)启动 UG 程序后,新建一个名称为 ShuChuZhou. prt 的部件文件,其单位为 mm。

(2)选择【应用】/【建模】命令,进入建模模块。以坐标平面 XC-YC 为草图平面,绘制如图 8-1 所示草图。

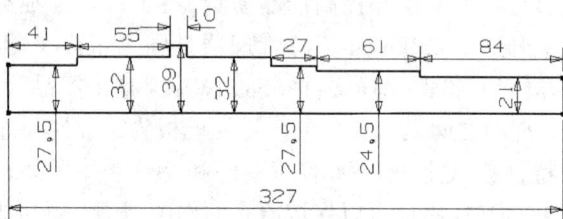

图 8-1 绘制草图

(3)选择【插入】/【设计特征】/【回转】命令,或单击工具条上的 按钮,系统弹出【回转】对话框,选取刚才绘制的草图,指定 X 轴为旋转轴的方向,指定点(0,0,0)为旋转轴的原点。如图 8-2 所示设置参数,单击 确定 按钮,生成相应回转体。

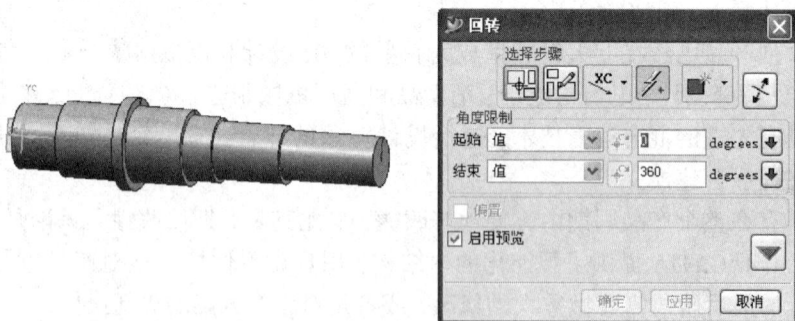

图 8-2 设置回转参数

(4)选择【插入】/【设计特征】/【沟槽】命令,或单击工具条上的 按钮,系统弹出如图 8-3 所示【沟槽】对话框,选择"矩形"沟槽。如图 8-4 所示选取圆柱的侧面作为沟槽放置面。如图 8-5 所示设置参数并定位沟槽,则创建砂轮越程槽如图 8-6 所示。用同样的方法创建另一个砂轮越程槽。

112

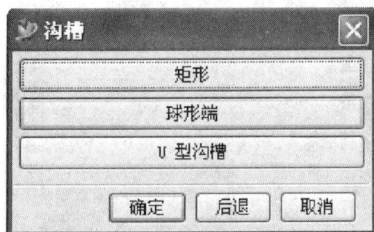

图 8-3　【沟槽】对话框

图 8-4　选取放置面

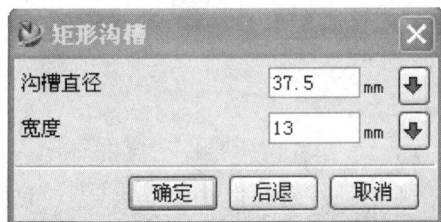

图 8-5　设置沟槽参数

图 8-6　创建沟槽

(5)将工作坐标原点移到要加工键槽的轴段的圆形边缘的象限点上。如图 8-7 所示。

(6)选择【插入】/【基准/点】/【基准平面】命令，或单击工具条上的 ▧ 按钮，系统弹出如图 8-8 所示【基准平面】对话框。以 XC-YC 平面为准创建基准平面，如图 8-9 所示。

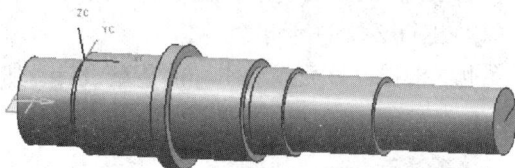

图 8-7　移动当前工作坐标系

(7)选择【插入】/【设计特征】/【键槽】命令，或单击工具条上的 ▧ 按钮，系统弹出【键槽】对话框。选取"U 型键槽"，单击"确定"按钮，系统弹出对话框，要求指定放置平面，选取刚刚创建的基准平面，接受默认边为生成方向，然后指定水平面参考，如图 8-10 所示。系统弹出参数设置对话框，如图 8-11 所示设置键槽参数。

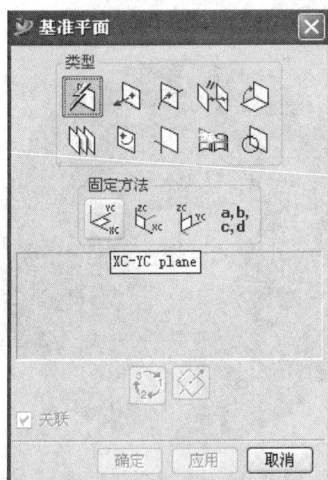

图 8-8　【基准平面】对话框

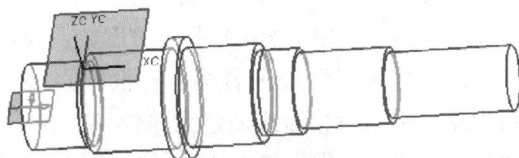

图 8-9　创建基准平面

113

图 8-10　指定水平面参考

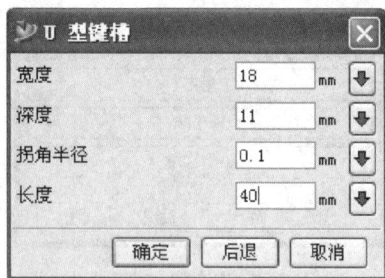

图 8-11　设置键槽参数

（8）如图 8-12 所示定位键槽，创建键槽如图 8-13 所示。

图 8-12　定位键槽

图 8-13　创建键槽

（9）用同样的方法创建轴端键槽，如图 8-14 所示。

（10）进行必要的倒角。

至此，根据设计完成输出轴的造型设计，其三维模型如图 8-15 所示。

图 8-14　创建轴端键槽

图 8-15　轴的三维模型

8.2.2　齿轮建模

齿轮一般由轮毂、轮辐、带轮齿的轮缘等组成。在齿轮的造型设计中，轮齿的创建最为关键，理论性也最强，有时还需要复杂的数学推导。利用 UG 软件进行齿轮造型设计时，应首先根据设计要求确定齿轮的相关参数，如齿数、模数、孔径、齿轮宽度、齿顶圆直径、齿根圆直径等。然后根据选定的齿轮形式创建齿轮齿坯。再绘制齿轮轮廓曲线，生成齿槽曲面，通过拉伸或扫描生成单个齿槽，再执行圆周阵列命令，形成所有齿槽。最后对模型进行细化，如圆角、倒角等。齿轮建模完成后如图 8-16 所示。

图 8-16　生成全部轮齿

114

8.2.3　减速器下箱体建模

减速器下箱体用来支撑轴系部件，其特征为：内部有空腔；两端有装轴承盖及套的孔；箱底座、箱体凸缘上有许多安装孔、定位销孔、连接孔；其壁比较薄，设有加强筋。为减少出错机会，应首先构建箱体的整体轮廓，然后再添加局部特征；应首先执行添加材料的命令，如凸缘、凸垫等，然后执行除去材料的命令，如孔、腔体等。减速器下箱体建模所用知识点有：创建拉伸求和特征、创建孔特征、创建阵列、创建镜像等。减速器箱体建模完成后如图 8-17 所示。

图 8-17　完成箱座的创建

8.3　虚拟装配与检查

完成各个零件的模型之后，需要将设计的零件装配起来。UG 提供了装配模块，可以将设计的零件组装起来。零件之间的装配关系就是零件之间的位置约束，也可以将零件组装成组件，然后再将多个组件装配成总装配件。

下面我们采用"自底向上"的方式介绍减速器装配体的造型方法，在组建减速器之前，将先前设计好的各个零件的实体模型存放在同一目录下。

装配减速器时，推荐采用分级装配的方法，即先组装子装配件，然后再组装总装配件。减速器的具体装配步骤可以参考如下。

1. 高速轴系子装配件的建立

（1）启动 UG 程序，新建一个 GaoSuZhou. prt 的部件文件，进入装配模块。

（2）将已存的零部件高速轴添加到当前装配模块中，并作为固定零部件。

（3）利用装配配对和对齐配对将键装入键槽，如图 8-18 所示。

（4）利用装配配对和对齐配对装好两端的挡油环，如图 8-19 所示。

（5）利用装配配对和对齐配对装好两端的轴承，如图 8-20 所示。

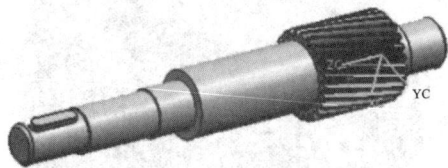

图 8-18　配对结果（一）

图 8-19　配对结果（二）

图 8-20　配对结果（三）

115

2. 中速轴系子装配件的建立

如图 8-21 所示。至此，完成了中速轴系子装配件的创建。

3. 低速轴系子装配件的建立

如图 8-22 所示。至此，完成了低速轴系子装配件的创建。

图 8-21　中速轴系子装配件

图 8-22　低速轴系子装配件

4. 轴系与箱座的装配

如图 8-23 所示。

5. 箱盖与箱座的装配

隐藏轴系，将已存的零部件箱盖添加到当前装配模块中，利用剖分面的装配配对和两个孔的对齐配对完成箱盖的装配，结果如图 8-24 所示。

至于轴承盖、螺栓等连接件，油标、油塞、观察孔、通气器等零部件，由于操作步骤大致相似，在这里不作详细介绍。减速器三维模型的创建结果如图 8-25 所示。

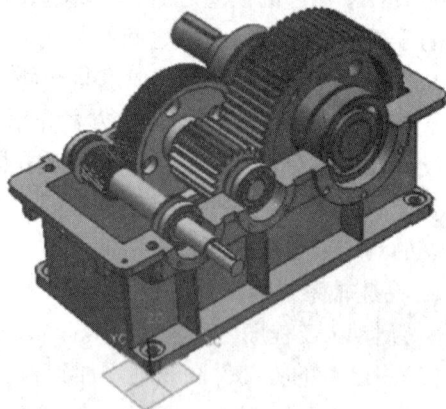

图 8-23　安装低速轴系

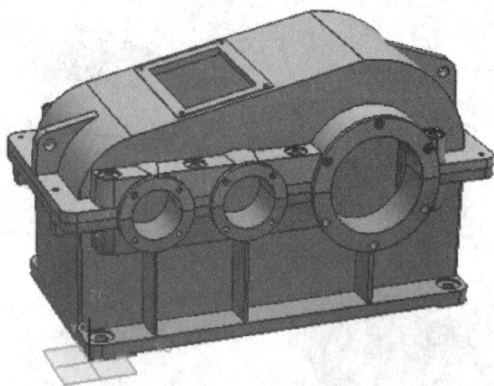

图 8-24　安装箱盖

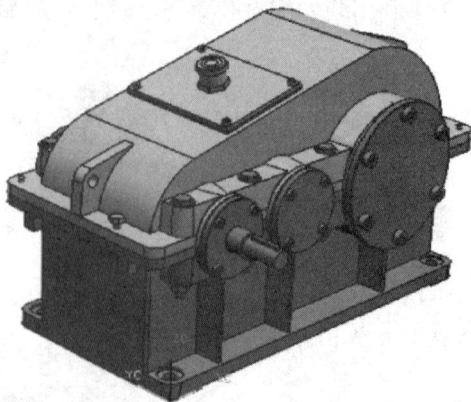

图 8-25　减速器的三维模型

第 9 章
编写设计计算说明书及答辩准备

9.1　设计计算说明书内容及装订要求

9.1.1　设计计算说明书主要内容

设计计算说明书是技术说明书中的一种,是整个设计计算的整理和总结,同时也是审核设计的技术文件之一。编写技术说明书是设计的一个重要部分,也是科技工作者必须掌握的基本技能之一。

机械设计课程设计计算说明书的内容应包括以下几方面:

(0) 前言
(1) 目录(标题及页次)
(2) 设计任务书(设计题目)
(3) 传动系统的方案设计
(4) 电动机选择
(5) 传动比的分配
(6) 传动系统的运动和动力参数计算
(7) 减速器传动零件的设计计算
(8) 轴的设计计算
(9) 滚动轴承的选择及其寿命验算
(10)键连接的选择与校核
(11)联轴器的选择与校核
(12)减速器箱体及附件设计
(13)润滑方式及密封种类的选择
(14)设计小结
(15)参考文献

9.1.2　机械设计(基础)课程设计说明书装订基本要求

说明书书写完毕后,经过检查,如没有什么问题,应进行页码编号,页码可从任务书开始编制,并依次装订成册,同时加上封面、封底。

说明书的封面设计要求朴素大方,应标明设计说明书的题目、学校、系部、指导教师姓

117

名、作者姓名、完成时间(图9-1)。封底可用一张与正文书写相同的白纸。然后按下列顺序装订成册。

(1)封面;

(2)答辩和成绩评定情况记录表(由各学校制定并发放给学生);

(3)设计任务书(由教师给定);

(4)目录(要求层次清晰,并标出各级标题及对应页码);

(5)正文(应按目录中编排的章节依次撰写,具体要求见本章第9.2节);

(6)参考文献;

(7)设计总结(包括心得、体会、收获、意见与建议等);

(8)封底。

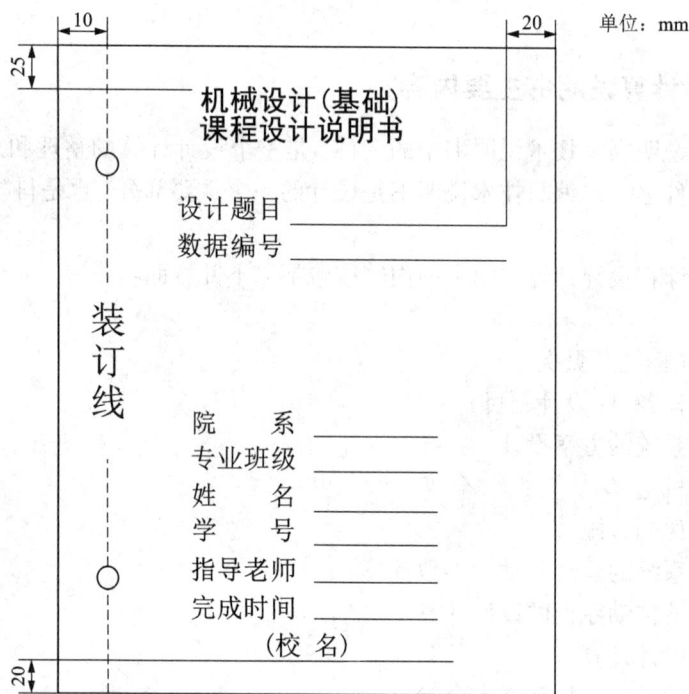

图9-1　课程设计说明书封面示例

9.2　编写说明书的注意事项和书写格式

9.2.1　说明书编写过程中的注意事项

(1)设计前请预备好草稿本。每个学生在接到课程设计题目之后,要把在课程设计过程中查阅、摘录的资料,初步的运算,编程的草稿,设计构思的草图,心得、思路及书写的草稿等都记录在上面,做到不遗失、不散落,确保基本素材的完整性。

(2)设计说明书必须用蓝、黑色钢笔书写,不得用铅笔或彩色笔。要求书写工整、文字

118

简练、图文并茂。注意按内容编写，努力做到层次分明、主题明确、内容清楚、重点突出。

(3)计算内容要列出公式、代入数值、写出结果、标明单位，中间运算可省略。

(4)说明书中的计量单位、制图、制表、公式、缩略词和符号应遵循国家的有关规定。书中应编写必要的大、小标题，引用的计算公式或数据要注明来源(如：参考资料的编号和页次)。

(5)在设计计算说明书中，还应附有与计算有关的必要简图(如受力图、计算机程序框图等)。

(6)说明书用 16 开纸(A4)书写，应编写页码，附上电子打印的封面与目录，并按顺序装订成册。

9.2.2　设计说明书各部分的具体要求

(1)前言部分：可简单介绍本次设计背景、设计目的和意义。此部分可根据指导老师要求进行书写。

(2)目录部分：按章、节、条三级标题或者按科技论文写作规范编写，采用数字序号分级编写，要求标题层次清晰。目录中的标题要与正文中的标题一致。

(3)正文部分：是设计说明书的主体和核心部分。具体涵盖的内容可参见上节所述。书写时应注意结构合理、层次清楚、重点突出、文字简练通顺。

(4)设计小结：应简要说明课程设计的收获和体会，分析自己的设计所具有的特点，找出设计中存在的不足。当然也可向老师提出好的教学建议。

(5)参考文献：说明书中凡有引用参考书、手册、样本等资料中的公式、表格、结论等处，应按正文中出现的顺序列出直接引用的主要参考文献。多处引用时，在参考文献中只应出现一次，序号以第一次出现的位置为准。

9.2.3　书写格式示例

1. 目录书写格式示例

一、设计任务…………………………………………………………页码
二、传动方案分析与拟定……………………………………………页码
　2.1 确定传动方案…………………………………………………页码
　2.2 选择电动机……………………………………………………页码
　　2.2.1 选择电动机的类型和结构………………………………页码
　　2.2.2 选择电动机的容量………………………………………页码
　　2.2.3 确定电动机的转速………………………………………页码
　2.3 计算传动装置的总传动比和分配各级传动比　……………页码
　2.4 计算传动装置的运动和动力参数……………………………页码
三、传动零件设计……………………………………………………页码
……
十一、设计小结………………………………………………………页码
参考资料　……………………………………………………………页码
附录　…………………………………………………………………页码

图 9–2　课程设计说明书目录书写格式示例

2. 正文书写格式示例

设计计算及说明	主要结果

……
 	
 二、传动方案分析与拟定
   2.1 确定传动方案
     拟定的设计方案有……
     ……如图2-2所示。
 	
     图2-2 传动方案简图(略)
 ……
 六、轴的设计计算
   6.1 高速轴的设计计算
   ……
   6.2 低速轴的设计计算
   ……
 (4)根据轴承支反力的作用点以及轴承和齿轮在轴上的安装位置,建立如图6-2所示的力学模型。
   轴的计算简图如图6-2(a)所示。
   从动齿轮的受力,根据前面的计算知:
     圆周力:$F_{t1}=F_{t2}=9317.4$ N
     径向力:$F_{r2}=F_{r1}=3508.2$ N
     轴向力:$F_{a2}=F_{a1}=2468$ N
   ……
 (7)轴的当量弯矩:轴的受力图、弯矩图、合成弯矩图、扭矩图、当量弯矩图如图6-2。剖面C处的弯矩:
   水平面的弯矩:$M_{Hc}=F_{HA}\times64=298.2\times10^3$ N·mm
   垂直面的弯矩:$M_{VC1}=F_{VA}\times64=-16.1\times10^3$ N·mm
     $M_{VC2}=F_{VA}+F_{a2}\times d_2/2=240.6\times10^3$ N·mm
   合成弯矩:$M_{c1}=\sqrt{H_{HC}^2+M_{VC1}^2}=\sqrt{298.2^2+16.1^2}=298.6$ N·m
     $M_{c2}=\sqrt{H_{HC}^2+M_{VC2}^2}=\sqrt{298.2^2+240.6^2}=383.2$ N·m
   ……
 (8)判断危险截面并验算强度
   ……
   $\sigma_e=M/W=M_D/0.1d^3=581.4\times10^3/(0.1\times55^3)=34.95$ MPa$<[\sigma_{-1}]$
 (9)绘制轴的工作图
   见图6-3(略)。
	30 mm
	
	 选定图2-2所示传动方案
	
	 $M_{c1}=298.6$ N·m
	 $M_{c2}=383.2$ N·m

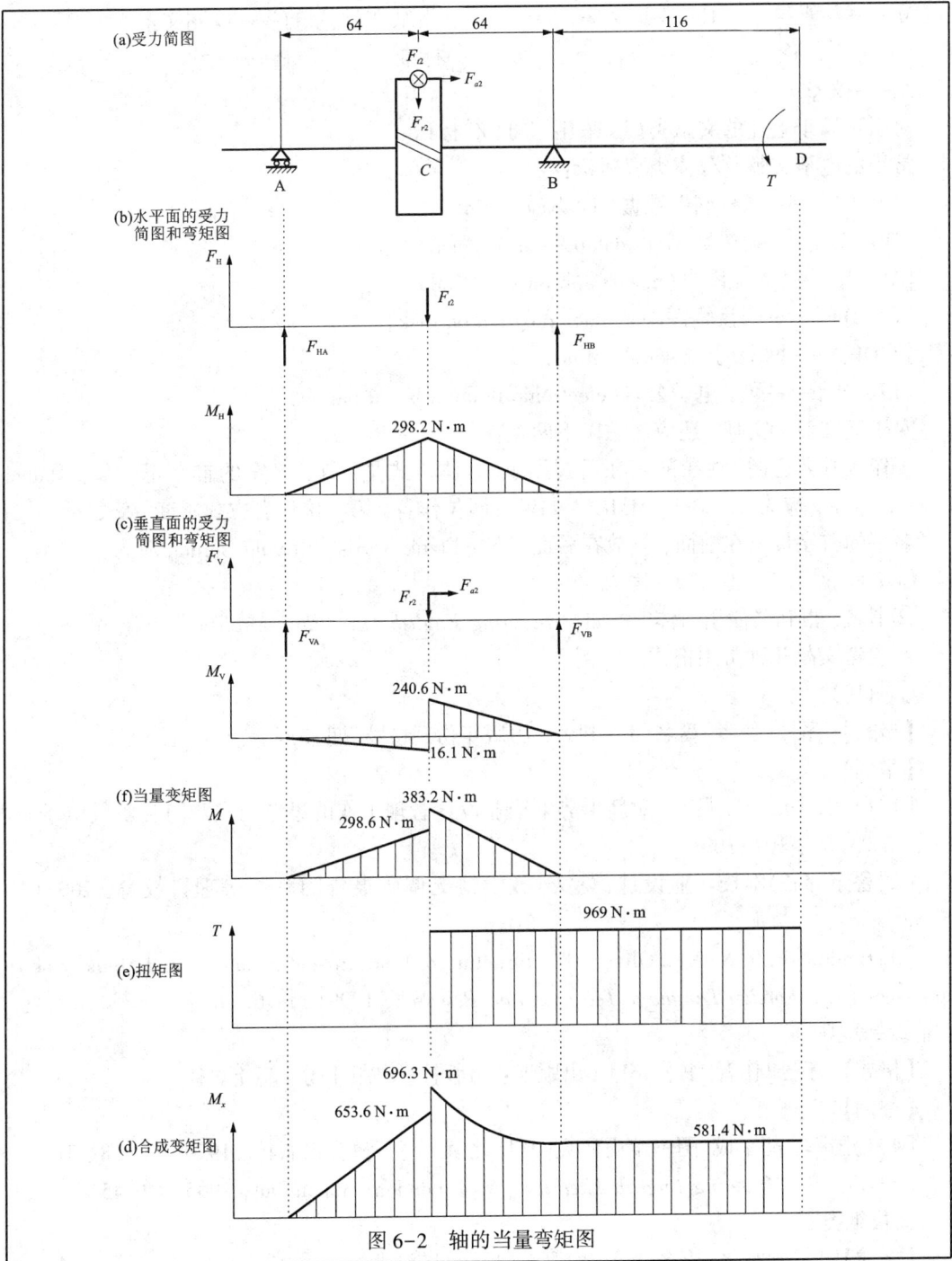

(a)受力简图

(b)水平面的受力简图和弯矩图

298.2 N·m

(c)垂直面的受力简图和弯矩图

240.6 N·m

16.1 N·m

(f)当量变矩图

383.2 N·m

298.6 N·m

969 N·m

(e)扭矩图

696.3 N·m

653.6 N·m

581.4 N·m

(d)合成变矩图

图 6-2　轴的当量弯矩图

图 9-3　课程设计说明书正文书写格式示例

3. 参考文献规范格式

1)参考文献类型

参考文献(即引文出处)的类型应以单字母方式标识,具体如下:

M——专著　　　C——论文集　　　N——报纸文章　　　J——期刊文章

D——学位论文　R——报告　　　S——标准　　　P——专利

A——文章

对于不属于上述的文献类型，采用字母"Z"标识。

常用的电子文献及载体类型标识：

［DB/OL］——联机网上数据（database online）

［DB/MT］——磁带数据库（database on magnetic tape）

［M/CD］——光盘图书（monograph on CD-ROM）

［CP/DK］——磁盘软件（computer program on disk）

［J/OL］——网上期刊（serial online）

［EB/OL］——网上电子公告（electronic bulletin board online）

对于英文参考文献，还应注意以下两点：

①作者姓名遵循"姓在前名在后"原则，具体格式是：姓，名字的首字母。如：Malcolm Richard Cowley 应为：Cowley，M. R.。如果有两位作者，第一位作者方式不变，& 之后第二位作者名字的首字母放在前面，姓放在后面。如：Frank Norris 与 Irving Gordon 应为：Norris，F. & I. Gordon。

②书名、报刊名使用斜体字，如：*Mastering English Literature*；*English Weekly*。

2）参考文献几种常用格式及示例

①期刊类。

【格式】［序号］作者.篇名［J］.刊名，出版年份，卷号（期号）：起止页码.

【举例】

［1］伍融，周志国，陈雷.对新形势下毕业设计管理工作的思考与实践［J］.电气电子教学学报，2003（6）：107-109.

［2］鲁宁.高等学校毕业设计（论文）教学情况调研报告［J］.高等理科教育，2004（1）：46-52.

［3］Heider，E. R. & D. C. Oliver. The Structure of Color Space in Naming and Memory of Two Languages ［J］. *Foreign Language Teaching and Research*，1999（3）：62-67.

②专著类。

【格式】［序号］作者.书名［M］.出版地：出版社，出版年份：起止页码.

【举例】

［4］杨国军，胡平成.图书馆史研究［M］.北京：高等教育出版社，1979：15-18，31.

［5］Gill，R. *Mastering English Literature*［M］. London：Macmillan，1985：42-45.

③报纸类。

【格式】［序号］作者.篇名［N］.报纸名，出版日期（版次）.

【举例】

［6］张大伦.论经济全球化的重要性［N］. 光明日报，1998-12-27（03）.

［7］French，W. *Between Silences*：*A Voice from China*［N］. *Atlantic Weekly*，1987-08-15（33）.

④论文集。

122

【格式】[序号]作者.篇名[C].出版地：出版者，出版年份：起止页码.

[8]王若甫.西方美术学选[C].上海：上海译文出版社，1979：12-17.

[9]Spivak, G. *"Can the Subaltern Speak?"* [A]. In C. Nelson & L. Grossberg(eds.). *Victory in Limbo*：*Imigism* [C]. Urbana：University of Illinois Press，1988，271-313.

[10]Almarza, G. G. *Student Foreign Language Teacher's Knowledge Growth* [A]. In D. Freeman and J. C. Richards (eds.). *Teacher Learning in Language Teaching* [C]. New York：Cambridge University Press，1996：50-78.

⑤学位论文。

【格式】[序号]作者.篇名[D].出版地：保存者，出版年份：起止页码.

【举例】

[11]付强生.微分半动力系统的不变集[D].北京：北京大学数学系数学研究所，1983：1-7.

⑥研究报告。

【格式】[序号]作者.篇名[R]. 出版地：出版者，出版年份：起始页码.

【举例】

[12]解地桥.核反应堆压力管道与压力容器的 LBB 分析[R].北京：清华大学核能技术设计研究院，1997：9-10.

⑦标准。

【格式】[序号]标准编号，标准名称[S].

【举例】

[13]GB/T 16159—1996，汉语拼音正词法基本规则 [S].

⑧电子文献。

【格式】[序号]主要责任者.电子文献题名.电子文献出处[电子文献及载体类型标识].或可获得地址，发表或更新日期/引用日期.

【举例】

[14]王明亮.关于中国学术期刊标准化数据库系统工程的进展[EB/OL].http：//www.cajcd. edu. cn/pub/wml. txt/980810-2. html，1998-08-16/1998-10-04.

[15]万锦.中国大学学报论文文摘(1983—1993)(英文版)[DB/CD].北京：中国大百科全书出版社，1996.

⑨其他各种未定义类型的文献

【格式】[序号] 主要责任者. 文献题名[Z]. 出版地：出版者，出版年.

9.3　课程设计总结、答辩及成绩评定

9.3.1　课程设计总结

课程设计总结是对整个设计过程的系统总结。在完成全部图纸及编写设计计算说明书任务之后，全面地分析此次设计中存在的优缺点，找出设计中应该注意的问题。特别是对不合

理的设计和出现的错误做出一一剖析，并提出改进的设想，从而提高自己的机械设计能力，掌握通用机械设计的一般方法和步骤。

在进行课程设计总结时，建议从以下几个方面进行检查与分析：

(1)以设计任务书的要求为依据，分析设计方案的合理性、设计计算、数据的查取及结构设计的正确性，评价自己的设计结果是否满足设计任务书的要求。

(2)认真检查和分析自己设计的机械传动装置部件的装配图、主要零件的零件图及设计计算说明书等。

(3)对装配图，应着重检查和分析轴系部件、箱体及附件设计在结构、工艺性及机械制图等方面是否存在错误。对零件图，应着重检查和分析尺寸及公差标注、表面粗糙度标注等方面是否存在错误。对设计计算说明书，应着重检查和分析计算依据是否准确可靠、计算结果是否准确。

(4)通过课程设计，总结自己掌握了哪些设计的方法和技巧，在设计能力方面有哪些明显的提高，今后的设计中在提高设计质量方面还应注意哪些问题。

以上内容可写入课程设计说明书中。

9.3.2 课程设计答辩

答辩前，应将装订好的说明书、叠好的图纸一起装入袋内，准备答辩。

答辩是机械设计课程设计中的一个必要环节，也是杜绝学生在设计中抄袭他人的有效手段。课程设计的答辩可与毕业设计答辩有所区别。指导老师可根据本学校的具体情况进行组织。

答辩的重点可放在判断鉴别学生是否独立完成课程设计任务方面，考核的主要内容可参考以下几方面：

(1)减速器中主要零件的设计。包括齿轮、带轮、链、轴等零件设计及轴承的选用校核、键的选用及校核、电动机的选择等。

(2)在设计中是否具有正确的设计思想，对设计中出现的各种问题是如何进行处理的。

(3)对设计手册、资料的运用程度，对计算参数的处理和基础知识的运用程度等方面。

(4)对装配图和零件图中的典型错误的认识程度。

9.3.3 课程设计成绩评定

在进行课程设计成绩的评定时，指导教师必须做到客观、公正、合理。这样才能调动学生进行课程设计的积极性和主动性，激发学生创造能力。教师可根据设计图样、设计计算说明书和答辩中回答问题的情况，并考虑学生在设计过程中的表现综合评定成绩。

9.3.4 课程设计答辩题选(供参考)

(1)机械中为什么要有传动装置？它的主要功能是什么？传动装置有哪些种类？

(2)在给定条件下，你所设计的传动装置还可能采用哪几种方案？其优缺点如何？

(3)为何在一般情况下，往往把带传动放在减速器的前面并要先设计好带传动？

(4)为何往往把开式齿轮传动放在减速器的后面？其大齿轮与卷筒应如何安装？其直径大小应如何选择？

(5)电动机类型应如何选择？

(6)电动机的同步转速与实际转速是否相同？设计中应选哪个转速？

(7)电动机的运行状况有几种？各有何特征？你所用的电动机运行状况如何？在设计中有何考虑？

(8)总传动比进行分配时，分配顺序是什么？分配时应考虑哪些问题？

(9)在减速器内的传动比分配时，怎样同时兼顾传动润滑、等强度、尺寸协调、结构紧凑及重量较轻等问题？

(10)说明各轴间传动比、转速、转矩、功率、效率的相互关系。

(11)为什么低速轴的直径要比高速轴的直径大得多？

(12)怎样设计高速轴上齿轮螺旋角方向？又怎样设计中间轴上两斜齿轮螺旋角方向？

(13)什么情况下齿轮和轴制成整体？整体轴的优缺点如何？

(14)开式齿轮与闭式齿轮在选材上有什么区别？

(15)二级减速箱中若只采用一级斜齿，应将其置于哪一级？原因何在？

(16)叙述减速器中轴的设计过程。

(17)如何选择键？主要校核内容有哪些？

(18)轴承端盖的尺寸如何确定？

(19)请简述轴的刚度校核的计算原理。

(20)轴上零件的主要定位方法有哪些？

(21)在轴承选定后，怎样根据轴承类型确定轴支点位置？

(22)滚动轴承经验算后，寿命过长或过短应如何处理？

(23)轴的结构与哪些因素有关？

(24)在圆柱齿轮减速器中，为什么小齿轮的轮齿宽要略大于大齿轮齿宽？

(25)联轴器在选择时应考虑哪些因素？

附录 机械设计题目选编、常用数据、标准、规范和参考图例

附录 I 机械设计(基础)课程设计题目选编

一、某专用带式输送机的传动系统设计

1. 设计要求

(1)设计一台用于带式输送机的传动装置。

(2)输送机连续工作,单向运转,载荷变化不大,空载启动。

(3)使用期限10年,两班制工作。

(4)输送带速度容许误差为±5%,小批量生产。

(5)传动示意图如附图1-1所示。

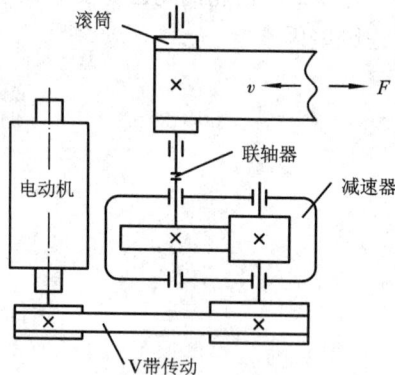

附图1-1 某专用带式输送机的传动系统示意图

2. 原始数据

原始数据见附表1-1。

附表1-1 原始数据

项目	1	2	3	4	5	6	7	8	9	10	11	12	13	14	15
滚筒直径/mm	300	300	320	320	350	350	360	360	380	380	400	400	420	420	450

项目	1	2	3	4	5	6	7	8	9	10	11	12	13	14	15
运输带速度 /(m·s⁻¹)	1.2	1.3	1.4	1.5	1.6	1.7	1.8	1.9	2.0	2.1	2.2	2.3	2.4	2.5	2.6
滚筒的有效圆 周力/kN	1.0	1.1	1.2	1.3	1.4	1.5	1.6	1.7	1.8	1.85	2.0	2.15	2.2	2.3	2.5

3. 设计任务

(1)设计一台含单级圆柱齿轮减速器的专用带式输送机传动装置。

(2)完成减速器装配图 1 张(A0 或 A1 图纸),典型传动零部件(如大齿轮及输出轴)零件图 2 张。

(3)编写说明书 1 份。

二、某专用带式运输机的传动系统设计

1. 设计要求

(1)设计一台用于带式输送机的传动装置。

(2)输送机连续单向运转,载荷平稳。

(3)使用期限 8 年,两班制工作。

(4)允许运输带速度误差为±5%,车间有三相交流电源。

(5)传动系统示意图如附图 1-2 所示。

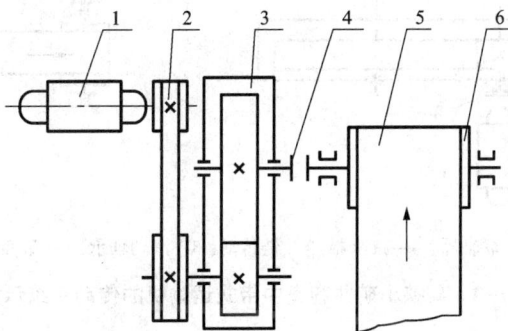

1—电动机;2—带传动;3—减速器;4—联轴器;5—运输带;6—滚筒。

附图 1-2 某专用带式运输机的传动系统示意图

2. 原始数据

原始数据见附表 1-2。

附表 1-2 原始数据

项目	1	2	3	4	5	6	7	8	9	10	11	12	13	14	15
滚筒轴转速 /(r·min⁻¹)	120	125	125	130	130	135	135	140	130	130	135	135	140	140	145

项目	1	2	3	4	5	6	7	8	9	10	11	12	13	14	15
运输带主轴转矩/(N·m)	255	245	300	300	310	300	320	310	400	430	410	430	410	430	410

3. 设计任务

(1)设计一台含单级圆柱齿轮减速器的专用带式输送机传动装置。

(2)完成减速器装配图 1 张(A0 或 A1 图纸),典型传动零部件(如大齿轮及输出轴)零件图 2 张。

(3)编写说明书 1 份。

三、某狭小矿井巷道中带式运输机的传动系统设计

1. 设计要求

(1)设计一台用于狭小矿井巷道中带式运输机的传动装置。

(2)该带式运输机在狭窄、多灰、潮湿和空气流通条件差的矿下工作,载荷有轻微冲击。

(3)使用期限 5 年,三班制工作,连续单向运转。

(4)输送带速度容许误差为±5%,可使用三相交流电源。

(5)传动示意图如附图 1-3 所示。

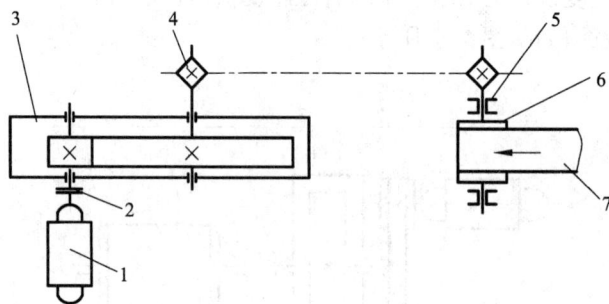

1—电动机;2—联轴器;3—减速器;4—链传动;5—滚动轴承;6—滚筒;7—运输带。

附图 1-3 某狭小矿井巷道中带式运输机的传动系统示意图

2. 原始数据

原始数据见附表 1-3。

附表 1-3 原始数据

项目	1	2	3	4	5	6	7	8	9	10	11	12	13	14	15
滚筒直径/mm	250	250	300	300	320	320	350	350	380	380	400	400	420	420	450
运输带速度/(m·s⁻¹)	1.8	1.9	2.1	2.2	2.2	2.4	2.4	2.5	2.7	2.8	2.8	3	3	3.1	3.3
滚筒的有效圆周力/kN	1.7	1.5	1.8	1.7	1.75	1.6	1.7	1.5	1.4	1.3	1.35	1.3	1.35	1.3	1.2

3. 设计任务

(1)设计一台含单级圆柱齿轮减速器的狭小矿井巷道中用带式运输机传动装置。

(2)完成减速器装配图 1 张(A0 或 A1 图纸),典型传动零部件(如大齿轮及输出轴)零件图 2 张。

(3)编写说明书 1 份。

四、某矿用输送链的传动系统设计

1. 设计要求

(1)设计一台矿用输送链的传动装置,要求采用单级圆锥齿轮。

(2)该传动装置工作时单向运转,载荷平稳,启动载荷为名义载荷的 1.25 倍。

(3)使用期限 10 年,每天工作 16 小时。

(4)输送链速度容许误差为 ±5%,输送链效率为 0.9。

(5)传动示意图如附图 1-4 所示。

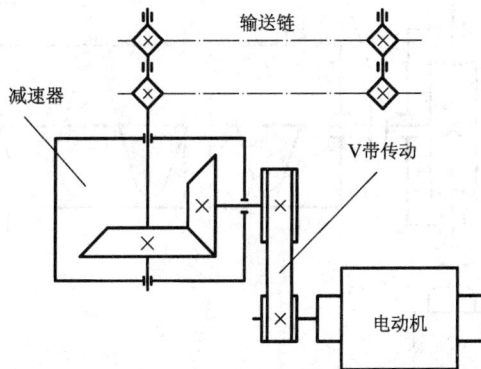

附图 1-4　某矿用输送链的传动系统示意图

2. 原始数据

原始数据见附表 1-4。

附表 1-4　原始数据

项目	1	2	3	4	5	6	7	8	9	10	11	12	13	14	15
滚筒直径/mm	100	125	130	135	140	145	150	155	160	165	170	180	190	200	215
运输带速度 /(m·s⁻¹)	0.6	0.7	0.75	0.80	0.85	0.9	0.95	0.9	0.95	1.0	1.1	1.1	1.15	1.15	1.2
滚筒的有效圆周力/kN	2.1	2.15	2.2	2.25	2.3	2.35	2.3	2.35	2.4	2.45	2.5	2.4	2.5	2.6	2.7

3. 设计任务

(1)设计一台含单级圆锥齿轮减速器的矿用输送链传动装置。

（2）完成减速器装配图 1 张(A0 或 A1 图纸)，典型传动零部件(如大锥齿轮及输出轴)零件图 2 张。

（3）编写说明书 1 份。

五、某通用螺旋运输机的传动系统设计

1. 设计要求

（1）设计一台通用螺旋运输机的传动装置。

（2）运输机连续单向运转，载荷平稳。

（3）使用期限 5 年，每日一班。

（4）允许螺旋运输机主轴转速误差为±5%，车间有三相交流电源。

（5）传动系统示意图如附图 1-5 所示。

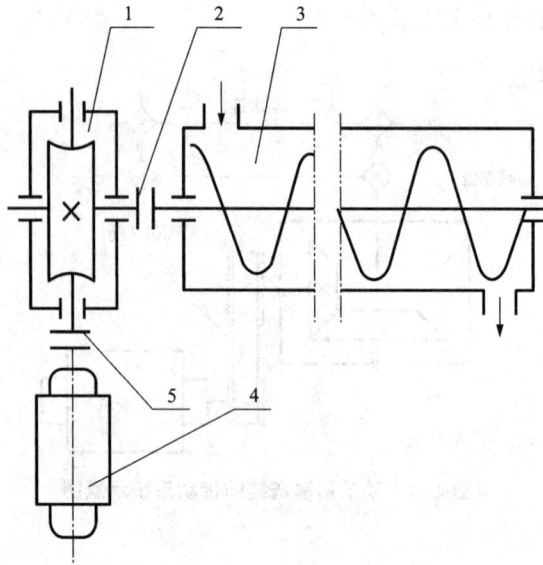

1—蜗杆减速器；2—联轴器；3—螺旋运输机；4—电动机；5—联轴器。

附图 1-5　某通用螺旋运输机的传动系统示意图

2. 原始数据

原始数据见附表 1-5。

附表 1-5　原始数据

项目	1	2	3	4	5	6	7	8	9	10	11	12	13	14	15
运输机主轴输出转矩/(N·m)	480	500	500	520	540	550	580	600	600	620	800	820	850	870	900
运输机主轴转速/(r·min^{-1})	76	74	72	70	68	88	86	84	82	80	90	88	86	84	82

130

3. 设计任务

(1)设计一台含单级蜗杆减速器的通用螺旋运输机传动装置。

(2)完成减速器装配图 1 张(A0 或 A1 图纸),典型传动零部件(如蜗轮及输出轴)零件图 2 张。

(3)编写说明书 1 份。

六、某带式运输机的传动系统设计

1. 设计要求

(1)设计一台用于带式输送机的传动装置,采用蜗轮蜗杆传动。

(2)该带式运输机连续工作,单向运转,载荷平稳,空载启动。

(3)使用期限 8 年,两班制工作。

(4)输送带速度容许误差为±5%,减速器大批量生产。

(5)传动示意图如附图 1-6 所示。

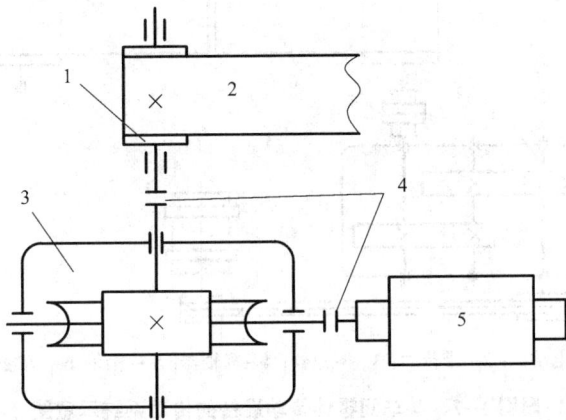

1—滚筒;2—运输带;3—减速器;4—联轴器;5—电动机。

附图 1-6　某带式运输机的传动系统示意图

2. 原始数据

原始数据见附表 1-6。

附表 1-6　原始数据

项目	1	2	3	4	5	6	7	8	9	10	11	12	13	14	15
滚筒直径/mm	300	315	335	340	360	345	350	355	360	365	370	380	390	400	400
运输带速度 /(m·s^{-1})	1.0	1.1	1.1	0.90	0.9	0.9	0.95	1.0	0.95	1.0	1.1	1.1	1.15	1.15	1.2
滚筒的有效圆周力/kN	2.0	2.1	2.2	2.3	2.3	2.2	2.4	2.35	2.4	2.45	2.5	2.6	2.7	2.8	2.8

3. 设计任务

(1)设计一台含蜗轮蜗杆减速器的带式运输机传动装置。

(2)完成减速器装配图 1 张(A0 或 A1 图纸),典型传动零部件(如蜗轮及输出轴)零件图 2 张。

(3)编写说明书 1 份。

七、某车间零件传动设备的传动系统设计

1. 设计要求

(1)设计一台用于车间零件传动设备的传动装置,采用展开式两级圆柱齿轮减速器。

(2)该传动装置连续单向运转,载荷平稳。

(3)使用期限 5 年,两班制工作。

(4)输送带速度容许误差为±5%,可使用三相交流电源。

(5)传动示意图如附图 1-7 所示。

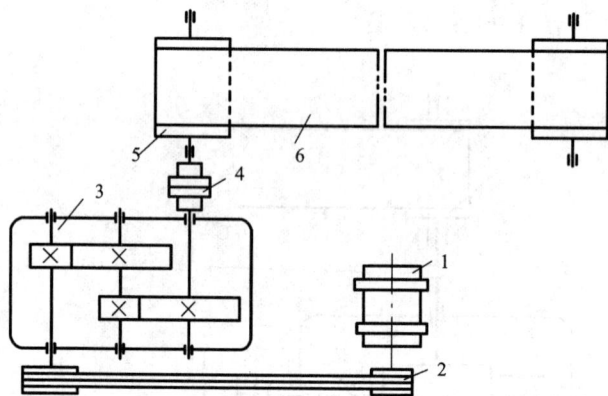

1—电动机;2—带传动;3—减速器;4—联轴器;5—滚筒;6—运输带。

附图 1-7 某车间零件传动设备的传动系统示意图

2. 原始数据

原始数据见附表 1-7。

附表 1-7 原始数据

项目	1	2	3	4	5	6	7	8	9	10	11	12	13	14	15
滚筒直径/mm	250	250	280	280	300	300	300	300	320	320	350	350	350	380	380
运输带速度 /(m·s^{-1})	0.7	0.75	0.7	0.75	0.75	0.80	0.85	0.80	0.85	0.9	0.80	0.85	0.90	0.85	0.90
运输带主 轴扭矩/(N·m)	750	800	800	850	850	900	900	850	900	950	900	950	1000	950	1000

3. 设计任务

(1)设计一台含展开式两级圆柱齿轮减速器的车间零件传送用带式输送机传动装置。

(2)完成减速器装配图 1 张(A0 或 A1 图纸),典型传动零部件(如大齿轮、输出轴、箱体

等)零件图 2~3 张。

(3)编写说明书 1 份。

八、某带式输送机的传动系统设计

1. 设计要求

(1)设计一台用于带式输送机的传动装置,采用同轴式两级圆柱齿轮减速器。

(2)该传动装置传动不逆转,有轻微冲击。

(3)使用期限 8 年,两班制工作。

(4)输送带速度容许误差为±5%。

(5)传动示意图如附图 1-8 所示。

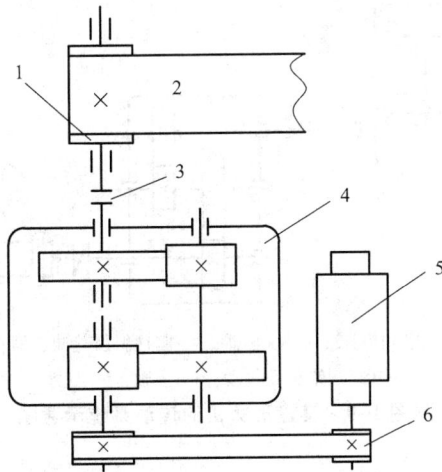

1—滚筒;2—运输带;3—联轴器;4—减速器;5—电动机;6—带传动。

附图 1-8 某带式输送机的传动系统设计示意图

2. 原始数据

原始数据见附表 1-8。

附表 1-8 原始数据

项目	1	2	3	4	5	6	7	8	9	10	11	12	13	14	15
滚筒直径/mm	400	415	430	435	440	445	450	455	460	465	470	480	485	500	515
输送带速度/(m·s⁻¹)	0.9	1.1	1.2	1.3	1.4	1.5	1.6	1.7	1.8	1.9	2.0	2.1	2.2	2.4	2.5
滚筒的有效圆周力/kN	6.2	6.0	5.8	5.7	5.6	5.5	5.4	5.3	5.2	5.1	5.0	4.8	4.6	4.6	4.5

3. 设计任务

(1)设计一台含同轴式两级圆柱齿轮减速器的带式输送机传动装置。

(2)完成减速器装配图 1 张(A0 或 A1 图纸),典型传动零部件(如大齿轮、输出轴、箱体

133

等)零件图 2~3 张。

(3)编写说明书 1 份。

九、某盘形磨机的传动系统设计

1. 设计要求

(1)设计一台用于盘形磨机的传动装置,采用两级斜齿圆柱齿轮减速器。

(2)该传动装置传动不逆转,有轻微冲击。

(3)使用期限 10 年,两班制工作。

(4)主轴转速容许误差为±5%,中等批量生产。

(5)传动示意图如附图 1-9 所示。

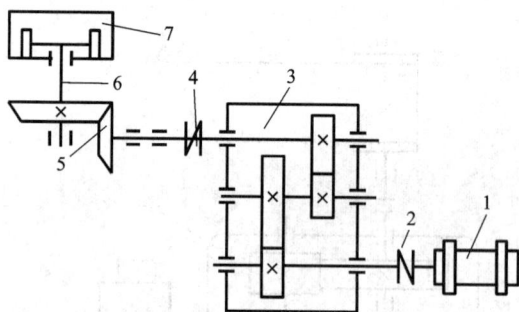

1—电动机;2、4—联轴器;3—圆柱斜齿轮减速器;

5—开式圆锥齿轮传动;6—主轴;7—盘磨。

附图 1-9　某盘形磨机的传动系统示意图

2. 原始数据

原始数据见附表 1-9。

附表 1-9　原始数据

项目	1	2	3	4	5	6	7	8	9	10	11	12	13	14	15
磨机轴转速/$(r \cdot min^{-1})$	30	32	35	30	40	45	40	38	50	55	48	38	50	40	55
工作机功率 P/kW	4	3	4	3	3	4	5.5	4	5	5.5	4	3	5.5	4.5	5

3. 设计任务

(1)设计一台用于盘形磨机的含两级斜齿圆柱齿轮减速器的传动装置。

(2)完成减速器装配图 1 张(A0 或 A1 图纸),典型传动零部件(如大齿轮、输出轴、箱体等)零件图 2~3 张。

(3)编写说明书 1 份。

十、某链式运输机的传动系统设计

1. 设计要求

(1)设计一台用于链式运输机的传动装置,采用圆锥-斜齿圆柱齿轮减速器。

(2)该传动装置连续单向运转、中等冲击。

(3)使用期限 10 年，两班制工作。

(4)输送链速度容许误差为±5%，输送链传动比 i=3~6。

(5)传动示意图如附图 1-10 所示。

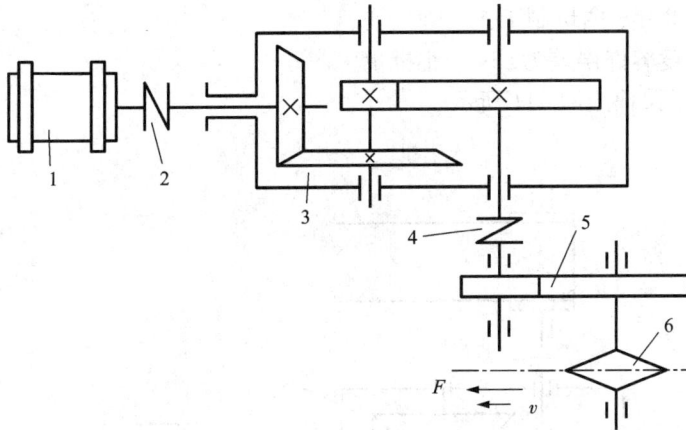

1—电动机；2、4—联轴器；3—圆锥-斜齿圆柱齿轮减速器；

5—开式齿轮传动；6—输送链的小链轮。

附图 1-10 某链式运输机的传动系统示意图

2. 原始数据

原始数据见附表 1-10。

附表 1-10 原始数据

项目	1	2	3	4	5	6	7	8	9	10	11	12	13	14	15
链节距 P/mm	50.8	63.5	38.1	63.5	50.8	63.5	38.1	50.8	38.1	63.5	38.1	50.8	38.1	50.8	50.8
链条速度 /(m·s^{-1})	0.6	0.55	0.5	0.48	0.45	0.4	0.35	0.4	0.5	0.4	0.36	0.4	0.35	0.45	0.3
链条有效拉力/kN	12.0	12.1	12.2	12.25	12.3	12.35	12.3	12.35	12.4	12.45	12.5	12.4	12.5	12.6	12.7
小链轮齿数 Z_1	21	17	19	21	23	17	25	21	23	19	21	19	17	23	25

3. 设计任务

(1)设计一台含圆锥-斜齿圆柱齿轮减速器的链式运输机传动装置。

(2)完成装配图 1 张(A0 或 A1 图纸)，典型传动零部件(如大齿轮、输出轴、箱体等)零件图 2~3 张。

(3)编写说明书 1 份。

十一、某带式运输机的传动装置设计

1. 设计要求

(1)设计一台用于带式运输的传动装置,采用圆锥-斜齿圆柱齿轮减速器。

(2)该传动装置连续单向运转,载荷较平稳。

(3)使用期限8年,两班制工作。

(4)输送带速度容许误差为±5%,小批量生产。

(5)传动示意图如附图1-11所示。

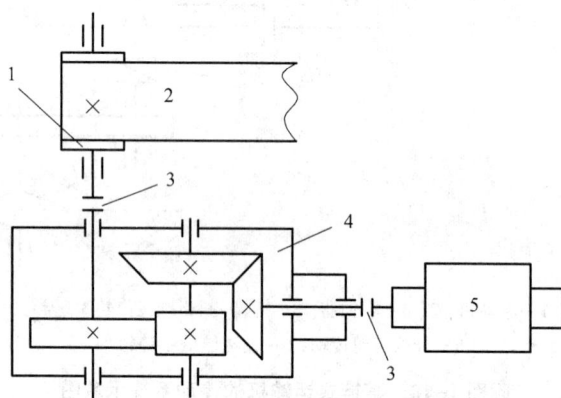

1—滚筒;2—运输带;3—联轴器;4—减速器;5—电动机。

附图1-11 某带式运输机的传动装置示意图

2. 原始数据

原始数据见附表1-11。

附表1-11 原始数据

项目	1	2	3	4	5	6	7	8	9	10	11	12	13	14	15
滚筒直径/mm	250	250	300	360	365	380	400	380	320	365	370	350	380	400	400
运输带速度 /(m·s^{-1})	1.0	1.1	1.2	1.1	1.0	1.2	1.4	1.2	1.0	1.0	1.1	1.1	1.15	1.2	1.2
滚筒的有效圆 周力/kN	2.1	2.1	2.3	2.3	2.4	2.5	2.5	2.6	3.0	2.5	2.6	2.2	2.5	2.8	3.0

3. 设计任务

(1)设计一台含圆锥-斜齿圆柱齿轮减速器的带式运输机传动装置。

(2)完成减速器装配图1张(A0或A1图纸),典型传动零部件(如大齿轮、输出轴、箱体等)零件图2~3张。

(3)编写说明书1份。

十二、某矿用链式运输机的传动装置设计

1. 设计要求

(1)设计一台矿用链式运输机的传动装置，采用圆锥-斜齿圆柱齿轮减速器。

(2)该传动装置在狭窄、多灰、潮湿和空气流通条件差的矿下工作，连续单向运转,载荷有轻微冲击。

(3)使用期限5年，两班制工作，每年工作300日。

(4)输送带速度容许误差为±5%，可使用三相交流电源。

(5)传动示意图如附图1-12所示。

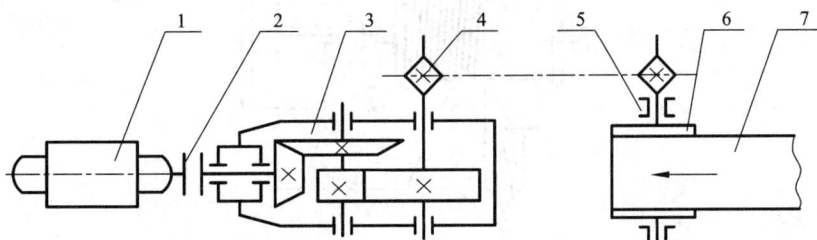

1—电动机；2—联轴器；3—减速器；4—链传动；5—滚动轴承；6—滚筒；7—运输带。

附图1-12　某矿用链式运输机的传动系统示意图

2. 原始数据

原始数据见附表1-12。

附表1-12　原始数据

项目	1	2	3	4	5	6	7	8	9	10	11	12	13	14	15
滚筒直径/mm	250	250	300	300	320	320	350	350	380	380	400	400	420	420	450
运输带速度/(m·s⁻¹)	0.6	0.65	0.7	0.80	0.75	0.8	0.8	0.85	0.9	0.95	1.0	1.0	1.05	1.1	1.15
滚筒的有效圆周力/kN	5.0	4.5	5.5	5.0	4.8	5.0	4.5	4.2	3.8	4.0	3.8	4.0	3.8	4.0	3.5

3. 设计任务

(1)设计一台含圆锥-斜齿圆柱齿轮减速器的矿用链式运输机传动装置。

(2)完成减速器装配图1张(A0或A1图纸)，典型传动零部件(如大齿轮、输出轴、箱体等)零件图2~3张。

(3)编写说明书1份。

十三、某车间起重机的传动装置设计

1. 设计要求

(1)设计某车间起重机的传动装置，采用两级圆柱齿轮减速器。

(2)该传动装置载荷较平稳,常温下工作。

(3)使用期限 10 年,两班制工作。

(4)重物起升速度容许误差为±5%,车间有三相交流电源。

(5)传动示意图如附图 1-13 所示。

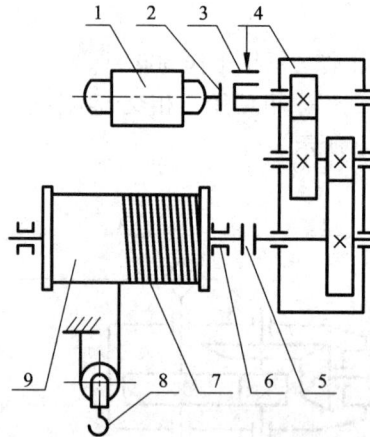

1—电动机；2—联轴器；3—制动器；4—减速器；5—联轴器；

6—卷筒支承；7—钢丝绳；8—吊钩；9—卷筒。

附图 1-13　某车间起重机的传动系统示意图

2. 原始数据

原始数据见附表 1-13。

附表 1-13　原始数据

项目	1	2	3	4	5	6	7	8	9	10	11	12	13	14	15
卷筒槽底直径/mm	220	220	220	220	240	240	240	240	250	250	250	250	280	280	280
钢丝绳直径/mm	9.3	9.3	9.3	9.3	9.3	9.3	9.3	9.3	11.0	11.0	11.0	11.0	11.0	11.0	11.0
重物提升速度 /($m \cdot s^{-1}$)	0.50	0.55	0.50	0.55	0.50	0.55	0.60	0.65	0.50	0.55	0.60	0.65	0.55	0.60	0.65
提升质量/kg	780	750	790	800	780	750	750	720	900	750	700	720	800	750	720
负荷持续率/JC%	40	40	40	25	40	40	25	25	25	40	40	25	25	25	25

3. 设计任务

(1)设计一台含两级圆柱齿轮减速器的车间起重用带式运输机传动装置。

(2)完成减速器装配图 1 张(A0 或 A1 图纸),典型传动零部件(如大齿轮、输出轴、箱体等)零件图 2~3 张。

(3)编写说明书 1 份。

十四、某铸造车间混砂机的传动装置设计

1. 设计要求

(1)设计一台铸造车间混砂机的传动装置，采用两级圆柱齿轮减速器。

(2)该传动装置室内工作，载荷较平稳，连续单向运转。

(3)使用期限10年，每日一班制。

(4)允许立轴转速误差为±5%，车间有三相交流电源。

(5)传动示意图如附图1-14所示。

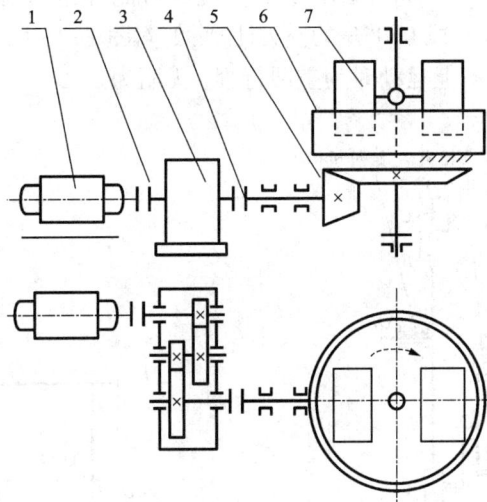

1—电动机；2—联轴器；3—减速器；4—联轴器；5—圆锥齿轮传动；6—机盘；7—辗轮。

附图1-14　某铸造车间混砂机的传动装置示意图

2. 原始数据

原始数据见附表1-14。

附表1-14　原始数据

项目	1	2	3	4	5	6	7	8	9	10	11	12	13	14	15
立轴输出功率/kW	3.0	3.0	3.8	3.8	4.0	4.0	4.0	5.2	5.2	5.2	5.4	5.4	5.4	5.5	5.5
立轴转速 /(r·min⁻¹)	24	25	25	26	26	28	30	30	32	34	30	32	34	32	34

3. 设计任务

(1)设计一台含两级圆柱齿轮减速器的铸造车间混砂机传动装置。

(2)完成减速器装配图1张(A0或A1图纸)，典型传动零部件(如大齿轮、输出轴、箱体等)零件图2~3张。

(3)编写说明书1份。

十五、插床的设计与分析

1. 机械系统传动方案设计

插床机械系统传动方案可自行设计，亦可参考附图 1-15、附图 1-17 所示方案。其中，附图 1-15 所示传动装置采用 V 带传动和两级圆柱齿轮减速器，执行机构为连杆机构，工作台相对刀具的进给机构选择凸轮机构。

插床设计要求：

(1)插刀行程和插刀每分钟往复次数见附表 1-15。

(2)自上始点以下 10~90 mm 范围内，插刀应尽可能等速切削。刀具向下运动时切削，在切削行程 H 中，前后各有一段 0.05H 的空刀距离，如附图 1-16 所示。切削力为常数，最大切削力见附表 1-15。刀具向上运动时为空回行程，无阻力。

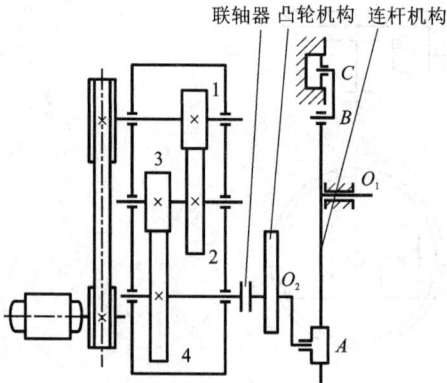

附图 1-15　插床

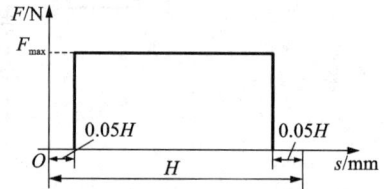

附图 1-16　冲头阻力曲线

(3)行程速比系数见附表 1-15。

(4)插刀切削受力点距滑枕导路距离 d 见附表 1-15，工作台面离地面高度为 550 mm 左右。

(5)滑块质量、导杆质量及其质心转动惯量见附表 1-15，滑块质心在 C 点。导杆质心 S_1 位于 AO_1 范围内，$l_{O_1S_1} = 20$ mm，其余构件的质量和转动惯量忽略不计。从电动机到曲柄轴传动系统的等效转动惯量(设曲柄为等效构件)约为 8 kg · m^2。

2. 执行机构工作原理

执行机构运动简图如附图 1-17 所示。电动机经过减速传动装置带动曲柄 2 转动，再通过连杆机构使装有刀具的滑块 6 沿铅垂方向作往复运动，以实现刀具的插削运动。

3. 设计数据

附表 1-15 给出了部分设计数据。

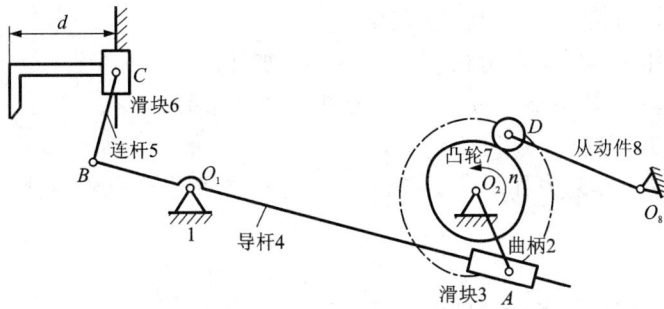

附图 1-17　插床执行机构运动简图

附表 1-15　设计数据

项目		序号				
		1	2	3	4	5
连杆机构运动分析	插削次数/min	50	49	50	52	50
	插刀行程 H/mm	100	115	120	125	130
	力臂 d/mm	100	105	108	110	112
	曲柄 l_{O_2A}/mm	65	70	75	80	85
	行程速比系数 K	1.6	1.7	1.8	1.9	2.0
连杆机构动态静力分析	最大切削力 F_{max}/N	8500	9600	10800	9000	10100
	滑块 6 质量 m_6/kg	40	50	60	60	50
	导杆质量 m_4/kg	20	20	2	20	22
	导杆 4 质心转动惯量 J_{S4}/(kg·m²)	1.1	1.1	1.2	1.2	1.2
凸轮机构设计	从动件最大摆角 φ_{max}/(°)	20	20	20	20	20
	从动件杆长 l_{O_8D}/mm	125	135	130	122	123
	许用压力角 $[\alpha]$/(°)	40	38	42	45	43
	推程运动角 δ_0/(°)	60	70	65	60	70
	远休止角 δ_S/(°)	10	10	10	10	10
	回程运动角 δ_0'/(°)	60	70	65	60	70

4. 设计任务及指导

工作条件：该机床年工作日为 300 天，使用期限为 10 年，两班制，有轻微冲击，要求传动比误差为 ±5%。

(1)连杆机构的设计及运动分析。

已知：设计参数见附表 1-15，$l_{BC} = (0.5 \sim 0.6)l_{BO_1}$。电动机轴与曲柄轴 O_2 平行，连杆机构的最小传动角不得小于 60°。

要求：

①设计平面连杆机构，作机构运动简图。

②按给定位置作机构的运动分析(位移、速度、加速度)。

③作滑块的运动线图(s-φ, v-φ, a-φ, 且在一个坐标系中)。

(2)连杆机构的力分析。

已知：滑块所受工作阻力如附图1-16所示，结合上面连杆机构设计和运动分析所得的结果。

要求：

①按给定位置确定机构各运动副中的反力。

②确定加于曲柄上的平衡力矩 M_b，作出平衡力矩曲线 M_b-φ。

(3)飞轮设计。

已知：机器运转的许用速度不均匀系数$[\delta]$＝0.03，力分析所得平衡力矩 M_b，驱动力矩 M_{ed} 为常数，飞轮安装在曲柄轴 O_2 上。确定所需飞轮的转动惯量 J_F。

(4)凸轮机构设计。

已知：凸轮与曲柄共轴，设计数据见附表1-15。摆动从动件8的推程、回程运动规律分别为等速运动和等加速等减速运动。

要求：

①按许用压力角$[\alpha]$确定凸轮机构的基圆半径 r_o，确定机架长 $l_{O_2O_8}$ 和滚子半径 r_r。

②绘制凸轮实际廓线。

(5)确定电动机的转速及功率，确定其具体型号。

(6)传动装置设计计算。

①V 带传动设计计算。

②两级圆柱齿轮减速器设计计算(包括齿轮传动设计，轴的结构设计及强度校核，轴承选型设计及寿命计算，平键联接选型及强度计算)。

③绘制两级圆柱齿轮减速器装配图和主要零件图。

④联轴器选型设计。

(7)编写设计说明书应包括设计任务书、设计参数、设计计算过程等。

十六、糕点切片机的设计与分析

1. 工作原理

糕点先成型(如长方体、圆柱体等)经切片后再烘干。如附图1-18所示，糕点切片机需要完成两个执行动作：糕点的直线间歇移动和切刀的往复直线运动。通过两者动作的配合进行切片。糕点切片机的切刀运动机构是由电动机驱动的，经减速后切刀运动机构实现切片功能需要的往复运动。糕点铺在传动带上，间歇地进行输送，通过改变传送带速度或每次间隔的输送距离，以满足糕点不同切片规格尺寸的需要。

2. 原始数据

原始数据见附表1-16。

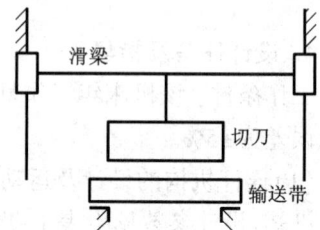

附图1-18　糕点切片机示意图

附表 1-16 原始数据

项目	1	2	3	4	5	6	7	8	9	10	11
工作机输入功率/kW	2.0	1.9	1.8	1.7	1.6	1.4	1.2	1.0	0.8	0.75	0.7
生产率/(次·min⁻¹)	60	58	55	52	50	48	46	45	43	42	40

3. 设计要求

糕点厚度：10~20 mm。

糕点切片长度范围：5~80 mm。

切刀切片最大作用距离(亦即切片的宽度)：300 mm。

工作条件：载荷有轻微冲击，一班制。

使用期限：10 年，大修期为 3 年。

生产批量：小批量生产(少于 10 台)。

动力来源：电力，三相交流(220 V/380 V)。

转速允许误差：±5%。

要求选用的机构简单、轻便、运动灵活可靠。

4. 设计任务

(1)执行部分机构设计。

①根据工艺动作顺序和协调要求拟定运动循环图。

②进行输送机构、间歇运动机构和切刀机构的方案设计，画出总体机构方案示意图。

③对执行机构进行尺度设计，画出执行机构的运动简图。

④对执行机构进行运动分析。

(2)传动装置设计。

①进行传动系统的方案设计。

②选择电动机。

③计算总传动比，并分配传动比。

④计算各轴的运动和动力参数。

⑤传动件的设计计算。

⑥选择联轴器。

⑦轴的结构设计。

⑧绘制减速器装配图。

⑨轴的强度校核。

⑩滚动轴承的选择、寿命计算和组合设计。

⑪键的选择和强度计算。

⑫绘制轴、齿轮零件图。

(3)编写课程设计说明书。

5. 设计完成工作量

(1)糕点切片机传动系统示意图 1 张。

(2)执行机构方案图及机构运动简图 1 张(A2)。

(3)机构运动分析。

(4)完成减速器装配图 1 张(A1 或 A0 图纸),典型传动零部件(如大齿轮、输出轴、箱体等)零件图 2~3 张。

(5)课程设计说明书 1 份。

十七、压片机的设计与分析

1. 工作原理及工艺动作过程

压片机的功用是将不加黏结剂的粉料压制成 $\phi \times h$ 圆形片坯,其工艺动作分解如附图 1-19 所示。

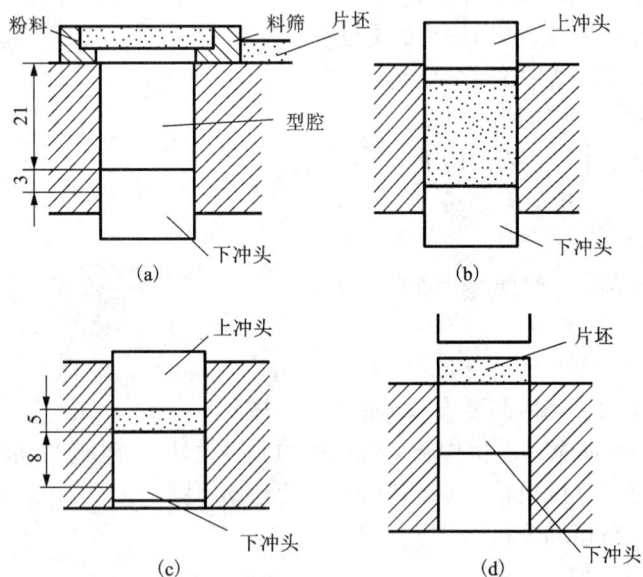

附图 1-19　压片机工艺动作的分解

(1)料筛在模具型腔上方往复振动,将粉料均匀筛入圆筒形型腔[附图 1-19(a)]。

(2)下冲头下沉 3 mm,以防止上冲头进入型腔时把粉料扑出[附图 1-19(b)]。

(3)上冲头进入型腔。上、下冲头同时加压[附图 1-19(c)],将产生压力 F,要求保压一定时间,保压时间约占整个循环时间的 1/10。

(4)上冲头退回,下冲头随后以稍慢速度向上运动,顶出压好的片坯[附图 1-19(d)]。

(5)料筛推出片坯[附图 1-19(a)]。接着料筛往复振动,继续下一个运动循环。

2. 原始数据

原始数据见附表 1-17。

附表 1-17　原始数据

方案号	成品尺寸($\phi \times h$)/($mm \times mm$)	生产率/(片·min^{-1})	冲头压力 F/N	机器运转不均匀系数 δ	$m_{冲}$/kg	$m_{杆}$/kg
I	30×5	10	15000	0.16	6	3
II	28×5	15	14000	0.14	5	2
III	26×5	20	13000	0.12	4	2
IV	24×5	25	14000	0.1	3	2

3. 设计要求

(1)为避免干涉，待上冲头向上移动一定距离后，料筛向右运动推走片坯，且因上冲头上升后要留有料筛进入的空间，故冲头行程为 90~100 mm。

(2)上冲头完成往复直移运动(铅锤上下)，下移至终点后有短时间的停歇，起保压作用。由于冲头压力较大，加压机构应有增力功能[附图 1-20(a)]。

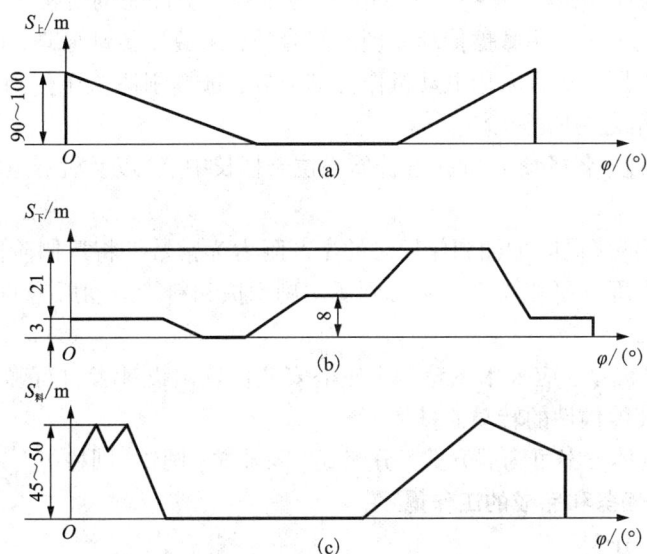

附图 1-20　设计要求

(3)下冲头先下沉 3 mm，然后上升 8 mm，加压后停歇保压，继而上升 16 mm，将成形片坯顶到与台面平齐后停歇，待料筛将片坯推离冲头后，再下移 21 mm，到待料位置[附图 1-20(b)]。

(4)料筛在模具型腔上方往复振动筛料，然后向左退回。待粉料成形并被推出型腔后，料筛在台面上右移 45~50 mm，推卸片坯[附图 1-20(c)]。

上冲头、下冲头与送料筛的动作关系见附表 1-18。

附表 1-18　动作关系

上冲头	进		退	
送料筛	退	近休	进	远休
下冲头	退	近休	进	远休

(5)工作条件：三班制，连续运转，每台电动机同时带动 50 组冲头。

(6)使用期限：10 年，大修期 3 年。

(7)生产批量：小批量生产(少于 10 台)。

(8)生产条件：中等规模机械厂制造，可加工 6~7 级精度的齿轮及蜗轮。

(9)动力来源：电力，三相交流(220/380 V)。

(10)转速的允许误差：±5%。

4. 设计方案提示

(1)由以上工艺动作分解过程可知，该机械共需 3 个执行构件，即上冲头、下冲头和料筛。设计时，须拟订运动循环图，各执行构件的起讫位置可视具体情况重叠安排，以增加执行构件的动作时间，减少加速度，但要保证不发生碰撞等干涉。

(2)根据生产条件和粉料特性，宜采用大压力压制。上冲头的机构为主加压机构。由于主加压机构所加压力较大，用摩擦传动原理不甚合适；用液压传动原理，因顾及系统漏油会污染产品，也不宜采用。故宜采用电动机作为动力源，选择刚体推压传动原理，一般采用肘杆式增力冲压机构作为主加压机构。

(3)冲头质量 $m_{冲}$、各杆质量 $m_{杆}$(各杆质心位于杆长中点)以及机器运转不均匀系数 δ 均见附表 1-17。

(4)认为上、下冲头同时加油和保压时的生产阻力为常数。将压制阶段所需功率除以运行一周所用的时间，即得平均功率。考虑到运动副摩擦和料筛运动所需的功率，实际所需功率约为平均功率的 2 倍。

(5)为减少速度波动，应采用飞轮。飞轮的安装位置由设计者自行确定，计算飞轮转动惯量时，可不考虑其他构件的转动惯量。

(6)减速器的具体方案可为展开式、分流式、同轴式、圆锥-圆柱等。

5. 设计的主要任务和完成的工作量

(1)运动方案部分。

a.根据工艺动作顺序和协调要求拟订运动循环图。

b.进行上冲头、下冲头和料筛三个执行机构的选型。

c.设计凸轮机构，自行确定运动规律，选择基圆半径，校核最大压力角与最小曲率半径，设计凸轮廓线。

d.对主执行机构(连杆机构)进行运动尺寸综合及运动分析和动态静力分析。

e.选择原动机及传动机构。

f.机械运动方案的评定和选择。

g.画出机械运动方案简图。

h.对传动机构进行设计。

i.进行飞轮转动惯量的计算。

j.绘制压片机传动系统示意图 1 张。

k.绘制执行机构方案图及机构运动简图各 1 张。

l.绘制主执行机构运动分析和动态静力分析图 1 张。

(2)减速器部分。

a.选择电动机型号，确定总传动比，分配传动比，计算各轴运动和动力参数，传动零件(带轮、齿轮)的设计计算，轴的结构设计及强度校核，滚动轴承的选择和验算，键连接的选择和验算，联轴器的选择，设计减速器，绘制零件图，决定齿轮和轴承的润滑方式，选择润滑剂。

b.减速器装配图 1 张，零件图 2 张(大齿轮和低速轴)。

(3)编写课程设计说明书 1 份。

146

附录II 一般标准

附表2-1 常用材料的[质量]密度

材料名称	[质量]密度/(g·cm⁻³)	材料名称	[质量]密度/(g·cm⁻³)	材料名称	[质量]密度/(g·cm⁻³)
碳钢	7.8~7.85	铅	11.37	无填料的电木	1.2
合金钢	7.9	锡	7.29	赛璐珞	1.4
球墨铸铁	7.3	镁合金	1.74	酚醛层压板	1.3~1.45
灰铸铁	7.0	硅钢片	7.55~7.8	尼龙6	1.13~1.14
紫铜	8.9	锡基轴承合金	7.34~7.75	尼龙66	1.14~1.15
黄铜	8.4~8.85	铅基轴承合金	9.33~10.67	尼龙1010	1.04~1.06
锡青铜	8.7~8.9	胶木板、纤维板	1.3~1.4	木材	0.7~0.9
无锡青铜	7.5~8.2	玻璃	2.4~2.6	石灰石	2.4~2.6
碾压磷青铜	8.8	有机玻璃	1.18~1.19	花岗石	2.6~3
冷拉青铜	8.8	矿物油	0.92	砌砖	1.9~2.3
工业用铝	2.7	橡胶石棉板	1.5~2.0	混凝土	1.8~2.45

附表2-2 常用材料的弹性模量及泊松比

名称	弹性模量E/GPa	切变模量G/GPa	泊松比μ	名称	弹性模量E/GPa	切变模量G/GPa	泊松比μ
灰铸铁、白口铸铁	115~160	45	0.23~0.27	铸铝青铜	105	42	0.25
球墨铸铁	151~160	61	0.25~0.29	硬铝合金	71	27	
碳钢	200~220	81	0.24~0.28	冷拔黄铜	91~99	35~37	0.32~0.42
合金钢	210	81	0.25~0.3	轧制纯铜	110	40	0.31~0.34
铸钢	175	70~84	0.25~0.29	轧制锌	84	32	0.27
轧制磷青铜	115	42	0.32~0.35	轧制铝	69	26~27	0.32~0.36
轧制锰黄铜	110	40	0.35	铅	17	7	0.42

附表 2-3　机械传动和摩擦副的效率概略值

种 类		效率 η	种 类		效率 η
圆柱齿轮传动	很好跑合的 6 级精度和 7 级精度齿轮传动（油润滑）	0.98 ~ 0.99	摩擦传动	平摩擦轮传动	0.85 ~ 0.92
	8 级精度的一般齿轮传动（油润滑）	0.97		槽摩擦轮传动	0.88 ~ 0.90
	9 级精度的齿轮传动（油润滑）	0.96		卷绳轮	0.95
	加工齿的开式齿轮传动（脂润滑）	0.94 ~ 0.96	联轴器	十字滑块联轴器	0.97 ~ 0.99
	铸造齿的开式齿轮传动	0.90 ~ 0.93		齿式联轴器	0.99
锥齿轮传动	很好跑合的 6 级和 7 级精度的齿轮传动（油润滑）	0.97 ~ 0.98		弹性联轴器	0.99 ~ 0.995
	8 级精度的一般齿轮传动（油润滑）	0.94 ~ 0.97		万向联轴器（$\alpha \leqslant 3°$）	0.97 ~ 0.98
	加工齿的开式齿轮传动（脂润滑）	0.92 ~ 0.95		万向联轴器（$\alpha > 3°$）	0.95 ~ 0.97
	铸造齿的开式齿轮传动	0.88 ~ 0.92	滑动轴承	润滑不良	0.94（一对）
蜗杆传动	自锁蜗杆（油润滑）	0.40 ~ 0.45		润滑正常	0.97（一对）
	单头蜗杆（油润滑）	0.70 ~ 0.75		润滑特好（压力润滑）	0.98（一对）
	双头蜗杆（油润滑）	0.75 ~ 0.82		液体摩擦	0.99（一对）
	四头蜗杆（油润滑）	0.80 ~ 0.92	滚动轴承		0.98~0.99（一对）
	环面蜗杆传动（油润滑）	0.85 ~ 0.95			
带传动	平带无压紧轮的开式传动	0.98	带式输送机	输送机滚筒	0.96
	平带有压紧轮的开式传动	0.97	减（变）速器	单级圆柱齿轮减速器	0.97 ~ 0.98
	平带交叉传动	0.90		两级圆柱齿轮减速器	0.95 ~ 0.96
	V 带传动	0.96		行星圆柱齿轮减速器	0.95 ~ 0.98
链传动	焊接链	0.93		单级锥齿轮减速器	0.95 ~ 0.96
	片式关节链	0.95		两级圆锥 - 圆柱齿轮减速器	0.94 ~ 0.95
	滚子链	0.96		无级变速器	0.92 ~ 0.95
	齿形链	0.97		摆线 - 针轮减速器	0.90 ~ 0.97
复滑轮组	滑动轴承（$i = 2 \sim 6$）	0.90 ~ 0.98	螺旋传动	滑动螺旋	0.30 ~ 0.60
	滚动轴承（$i = 2 \sim 6$）	0.95 ~ 0.99		滚动螺旋	0.85 ~ 0.95

附表 2-4　黑色金属硬度对照表(摘自 GB/T 1172—1999)

洛氏 /HRC	维氏 /HV	布氏 $R/D^2=30$ /HBW	洛氏 /HRC	维氏 /HV	布氏 $R/D^2=30$ /HBW	洛氏 /HRC	维氏 /HV	布氏 $R/D^2=30$ /HBW	洛氏 /HRC	维氏 /HV	布氏 $R/D^2=30$ /HBW
68	909	—	55	596	585	42	404	392	29	280	—
67	879	—	54	578	569	41	393	381	28	273	—
66	850	—	53	561	552	40	381	370	27	266	—
65	822	—	52	544	535	39	371	—	26	259	—
64	795	—	51	527	518	38	360	—	25	253	—
63	770	—	50	512	502	37	350	—	24	247	—
62	745	—	49	497	486	36	340	—	23	241	—
61	721	—	48	482	470	35	331	—	22	235	—
60	698	647	47	468	455	34	321	—	21	230	—
59	676	639	46	454	441	33	313	—	20	226	—
58	655	628	45	441	428	32	304	—			
57	635	616	44	428	415	31	296	—			
56	615	601	43	416	403	30	288	—			

注：表中 F 为试验力，kgf；D 为试验用球的直径，mm。

附表 2-5　常用材料的摩擦因数

摩擦副材料	摩擦因数 μ		摩擦副材料	摩擦因数 μ	
	无润滑	有润滑		无润滑	有润滑
钢-钢	0.1	0.05~0.1	青铜-青铜	0.15~0.20	0.04~0.10
钢-软钢	0.2	0.1~0.2	青铜-钢	0.16	—
钢-铸铁	0.18	0.05~0.15	青铜-夹布胶木	0.23	—
钢-黄铜	0.19	0.03	铝-不淬火的 T8 钢	0.18	0.03
钢-青铜	0.15~0.18	0.1~0.15	铝-淬火的 T8 钢	0.17	0.02
钢-铝	0.17	0.02	铝-黄铜	0.27	0.02
钢-轴承合金	0.2	0.04	铝-青铜	0.22	
钢-夹布胶木	0.22	—	铝-钢	0.30	0.02
铸铁-铸铁	0.15	0.07~0.12	铝-夹布胶木	0.26	
铸铁-青铜	0.15~0.21	0.07~0.15	钢-粉末冶金	0.35~0.55	
软钢-铸铁	—	0.05~0.15	木材-木材	0.2~0.5	0.07~0.10
软钢-青铜	—	0.07~0.15	铜-铜	0.20	

附表 2-6　物体的摩擦因数

名　称		摩擦因数 μ	名　称		摩擦因数 μ
滑动轴承	液体摩擦	0.001~0.008	滚动轴承	深沟球轴承	0.002~0.004
	半液体摩擦	0.008~0.08		调心球轴承	0.0015
	半干摩擦	0.1~0.5		圆柱滚子轴承	0.002
密封软填料盒中填料与轴的摩擦		0.2		调心滚子轴承	0.004
制动器普通石棉制动带(无润滑) $p=0.2~0.6$ MPa		0.35~0.46		角接触球轴承	0.003~0.005
				圆锥滚子轴承	0.008~0.02
离合器装有黄铜丝的压制石棉 $p=0.2~1.2$ MPa		0.40~0.43		推力球轴承	0.003

留装订边　　　　　　　　　　　　　　　　不留装订边

图纸幅面（GB/T 14689—2008 摘录）（mm）							图样比例（GB/T 14690—93）		
基本幅面（第一选择）					加长幅面（第二选择）		原值比例	缩小比例	放大比例
幅面代号	$B \times L$	a	c	e	幅面代号	$B \times L$	1:1	1:2　1:2×10ⁿ	5:1　5×10ⁿ:1
A0	841×1 189			20	A3×3	420×891		1:5　1:5×10ⁿ	2:1　2×10ⁿ:1
A1	594×841		10		A3×4	420×1 189		1:10　1:1×10ⁿ	1×10ⁿ:1
A2	420×594	25			A4×3	297×630		必要时允许选取	必要时允许选取
A3	297×420			10	A4×4	297×841		1:1.5　1:1.5×10ⁿ 1:2.5　1:2.5×10ⁿ	4:1　4×10ⁿ:1 2.5:1　2.5×10ⁿ:1
A4	210×297		5		A4×5	297×1 051		1:3　1:3×10ⁿ 1:4　1:4×10ⁿ 1:6　1:6×10ⁿ	n 为正整数

注：1. 加长幅面的图框尺寸按所选用的基本幅面大一号图框尺寸确定。例如对 A3×4，按 A2 的图框尺寸确定，即 e 为 10（或 c 为 10）。
　　2. 加长幅面（第三选择）的尺寸见 GB/T 14689—2008。

标题栏格式（摘自GB/T 10609.1—2008）

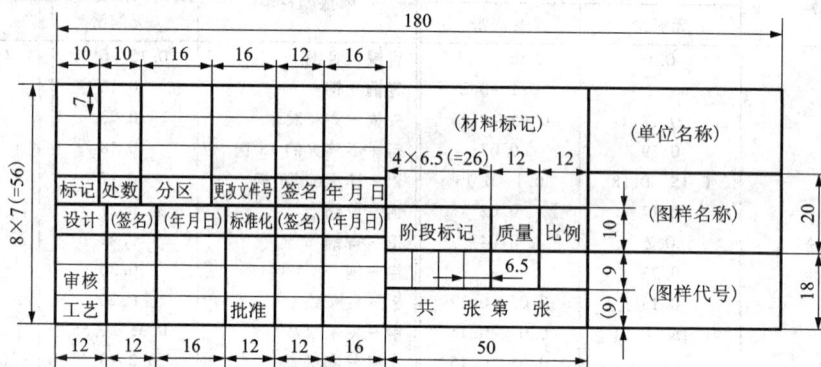

明细栏格式（摘自GB/T 10609.2—2009）

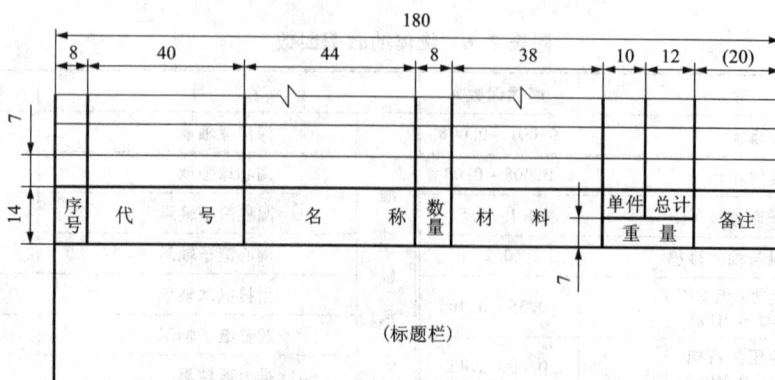

零件图标题栏格式(本课程用)

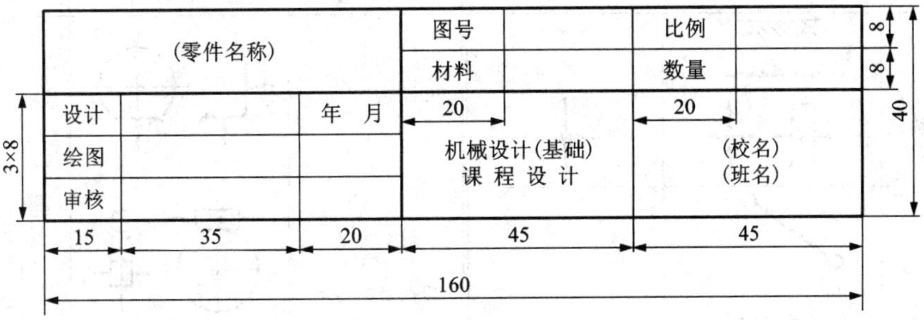

(零件名称)			图号		比例		8
			材料		数量		8
设计		年　月	20		20		40
绘图			机械设计(基础)		(校名)		
审核			课　程　设　计		(班名)		
15	35	20	45		45		
			160				

3×8

装配图标题栏及明细表格式(本课程用)

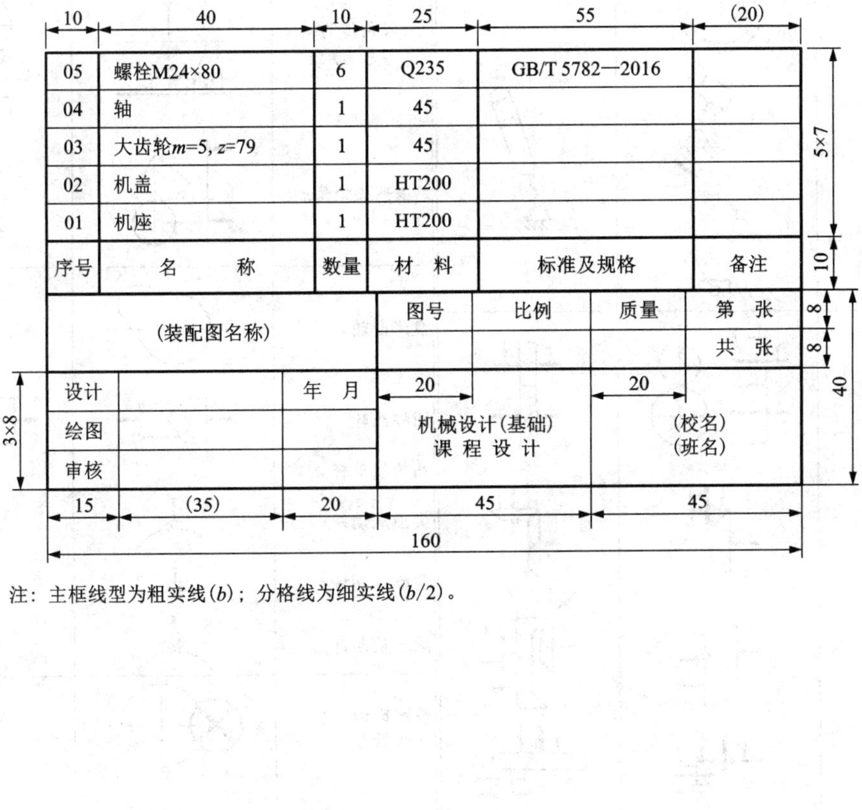

10	40	10	25	55	(20)
05	螺栓M24×80	6	Q235	GB/T 5782—2016	
04	轴	1	45		
03	大齿轮m=5, z=79	1	45		
02	机盖	1	HT200		
01	机座	1	HT200		
序号	名　　称	数量	材料	标准及规格	备注

5×7

(装配图名称)		图号	比例	质量	第　张	8
					共　张	8
设计		年　月	20	20		40
绘图			机械设计(基础)	(校名)		
审核			课　程　设　计	(班名)		
15	(35)	20	45	45		
			160			

10

3×8

注：主框线型为粗实线(b)；分格线为细实线$(b/2)$。

附表 2-8 机构运动简图用图形符号(摘自 GB/T 4460—2013)

名　称	基本符号	可用符号	名　称	基本符号	可用符号
机架 轴、杆 组成部分与轴(杆)的固定连接			锥齿轮		
连杆 平面机构 曲柄(或摇杆) 平面机构 偏心轮 导杆 滑块			圆柱蜗杆传动		
			齿条传动 (一般表示)		
			扇形齿轮传动		
摩擦传动 圆柱轮			盘形凸轮		
			圆柱凸轮		
圆锥轮			凸轮从动杆 尖顶从动杆 曲面从动杆 滚子从动杆		
可调圆锥轮					
可调冕状轮			槽轮机构 一般符号		
齿轮传动 (不指明齿线)			棘轮机构 外啮合		
圆柱齿轮			内啮合		

152

名 称	基本符号	可用符号	名 称	基本符号	可用符号
联轴器 一般符号(不指明类型)			轴上飞轮		
固定联轴器			向心轴承 普通轴承		
可移式联轴器			滚动轴承		
弹性联轴器			推力轴承 单向推力 普通轴承		
啮合式离合器 单向式			双向推力 普通轴承		
双向式			推力滚动轴承 向心推力轴承		
摩擦离合器 单向式			单向向心推力 普通轴承		
双向式			双向向心推力 普通轴承		
电磁离合器			滚动轴承		
安全离合器 带有易损元件			弹簧 压缩弹簧		
无易损元件			拉伸弹簧		
制动器			扭转弹簧		
一般符号			涡卷弹簧		
带传动 一般符号(不指明类型)					
链传动 一般符号(不指明类型)			电动机 一般符号		
螺杆传动 整体螺母			装在支架上 的电动机		
挠性轴					

153

附表 2-9 标准尺寸(直径、长度、高度等摘自 GB/T 2822—2005) (mm)

R			R'			R			R'			R			R'		
R10	R20	R40	R'10	R'20	R'40	R10	R20	R40	R'10	R'20	R'40	R10	R20	R40	R'10	R'20	R'40
2.50	2.50		2.5	2.5		40.0	40.0	40.0	40	40	40		280	280		280	280
	2.80			2.8				42.5			42			300			300
3.15	3.15		3.0	3.0			45.0	45.0		45	45	315	315	315	320	320	320
	3.55			3.5				47.5			48			335			340
4.00	4.00		4.0	4.0		50.0	50.0	50.0	50	50	50		355	355		360	360
	4.50			4.5				53.0			53			375			380
5.00	5.00		5.0	5.0			56.0	56.0		56	56	400	400	400	400	400	400
	5.60			5.5				60.0			60			425			420
6.30	6.30		6.0	6.0		63.0	63.0	63.0	63	63	63		450	450		450	450
	7.10			7.0				67.0			67			475			480
8.00	8.00		8.0	8.0			71.0	71.0		71	71	500	500	500	500	500	500
	9.00			9.0				75.0			75			530			530
10.0	10.0		10.0	10.0		80.0	80.0	80.0	80	80	80		560	560		560	560
	11.2			11				85.0			85			600			600
12.5	12.5	12.5	12	12	12.5		90.0	90.0		90	90	630	630	630	630	630	630
		13.2			13.2			95.0			95			670			670
	14.0	14.0		14	14.0	100	100	100	100	100	100		710	710		710	710
		15.0			15.0			106			105			750			750
16.0	16.0	16.0	16	16	16.0		112	112		110	110	800	800	800	800	800	800
		17.0			17.0			118			120			850			850
	18.0	18.0		18	18.0	125	125	125	125	125	125		900	900		900	900
		19.0			19.0			132			130			950			950
20.0	20.0	20.0	20	20	20.0		140	140		140	140	1 000	1 000	1 000	1 000	1 000	1 000
		21.2			21.2			150			150			1 060			
	22.4	22.4		22	22.4	160	160	160	160	160	160		1 120	1 120			
		23.6			23.6			170			170			1 180			
25.0	25.0	25.0	25	25	25.0		180	180		180	180	1 250	1 250	1 250			
		26.5			26.5			190			190			1 320			
	28.0	28.0		28	28.0	200	200	200	200	200	200		1 400	1 400			
		30.0			30.0			212			210			1 500			
31.5	31.5	31.5	32	32	31.5		224	224		220	220	1 600	1 600	1 600			
		33.5			33.5			236			240			1 700			
	35.5	35.5		36	35.5	250	250	250	250	250	250		1 800	1 800			
		37.5			37.5			265			260			1 900			

注:1. 选择系列及单个尺寸时,应首先在优先数系 R 系列中选用标准尺寸。选用顺序为 R10、R20、R40。如果必须将数值圆整,可在相应的 R'系列中选用标准尺寸,选用顺序为 R'10、R'20、R'40。

2. 本标准适用于有互换性或系列化要求的主要尺寸,其他结构尺寸也应尽可能采用。本标准不适用于由主要尺寸导出的因变量尺寸和工艺上工序间的尺寸及有专用标准规定的尺寸。

附表 2-10 滚花(摘自 GB/T 6403.3—2008) (mm)

模数 m	h	r	节距 P
0.2	0.132	0.06	0.628
0.3	0.198	0.09	0.942
0.4	0.264	0.12	1.257
0.5	0.326	0.16	1.571

标记示例:

模数 $m=0.3$,直纹滚花(或网纹滚花)

直纹(或网纹)m0.3 GB/T 6403.3—2008

注:1. 滚花前工件表面的粗糙表面的轮廓算术平均偏差 Ra 的最大允许值为 12.5 μm。

2. 滚花后工件直径大于滚花前直径,其值 $\Delta \approx (0.8 \sim 1.6)m$,$m$ 为模数。

附表 2-11 圆锥的锥度与锥角系列(摘自 GB/T 157—2001)

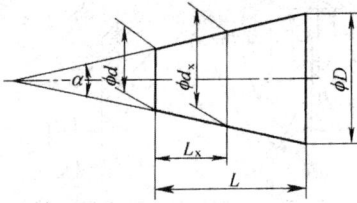

$$C = \frac{D - d}{L}$$

$$C = 2\tan\frac{\alpha}{2} = 1 : \frac{1}{2}\cot\frac{\alpha}{2}$$

d_x 为给定截面圆锥直径

一般用途圆锥的锥度与锥角系列

初 始 值		推 算 值		备 注
系列1	系列2	圆锥角 α	锥度 C	
120°	—	—	1:0.288 675	螺纹孔内倒角,填料盒内填料的锥度
90°	—	—	1:0.500 000	沉头螺钉头,螺纹倒角,轴的倒角
	75°	—	1:0.651 613	沉头带榫螺栓的螺栓头
60°	—	—	1:0.866 025	车床顶尖,中心孔
45°	—	—	1:1.207 107	用于轻型螺纹管接口的锥形密合
30°	—	—	1:1.866 025	摩擦离合器
1:3		18°55′28.7″	18.924 644°	—	具有极限转矩的摩擦圆锥离合器
	1:4	14°15′0.1″	14.250 033°	—	
1:5		11°25′16.3″	11.421 186°	—	易拆零件的锥形连接,锥形摩擦离合器
	1:6	9°31′38.2″	9.527 283°	—	
	1:7	8°10′16.4″	8.171 234°	—	重型机床顶尖,旋塞
	1:8	7°9′9.6″	7.152 669°	—	联轴器和轴的圆锥面连接
1:10		5°43′29.3″	5.724 810°	—	受轴向力及横向力的锥形零件的接合面,电机及其他机械的锥形轴端
	1:12	4°46′18.8″	4.771 888°	—	固定球及滚子轴承的衬套
	1:15	3°49′5.9″	3.818 305°	—	受轴向力的锥形零件的接合面,活塞与其杆的连接
1:20		2°51′51.1″	2.864 192°	—	机床主轴的锥度,刀具尾柄,米制锥度铰刀,圆锥螺栓
	1:30	1°54′34.9″	1.909 683°	—	装柄的铰刀及扩孔钻
1:50		1°8′45.2″	1.145 877°	—	圆锥销,定位销,圆锥销孔的铰刀
1:100		0°34′22.6″	0.572 953°	—	承受陡振及静、变载荷的不需拆开的连接零件,楔键
1:200		0°17′11.3″	0.286 478°	—	承受陡振及冲击变载荷的需拆开的连接零件,圆锥螺栓
1:500		0°6′52.5″	0.114 592°	—	

特殊用途圆锥的锥度与锥角

7:24		16°35′39.4″	16.594 290°	1:3.428 571	机床主轴,工具配合
6:100		3°26′12.2″	3.436 716°	—	医疗设备
1:19.002		3°0′52.4″	3.014 544°	—	莫氏锥度 No.5
1:19.180		2°59′11.7″	2.986 591°	—	No.6
1:19.212		2°58′53.8″	2.981 618°	—	No.0
1:19.254		2°58′30.4″	2.975 117°	—	No.4
1:19.922		2°52′31.4″	2.875 402°	—	No.3
1:20.020		2°51′40.8″	2.861 332°	—	No.2
1:20.047		2°51′26.9″	2.857 480°	—	No.1

注:优先选用第一系列,当不能满足需要时选用第二系列。

A 型　　　　　　B 型　　　　　　C 型　　　　　　R 型

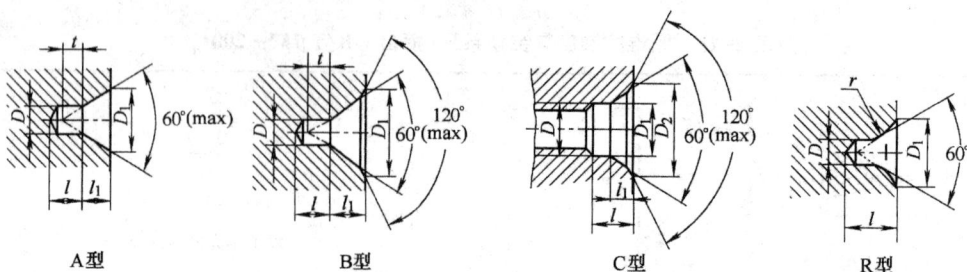

D	D₁		l₁(参考)		t(参考)	l_min	r_max	r_min	D	D₁	D₂	l	l₁(参考)	选择中心孔的参考数据		
A、B、R型	A、R型	B型	A型	B型	A、B型	R型			C型					原料端部最小直径 D₀	轴状原料最大直径 D_e	工件最大质量 t
1.60	3.35	5.00	1.52	1.99	1.4	3.5	5.00	4.00								
2.00	4.25	6.30	1.95	2.54	1.8	4.4	6.30	5.00						8	>10～18	0.12
2.50	5.30	8.00	2.42	3.20	2.2	5.5	8.00	6.30						10	>18～30	0.2
3.15	6.70	10.00	3.07	4.03	2.8	7.0	10.00	8.00	M3	3.2	5.8	2.6	1.8	12	>30～50	0.5
4.00	8.50	12.50	3.90	5.05	3.5	8.9	12.50	10.00	M4	4.3	7.4	3.2	2.1	15	>50～80	0.8
(5.00)	10.60	16.00	4.85	6.41	4.4	11.2	16.00	12.50	M5	5.3	8.8	4.0	2.4	20	>80～120	1
6.30	13.20	18.00	5.98	7.36	5.5	14.0	20.00	16.00	M6	6.4	10.5	5.0	2.8	25	>120～180	1.5
(8.00)	17.00	22.40	7.79	9.36	7.0	17.9	25.00	20.00	M8	8.4	13.2	6.0	3.3	30	>180～220	2
10.00	21.20	28.00	9.70	11.66	8.7	22.5	31.50	25.00	M10	10.5	16.3	7.5	3.8	35	>180～220	2.5
									M12	13.0	19.8	9.5	4.4	42	>220～260	3

注：1. A 型和 B 型中心孔的尺寸 l 取决于中心钻的长度，此值不应小于 t 值。
　　2. 括号内的尺寸尽量不采用。
　　3. 选择中心孔的参考数据不属 GB/T 145—2001 内容，仅供参考。

标 记 示 例	解　释	标 记 示 例	解　释
GB/T 4459.5—B3.15/10	要求作出 B 型中心孔 D＝3.15 mm，D₁＝10 mm 在完工的零件上要求保留中心孔	GB/T 4459.5—A4/8.5	用 A 型中心孔 D＝4 mm，D₁＝8.5 mm 在完工的零件上不允许保留中心孔
GB/T 4459.5—A4/8.5	用 A 型中心孔 D＝4 mm，D₁＝8.5 mm 在完工的零件上是否保留中心孔都可以	2×GB/T 4459.5—B3.15/10	同一轴的两端中心孔相同，可只在其一端标注，但应注出数量

模数 m		1,1.25	1.5	2	2.5	3	4	5	6	7	8	9	10
滚刀外径 d_e	Ⅰ型	63	71	80	90	100	112	125	140	140	160	180	200
	Ⅱ型	50	63	71	71	80	90	100	112	118	125	140	150

注：Ⅰ型适用于技术条件按 JB/T 3327 的高精度齿轮滚刀或按 GB/T 6084 中 AA 级的齿轮滚刀，Ⅱ型适用于技术条件按 GB/T 6084 的齿轮滚刀。

附表 2-15　齿轮加工退刀槽　　　　　　　　　　　　　　　（mm）

插齿空刀槽

模数	1.5	2	2.5	3	4	5	6	7	8	9	10	12	14	16
h_{min}	5	5	6			7			8			9		
b_{min}	4	5	6	7.5	10.5	13	15	16	19	22	24	28	33	38
r	0.5				1.0									

滚切人字齿轮退刀槽

法向模数 m_n	螺旋角 β				法向模数 m_n	螺旋角 β			
	25°	30°	35°	40°		25°	30°	35°	40°
	b_{min}					b_{min}			
4	46	50	52	54	10	94	100	104	108
5	58	58	62	64	12	118	124	130	136
6	64	66	72	74	14	130	138	146	152
7	70	74	78	82	16	148	158	165	174
8	78	82	86	90	18	164	175	184	192
9	84	90	94	98	20	185	198	208	218

附表 2-16　滑移齿轮的齿端倒圆和倒角尺寸（参考）　　　　　（mm）

模数 m	1.5	1.75	2	2.25	2.5	3	3.5	4	5	6	8	10
r	1.2	1.4	1.6	1.8	2	2.4	2.8	3.1	3.9	4.7	6.3	7.9
h_1	1.7	2	2.2	2.5	2.8	3.5	4	4.5	5.6	6.7	8.8	11

d_a	≤50	>50～80	>80～120	>120～180	>180～260	>260
a_{max}	2.5	3	4	5	6	8

附表 2-17　三面刃铣刀尺寸（摘自 GB/T 6119.1—2012）　　　（mm）

铣刀直径 D	铣刀厚度 L 系列
50	4,5,6,8,10
63	4,5,6,8,10,12,14,16
80	5,6,8,10,12,14,16,18,20
100	6,8,10,12,14,16,18,20,22,25
125	8,10,12,14,16,18,20,22,25,28
160	10,12,14,16,18,20,22,25,28,32
200	12,14,16,18,20,22,25,28,32,36,40

附表 2-18　砂轮越程槽(摘自 GB/T 6403.5—2008)　　(mm)

回转面及端面砂轮越程槽的形式及尺寸

磨外圆　　　　磨内圆　　　　磨外端面

磨内端面　　磨外圆及端面　　磨内圆及端面

b_1	b_2	h	r	d
0.6	2.0	0.1	0.2	
1.0	3.0	0.2	0.5	~10
1.6				
2.0	4.0	0.3	0.8	10 ~50
3.0		0.4	1.0	
4.0	5.0			50 ~100
5.0		0.6	1.6	
8.0	8.0	0.8	2.0	100
10	10	1.2	3.0	

平面砂轮及 V 形砂轮越程槽

b	2	3	4	5
r	0.5	1.0	1.2	1.6
h	1.6	2.0	2.5	3.0

燕尾导轨砂轮越程槽

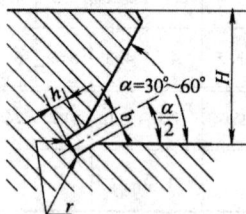

矩形导轨砂轮越程槽

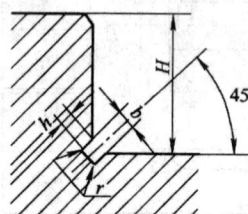

H	≤5	6	8	10	12	16	20	25	32	40	50	63	80
b	1	2		3			4			5			6
h													
r	0.5			1.0			1.6						2.0

H	8	10	12	16	20	25	32	40	50	63	80	100
b	2				3				5		8	
h	1.6				2.0				3.0		5.0	
r	0.5				1.0				1.6		2.0	

附表 2-19　刨切越程槽　　(mm)

名　称	刨　切　越　程
龙门刨	$a+b=100 \sim 200$
牛头刨床、立刨床	$a+b=50 \sim 75$

158

附表 2-20　零件倒圆与倒角(摘自 GB/T 6403.4—2008)　　　　　　(mm)

倒圆、倒角形式	倒圆、倒角(45°)的四种装配形式

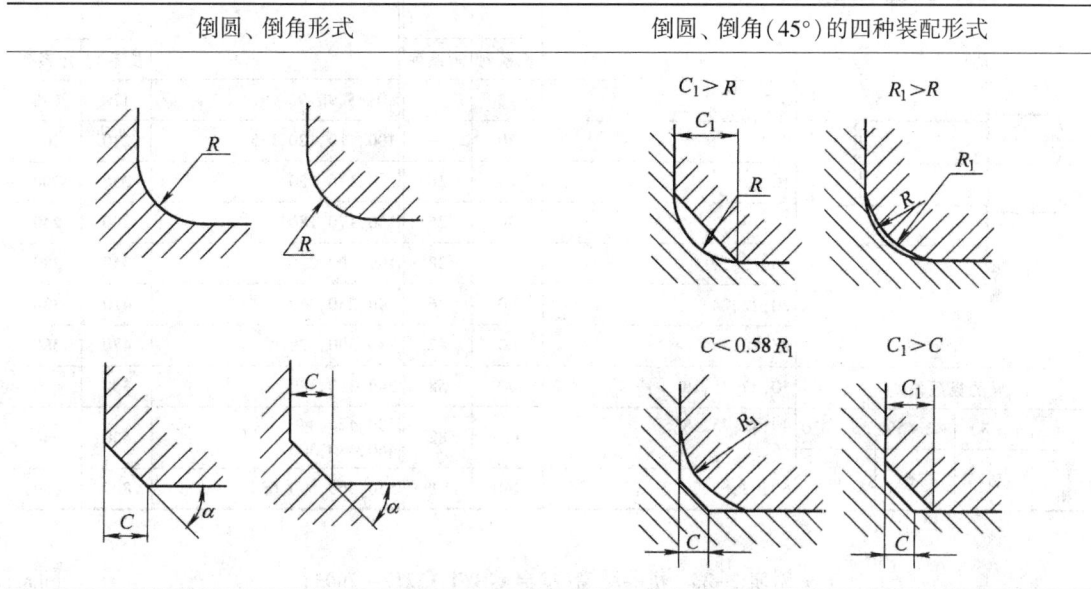

倒圆、倒角尺寸

R 或 C	0.6	0.8	1.0	1.2	1.6	2.0	2.5	3.0	4.0	5.0	6.0	8.0

与直径 ϕ 相应的倒角 C、倒圆 R 的推荐值

ϕ	>10 ~18	>18 ~30	>30 ~50	>50 ~80	>80 ~120	>120 ~180	>180 ~250
C 或 R	0.8	1.0	1.6	2.0	2.5	3.0	4.0
C_1	1.2	1.6	2.0	2.5	3.0	4.0	5.0

内角倒角、外角倒圆时 C_{max} 与 R_1 的关系

R_1	0.1	0.2	0.3	0.4	0.5	0.6	0.8	1.0	1.2	1.6	2.0	2.5	3.0	4.0	5.0	6.0	8.0	10	12	16	20	25
C_{max} ($C<0.58R_1$)	—	0.1		0.2		0.3	0.4	0.5	0.6	0.8	1.0	1.2	1.6	2.0	2.5	3.0	4.0	5.0	6.0	8.0	10	12

注：1. 与滚动轴承相配合的轴及轴承座孔处的圆角半径参见附录Ⅳ。

　　2. α 一般采用45°，也可采用35°或65°。

　　3. C_1 的数值不属于 GB/T 6403.4—2008，仅供参考。

附表 2-21　圆形零件自由表面过渡圆角半径(参考)　　　　　　(mm)

	$D-d$	2	5	8	10	15	20	25	30	35	40
	R	1	2	3	4	5	8	10	12	12	16
	$D-d$	50	55	65	70	90	100	130	140	170	180
	R	16	20	20	25	25	30	30	40	40	50

注：尺寸 $D-d$ 是表中数值的中间值时，则按较小尺寸来选取 R。例如 $D-d=98$ mm，则按 90 mm 选 $R=25$ mm。

附表 2-22　圆柱形轴伸（摘自 GB/T 1569—2005）　（mm）

d	L 长系列	L 短系列	d	L 长系列	L 短系列
6,7	16	—	80,85,90,95	170	130
8,9	20	—	100,110,120,125	210	165
10,11	23	20	130,140,150	250	200
12,14	30	25	160,170,180	300	240
16,18,19	40	28	190,200,220	350	280
20,22,24	50	36	240,250,260	410	330
25,28	60	42	280,300,320	470	380
30,32,35,38	80	58	340,360,380	550	450
40,42,45,48,50,55,56	110	82	400,420,440,450,460,480,500	650	540
60,63,65,70,71,75	140	105	530,560,600,630	800	680

d 的极限偏差

d	6 ~ 30	32 ~ 50	55 ~ 630
极限偏差	j6	k6	m6

附表 2-23　机器轴高（摘自 GB/T 12217—2005）　（mm）

系列	轴高的基本尺寸 h
Ⅰ	25,40,63,100,160,250,400,630,1 000,1 600
Ⅱ	25,32,40,50,63,80,100,125,160,200,250,315,400,500,630,800,1 000,1 250,1 600
Ⅲ	25,28,32,36,40,45,50,56,63,71,80,90,100,112,125,140,160,180,200,225,250,280,315,355,400,450,500,560,630,710,800,900,1 000,1 120,1 250,1 400,1 600
Ⅳ	25,26,28,30,32,34,36,38,40,42,45,48,50,53,56,60,63,67,71,75,80,85,90,95,100,105,112,118,125,132,140,150,160,170,180,190,200,212,225,236,250,265,280,300,315,335,355,375,400,425,450,475,500,530,560,600,630,670,710,750,800,850,900,950,1 000,1 060,1 120,1 180,1 250,1 320,1 400,1 500,1 600

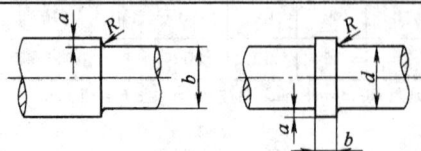

轴高 h	轴高的极限偏差		平行度公差		
	电动机、从动机器、减速器等	除电动机以外的主动机器	L>2.5h	2.5h≤L≤4h	L>4h
25 ~ 50	0 / -0.4	+0.4 / 0	0.2	0.3	0.4
>50 ~ 250	0 / -0.5	+0.5 / 0	0.25	0.4	0.5
>250 ~ 630	0 / -1.0	+1.0 / 0	0.5	0.75	1.0
>630 ~ 1 000	0 / -1.5	+1.5 / 0	0.75	1.0	1.5
>1 000	0 / -2.0	+2.0 / 0	1.0	1.5	2.0

注：1. 机器轴高应优先选用第Ⅰ系列数值，如不能满足需要时，可选用第Ⅱ系列数值，其次选用第Ⅲ系列数值，尽量不采用第Ⅳ系列数值。
　　2. h 不包括安装时所用的垫片；L 为轴的全长。

附表 2-24　轴肩和轴环尺寸（参考）　（mm）

$a=(0.07\sim0.1)d$
$b\approx1.4a$
定位用 $a>R$
R—倒圆半径，见附表2-20

附表 2-25　定位手柄座（摘自 JB/T 7272.4—2014）　　　　　　　　　　（mm）

标记示例：
　　定位手柄座 $d = 16$，$D = 60$，材料 HT200，喷砂镀铬：
　　手柄座 16×60 JB/T 7272.4—2014

基本尺寸	极限尺寸 H8	D	d_1	d_2	d_3	d_4	H	h	h_1	h_2	h_3	A	钢球 GB/T 308—2002	压缩弹簧 GB/T 2089—1994	圆锥销 GB/T 117—2000
12	+0.027 0	50	M8	11	5	6.7	26	11	18	20	19	16	6.5	0.8 × 5 × 25	5 × 50
16	+0.027 0	60	M10	13	5	8.5	32	13	21	23	23	20	8	1.2 × 7 × 35	5 × 60
18	+0.027 0	70	M10	13	6	8.5	32	13	21	23	23	25	8	1.2 × 7 × 35	6 × 70
22	+0.033 0	80	M12	17	6	8.5	36	13	21	23	25	30	8	1.2 × 7 × 35	6 × 80

附表 2-26　手柄球（摘自 JB/T 7271.1—2014）　　　　　　　　　　（mm）

A型　　　　　　　　　B型　　　嵌套 JB/T 7275—2014

标记示例：
　　手柄球 A 型，$d = M10$，$SD = 32$，黑色：手柄球 M10 × 32 JB/T 7271.1—2014
　　手柄球 B 型，$d = M10$，$SD = 32$，红色：手柄球 BM10 × 32（红）JB/T 7271.1—2014

d	SD	H	l	嵌套 JB/T 7275—2014	d	SD	H	l	嵌套 JB/T 7275—2014
M5	16	14	12	BM5 × 12	M12	40	36	25	BM12 × 25
M6	20	18	14	BM6 × 14	M16	50	45	32	BM16 × 32
M8	25	22.5	16	BM8 × 16	M20	63	56	40	BM20 × 36
M10	32	29	20	BM10 × 20					

注：材料为塑料。

附表 2-27　手柄套(摘自 JB/T 7271.3—2014)　　　　　　　　　　　　　　　　　　（mm）

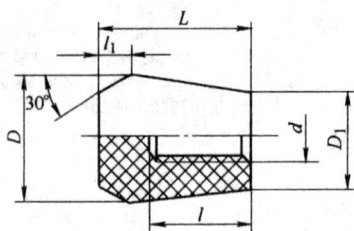

标记示例:
手柄套 d = M12,L = 40,黑色:
手柄套 M12×40 JB/T 7271.3—2014
手柄套 d = M12,L = 40,红色:
手柄套 M12×40(红) JB/T 7271.3—2014

d	L	D	D_1	l	l_1	d	L	D	D_1	l	l_1
M5	16	12	9	12	3	M12	40	32	25	25	6
M6	20	16	12	14	3	M16	50	40	32	32	7
M8	25	20	15	16	4	M20	63	50	40	40	8
M10	32	25	20	20	5						

注:材料为塑料。

附表 2-28　手柄杆(摘自 JB/T 7271.6—2014)　　　　　　　　　　　　　　　　　　（mm）

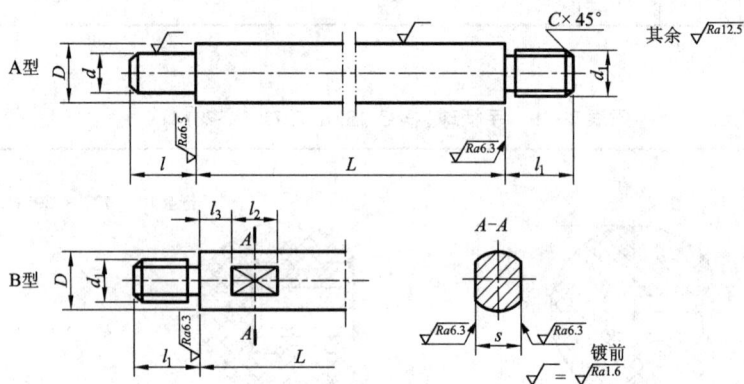

标记示例:
手柄杆 A 型,d = 8,L = 50,l = 12,材料 35 钢,喷砂镀铬:手柄杆 8×50×12 JB/T 7271.6—2014
手柄杆 B 型,d_1 = M8,L = 50,材料 35 钢,喷砂镀铬:手柄杆 BM8×50 JB/T 7271.6—2014

d		d_1	l			l_1	D	l_2	l_3	s		C
基本尺寸	极限偏差 k7									基本尺寸	极限偏差 h13	
5	+ 0.013	M5	6	8	10	8	6	6	4	5	0	
6	+ 0.001	M6	8	10	12	10	8			6	− 0.180	
8	+ 0.016	M8	10	12	16	12	10	8	6	8	0	0.5
10	+ 0.001	M10	12	16	20	14	12			10	− 0.220	
12	+ 0.019	M12	16	20	25	16	16	10	8	13	0	
16	+ 0.001	M16	20	25	32	20	20			16	− 0.270	
20	+ 0.023	M20	25	32	40	25	25	12	10	21	0	1
	+ 0.002										− 0.330	

附表 2-29　螺栓紧固轴端挡圈(摘自 GB 892—86)　　　　　　　　(mm)

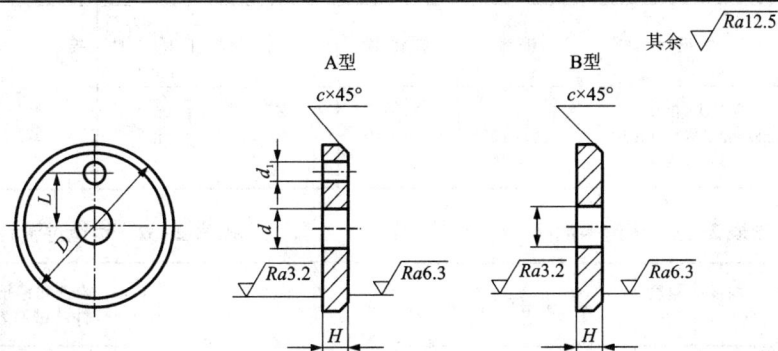

标记示例：

挡圈 GB 892—86-45

(公称直径 D=45 mm、材料为 A3、不经表面处理的 A 型螺栓紧固轴端挡圈)

按 B 型制造时,应加标记 B:

挡圈 GB 892—86-B45

轴径 $<$	公称直径 D	H		L		d	d_1	c	螺栓 GB/T 5783—2016(推荐)	圆柱销 GB/T 119.1~2—2000(推荐)	垫圈 GB 93—87(推荐)
		基本尺寸	极限偏差	基本尺寸	极限偏差						
14	20	4		—							
16	22	4		—							
18	25	4		—		5.5	2.1	0.5	M5×16	A2×10	5
20	28	4		7.5	±0.11						
22	30	4		7.5							
25	32	5		10							
28	35	5		10							
30	38	5		10		6.6	3.2	1	M6×20	A3×12	6
32	40	5	0 -0.30	12							
35	45	5		12							
40	50	5		12	±0.135						
45	55	6		16							
50	60	6		16							
55	65	6		16		9	4.2	1.5	M8×25	A4×14	8
60	70	6		20							
65	75	6		20							
70	80	6		20	±0.165						
75	90	8	0 -0.36	25		13	5.2	2	M12×30	A5×16	12
85	100	8		25							

注：当挡圈装在带螺纹孔的轴时,紧固用螺栓允许加长。

附表 2-30 铸件最小壁厚(不小于)　　　　　　　　　　　　　　　　（mm）

铸造方法	铸件尺寸	铸钢	灰铸铁	球墨铸铁	可锻铸铁	铝合金	铜合金
砂型	~200×200	8	~6	6	5	3	3~5
	>200×200~500×500	10~12	>6~10	12	8	4	6~8
	>500×500	15~20	15~20			6	

附表 2-31 铸造斜度

斜度 b:h	角度 β	使用范围
1:5	11°30′	h<25 mm 时的钢和铁铸件
1:10 1:20	5°30′ 3°	h 在 25~500 mm 时的钢和铁铸件
1:50	1°	h>500 mm 时的钢和铁铸件
1:100	30′	有色金属铸件

注：当设计不同壁厚的铸件时，在转折点处的斜角最大还可增大到 30°~45°。

附表 2-32 铸造过渡斜度　　　（mm）

铸铁和铸钢件的壁厚 δ	K	h	R
10~15	3	15	5
>15~20	4	20	5
>20~25	5	25	5
>25~30	6	30	5
>30~35	7	35	8
>35~40	8	40	10
>40~45	9	45	10
>45~50	10	50	10

适用于减速器、连接管、气缸及其他连接法兰

附表 2-33 铸造外圆角　　　（mm）

表面的最小边尺寸 P	R 外圆角 α					
	<50°	51°~75°	76°~105°	106°~135°	136°~165°	>165°
≤25	2	2	2	4	6	8
>25~60	2	4	4	6	10	16
>60~160	4	4	6	8	16	25
>160~250	4	6	6	12	20	30
>250~400	6	8	10	16	25	40
>400~600	6	8	12	20	30	50

附表 2-34 铸造内圆角　　　（mm）

$a \approx b$　　　$b<0.8a$ 时
$R_1 = R + a$　　$R_1 = R + b + c$

$\dfrac{a+b}{2}$	R											
	内圆角 α											
	≤50°		>50°~75°		>75°~105°		>105°~135°		>135°~165°		>165°	
	钢	铁	钢	铁	钢	铁	钢	铁	钢	铁	钢	铁
≤8	4	4	4	4	6	4	8	6	16	10	20	16
9~12	4	4	4	6	6	6	10	8	16	12	25	20
13~16	4	4	6	6	8	6	12	10	20	16	30	25
17~20	6	4	8	6	10	8	16	12	25	20	40	30
21~27	6	6	10	8	12	10	16	12	30	25	50	40

c 和 h				
b/a	<0.4	0.5~0.65	0.66~0.8	>0.8
c≈	0.7(a-b)	0.8(a-b)	a-b	—
h≈　钢	8c			
h≈　铁	9c			

附表 2-35　焊缝符号表示法(摘自 GB/T 324—2008)

基　本　符　号					
名　称	示　意　图	符号	名　称	示　意　图	符号
卷边焊缝 * (卷边完全熔化)		八	封底焊缝		▽
I 形焊缝		‖	角焊缝		△
V 形焊缝		V	塞焊缝或槽焊缝		⊓
单边 V 形焊缝		V			
带钝边 V 形焊缝		Y	点　焊　缝		○
带钝边单边 V 形焊缝		Y			
带钝边 U 形焊缝		Y	缝　焊　缝		⊖
带钝边 J 形焊缝		Y			

辅　助　符　号						补　充　符　号					
名称	示意图	符号	名称	示意图	符号	名称	示意图	符号	名称	示意图	符号
平面符号		—	凸面符号		⌢	三面焊缝		⊏	带垫板焊缝		▭
凹面符号		⌣				周围焊缝		○	现场焊缝		⚑
									尾部		﹤

注: * 不完全熔化的卷边焊缝用 I 形焊缝符号来表示,并加注焊缝有效厚度 s。

焊 缝 尺 寸 符 号

符号	名 称	示 意 图	符号	名 称	示 意 图
δ	工件厚度		e	焊缝间距	
α	坡口角度		K	焊角尺寸	
b	根部间隙		d	点焊：熔核直径 塞焊：孔径	
p	钝边		s	焊缝有效厚度	
c	焊缝宽度		N	相同焊缝数量	N=3
R	根部半径		H	坡口深度	
l	焊缝长度		h	余高	
n	焊缝段数	n=2	β	坡口面角度	

焊缝尺寸符号及其标注位置

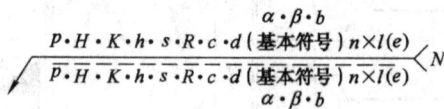

$$\frac{\alpha \cdot \beta \cdot b}{P \cdot H \cdot K \cdot h \cdot s \cdot R \cdot c \cdot d\,(\text{基本符号})\,n\times l(e)}$$
$$\overline{P \cdot H \cdot K \cdot h \cdot s \cdot R \cdot c \cdot d\,(\text{基本符号})\,n\times l(e)} \, N$$
$$\alpha \cdot \beta \cdot b$$

标注方法说明：
1. 指引线一般由箭头线和两条基准线（一条为实线，另一条为虚线）两部分组成。如果焊缝在接头的箭头侧，则将基本符号标在基准线的实线侧；如果焊缝在接头的非箭头侧，则将基本符号标在基准线的虚线侧；标注对称焊缝及双面焊缝时，可不加虚线。
2. 基本符号左侧标注焊缝横截面上的尺寸，基本符号右侧标注焊缝长度方向尺寸，基本符号的上侧或下侧标注坡口角度、坡口面角度、根部间隙等尺寸。
3. 相同焊缝数量符号标在尾部。
4. 当标注的尺寸数据较多又不易分辨时，可在数据前面增加相应的尺寸符号。

166

附表 2-36　装配图的简化画法

1	2	3
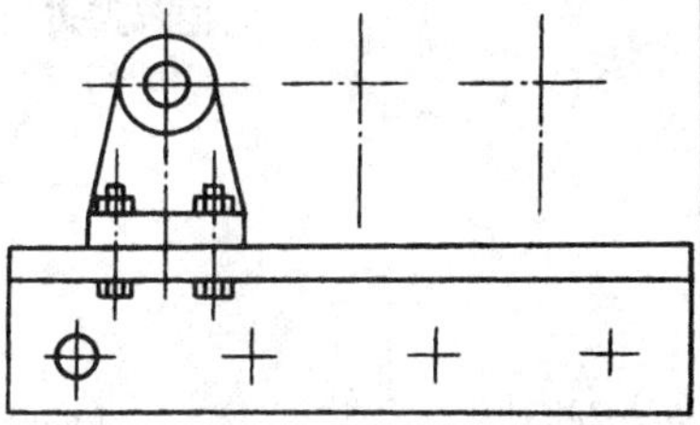	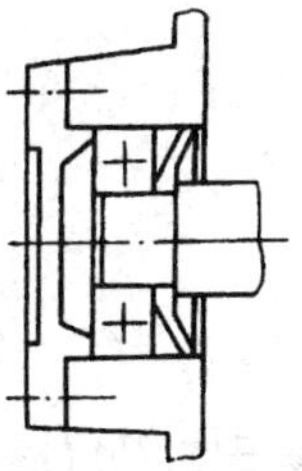	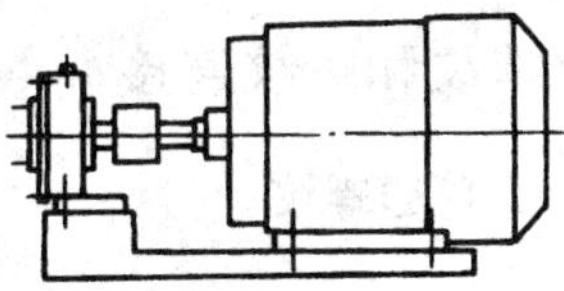
对于装配图中若干相同的零部件，只要详细画出一组，其余只需用细点画线表示出其位置	在不致引起误解的情况下，剖面符号可省略	在能够清楚表达产品特征和装配关系的条件下，装配图可仅画出其简化后的轮廓

4	5	6
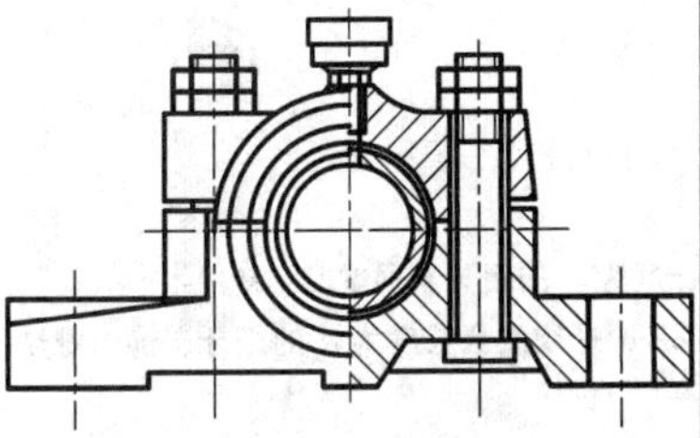	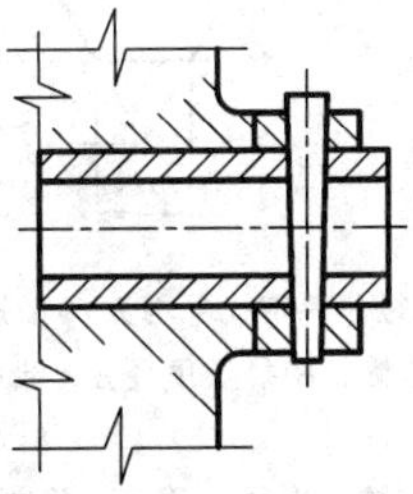	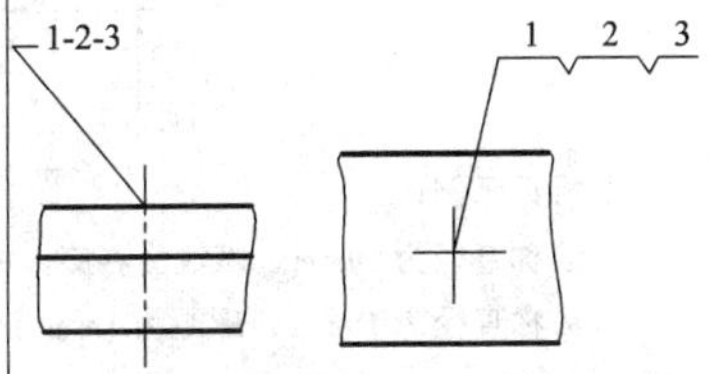
在装配图中，零件的倒角、圆角、凹坑、凸台、沟槽、滚花、刻线及其他细节等可不画出	在装配图中，装配关系已清楚表达时，较大面积的剖面可只沿周边画出部分剖面符号或沿周边涂色	在装配图中可省略螺栓、螺母、销等紧固件的投影，而用点画线和指引线指明它们的位置。此时，表示紧固件组的公共指引线应根据其不同类型从被连接件的某一端引出，如螺钉、螺柱、销连接从其装入端引出，螺栓连接从其装有螺母一端引出

7	8	9
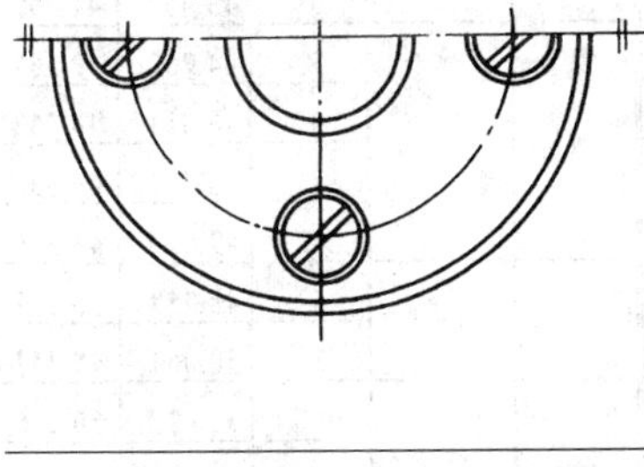	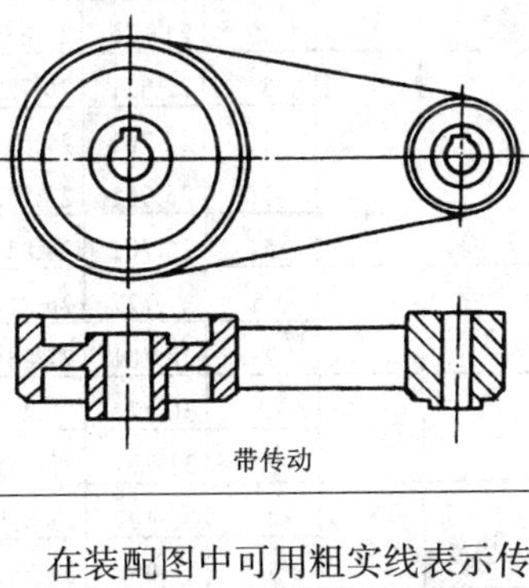 带传动	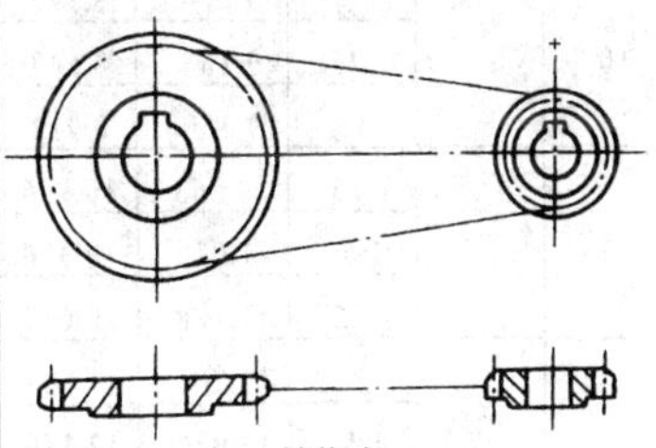 链传动
在不致引起误解时，对于装配图中对称的视图，可只画一半或四分之一，并在对称中心线的两端画出两条与其垂直的平行细实线	在装配图中可用粗实线表示传动中的带；用细点画线表示链传动中的链。必要时，可在粗实线或细点画线上绘制出表示带类或链类型符号	

附录Ⅲ　连接

一、螺纹和螺纹连接

1. 普通螺纹

附表 3-1　普通螺纹基本尺寸(摘自 GB/T 196—2003)　　　　　　　　　　(mm)

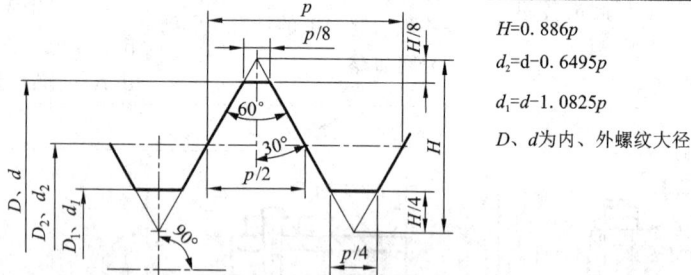

$H=0.886p$

$d_2=d-0.6495p$

$d_1=d-1.0825p$

D、d为内、外螺纹大径

标记示例:

公称直径为10mm、螺纹为右旋、中径及顶径公差带代号均为6g、螺纹旋合长度为 N 的粗牙普通螺纹:M10-6g

公称直径为10mm、螺距为1mm、螺纹为右旋、中径及顶径公差带代号均为6H、螺纹旋合长度为 N 的细牙普通内螺纹:M10×1-6H

公称直径为20mm、螺距为2mm、螺纹为左旋、中径及顶径公差带代号分别为5g 和6g、螺纹旋合长度为 S 的细牙普通螺纹:M20×2 左-5g6g-S-LH

公称直径为20mm、螺距为2mm、螺纹为右旋、内螺纹中径及顶径公差带代号均为6H、外螺纹中径及顶径公差带代号均为6g、螺纹旋合长度为 N 的细牙普通螺纹的螺纹副:M20×2-6H/6g

| 公称直径 D、d | | 螺距 p | 中径 D_2或d_2 | 小径 D_1或d_1 | 公称直径 D、d | | 螺距 p | 中径 D_2或d_2 | 小径 D_1或d_1 | 公称直径 D、d | | 螺距 p | 中径 D_2或d_2 | 小径 D_1或d_1 |
第一系列	第二系列				第一系列	第二系列				第一系列	第二系列			
5		0.8	4.480	4.134	20		2.5	18.376	17.294		39	4	36.402	34.670
6		1	5.350	4.917			2	18.701	17.835		39	3	37.051	35.752
8		1.25	7.188	6.647			1.5	19.026	18.376	42		4.5	39.077	37.129
		1	7.350	6.917		22	2.5	20.376	19.294			3	40.051	38.752
10		1.5	9.026	8.376		22	1.5	21.026	20.376		45	4.5	42.077	40.129
		1.25	9.188	8.647	24		3	22.051	20.752		45	3	43.051	41.752
		1	9.350	8.917			2	22.701	21.835	48		5	44.752	42.587
12		1.75	10.863	10.106		27	3	25.051	23.752			3	46.051	44.752
		1.5	11.026	10.376		27	2	25.701	24.835			2	46.701	45.835
		1.25	11.188	10.647	30		3.5	27.727	26.211			1.5	47.026	46.376
	14	2	12.701	11.835			2	28.701	27.835		52	5	48.752	46.587
	14	1.5	13.026	12.376		33	3.5	30.727	29.211		52	3	50.051	48.752
16		2	14.701	13.835		33	2	31.701	30.835	56		5.5	52.428	50.046
		1.5	15.026	14.376	36		4	33.402	31.670			4	53.402	51.670
	18	2.5	16.376	15.294			3	34.051	32.752			3	54.051	52.752

注:1. $d \leqslant 68$mm,p 项的第一个数字为粗牙螺距,后几个数字为细牙螺距。

　　2. 优先选用第一系列,其次是第二系列。

附表 3-2　普通螺纹公差与配合(摘自 GB/T 197—2018)

公差精度	内螺纹						外螺纹								
	公差带位置						公差带位置								
	G			H			e	f	g			h			
	S	N	L	S	N	L	N	N	S	N	L	S	N	L
精密	—	—	—	4H	5H	6H	—	—	(4g)	(5g 4g)	(3h 4h)	4h*	(5h 4h)
中等	(5G)	6G*	(7G)	5H*	6H*(方框)	7H*	6e*	6f*	(5g、6g)	6g*(方框)	(7g 6g)	(5h 6h)	6h	(7h 6h)
粗糙	—	(G)	(G)	—	7H	8H	(8e)	—	—	8g	(9g 8g)	—	—	—

注: 1. 内、外螺纹的选用公差带可以任意组合。但是,为了保证足够的接触高度,完工后的零件最好组合成 H/g、H/h 或 G/h 的配合。
　　2. 带 * 的公差带应优先选用,括号内的公差带尽可能不用。
　　3. 带方框的公差带用于大量生产的紧固件螺纹。
　　4. 精密、中等、粗糙三种精度选用原则:
　　　　精密:用于精密螺纹;中等:一般用途螺纹;粗糙:用于制造螺纹较困难的场合,例如,在热轧棒料上和深盲孔内加工螺纹。
　　5. 本表及附表 3-3、附表 3-5、附表 3-6 中的 S、N、L 分别表示短、中等、长三种旋合长度组。

附表 3-3　螺纹旋合长度(摘自 GB/T 197—2018)　　　　　　(mm)

公称直径 D、d		螺距 p	旋合长度				公称直径 D、d		螺距 p	旋合长度			
			S	N		L				S	N		L
>	≤		≤	>	≤	>	>	≤		≤	>	≤	>
5.6	11.2	0.75	2.4	2.4	7.1	7.1	22.4	45	1	4	4	12	12
		1	3	3	9	9			1.5	6.3	6.3	19	19
		1.25	4	4	12	12			2	8.5	8.5	25	25
		1.5	5	5	15	15			3	12	12	36	36
									3.5	15	15	45	45
									4	18	18	53	53
									4.5	21	21	63	63
11.2	22.4	1	3.8	3.8	11	11	45	90	1.5	7.5	7.5	22	22
		1.25	4.5	4.5	13	13			2	9.5	9.5	28	28
		1.5	5.6	5.6	16	16			3	15	15	45	45
		1.75	6	6	18	18			4	19	19	56	56
		2	7	7	24	24			5	24	24	71	71
		2.5	10	10	30	30			5.5	28	28	85	85
									6	32	32	95	95

2. 梯形螺纹

附表 3-4　梯形螺纹基本尺寸(摘自 GB/T 5796.1—2022、GB/T 5796.3—2022)　　　　　　(mm)

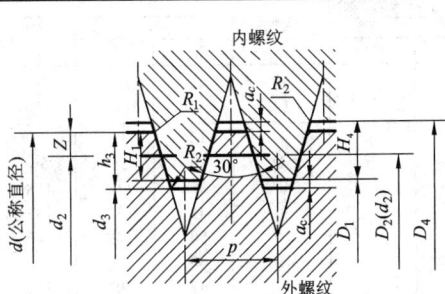

$H_1 = 0.5p$

$h_3 = H_4 = H_1 + a_c = 0.5p + a_c$

$d_2 = D_2 = d - H_1 = d - 0.5p$

$d_3 = d - 2h_3$

$D_1 = d - 2H_1 = d - p$

$D_4 = d + 2a_c$

$R_{1max} = 0.5a_c$

$R_{2max} = a_c$

标记示例:

内螺纹:Tr40×7—7H

外螺纹:Tr40×7—7e

左旋外螺纹:Tr40×7LH—7e

螺纹副:Tr40×7—7H/7e

旋合长度为 L 组的多线螺纹:
　　Tr40×14(p7)—8e—L

169

第一系列	第二系列	螺距 p	中径 d₂=D₂	大径 D₄	小径 d₃	小径 D₁	第一系列	第二系列	螺距 p	中径 d₂=D₂	大径 D₄	小径 d₃	小径 D₁
8		1.5	7.25	8.3	6.200	6.500		34	3	32.500	34.500	30.500	31
	9	1.5	8.25	9.3	7.200	7.500		34	6	31.000	35.000	27.000	28
	9	2	8.00	9.5	6.500	7.000		34	10	29.000	35.000	23.000	24
10		1.5	9.25	10.3	8.200	8.500	36		3	34.500	36.500	32.500	33
10		2	9.00	10.5	7.500	8.000	36		6	33.000	37.000	29.000	30
	11	2	10.00	11.5	8.500	9.000	36		10	31.000	37.000	25.000	26
	11	3	9.50	11.5	7.500	8.000		38	3	36.500	38.500	34.500	35
12		2	11.00	12.5	9.500	10.000		38	7	34.500	39.000	30.000	31
12		3	10.50	12.5	8.500	9.000		38	10	33.000	39.000	27.000	28
	14	2	13.00	14.5	11.500	12.000	40		3	38.500	40.500	36.500	37
	14	3	12.50	14.5	10.500	11.000	40		7	36.500	41.000	32.000	33
16		2	15.00	16.5	13.500	14.000	40		10	35.000	41.000	29.000	30
16		4	14.00	16.5	11.500	12.000		42	3	40.500	42.500	38.500	39
	18	2	17.00	18.5	15.500	16.000		42	7	38.500	43.000	34.000	35
	18	4	16.00	18.5	13.500	14.000		42	10	37.000	43.000	31.000	32
20		2	19.00	20.5	17.500	18.000	44		3	42.500	44.500	40.500	41
20		4	18.00	20.5	15.500	16.000	44		7	40.500	45.000	36.000	37
	22	3	20.50	22.5	18.500	19.000	44		12	38.000	45.000	31.000	32
	22	5	19.50	22.5	16.500	17.000		46	3	44.500	46.500	42.500	43
	22	8	18.00	23.0	13.000	14.000		46	8	42.000	47.000	37.000	38
24		3	22.50	24.5	20.500	21.000		46	12	40.000	47.000	33.000	34
24		5	21.50	24.5	18.500	19.000	48		3	46.500	48.500	44.500	45
24		8	20.00	25.0	15.000	16.000	48		8	44.000	49.000	39.000	40
	26	3	24.50	26.5	22.500	23.000	48		12	42.000	49.000	35.000	36
	26	5	23.50	26.5	20.500	21.000		50	3	48.500	50.500	46.500	47
	26	8	22.00	27.0	17.000	18.000		50	8	46.000	51.000	41.000	42
28		3	26.50	28.5	24.500	25.000		50	12	44.000	51.000	37.000	38
28		5	25.50	28.5	22.500	23.000	52		3	50.500	52.500	48.500	49
28		8	24.00	29.0	19.000	20.000	52		8	48.000	53.000	43.000	44
	30	3	28.50	30.5	26.500	27.000	52		12	46.000	53.000	39.000	40
	30	6	27.00	31.0	23.000	24.000		55	3	53.500	55.500	51.500	52
	30	10	25.00	31.0	19.000	20.000		55	9	50.500	56.000	45.000	46
32		3	30.50	32.5	28.500	29.000		55	14	48.000	57.000	39.000	41
32		6	29.00	33.0	25.000	26.000	60		3	58.500	60.500	56.500	57
32		10	27.00	33.0	21.000	22.000	60		9	55.500	61.000	50.000	51
							60		14	53.000	62.000	44.000	46

附表 3-5　梯形内、外螺纹中径选用公差带（摘自 GB/T 5796.4—2022）

精度	内螺纹		外螺纹	
	N	L	N	L
中等	7H	8H	7e	8e
粗糙	8H	9H	8c	9c

注：1. 精度的选用原则为：一般用途选中等；对精度要求不高时选粗糙。
　　2. 内、外螺纹中径公差等级为 7、8、9。
　　3. 外螺纹大径 d 公差带为 4h；内螺纹小径 D₁ 公差带为 4H。

附表 3-6　梯形螺纹旋合长度（摘自 GB/T 5796.4—2022）　　　　　　　　（mm）

公称直径 d >	公称直径 d ≤	螺距 p	旋合长度组 N >	旋合长度组 N ≤	旋合长度组 L >	公称直径 d >	公称直径 d ≤	螺距 p	旋合长度组 N >	旋合长度组 N ≤	旋合长度组 L >
		2	8	24	24	22.4	45	10	42	125	125
		3	11	32	32			12	50	150	150
11.2	22.4	4	15	43	43			3	15	45	45
		5	18	53	53			4	19	56	56
		8	30	85	85			8	38	118	118
		3	12	36	36	45	90	9	43	132	132
		5	21	63	63			10	50	140	140
22.4	45	6	25	75	75			12	60	170	170
		7	30	85	85			14	67	200	200
		8	34	100	100			16	75	236	236

3. 螺纹连接的标准件

1）螺栓

附表 3-7　六角头铰制孔用螺栓 A 级和 B 级（摘自 GB/T 27—2013）　　　（mm）

标记示例

螺纹规格 d=M12、d_s 尺寸按本表规定、公称长度 l=80mm、性能等级为 8.8 级、表面氧化处理、A 级的六角头铰制孔用螺栓：

螺栓 GB/T 27-2013 M12×80

d_s 按 m6 制造时应加标记 m6：螺栓 GB/T 27-2013 M12×m6×80

螺纹规格 d		M6	M8	M10	M12	M16	M20	M24	M30	M36	M42	M48
d_s(h9)	max	7	9	11	13	17	21	25	32	38	44	50
	min	6.964	8.964	10.957	12.957	16.957	20.948	24.948	31.938	37.938	43.938	49.938
S(max)		10	13	16	18	24	30	36	46	55	65	75
k(公称)		4	5	6	7	9	11	13	17	20	23	26
r(min)		0.25	0.4			0.6		0.8		1	1.2	1.6
e(min)	A	11.05	14.38	17.77	20.03	26.75	33.53	39.98	—	—	—	—
	B	10.89	14.20	17.59	19.85	26.17	32.95	39.55	50.85	60.79	72.02	82.60
d_p		4	5.5		8.5	12	15	18	23	28	33	38
l_2		1.5			2		3	4	5	6	7	8
d_1(min)		1.6	2	2.5	3.2	4		5	6.3		8	
l 范围		25～65	25～80	30～120	35～180	45～200	55～200	65～200	80～230	90～300	110～300	120～300
l_0		12	15	18	22	28	32	38	50	55	65	70
l 系列		25, (28), 30, (32), 35, (38), 40, 45, 50, (55), 60, (65), 70(75), 80, (85), 90, (95), 100, 110, 120, 130, 140, 150, 160, 170, 180, 190, 200, 210, 220, 230, 240, 250, 260, 280, 300										
技术条件		材料：钢	螺纹公差：6g		机械性能等级：d≤39mm 时为 8.8；d>39mm 时按协议				表面处理：氧化		产品等级：A、B	

注：1. 产品等级 A 级用于 d≤24mm 和 l≤10d 或 <150mm 的螺栓，B 级用于 d>24mm 和 l>10d 或 l>150mm 的螺栓。

　　2. 根据使用要求，螺杆上无螺纹部分杆径(d_0)允许按 m6、u8 制造。按 m6 制造的螺栓，螺杆上无螺纹部分的表面粗糙度为 R_a1.6μm。

附表 3-8　六角头螺栓—A 和 B 级(摘自 GB/T 5782—2016)、六角头螺栓—全螺纹—A 和 B 级(摘自 GB/T 5783—2016)、六角头螺栓—细牙—A 和 B 级(摘自 GB/T 5785—2016)、六角头螺栓—细牙—全螺纹—A 和 B 级(摘自 GB/T 5786—2016)

(mm)

标记示例

GB/T 5782、GB/T 5785

GB/T 5783、GB/T 5786

螺纹规格 d=M12、公称长度 l=80mm、性能等级为 8.8 级、表面氧化、A 级的六角头螺栓：螺栓 GB/T 5782—2016 M12×80

螺纹规格 $d\times p$																				
GB/T 5782、GB/T 5783	M3	M4	M5	M6	M8	M10	M12	(M14)	M16	(M18)	M20	(M22)	M24	(M27)	M30	M36	M42	M48	M56	M64
GB/T 5785、GB/T 5786	—	—	—	—	M8×1	M10×1	M12×1.5	(M14)×1.5	M16×1.5	(M18)×1.5	M20×2	(M22)×2	M24×2	(M27)×2	M30×2	M36×3	M42×3	M48×3	M56×4	M64×4
S (max)	5.5	7	8	10	13	16	18	21	24	27	30	34	36	41	46	55	65	75	85	95
k(公称)	2	2.8	3.5	4	5.3	6.4	7.5	8.8	10	11.5	12.5	14	15	17	18.7	22.5	26	30	35	40
r(min)	0.1	0.2	0.2	0.25	0.4	0.4	0.6	0.6	0.6	0.6	0.8	0.8	0.8	1	1	1	1.2	1.6	2	2
e(min) A级	6.01	7.66	8.79	11.05	14.38	17.77	20.03	23.36	26.75	30.14	33.53	37.72	39.98	—	—	—	—	—	—	—
c(min)	0.4	0.4	0.5	0.5	0.6	0.6	0.6	0.6	0.6	0.8	0.8	0.8	0.8	0.8	0.8	0.8	0.8	0.8	0.8	0.8
d_w(min) A级	4.57	5.88	6.88	8.88	11.63	14.63	16.63	19.64	22.49	25.34	28.19	31.71	33.61	—	—	—	—	—	—	—
d_w(min) B级	4.45	5.74	6.74	8.74	11.47	14.47	16.47	19.15	22	24.85	27.7	31.35	33.25	38	42.75	51.11	59.95	69.45	78.66	88.16
a (GB/T 5782、5783) max	1.5	2.1	2.4	3	4	4.5	5.3	6	6	7.5	7.5	7.5	9	9	10.5	12	13.5	15	16.5	18
a (GB/T 5782、5783) min	0.5	0.7	0.8	1	1.25	1.5	1.75	2	2	2.5	2.5	2.5	3	3	3.5	4	4.5	5	5.5	6
a (GB/T 5785、5786) max	—	—	—	—	3	3	4.5	4.5	4.5	4.5	6	6	6	6	6	9	9	9	12	12
a (GB/T 5785、5786) min	—	—	—	—	1	1	1.5	1.5	1.5	1.5	2	2	2	2	2	3	3	3	4	4
b参考 $l\leqslant125$	12	14	16	18	22	26	30	34	38	42	46	50	54	60	66	78	—	—	—	—
b参考 $125<l\leqslant200$	18	20	22	24	28	32	36	40	44	48	52	56	60	66	72	84	96	108	124	140
b参考 $l>200$	31	33	35	37	41	45	49	53	57	61	65	69	73	79	85	97	109	121	137	153
l范围 (GB/T 5782、5785)	20~30	25~40	25~50	30~60	35~80	40~100	45~120	50~140	55~160	60~180	65~200	70~220	80~240	90~260	90~300	110~360	130~400	140~400	160~400	200~400
l范围 全螺纹 (GB/T 5783—2016、5786—2016)	6~30	8~40	10~50	12~60	16~80	20~100	25~120	30~140	35~100	35~100	40~100	45~100	40~100	45~100	40~100	40~100	80~500	100~500	110~500	120~500

l 系列：6,8,10,12,16,20,25,30,35,40,45,50,(55),60,(65),70,80,90,100,110,120,130,140,150,160,180,200,220,240,260,280,300,320,340,360,380,400,420,440,460,480,500

技术条件

材料	钢	不锈钢
机械性能等级	$d\leqslant39$mm 时为 5.6、8.8、9.8、10.9，$d>39$mm 时按协议	$d\leqslant24$mm 时为 A2-70、A4-70，24mm$<d\leqslant50$、A4-50，$d>39$mm 时按协议
表面处理	氧化、镀锌钝化	简单处理
螺纹公差		6g

注：1. A 级用于 $d\leqslant24$mm 和 $l\leqslant10d$ 或 $\leqslant150$mm 的螺栓；B 级用于 $d>24$mm 和 $l>10d$ 或 >150mm 时的螺栓。

2. M3~M36 为商品规格，M42~M64 为通用规格。

3. 在 GB 5785、GB 5786 中，还有(M10×1.25)、(M12×1.25)，(M20×1.25)，对应于 M10×1、(M12×1.5)、M20×1、(M20×1.5)、M20×2。

172

附表 3-9　六角头螺栓—C级(摘自 GB/T 5780—2016)、六角头螺栓—全螺纹—C级(摘自 GB/T 5781—2016)

(mm)

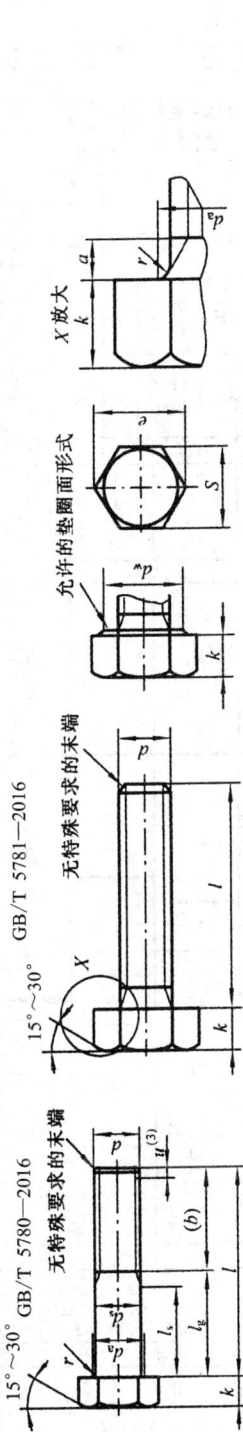

标记示例

螺纹规格 d=M12、公称长度 l=80mm、性能等级为 4.8 级、不经表面处理、C 级的六角头螺栓：
螺栓 GB/T 5780—2016 M12×80

螺纹规格 d=M12、公称长度 l=80mm、性能等级为 4.8 级、不经表面处理、全螺纹、C 级的六角头螺栓：
螺栓 GB/T 5781—2016 M12×80

螺纹规格 d	M5	M6	M8	M10	M12	(M14)	M16	(M18)	M20	(M22)	M24	(M27)	M30	(M33)	M36	(M39)	M42	(M45)	M48	(M52)	M56	(M60)	M64
b 参考 l≤125	16	18	22	26	30	34	38	42	46	50	54	60	66	—	—	—	—	—	—	—	—	—	—
b 参考 125<l<200	22	24	28	32	36	40	44	48	52	56	60	66	72	78	84	90	96	102	108	116	—	—	—
b 参考 l>200	35	37	41	45	49	53	57	61	65	69	73	79	85	91	97	103	109	115	121	129	137	145	153
d_a(max)	6	7.2	10.2	12.2	14.7	16.7	18.7	21.2	24.4	26.4	28.4	32.4	35.4	38.4	42.4	45.4	48.6	52.6	56.6	62.6	67	71	75
d_s(max)	5.48	6.48	8.58	10.58	12.7	14.7	16.7	18.7	20.8	22.84	24.84	27.84	30.84	34	37	40	43	46	49	53.2	57.2	61.2	65.2
d_w(min)	6.7	8.7	11.5	14.5	16.5	19.2	22	24.9	27.7	31.4	33.3	38	42.8	46.6	51.1	55.9	60.0	64.7	69.5	74.2	78.7	83.4	88.2
a(max)	2.4	3	4	4.5	5.3	6	6	7.5	7.5	7.5	9	9	10.5	10.5	12	12	13.5	13.5	15	15	16.5	16.5	18
e(min)	8.63	10.89	14.2	17.59	19.85	22.73	26.17	29.56	32.95	37.29	39.55	45.2	50.85	55.37	60.79	66.44	72.02	76.95	82.6	88.25	93.56	99.21	104.86
k(公称)	3.5	4	5.3	6.4	7.5	8.8	10	11.5	12.5	14	15	17	18.7	21	22.5	25	26	28	30	33	35	38	40
r(min)	0.2	0.25	0.4	0.4	0.6	0.6	0.6	0.6	0.8	1	0.8	1	1	1	1	1	1.2	1.2	1.6	1.6	2	2	2
S(max)	8	10	13	16	18	21	24	27	30	34	36	41	46	50	55	60	65	70	75	80	85	90	95
l 范围 GB/T 5780—2016	25~50	30~60	40~80	40~100	55~120	60~140	65~160	80~180	65~200	90~220	100~240	110~260	120~300	130~320	140~300	150~400	180~420	180~440	200~480	200~500	240~500	240~500	260~500
l 范围 GB/T 5781—2016	10~40	12~50	16~65	20~80	25~100	30~140	35~160	35~180	40~200	45~220	50~240	55~280	60~300	65~320	70~300	80~400	80~420	90~440	90~480	100~500	110~500	120~500	120~500

l 系列：10, 12, 16, 20~50(5 进位)、(55)、60、(65)、70~160(10 进位)、180、220、240、260、280、300、320、340、360、380、400、420、440、460、480、500

技术条件	材料	钢	机械性能等级	d≤39mm 时为3.6、4.6、4.8；d>39mm 时按协议	螺纹公差	8g	产品等级	C	表面处理	不经处理、镀锌钝化

注：1. 尽量不采用括号内规格。
2. M42、M48、M56、M64 为通用规格，其余为商品规格。

2) 双头螺柱

附表 3-10　双头螺柱(摘自 GB 897~900—88)　　　　　　　　　　　(mm)

GB 897—88($b_m=1d$)　　GB 898—88($b_m=1.25d$)　　GB 899—88($b_m=1.5d$)　　GB 900—88($b_m=2d$)

标记示例:

两端形式	d	l	性能等级	表面处理	型号	b_m	标记
两端均为粗牙普通螺纹	10	50	4.8	不处理	B	$1d$	螺柱GB 897—88 M10×50
旋入机体一端为粗牙普通螺纹,旋螺母一端为螺距 $p=1mm$ 的细牙普通螺纹	10	50	4.8	不处理	A	$1d$	螺柱GB 897—88 AM10-M10×1×50
旋入机体一端为过渡配合螺纹的第一种配合,旋螺母一端为粗牙普通螺纹	10	50	8.8	镀锌钝化	B	$1d$	螺柱GB 897—88 GM10-M10×50 -8.8-Zn.D
旋入机体一端为过盈配合螺纹,旋螺母一端为粗牙普通螺纹	10	50	8.8	镀锌钝化	A	$2d$	螺柱GB 900—88 AYM10-M10×50 -8.8-Zn.D

$x \le 1.5p$;p为粗牙螺纹螺距;$d_s \approx$螺纹中径(B型)

螺纹规格d		M5	M6	M8	M10	M12	M16	M20	M24	M30	M36
b_m	GB 897	5	6	8	10	12	16	20	24	30	36
	GB 898	6	8	10	12	15	20	25	30	38	45
	GB 899	8	10	12	15	18	24	30	36	45	54
	GB 900	10	12	16	20	24	32	40	48	60	72

l											l
12											140
(14)					36						150
16						44	52	60	72	84	160
(18)		10									170
20			10	12							180
(22)											190
25					14	16					200
(28)			14	16							210
30		16							85		220
(32)					16	20				97	230
35							20				240
(38)								25			250
40			18					30	30		260
45							30	35			280
50											300
(55)				22							
60							45	40			
(65)									45		
70					26						
(75)								50			
80					30						
(85)						38			60		
90								54			
(95)											
100							46		66		
110										78	
120											
130				32							

技术条件		材料		机械性能等级			过渡及过盈配合螺纹	
		钢		4.8、5.8、6.8、8.8、10.9、12.9			GM、G2M、YM(GB 900—88)	
		不锈钢		A2-50、A2-70			GM、G2M(GB 898~899—88)	
	产品等级 B	螺纹公差		表面处理(GB 897、GB 898)			表面处理(GB 899、GB 900)	
		6g		钢 ①不经处理; ②氧化; ③镀锌钝化			钢 ①不经处理; ②氧化; ③镀锌钝化	
				不锈钢:不经处理			不锈钢:不经处理	

注:1. 旋入机体一端过渡配合螺纹代号为GM、G2M,A型螺纹代号为AM,B型不写。2. 左边的l系列查左边两粗黑线之间的b值,右边的l系列查右边的粗黑线上方的b值。3. GB 898—88,$d=M5$~$M20$为商品规格,其余均为通用规格。4. $b_m=d$,一般用于钢对钢;$b_m=(1.25$~$1.5)d$,一般用于钢对铸件;$b_m=2d$,一般用于钢对铝合金。5. 末端按GB 2—2016的规定。

3）螺钉

附表 3-11 内六角圆柱头螺钉（摘自 GB/T 70.1—2008） (mm)

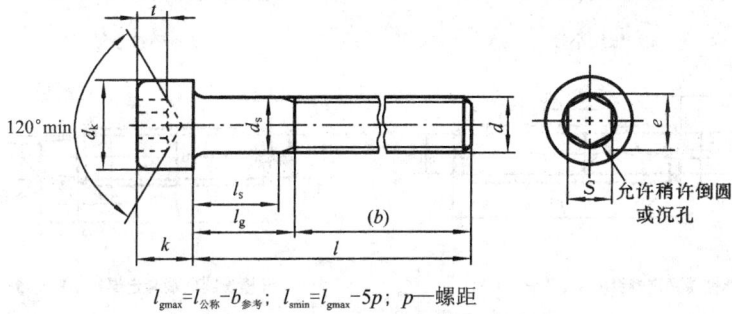

$l_{gmax}=l_{公称}-b_{参考}$； $l_{smin}=l_{gmax}-5p$；p—螺距

标记示例：

螺纹规格d=M8、公称长度l=20mm、性能等级为8.8级、表面氧化的内六角圆柱头螺钉：

螺钉GB/T 70.1—2008 M10×20

螺纹规格 d		M6	M8	M10	M12	M16	M20	M24	M30
螺距 p		1	1.25	1.5	1.75	2	2.5	3	3.5
d_k	max*	10	13	16	18	24	30	36	45
	max**	10.22	13.27	16.27	18.27	24.33	30.33	36.39	45.39
k	max	6	8	10	12	16	20	24	30
d_s	max	6	8	10	12	16	20	24	30
b	参考	24	28	32	36	44	52	60	72
e	min	5.72	6.86	9.15	11.43	16	19.44	21.73	25.15
S	公称	5	6	8	10	14	17	19	22
t	min	3	4	5	6	8	10	12	15.5
l 范围	公称	10～60	12～80	16～100	20～120	25～160	30～200	40～200	45～200
制成全螺纹时 $l \leqslant$		30	35	40	45	55	65	80	90
l 系列	公称	6, 8, 10, 12, (14), 16, 20~50(5进位), (55), 60, (65), 70~160(10进位), 180, 200							

技术条件	材料	机械性能等级	螺纹公差	产品等级	表面处理
	钢	d<3mm，d>39mm 时按协议； 3mm≤d≤39mm 时为 8.8、10.9、12.9	12.9级时为5g或6g； 其他等级时为6g	A	①氧化 ②镀锌钝化
	不锈钢	d<24mm 时为 A2-70、A4-70； 24mm≤d≤39mm 时为 A2-50、A4-50；d>39mm 时按协议			不经处理

注：1. M24 和 M30 为通用规格，其余为商品规格。

2. ＊代表光滑头部，＊＊代表滚花头部。

3. 材料为 Q235 和 15、35、45 钢。

4. 括号内规格尽可能不采用。

附表 3-12　紧定螺钉
（摘自 GB/T 71—2018、GB 72—88、GB/T 73—2017、GB/T 75—2018）　　　　（mm）

开槽平端紧定螺钉(GB/T 73—2017)

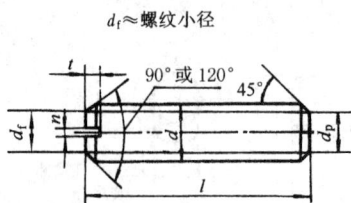

$d_f \approx$ 螺纹小径

开槽锥端定位螺钉(GB 72—88)

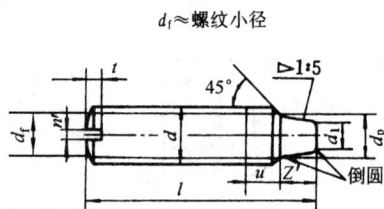

$d_f \approx$ 螺纹小径

开槽锥端紧定螺钉(GB/T 71—2018)

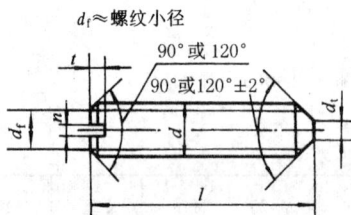

$d_f \approx$ 螺纹小径

开槽长圆柱端紧定螺钉(GB/T 75—2018)

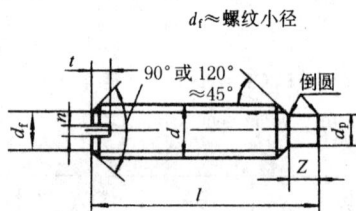

$d_f \approx$ 螺纹小径

标记示例：

螺纹规格 d=M6、公称长度 l=16mm、性能等级为 14H 级、表面氧化的开槽锥端紧定螺钉：螺钉 GB/T 71—2018 M6×16

开槽平端紧定螺钉：螺钉 GB/T 73—2017 M6×16

开槽长圆柱端紧定螺钉：螺钉 GB/T 75—2018 M6×16

螺纹规格 d	螺距 p	d_p max	n 公称	n'	t max	d_t max	d_1	Z'	Z max	l 商品规格范围			制成120°的短螺钉 $l \leq$		
										GB/T 71 GB/T 75	GB/T 72	GB/T 73	GB/T 71	GB/T 73	GB/T 75
M3	0.5	2	0.4	0.46～0.6	1.05	0.3	1.7	1.5	1.75	4～16 5～16	3～16 4～16	3～16 3～16	3	3	5
M4	0.7	2.5	0.6	0.66～0.8	1.42	0.4	2.1	2	2.25	6～20	4～20	4～20	4	4	6
M5	0.8	3.5	0.8	0.86～1	1.63	0.5	2.5	2.5	2.75	8～25	5～20	5～25	5	5	8
M6	1	4	1	1.06～1.2	2	1.5	3.4	3	3.25	8～30	6～25	6～30	6	6	10
M8	1.25	5.5	1.2	1.26～1.51	2.5	2	4.7	4	4.3	10～40	8～35	8～40	8	6	14
M10	1.5	7	1.6	1.66～1.91	3	2.5	6	5	5.3	12～50	10～45	10～50	10	8	16
M12	1.75	8.5	2	2.06～2.31	3.6	3	7.3	6	6.3	14～60	12～50	12～60	12	10	20
l 系列(公称)	4, 5, 6, 8, 10, 12, (14), 16, 20, 25, 30, 35, 40, 45, 50, (55), 60														

技术条件	材料	机械性能等级		螺纹公差		产品等级	表面处理		
	钢	14H、22H		6g		A	氧化或镀锌钝化		

注：材料为 Q235 和 15、35、45 钢。

176

附表 3-13 十字槽盘头螺钉和十字槽沉头螺钉（摘自 GB/T 818—2016、GB/T 819.1—2016） （mm）

十字槽盘头螺钉（GB/T 818—2016）

十字槽沉头螺钉（GB/T 819.1—2016）

螺纹规格 d		M3	M4	M5	M6	M8	M10
螺距 p		0.5	0.7	0.8	1	1.25	1.5
a max		1	1.4	1.6	2	2.5	3
b min		25	38	38	38	38	38
GB/T 818	d_k max（公称）	5.6	8	9.5	12	16	20
	k max	2.4	3.1	3.7	4.6	6	7.5
	x max	1.25	1.75	2	2.5	3.2	3.8
	l 商品规格范围	4～30	5～40	6～45	8～60	10～60	12～60
GB/T 819.1	d_k max（公称）	5.5	8.4	9.3	11.3	15.8	18.3
	k max	1.65	2.7	2.7	3.3	4.65	5
	x max	1.25	1.75	2	2.5	3.2	3.8
	l 商品规格范围	4～30	5～40	6～50	8～60	10～60	12～60
l 系列		3,4,5,6,8,10,12,(14),16,20,25,30,35,40,45,50,(55),60					

技术条件	材料	钢	不锈钢		产品等级：A
	机械性能等级	4.8	A2-50、A2-70		螺纹公差：6g
	表面处理	①不经处理；②镀锌钝化			

标记示例

螺纹规格 d=M5、公称长度 l=20mm、性能等级为 4.8 级、不经表面处理的 H 型十字槽盘头螺钉：

螺钉 GB/T 818—2016 M5×20

注：1. l≤45 mm 时制出全螺纹。

2. l 系列中的(14)、(15)等规格尽可能不采用。

附表 3-14 开槽圆柱头螺钉、开槽盘头螺钉和开槽沉头螺钉

（摘自 GB/T 65—2016、GB/T 67—2016、GB/T 68—2016） （mm）

开槽圆柱头螺钉（GB/T 65—2016）

开槽盘头螺钉（GB/T 67—2016）

开槽沉头螺钉（GB/T 68—2016）

螺纹规格 d		M3	M4	M5	M6	M8	M10
a（max）		1	1.4	1.6	2	2.5	3
n（公称）		0.8	1.2	1.2	1.6	2	2.5
GB/T 65—2016	d_k max	5.50	7	8.5	10	13	16
	k max	2.00	2.6	3.3	3.9	5	6
	t min	0.85	1.1	1.3	1.6	2	2.4
	d_a max		4.7	5.7	6.8	9.2	11.2
	r min	0.1	0.2	0.2	0.25	0.4	0.4
	l 商品规格范围		5～40	6～50	8～60	10～80	12～80
	l 全螺纹范围	4～30	5～40	6～40	8～40	10～40	12～40
GB/T 67—2016	d_k max	5.6	8	9.5	12	16	20
	k max	1.8	2.4	3	3.6	4.8	6
	t min	0.7	1	1.2	1.4	1.9	2.4
	d_a max	3.6	4.7	5.7	6.8	9.2	11.2
	r min	0.1	0.2	0.2	0.25	0.4	0.4
	l 商品规格范围	4～30	5～40	6～50	8～60	10～80	12～80
	l 全螺纹范围	4～30	5～40	6～40	8～40	10～40	12～40
GB/T 68—2016	d_k max	5.5	8.4	9.3	11.3	15.8	18.3
	k max	1.65	2.7	2.7	3.3	4.65	5
	r min	0.8	1	1.3	1.5	2	2.5
	t min	0.6	1	1.1	1.2	1.8	2
	l 商品规格范围	5～30	6～40	8～50	8～60	10～80	12～80
	l 全螺纹范围	5～30	6～40	8～45	8～45	10～45	12～45

标记示例：

螺纹规格 d=M5、公称长度 l=20mm、性能等级为 4.8 级、不经表面处理的开槽圆柱头螺钉：

螺钉 GB/T 65—2016 M5×20

注：技术条件同附录Ⅲ附表3-11，但材料为钢时的性能等级：对钢为 4.8、5.8 级；对不锈钢为 A2.50、A2.70 级。

4) 螺母

附表 3-15　1 型六角螺母—A 和 B 级（摘自 GB/T 6170—2015）

1 型六角螺母—细牙 A 和 B 级（摘自 GB/T 6171—2016）

六角薄螺母—A 和 B 级（摘自 GB/T 6172.1—2016）

六角薄螺母—细牙 A 和 B 级（摘自 GB/T 6173—2015）　　　　　　　（mm）

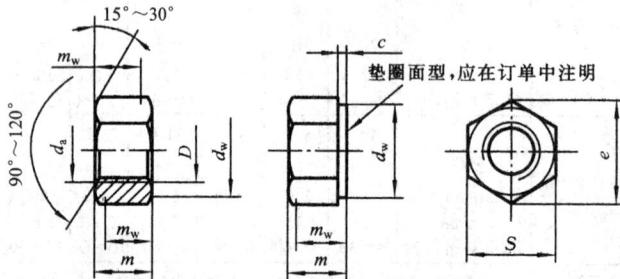

标记示例：

螺纹规格 D=M10、性能等级为 10 级、不经表面处理、A 级的 1 型六角螺母：

螺母 GB/T 6170 —2015 M10

螺纹规格 D=M16×1.5、性能等级为 8 级、不经表面处理、A 级的 1 型六角螺母：

螺母 GB/T 6171 —2016 M16×1.5

螺纹规格 D (GB/T 6170—2015)		M5	M6	M8	M10	M12	M16	M20	M24	M30	M36	M42
c max		0.5	0.5	0.6	0.6	0.6	0.8	0.8	0.8	0.8	0.8	1
p		0.8	1	1.25	1.5	1.75	2	2.5	3	3.5	4	5
m_w		3.5	3.9	5.2	6.4	8.3	11.3	13.5	16.2	19.4	23.5	25.9
d_a min		5	6	8	10	12	16	20	24	30	36	42
d_w min		6.9	8.9	11.6	14.6	16.6	22.5	27.7	33.2	42.7	51.1	60.6
e min		8.79	11.05	14.38	17.77	20.03	26.75	32.95	39.55	50.85	60.79	72.02
m max	I 型	4.7	5.2	6.8	8.4	10.8	14.8	18	21.5	25.6	31	34
	薄螺母	2.7	3.2	4	5	6	8	10	12	15	18	21
S max		8	10	13	16	18	24	30	36	46	55	65

技术条件	材料	机械性能等级	螺纹公差	公差等级	表面处理
	钢	D<3 mm、D>9 mm时按协议；3 mm≤D≤39 mm时为6、8、10	6H	D≤16：A	不经处理
	不锈钢	D≤24 mm时为A2-70、A4-70；24 mm≤D≤39 mm时为A2-50、A4-50		D>16：B	简单处理

附表 3-16　2 型六角螺母—A 和 B 级（摘自 GB/T 6175—2016）

2 型六角螺母—细牙 A 和 B 级（摘自 GB/T 6176—2016）　　　　　　　（mm）

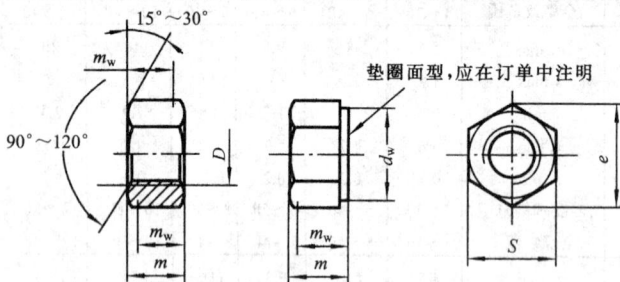

标记示例：

螺纹规格 D=M10、性能等级为 9 级、表面氧化、A 级的 2 型六角螺母：

螺母 GB/T 6175—2016 M10

（A 用于 D≤16mm，B 用于 D>16mm）

螺纹规格 D		M5	M6	M8	M10	M12	(M14)	M16	M20	M24	M30	M36
e min		8.8	11.1	14.4	17.8	20	23.4	26.8	33	39.6	50.9	60.8
S max		8	10	13	16	18	21	24	30	36	46	55
m_w min		3.84	4.32	5.71	7.15	9.26	10.7	12.6	15.2	18.1	21.8	26.5
m max		5.1	5.7	7.5	9.3	12	14.1	16.4	20.3	23.9	28.6	34.7
技术条件	材料：钢	机械性能等级：9～12		螺纹公差：6H		表面处理：①不经处理；②镀锌钝化						

178

附表 3-17　圆螺母和小圆螺母（摘自 GB 812—88、GB 810—88）　　　（mm）

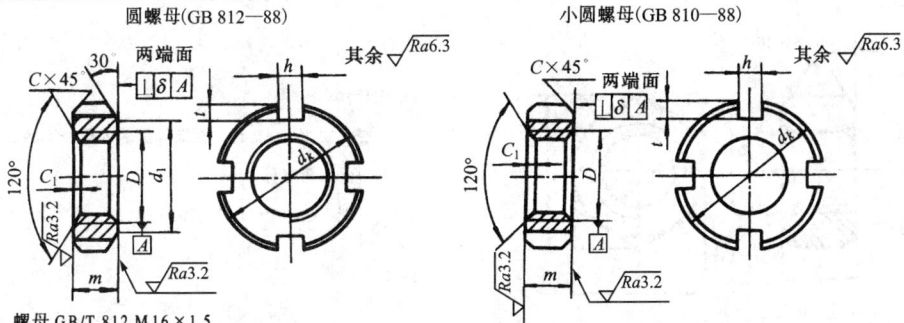

圆螺母(GB 812—88)　　　　小圆螺母(GB 810—88)

标记示例：螺母 GB/T 812 M16×1.5
　　　　　螺母 GB/T 810 M16×1.5
(螺纹规格 D=M16×1.5、材料为45钢、槽或全部热处理硬度35～45HRC、表面氧化的圆螺母和小圆螺母)

| 圆螺母(GB 812—88) | | | | | | | | | | 小圆螺母(GB 810—88) | | | | | | | |
螺纹规格 $D \times P$	d_k	d_1	m	h max	h min	t max	t min	C	C_1	螺纹规格 $D \times p$	d_k	m	h max	h min	t max	t min	C	C_1
M10×1	22	16	8	4.3	4	2.6	2	0.5		M10×1	20	6	4.3	4	2.6	2	0.5	0.5
M12×1.25	25	19								M12×1.25	22							
M14×1.5	28	20								M14×1.5	25							
M16×1.5	30	22								M16×1.5	28							
M18×1.5	32	24								M18×1.5	30							
M20×1.5	35	27								M20×1.5	32							
M22×1.5	38	30		5.3	5	3.1	2.5	1	0.5	M22×1.5	35	8	5.3	5	3.1	2.5		
M24×1.5	42	34								M24×1.5	38							
M25×1.5*										M27×1.5	42							
M27×1.5	45	37								M30×1.5	45							
M30×1.5	48	40								M33×1.5	48							
M33×1.5	52	43	10							M36×1.5	52							
M35×1.5*										M39×1.5	55							
M36×1.5	55	46								M42×1.5	58		6.3	6	3.6	3		
M39×1.5	58	49		6.3	6	3.6	3			M45×1.5	62							
M40×1.5*										M48×1.5	68						1	
M42×1.5	62	53								M52×1.5	72							
M45×1.5	68	59								M56×2	78	10						
M48×1.5	72	61								M60×2	80		8.36	8	4.25	3.5		
M50×1.5*										M64×2	85							
M52×1.5	78	67								M68×2	90							
M55×2*										M72×2	95							
M56×2	85	74	12	8.36	8	4.25	3.5	1.5		M76×2	100						1	
M60×2	90	79								M80×2	105							
M64×2										M85×2	110	12	10.36	10	4.75	4		
M65×2*	95	84								M90×2	115							
M68×2	100	88						1		M95×2	120						1.5	
M72×2										M100×2	125							
M75×2*	105	93		10.36	10	4.75	4			M105×2	130	15	12.43	12	5.75	5		
M76×2	110	98	15															
M80×2	115	103																
M85×2	120	108																
M90×2	125	112																
M95×2	130	117	18	12.43	12	5.75	5											
M100×2	135	122																
M105×2	140	127																

技术条件	材料	螺纹公差	热处理及表面处理
	45钢	6H	①槽或全部热处理后35～45HRC；②调质后24～30HRC；③氧化

注：1. 槽数 n：当 D≤M100×2 时，n=4；当 D≥M105×2 时，n=6。
　　2. *仅用于滚动轴承锁紧装置。

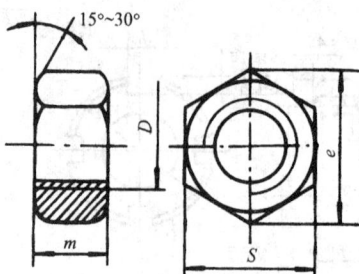

标记示例：

螺纹规格 D=M12、性能等级为 5 级、不经表面处理、C 级的 1 型六角螺母：

螺母GB/T 41—2016 M12

螺纹 规格 D	M5	M6	M8	M10	M12	(M14)	M16	(M18)	M20	(M22)	M24	(M27)	M30	M36
e (min)	8.63	10.89	14.20	17.59	19.85	22.78	26.17	29.56	32.95	37.29	39.55	45.2	50.85	60.79
s (max)	8	10	13	16	18	21	24	27	30	34	36	41	46	55
m (max)	5.6	6.4	7.9	9.5	12.12	13.9	15.9	16.9	19	20.2	22.3	24.7	26.4	31.9
技术 条件	材料：钢		机械性能等级		$D \le 39$mm 时为 4.5；$D > 39$mm 时按协议							螺纹公差：7H		
	表面处理：①不经处理；②镀锌钝化													

注：尽可能不采用括号内的规格。

5）垫圈

小垫圈—A 级(GB/T 848—2002)
平垫圈—A 级(GB/T 97.1—2002)　　平垫圈—倒角型—A 级(GB/T 97.2—2002)
平垫圈—C 级(GB/T 95—2002)

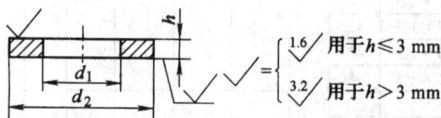
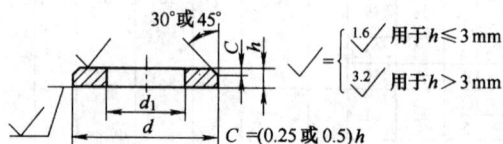

标记示例：

(1) 小系列(或标准系列)、公称直径 d=8mm、性能等级为 140HV 级、不经表面处理的小垫圈(或平垫圈，或倒角型平垫圈)：
　　垫圈 GB/T 848(或 GB/T 97.1，或 GB/T 97.2)—2002—8—140HV

(2) 标准系列、公称直径 d=8mm、性能等级为 100HV 级、不经表面处理的平垫圈：垫圈 GB/T 95—2002 8

公称直径(螺纹规格)		M5	M6	M8	M10	M12	M16	M20	M24	M30	M36
h	GB/T 848—2002	1	1.6	1.6	1.6	2	2.5	3	4	4	5
	GB/T 97.1—2002 GB/T 97.2—2002	1	1.6	1.6	2	2.5	3	3	4	4	5
	GB/T 95—2002	1	1.6	1.6	2	2.5	3	3	4	4	5
d_1	GB/T 848—2002 GB/T 97.1—2002 GB/T 97.2—2002	5.3	6.4	8.4	10.5	13	17	21	25	31	37
	GB/T 95—2002	5.5	6.6	9	11	13.5	17.5	22	26	33	39
d_2	GB/T 848—2002	9	11	15	18	20	28	34	39	50	60
	GB/T 97.1—2002 GB/T 97.2—2002	10	12	16	20	24	30	37	44	56	66
	GB/T 95—2002	10	12	16	20	24	30	37	44	56	66

注：材料为 Q215、Q235。

附表 3-20 弹簧垫圈
（摘自 GB/T 93—87、GB/T 859—87）

（mm）

标准型弹簧垫圈(GB 93—87)

轻型弹簧垫圈(GB 859—87)

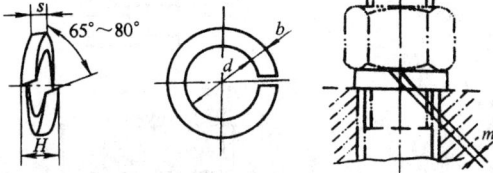

标记示例：

公称直径=16mm、材料为65Mn、表面氧化的标准型弹簧垫圈：

垫圈 GB 93—87 16

公称直径 (螺纹规格)	GB 93—87				GB 859—87			
	d (min)	S(b)	H (max)	m≤	S	b	H (max)	m≤
3	3.1	0.8	2	0.4	0.6	1	1.5	0.3
4	4.1	1.1	2.75	0.55	0.8	1.2	2	0.4
5	5.1	1.3	3.25	0.65	1.1	1.5	2.75	0.55
6	6.1	1.6	4	0.8	1.3	2	3.25	0.65
8	8.1	2.1	5.25	1.05	1.6	2.5	4	0.8
10	10.2	2.6	6.5	1.3	2	3	5	1
12	12.2	3.1	7.75	1.55	2.5	3.5	6.25	1.25
(14)	14.2	3.6	9	1.8	3	4	7.5	1.5
16	16.2	4.1	10.25	2.05	3.2	4.5	8	1.6
(18)	18.2	4.5	11.25	2.25	3.6	5	9	1.8
20	20.2	5	12.5	2.5	4	5.5	10	2
(22)	22.5	5.5	13.75	2.75	4.5	6	11.25	2.25
24	24.5	6	15	3	5	7	12.5	2.5
(27)	27.5	6.8	17	3.4	5.5	8	13.75	2.75
30	30.5	7.5	18.75	3.75	6	9	15	3
(33)	33.5	8.5	21.25	4.25	—	—	—	—
36	36.5	9	22.5	4.5				
(39)	39.5	10	25	5				
42	42.5	10.5	26.25	5.25				
(45)	45.5	11	27.5	5.5				
48	48.5	12	30	6				

注：材料为65Mn。淬火并回火处理、硬度42~50HRC，尽可能不用括号内的规格。

附表 3-21 圆螺母用止动垫圈
（摘自 GB/T 858—88）

（mm）

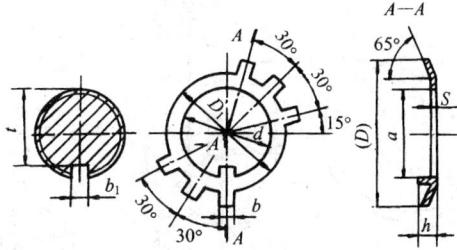

标记示例：

公称直径=16mm、材料为Q235-A、d≤100、退火、表面氧化的圆螺母用止动垫圈：

垫圈 GB 858—88 16

公称直径 (螺纹规格)	d	(D)参考	D_1	S	b	a	h	轴端 b_1	t
10	10.5	25	16			8			7
12	12.5	28	19		3.8	9	3	4	8
14	14.5	32	20	1		11			10
16	16.5	34	22		4.8	13		5	12
18	18.5	35	24			15	4		14
20	20.5	38	27			17			16
24	24.5	45	34		4.8	21		5	20
25*	25.5	45	34	1		22	4		—
30	30.5	52	40			27			26
35*	35.5	56	43			32			—
36	36.5	60	46		5.7	33		6	32
40*	40.5	62	49			37	5		—
42	42.5	66	53			39			38
48	48.5	76	61			45			44
50*	50.5	76	61	1.5		47			—
55*	56	82	67		7.7	52		8	—
56	57	90	74			53			52
64	65	100	84			61	6		60
65*	66					62			—
68	69	105	88			65			64
72	73	110	93			69	7		68
75*	76				9.6	71		10	—
76	77	115	98			72			70

注：1. 材料为Q235。

2. 标有*的规格仅用于滚动轴承锁紧装置。

6)挡圈

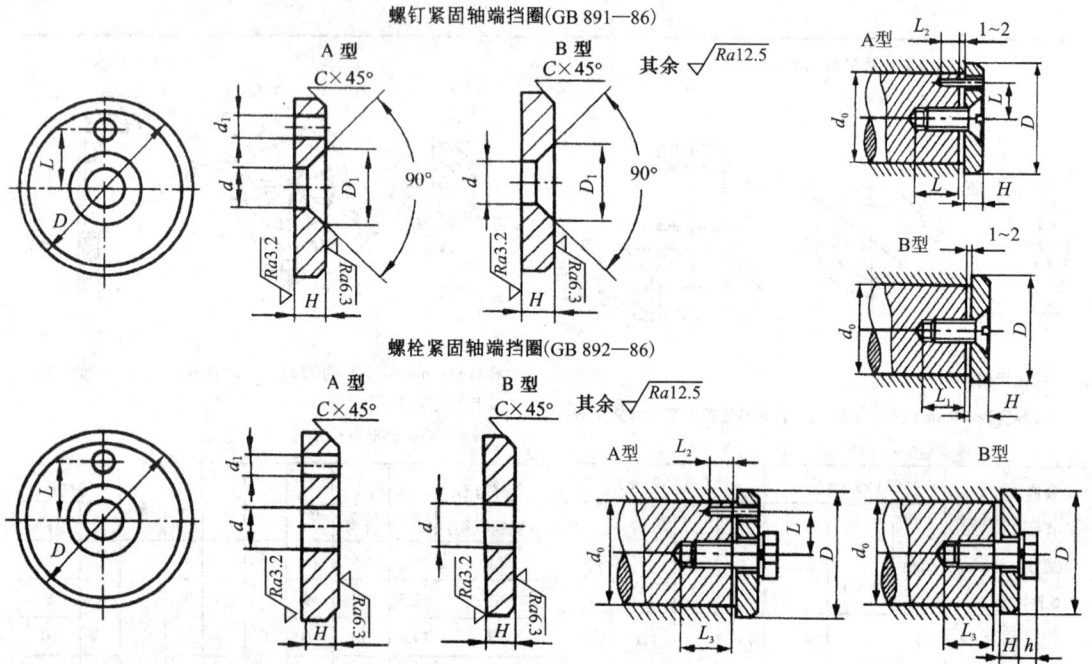

螺钉紧固轴端挡圈(GB 891—86)

螺栓紧固轴端挡圈(GB 892—86)

标记示例:

公称直径D=45 mm、材料为Q235A、不经表面处理的A型螺栓紧固轴端挡圈:
挡圈GB 892—86-45

按B型制造时,应加标记B:
挡圈GB 892—86 B 45

轴径 d_0 ≤	公称直径 D	H		L		d	C	d_1	D_1	GB 891—86		GB 892—86		安装尺寸				
		基本尺寸	极限偏差	基本尺寸	极限偏差					螺钉GB/T 819.1—2016	圆柱销GB/T 119.1~2—2000	螺栓GB/T 5783—2016	圆柱销GB/T 119.1~2—2000	垫圈 GB 93—87	L_1	L_2	L_3	h
14	20	4																
16	22	4																
18	25	4				5.5	0.5	2.1	11	M5×12	A2×10	M5×16	A2×10	5	14	6	16	5.1
20	28	4		7.5	±0.11													
22	30	4		7.5														
25	32	5		10														
28	35	5	0 −0.30	10														
30	38	5		10		6.6	1	3.2	13	M6×16	A3×12	M6×20	A3×12	6	18	7	20	6
32	40	5		12														
35	45	5		12														
40	50	5		12														
45	55	6		16	±0.135													
50	60	6		16														
55	65	6		16		9	1.5	4.2	17	M8×20	A4×14	M8×25	A4×14	8	22	8	24	8
60	70	6		20														
65	75	6		20														
70	80	6		20	±0.165													
75	90	8	0 −0.36	25		13	2	5.2	25	M12×25	A5×16	M12×30	A5×16	12	26	10	28	11.5
85	100	8		25														

注:1. 当挡圈装在带螺纹孔的轴端时,紧固用螺钉(螺栓)允许加长。
　　2. 材料为Q235A和35、45钢。

182

附表 3-23　孔用弹性挡圈—A 型(摘自 GB 893.1—86)　　　　(mm)

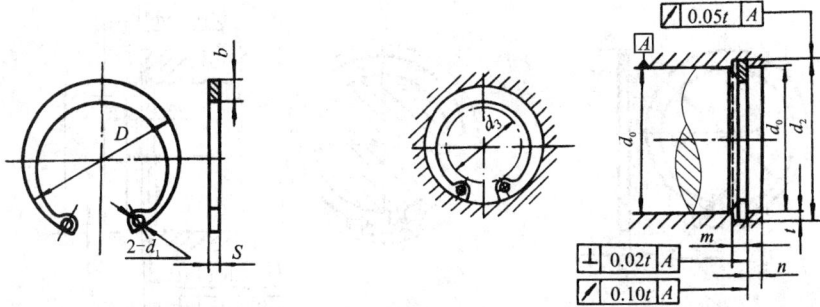

标记示例：

挡圈 GB 893.1 50

(孔径 d_0=50mm、材料 65Mn、热处理硬度 44～51HRC、经表面氧化处理的 A 型孔用弹性挡圈)

d_3—允许套人的最大轴径

孔径	挡圈				沟槽(推荐)			轴	孔径	挡圈				沟槽(推荐)			轴
d_0	D	S	$b\approx$	d_1	d_2	m	$n\geq$	$d_3\leq$	d_0	D	S	$b\approx$	d_1	d_2	m	$n\geq$	$d_3\leq$
17	18.3	1	2.1	1.7	17.8	1.1	1.2	8									
18	19.5		2.1	1.7	19			9	58	62.2	2	5.2		61	2.2		43
19	20.5				20			10	60	64.2				63			44
20	21.5	1			21	1.1	1.5		62	66.2				65			45
21	22.5		2.5		22			11	63	67.2				66			46
22	23.5				23			12	65	69.2				68			48
24	25.9			2	25.2			13	68	72.5		5.7		71		4.5	50
25	26.9		2.8		26.2		1.8	14	70	74.5				73			53
26	27.9				27.2			15	72	76.5				75			55
28	30.1	1.2			29.4	1.3		17	75	79.5			3	78			56
30	32.1		3.2		31.4		2.1	18	78	82.5		6.3		81			60
31	33.4				32.7			19	80	85.5				83.5			63
32	34.4				33.7		2.6	20	82	87.5	2.5	6.8		85.5	2.7		65
34	36.5				35.7			22	85	90.5				88.5			68
35	37.8			2.5	37			23	88	93.5				91.5			70
36	38.8		3.6		38		3	24	90	95.5		7.3		93.5			72
37	39.8				39			25	92	97.5				95.5		5.3	73
38	40.8	1.5			40			26	95	100.5				98.5			75
40	43.5		4		42.5	1.7		27	98	103.5		7.7		101.5			78
42	45.5				44.5			29	100	105.5				103.5			80
45	48.5				47.5		3.8	31	102	108				106			82
47	50.5				49.5			32	105	112		8.1		109			83
48	51.5		4.7	3	50.5			33	108	115				112			86
50	54.2				53			36	110	117		8.8	4	114			88
52	56.2	2			55	2.2	4.5	38	112	119	3			116	3.2	6	89
55	59.2				58			40	115	122		9.3		119			90
56	60.2		5.2		59			41									

注：1. 材料为 65Mn、60Si$_2$MnA。

　　2. 热处理(淬火并回火)：$d_0\leq$48mm，硬度为 47～54HRC；$d_0>$48mm，硬度为 44～51HRC。

附表 3-24　轴用弹性挡圈—A 型(摘自 GB 894.1—86)

(mm)

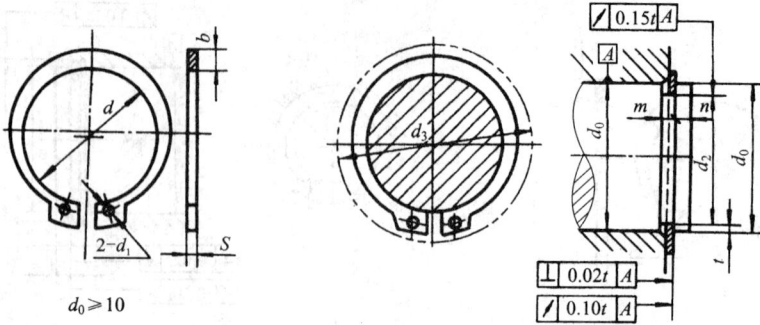

$d_0 \geqslant 10$

标记示例:

挡圈 GB 894.1 50　　　　　　　　　d_3—允许套人的最小孔径

(轴径 d_0=50mm、材料 65Mn、热处理 44～51HRC、经表面氧化处理的 A 型轴用弹性挡圈)

轴径	挡圈				沟槽(推荐)			孔	轴径	挡圈				沟槽(推荐)			孔
d_0	d	S	$b\approx$	d_1	d_2	m	$n\geqslant$	$d_3\geqslant$	d_0	d	S	$b\approx$	d_1	d_2	m	$n\geqslant$	$d_3\geqslant$
17	15.7				16.2		1.2	25.6									
18	16.5		2.48	1	17			27	55	50.8		5.48		52			70.4
19	17.5				18			28	56	51.8				53			71.7
20	18.5	1			19	1.1	1.5	29	58	53.8	2			55	2.2		73.6
21	19.5		2.68		20			31	60	55.8				57			75.8
22	20.5				21			32	62	57.8		6.12		59			79
24	22.2			2	22.9			34	63	58.8				60		4.5	79.6
25	23.2		3.32		23.9		1.7	35	65	60.8				62			81.6
26	24.2				24.9			36	68	63.5				65			85
28	25.9	1.2	3.60		26.6	1.3		38.4	70	65.5			3	67			87.2
29	26.9		3.72		27.6		2.1	39.8	72	67.5		6.32		69			89.4
30	27.9				28.6			42	75	70.5				72			92.8
32	29.6		3.92		30.3			44	78	73.5				75			96.2
34	31.5		4.32		32.3		2.6	46	80	74.5	2.5			76.5	2.7		98.2
35	32.2				33			48	82	76.5				78.5			101
36	33.2		4.52	2.5	34		3	49	85	79.5		7.0		81.5			104
37	34.2				35			50	88	82.5				84.5		5.3	107.3
38	35.2	1.5			36	1.7		51	90	84.5		7.6		86.5			110
40	36.5				37.5			53	95	89.5		9.2		91.5			115
42	38.5		5.0		39.5		3.8	56	100	94.5				96.5			121
45	41.5				42.5			59.4	105	98		10.7		101			132
48	44.5			3	45.5			62.8	110	103	3	11.3	4	106	3.2	6	136
50	45.8	2	5.48		47	2.2	4.5	64.8	115	108		12		111			142
52	47.8				49			67									

注: 1. 材料为 65Mn、60Si$_2$MnA。

2. 热处理(淬火并回火): $d_0 \leqslant 48$mm,硬度为 47～54HRC;$d_0 > 48$mm,硬度为 44～51HRC。

4. 螺纹零件的结构要素

附表 3-25　普通螺纹收尾、肩距、退刀槽和倒角(摘自 GB/T 3—1997)　　　　　(mm)

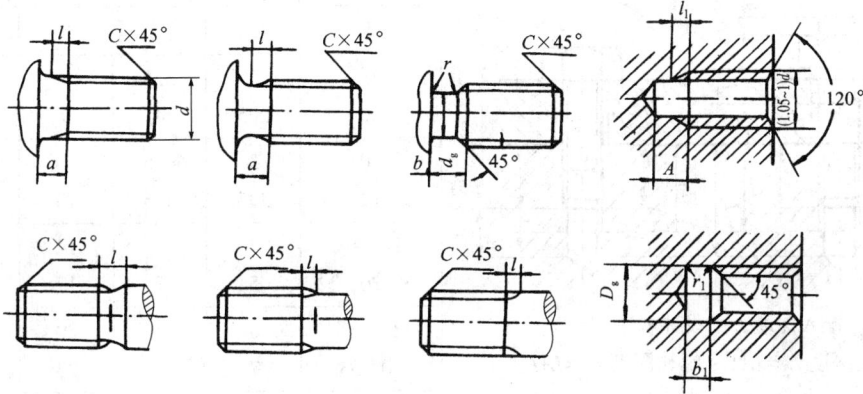

	螺距 P	粗牙螺纹大径 d	外螺纹 螺纹收尾 l max 一般	短的	肩距 a max 一般	长的	短的	退刀槽 b 一般	窄的	r≈	dg	倒角 C	内螺纹 螺纹收尾 l₁ max 一般	长的	肩距 A 一般	长的	退刀槽 b₁ 一般	窄的	r₁	Dg
普通螺纹	0.5	3	1.25	0.7	1.5	2	1	1.5	0.8	0.2	d-0.8	0.5	1	1.5	3	4	2	1	0.2	
	0.6	3.5	1.5	0.75	1.8	2.4	1.2	1.8	0.9	0.4	d-1		1.2	1.8	3.2	4.8	2.4	1.2	0.3	d+0.3
	0.7	4	1.75	0.9	2.1	2.8	1.4	2.1	1.1	0.4	d-1.1	0.6	1.4	2.1	3.5	5.6	2.8	1.4	0.4	
	0.75	4.5	1.9	1	2.25	3	1.5	2.25	1.2	0.4	d-1.2		1.5	2.3	3.8	6	3	1.5	0.4	
	0.8	5	2	1	2.4	3.2	1.6	2.4	1.3	0.4	d-1.3	0.8	1.6	2.4	4	6.4	3.2	1.6	0.4	
	1	6,7	2.5	1.25	3	4	2	3	1.6	0.6	d-1.6	1	2	3	5	8	4	2	0.5	
	1.25	8	3.2	1.6	4	5	2.5	3.75	2	0.6	d-2	1.2	2.5	3.8	6	10	5	2.5	0.6	
	1.5	10	3.8	1.9	4.5	6	3	4.5	2.5	0.8	d-2.3	1.5	3	4.5	7	12	6	3	0.8	
	1.75	12	4.3	2.2	5.3	7	3.5	5.25	3	1	d-2.6	2	3.5	5.2	9	14	7	3.5	0.9	
	2	14,16	5	2.5	6	8	4	6	3.4	1	d-3		4	6	10	16	8	4	1	
	2.5	18,20,22	6.3	3.2	7.5	10	5	7.5	4.4	1.2	d-3.6	2.5	5	7.5	12	18	10	5	1.2	d+0.5
	3	24,27	7.5	3.8	9	12	6	9	5.2	1.6	d-4.4		6	9	14	22	12	6	1.5	
	3.5	30,33	9	4.5	10.5	14	7	10.5	6.2	1.6	d-5	3	7	10.5	16	24	14	7	1.8	
	4	36,39	10	5	12	16	8	12	7	2	d-5.7		8	12	18	26	16	8	2	
	4.5	42,45	11	5.5	13.5	18	9	13.5	8	2.5	d-6.4	4	9	13.5	21	29	18	9	2.2	
	5	48,52	12.5	6.3	15	20	10	15	9	2.5	d-7		10	15	23	32	20	10	2.5	
	5.5	56,60	14	7	16.5	22	11	17.5	11	3.2	d-7.7	5	11	16.5	25	35	22	11	2.8	
	6	64,66	15	7.5	18	24	12	18	11	3.2	d-8.3		12	18	28	38	24	12	3	

附表 3-26　普通粗牙螺纹的余留长度、钻孔余留深度（摘自 JB/ZQ 4247—2006）　　　（mm）

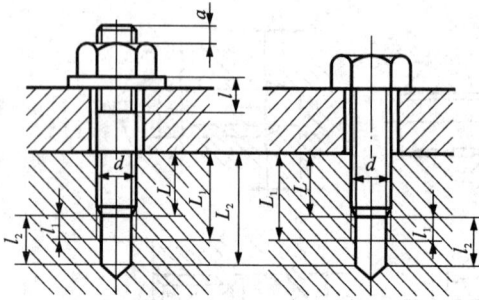

拧入深度 L 由设计者决定；

钻孔深度 $L_2 = L + l_2$；螺孔深度 $L_1 = L + l_1$

螺纹直径 d	余留长度			末端长度 a
	内螺纹 l_1	外螺纹 l	钻孔 l_2	
5	1.5	2.5	6	2~3
6	2	3.5	7	2.5~4
8	2.5	4	9	2.5~4
10	3	4.5	10	3.5~5
12	3.5	5.5	13	3.5~5
14, 16	4	6	14	4.5~6.5
18, 20, 22	5	7	17	4.5~6.5
24, 27	6	8	20	5.5~8
30, 33	7	9	23	5.5~8
36	8	10	26	7~11

附表 3-27　粗牙螺栓及螺钉的拧入深度和螺纹孔尺寸　　　（mm）

公称直径 d	钻孔直径 d_0	钢和青铜				铸铁				铝			
		通孔拧入深度 h	盲孔拧入深度 H	攻丝深度 H_1	钻孔深度 H_2	通孔拧入深度 h	盲孔拧入深度 H	攻丝深度 H_1	钻孔深度 H_2	通孔拧入深度 h	盲孔拧入深度 H	攻丝深度 H_1	钻孔深度 H_2
3		4	3	4	7	6	5	6	9	8	6	7	10
4		5.5	4	5.5	9	8	6	7.5	11	10	8	10	14
5		7	5	7	11	10	8	10	14	12	10	12	16
6	5	8	6	8	13	12	10	12	17	15	12	15	20
8	6.7	10	8	10	16	15	12	14	20	20	16	18	24
10	8.5	12	10	13	20	18	15	18	25	24	20	23	30
12	10.2	15	12	15	24	22	18	21	30	28	24	27	36
16	14	20	16	20	30	28	24	28	33	36	32	36	46
20	17.4	25	20	24	36	35	30	35	47	45	40	45	57
24	20.9	30	24	30	44	42	35	42	55	55	48	54	68
30	26.4	36	30	36	52	50	45	52	68	70	60	67	84
36	32	45	36	44	62	65	55	64	82	80	72	80	98
42	37.3	50	42	50	72	75	65	74	95	95	85	94	115
48	42.7	60	48	58	82	85	75	85	108	105	95	105	128

附表 3-28　紧固件通孔及沉孔尺寸(摘自 GB/T 5277—85、GB/T 152.2~4—2014)　　　　(mm)

螺钉或螺栓直径 d			3	4	5	6	8	10	12	14	16	18	20	22	24	27	30	36
螺栓和螺钉通孔直径 d_h GB/T 5277—85		精装配	3.2	4.3	5.3	6.4	8.4	10.5	13	15	17	19	21	23	25	28	31	37
		中等装配	3.4	4.5	5.5	6.6	9	11	13.5	15.5	17.5	20	22	24	26	30	33	39
		粗装配	3.6	4.8	5.8	7	10	12	14.5	16.5	18.5	21	24	26	28	32	35	42
用于六角头螺栓 用于带垫圈的六角螺母 GB/T 152.4—2014	D	小六角					17	20	24	26	30	32	36	40	42	48	54	65
		六角	9	10	11	13	18	22	26	30	33	36	40	43	48	53	61	71
	D		8	10	11	13	18	22	26	30	33	36	40	43	48	53	61	71
	h		锪平为止															
用于圆柱头螺钉 GB/T 152.3—2014	D		6	8	10	12	15	18	20	24	26	32	33					
	H		1.9	2.5	3	3.5	5	6	7	8	9	10	11					
	H_1		2.4	3.2	4	4.7	6	7	8	9	10.5	11	12.5					
用于圆柱头内六角螺钉 GB/T 152.2—2014	D		6	8	10	11	15	18	20	24	26	32	33	38	40	46	48	57
	H			4	5	6	8	10	12	14	16	18	20	22	24	27	30	36
	H_1		4.5	5.5	6.6	7	9	11	13.5	15.5	17.5	19	22	23	26	28	33	39
用于沉头螺钉 90°$^{-2°}_{-4°}$ GB/T 152.2—2014	D		6.4	9.6	10.6	12.8	17.6	20.3	24.4	28.4	32.4	36	40.4					

二、键和销连接

1. 普通平键连接

附表 3-29　平键连接的剖面和键槽（摘自 GB/T 1095—2003）、
普通平键的形式和尺寸（摘自 GB/T 1096—2003）　　　　　　（mm）

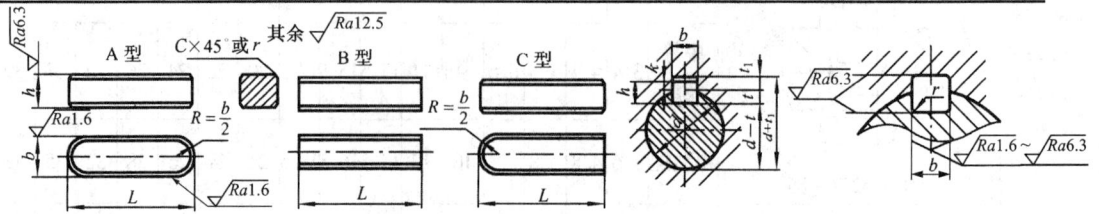

标记示例：

$b=16mm$、$h=10mm$、$L=100mm$ 的圆头普通平键（A 型）：键 16×100 GB/T 1096—2003

$b=16mm$、$h=10mm$、$L=100mm$ 的单圆头普通平键（C 型）：键 C16×100 GB/T 1096—2003

轴	键	键槽											
		宽度 b						深度				半径 r	
			极限偏差					轴 t		毂 t_1			
公称直径 d	公称尺寸 $b×h$	公称尺寸 b	较松键连接		一般键连接		较紧键连接	公称尺寸	极限偏差	公称尺寸	极限偏差	最小	最大
			轴 H9	毂 D10	轴 N9	毂 Js9	轴和毂 P9						
自6~8	2×2	2	+0.025 0	+0.060 +0.020	-0.004 -0.029	±0.0125	-0.006 -0.031	1.2	+0.1 0	1	+0.1 0	0.08	0.16
>8~10	3×3	3						1.8		1.4			
>10~12	4×4	4	+0.030 0	+0.078 +0.030	0 -0.030	±0.015	-0.012 -0.042	2.5		1.8			
>12~17	5×5	5						3.0		2.3		0.16	0.25
>17~22	6×6	6						3.5		2.8			
>22~30	8×7	8	+0.036 0	+0.098 +0.040	0 -0.036	±0.018	-0.015 -0.051	4.0		3.3			
>30~38	10×8	10						5.0		3.3			
>38~44	12×8	12						5.0		3.3			
>44~50	14×9	14	+0.043 0	+0.120 +0.050	0 -0.043	±0.0215	-0.018 -0.061	5.5		3.8		0.25	0.40
>50~58	16×10	16						6.0		4.3			
>58~65	18×11	18						7.0	+0.2 0	4.4	+0.2 0		
>65~75	20×12	20						7.5		4.9			
>75~85	22×14	22	+0.052 0	+0.149 +0.065	0 -0.052	±0.026	-0.022 -0.074	9.0		5.4			
>85~95	25×14	25						9.0		5.4		0.40	0.60
>95~110	28×16	28						10.0		6.4			
>110~130	32×18	32	+0.062 0	+0.180 +0.080	0 -0.062	±0.031	-0.026 -0.088	11.0		7.4			
键的长度系列		6, 8, 10, 12, 14, 16, 18, 20, 22, 25, 28, 32, 36, 40, 45, 50, 56, 63, 70, 80, 90, 100, 110, 125, 140, 160, 180, 200, 220, 250, 280, 320, 360											

注：1. $(d-t)$ 和 $(d+t_1)$ 两组组合尺寸的极限偏差按相应的 t 和 t_1 的极限偏差选取，但 $(d-t)$ 极限偏差值应取负号（-）。

　　2. 在工作图中，轴槽深用 t 或 $(d-t)$ 标注，轮毂槽深用 $(d+t_1)$ 标注。轴槽及轮毂槽对称度公差按 7～9 级选取。

　　3. 平键的材料通常为 45 钢。

2. 矩形花键连接

附表 3-30　矩形花键尺寸、公差(摘自 GB/T 1144—2001) 　　　　(mm)

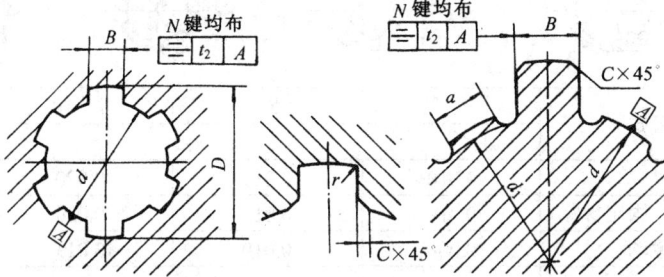

标记示例：

花键：$N = 6$, $d = 23 \dfrac{H7}{f7}$, $D = 26 \dfrac{H10}{a11}$, $B = 6 \dfrac{H11}{d10}$

花键副：$6 \times 23 \dfrac{H7}{f7} \times 26 \dfrac{H10}{a11} \times 6 \dfrac{H11}{d10}$ GB/T 1144.1

内花键：6×23H7×26H10×6H11 GB/T 1144

外花键：6×23f7×26a11×6d11 GB/T 1144

小径 d	轻系列					中系列				
	规格 $N \times d \times D \times B$	C	r	参考 d_{1min}	a_{min}	规格 $N \times d \times D \times B$	C	r	参考 d_{1min}	a_{min}
23	6×23×26×6	0.2	0.1	22	3.5	6×23×28×6	0.3	0.2	21.2	1.2
26	6×26×30×6			24.5	3.8	6×26×32×6			23.6	1.2
28	6×28×32×7			26.6	4.0	6×28×34×7			25.8	1.4
32	8×32×36×6	0.3	0.2	30.3	2.7	8×32×38×6	0.4	0.3	29.4	1.0
36	8×36×40×7			34.4	3.5	8×36×42×7			33.4	1.0
42	8×42×46×8			40.5	5.0	8×42×48×8			39.4	2.5
46	8×46×50×9			44.6	5.7	8×46×54×9			42.6	1.4
52	8×52×58×10			49.6	4.8	8×52×60×10	0.5	0.4	48.6	2.5
56	8×56×62×10			53.5	6.5	8×56×65×10			52.0	2.5
62	8×62×68×12			59.7	7.3	8×62×72×12			57.7	2.4
72	10×72×78×12	0.4	0.3	69.6	5.4	10×72×82×12			67.4	1.0
82	10×82×88×12			79.3	8.5	10×82×92×12	0.6	0.5	77.0	2.9
92	10×92×98×14			89.6	9.9	10×92×102×14			87.3	4.5
102	10×102×108×16			99.6	11.3	10×102×112×16			97.7	6.2
112	10×112×120×18	0.5	0.4	108.8	10.5	10×112×125×18			106.2	4.1

内花键				外花键			装配形式
d	D	B		d	D	B	
		拉削后不热处理	拉削后热处理				
一般用公差带							
H7	H10	H9	H11	f7	a11	d10	滑动
				g7		f9	紧滑动
				h7		h10	固定
精密传动用公差带							
H5	H10	H7、H9		f5	a11	d8	滑动
				g5		f7	紧滑动
				h5		h8	固定
H6				f6		d8	滑动
				g6		f7	紧滑动
				h6		h8	固定

注：1. N 为键数，D 为大径，B 为键宽，d_1 和 a 值仅适用于展成法加工。

　　2. 精密传动用的内花键，当需要控制键侧配合间隙时，槽宽可选用 H7，一般情况下可选用 H9。

　　3. d 为 H6 和 H7 的内花键，允许与提高一级的外花键配合。

189

附表 3-31　矩形花键的位置度、对称度公差（摘自 GB/T 1144—2001）　（mm）

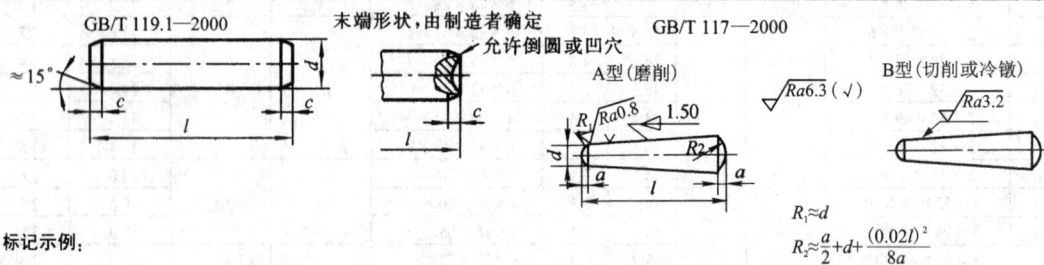

键槽宽或键宽 B		3	3.5～6	7～10	12～18
		t_1			
键	键槽	0.010	0.015	0.020	0.025
	滑动、固定	0.010	0.015	0.020	0.025
	紧滑动	0.006	0.010	0.013	0.016
		t_2			
一般用		0.010	0.012	0.015	0.018
精密传动用		0.006	0.008	0.009	0.011

注：花键的等分度公差值等于键宽的对称度公差。

3. 销连接

附表 3-32　圆柱销（摘自 GB/T 119.1—2000）和圆锥销（摘自 GB/T 117—2000）　（mm）

GB/T 119.1—2000　末端形状，由制造者确定
允许倒圆或凹穴
GB/T 117—2000
A型（磨削）　$\sqrt{Ra6.3}(\sqrt{})$　B型（切削或冷镦）

$R_1 \approx d$

$R \approx \dfrac{a}{2} + d + \dfrac{(0.02l)^2}{8a}$

标记示例：

公称直径 d=8mm、公差为 m6、长度 l=30mm、材料为 35 钢、不经淬火、不经表面处理的圆柱销：

销 GB/T 119.1 8 m6×30

公称直径 d=10mm、长度 l=60mm、材料为 35 钢、硬度为 28～38HRC、表面氧化处理的 A 型圆锥销：

销 GB/T 117　A10×60

公称直径 d		3	4	5	6	8	10	12	16	20	25
圆柱销	$c \approx$	0.5	0.63	0.8	1.2	1.6	2.0	2.5	3.0	3.5	4.0
	l（公称）	8～30	8～40	10～50	12～60	14～80	18～95	22～140	26～180	35～200	50～200
圆锥销	$a \approx$	0.4	0.5	0.63	0.8	1.0	1.2	1.6	2.0	2.5	3.0
	l（公称）	12～45	14～55	18～60	22～90	22～120	26～160	32～180	40～200	45～200	50～200

l（公称）系列　6, 8, 10, 12, 12～32(2 进位), 35～100(5 进位), 100～200(20 进位)

技术条件			直径公差	表面粗糙度	材料(硬度)	表面处理
	圆柱销		m6	$Ra \leqslant 0.8\,\mu m$	不淬硬钢(125～245HV30)	表面不经处理；氧化；镀锌钝化；磷化
			h6	$Ra \leqslant 1.6\,\mu m$	奥氏体不锈钢 A1(210～280HV30)	表面简单处理
	圆锥销		直径公差 A 型磨削	$Ra = 0.8\,\mu m$	35(28～38HRC) 45(38～46HRC) 30CrMnSiA(35～41HRC)	表面不经处理；氧化；磷化；镀锌钝化
			h10	B 型切削或冷镦 $Ra = 3.2\,\mu m$	不锈钢 1Cr13, 2Cr13, Cr17Ni2, 0Cr18Ni9Ti	表面简单处理

附录Ⅳ　常用联轴器类型

1. 联轴器轴孔和连接型式与尺寸

附表 4-1　联轴器轴孔和连接型式及代号(摘自 GB/T 3852—2017)

	圆柱形轴孔 （Y 型）	有沉孔的短圆柱形轴孔 （J 型）	有沉孔的圆锥形轴孔 （Z 型）	无沉孔的圆锥形轴孔 （Z₁ 型）
轴孔				

	A 型	B 型	B₁ 型	C 型
键槽				

附表 4-2　圆柱形轴孔和键槽尺寸(摘自 GB/T 3852—2017)　　　　(mm)

轴孔直径 d	长　度 L		L_1	沉孔 d_1	R	键槽 A 型、B 型、B₁ 型				
						b	t		t_1	
	长系列	短系列				P9	公称尺寸	极限偏差	公称尺寸	极限偏差
20	52	38	52	38	1.5	6	22.8	+0.1 0	25.6	+0.2 0
22							24.8		27.6	
24	62	44	62	48		8	27.3		30.6	
25							28.3		31.6	
28							31.3		34.6	
30	82	60	82	55			33.3		36.6	
32						10	35.3		38.6	
35							38.3		41.6	
38					2		41.3	+0.2 0	44.6	+0.4 0
40	112	84	112	65		12	43.3		46.6	
42							45.3		48.6	
45				80			48.8		52.6	
48						14	51.8		55.6	
50							53.8		57.6	
55				95	2.5	16	59.3		63.6	
56							60.3		64.6	

注：键槽宽度 b 的极限偏差，也可采用 GB/T 1095 中规定的轴 N9、毂按 JS9 选取。

直径 d_z 公称尺寸	极限偏差 H8	长度 长系列 L	长系列 L_1	短系列 L	短系列 L_1	沉孔尺寸 d_1	R	C型键槽 b 公称尺寸	b 极限偏差 P9	t_2 长系列	t_2 短系列	t_2 极限偏差
20								4		10.9	11.2	
22		38	52	24	38	38				11.9	12.2	
24	+0.033 0								−0.012 −0.042	13.4	13.7	+0.1 0
25		44	62	26	44	48		5		13.7	14.2	
28										15.2	15.7	
30										15.8	16.4	
32		60	82	38	60	55				17.3	17.9	
35								6		18.8	19.4	
38										20.3	20.9	
40	+0.039 0					65	2.0	10	−0.015 −0.051	21.2	21.9	+0.2 0
42										22.2	22.9	
45						80		12		23.7	24.4	
48		84	112	56	84					25.2	25.9	
50										26.2	26.9	
55						95		14	−0.018 −0.061	29.2	29.9	
56										29.7	30.4	
60	+0.046 0						2.5			31.7	32.5	
63		107	142	72	107	105		16		33.2	34.0	
65										34.2	35.0	

附表 4-4 弹性柱销联轴器（LX 型）（摘自 GB/T 5014—2017） （mm）

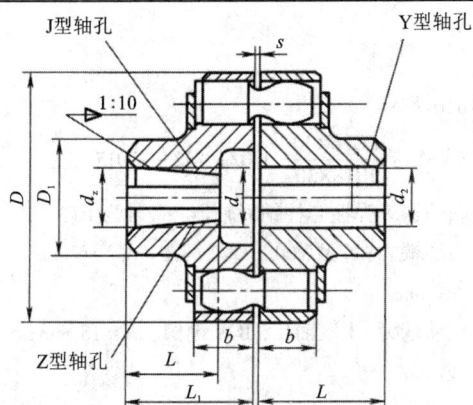

标记示例：

LX5 联轴器 $\dfrac{ZC55\times84}{JB50\times84}$ GB/T 5014—2017

该联轴器为弹性柱销联轴器，型号为 LX5，其
主动端为：Z 型轴孔，C 型键槽，$d_z = 55$ mm，$L = 84$ mm
从动端为：J 型轴孔，B 型键槽，$d_2 = 50$ mm，$L = 84$ mm

型号	公称转矩 /(N·m)	许用转速 /(r·min⁻¹)	轴孔直径 d_1, d_2, d_z /mm	轴孔长度/mm Y 型 L	轴孔长度/mm J、Z 型 L_1	轴孔长度/mm J、Z 型 L	D /mm	D_1 /mm	b /mm	s /mm	转动惯量 /(kg·m²)	质量 /kg
LX1	250	8500	12, 14	32	27	—	90	40	20	2.5	0.002	2
			16, 18, 19	42	30	42						
			20, 22, 24	52	38	52						
LX2	560	6300	20, 22, 24	52	38	52	120	55	28	2.5	0.009	5
			25, 28	62	44	62						
			30, 32, 35	82	60	82						
LX3	1250	4750	30, 32, 35, 38	82	60	82	160	75	36	2.5	0.026	8
			40, 42, 45, 48	112	84	112						
LX4	2500	3850	40, 42, 45, 50, 55, 56	112	84	112	195	100	45	3	0.109	22
			60, 63	142	107	142						
LX5	3150	3450	50, 55, 56	112	84	112	220	120	45	3	0.191	30
			60, 63, 65, 70, 71, 75	142	107	142						
LX6	6300	2720	60, 63, 65, 70, 71, 75	142	107	142	280	140	56	4	0.543	53
			80, 85	172	132	172						
LX7	11200	2360	70, 71, 75	142	107	142	320	170	56	4	1.314	98
			80, 85, 90, 95	172	132	172						
			100, 110	212	167	212						
LX8	16000	2120	80, 85, 90, 95	172	132	172	360	200	56	5	2.023	119
			100, 110, 120, 125	212	167	212						
LX9	22400	1850	100, 110, 120, 125	212	167	212	410	230	63	5	4.386	197
			130, 140	252	202	252						
LX10	35500	1600	110, 120, 125	212	167	212	480	280	75	6	9.760	322
			130, 140, 150	252	202	252						
			160, 170, 180	302	242	302						

附表 4-5　弹性套柱销联轴器(LT 型)(摘自 GB/T 4323—2017)　　　(mm)

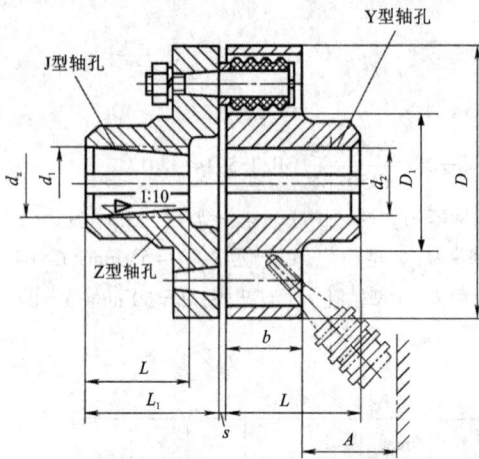

标记示例:

LT3 联轴器 $\dfrac{ZC16\times30}{JB18\times30}$ GB/T 4323—2017

该联轴器为弹性套柱销联轴器,型号为 LT3,其

主动端为:Z 型轴孔,C 型键槽,$d_z = 16$ mm,

$L = 30$ mm

从动端为:J 型轴孔,B 型键槽,$d_2 = 18$ mm,

$L = 30$ mm

型号	公称转矩/(N·m)	许用转速/(r·min⁻¹)	轴孔直径 d_1, d_2, d_z /mm	轴孔长度/mm Y型 L	J、Z型 L₁	L	D/mm	D₁/mm	s/mm	A/mm	转动惯量/(kg·m²)	质量/kg
LT1	16	8800	10, 11	22	25	22	71	22	3	18	0.0004	0.7
			12, 14	27	32	27						
LT2	25	7600	12, 14	27	32	27	80	30	3	18	0.001	1.0
			16, 18, 19	30	42	30						
LT3	63	6300	16, 18, 19	30	42	30	95	35	4	35	0.002	2.2
			20, 22	38	52	38						
LT4	100	5700	20, 22, 24	38	52	38	106	42	4	35	0.004	3.2
			25, 28	44	62	44						
LT5	224	4600	25, 28	44	62	44	130	56	5	45	0.011	5.5
			30, 32, 35	60	82	60						
LT6	355	3800	32, 35, 38	60	82	60	160	71	5	45	0.026	9.6
			40, 42	84	112	84						
LT7	560	3600	40, 42, 45, 48	84	112	84	190	80	5	45	0.06	15.7
LT8	1120	3000	40, 42, 45, 48, 50, 55	84	112	84	224	95	6	65	0.13	24.0
			60, 63, 65	107	142	107						
LT9	1600	2850	50, 55	84	112	84	250	110	6	65	0.20	31.0
			60, 63, 65, 70	107	142	107						
LT10	3150	2300	63, 65, 70, 75	107	142	107	315	150	8	80	0.64	60.2
			80, 85, 90, 95	132	172	132						
LT11	6300	1800	80, 85, 90, 95	132	172	132	400	190	10	100	2.06	114
			100, 110	167	212	167						
LT12	12500	1450	100, 110, 120, 125	167	212	167	475	220	12	130	5.00	212
			130	202	252	202						
LT13	22400	1150	120, 125	167	212	167	600	280	14	180	16.0	416
			130, 140, 150	202	252	202						
			160, 170	242	302	242						

注:1. 转动惯量和质量按 Y 型最大轴孔长度、最小轴孔直径计算的数值。2. 轴孔型式组合为:Y/Y、J/Y、Z/Y。

附表 4-6 梅花形弹性联轴器(LM 型)(摘自 GB/T 5272—2017)　　　　(mm)

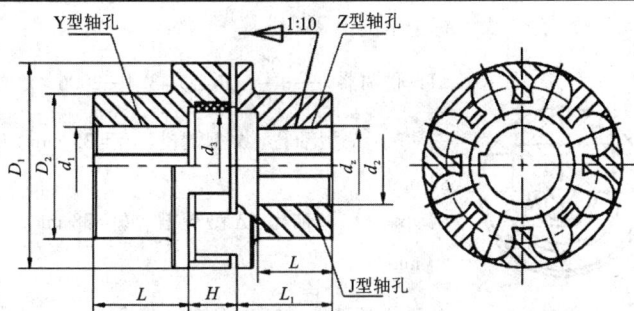

标记示例:
LM145 联轴器 48×112
GB/T 5272—2017
主动端:Y 型轴孔,A 型键槽,
$d_1 = 45$ mm,$L = 112$ mm
从动端:Y 型轴孔,A 型键槽,
$d_2 = 45$ mm,$L = 112$ mm

型号	公称转矩 /(N·m)	最大转矩 /(N·m)	许用转速 /(r·min⁻¹)	轴孔直径 d_1,d_2,d_z /mm	轴孔长度/mm Y型 L	J、Z型 L_1	L	D_1 /mm	D_2 /mm	H /mm	转动惯量 /(kg·m²)	质量 /kg
LM50	28	50	15000	10, 11	22	—	—	50	42	16	0.0002	1.00
				12, 14	27	—	—					
				16, 18, 19	30	—	—					
				20, 22, 24	38	—	—					
LM70	112	200	11000	12, 14	27	—	—	70	55	23	0.0011	2.50
				16, 18, 19	30	—	—					
				20, 22, 24	38	—	—					
				25, 28	44	—	—					
				30, 32, 35, 38	60	—	—					
LM85	160	288	9000	16, 18, 19	30	—	—	85	60	24	0.0022	3.42
				20, 22, 24	38	—	—					
				25, 28	44	—	—					
				30, 32, 35, 38	60	—	—					
LM105	355	640	7250	18, 19	30	—	—	105	65	27	0.0051	5.15
				20, 22, 24	38	—	—					
				25, 28	44	—	—					
				30, 32, 35, 38	60	—	—					
				40, 42	84	—	—					
LM125	450	810	6000	20, 22, 24	38	52	38	125	85	33	0.014	10.1
				25, 28	44	62	44					
				30, 32, 35, 38*	60	82	60					
				40, 42, 45, 48, 50, 55	84	—	—					
LM145	710	1280	5250	25, 28	44	62	44	145	95	39	0.025	13.1
				30, 32, 35, 38	60	82	60					
				40, 42, 45*, 48*, 50*, 55*	84	112	84					
				60, 63, 65	107	—	—					
LM170	1250	2250	4500	30, 32, 35, 38	60	82	60	170	120	41	0.055	21.2
				40, 42, 45, 48, 50, 55	84	112	84					
				60, 63, 65, 70, 75	107	—	—					
				80, 85	132	—	—					

注:1. 无 J、Z 轴孔型式。2. 转动惯量和质量是按 Y 型最大轴孔长度,最小轴孔直径计算的数值。

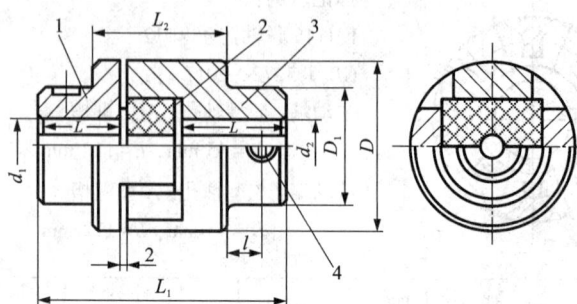

标记示例:

KL6 联轴器 $\dfrac{35\times82}{\mathrm{J_1}38\times60}$ JB/ZQ 4384—2006

主动端: Y 型轴孔、A 型键槽、$d_1 = 35$ mm、$L = 82$ mm

从动端: $\mathrm{J_1}$ 型轴孔、A 型键槽、$d_2 = 38$ mm、$L = 60$ mm

1、3—半联轴器,材料为 HT200、35 钢等;
2—滑块,材料为尼龙 6;
4—紧定螺钉

型号	公称转矩 /(N·m)	许用转速 /(r·min⁻¹)	轴孔直径 d_1, d_2 /mm	轴孔长度 L Y 型 /mm	轴孔长度 L $\mathrm{J_1}$ 型 /mm	D /mm	D_1 /mm	L_2 /mm	l /mm	质量 /kg	转动惯量 /(kg·m²)
WH1	16	10000	10, 11	25	22	40	30	52	5	0.6	0.0007
			12, 14	32	27						
WH2	31.5	8200	12, 14	32	27	50	32	56	5	1.5	0.0038
			16, (17), 18	42	30						
WH3	63	7000	(17), 18, 19	42	30	70	40	60	5	1.8	0.0063
			20, 22	52	38						
WH4	160	5700	20, 22, 24	52	38	80	50	64	8	2.5	0.013
			25, 28	62	44						
WH5	280	4700	25, 28	62	44	100	70	75	10	5.8	0.045
			30, 32, 35	82	60						
WH6	500	3800	30, 32, 35, 38	82	60	120	80	90	15	9.5	0.12
			40, 42, 45	112	84						
WH7	900	3200	40, 42, 45, 48	112	84	150	100	120	25	25	0.43
			50, 55								
WH8	1800	2400	50, 55	112	84	190	120	150	25	55	1.98
			60, 63, 65, 70	142	107						
WH9	3550	1800	65, 70, 75	142	107	250	150	180	25	85	4.9
			80, 85	172	132						
WH10	5000	1500	80, 85, 90, 95	172	132	330	190	180	40	120	7.5
			100	212	167						

注: 1. 装配时两轴的许用补偿量: 轴向 $\Delta X = 1\sim2$ mm; 径向 $\Delta Y \leqslant 0.2$ mm; 角向 $\Delta\alpha \leqslant 0°40'$。

2. 括号内的数值尽量不用。

3. 本联轴器具有一定补偿两轴相对偏移量、减振和缓冲性能,适用于中、小功率,转速较高,转矩较小的轴系传动,如控制器、油泵装置等,工作温度为 $-20\sim70$ ℃。

附表 4-8 滚子链联轴器（摘自 GB/T 6069—2017） （单位:mm）

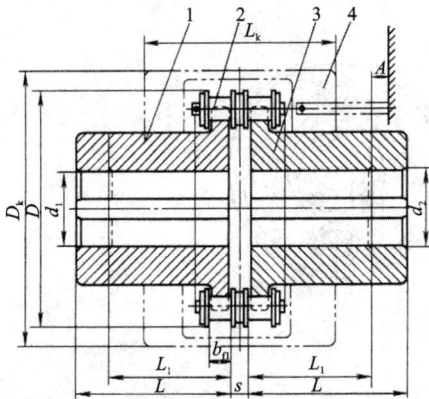 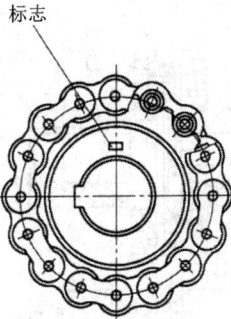

标志

标记示例:

GL7 联轴器 $\dfrac{J_1B45\times84}{J_1B_150\times84}$

GB/T 6069—2017

主动端: J 型轴孔, B 型键槽,
$d_1=45$ mm, $L=84$ mm

从动端: J 型轴孔, B₁ 型键槽,
$d_2=50$ mm, $L_1=84$ mm

1—半联轴器Ⅰ; 2—双排滚子链; 3—半联轴器Ⅱ; 4—罩壳

型号	公称转矩 /(N·m)	许用转速 /(r·min⁻¹) 不装罩壳	装罩壳	轴孔直径 d_1, d_2 /mm	轴孔长度 L/mm	链条节距 P /mm	齿数 z	D /mm	b_{f1} /mm	s /mm	D_k (最大) /mm	L_k (最大) /mm	质量 /kg	转动惯量 /(kg·m²)	许用补偿量 径向 ΔY	轴向 ΔX	角向 $\Delta\alpha$
GL1	40	1400	4500	16, 18, 19	42	9.525	14	51.06	5.3	4.9	70	70	0.4	0.00010	0.19	1.4	
				20	52												
GL2	63	1250	4500	19	42		16	57.08			75	75	0.701	0.00020			
				20, 22, 24	52												
GL3	100	1000	4000	20, 22, 24	52	12.7	14	68.88	7.2	6.7	85	80	1.1	0.00038	0.25	1.9	
				25	62												
GL4	160	1000	4000	24	52		16	76.91			95	88	1.8	0.00086			
				25, 28	62												
				30, 32	82												
GL5	250	800	3150	28	62	15.875	16	94.46	8.9	9.2	112	100	3.2	0.0025	0.25	2.3	1°
				30, 32, 35, 38	82												
				40	112												
GL6	400	630	2500	32, 35, 38	82		20	116.57			140	105	5.0	0.0058	0.32		
				40, 42, 45, 48, 50	112												
GL7	630	630	2500	40, 42, 45, 48	112	19.05	18	127.78	11.9	10.9	150	122	7.4	0.012	0.32	2.8	
				50, 55													
				60	142												
GL8	1000	500	2240	45, 48, 50, 55	112		16	154.33			180	135	11.1	0.025	0.38		
				60, 65, 70	142												
GL9	1600	400	2000	50, 55	112	25.40	20	186.50	15.0	14.3	215	145	20	0.061	0.50	3.8	
				60, 65, 70, 75	142												
				80	172												
GL10	2500	315	1600	60, 65, 70, 75	142	31.75	18	213.02	18.0	17.8	245	165	26.1	0.079	0.50	4.7	
				80, 85, 90	172												

注: 有罩壳时, 在型号后加"F", 例如 GL5 型联轴器, 有罩壳时改为 GL5F。

附表4-9　JM I 型膜片联轴器(摘自 JB/T 9147—1999)　　(mm)

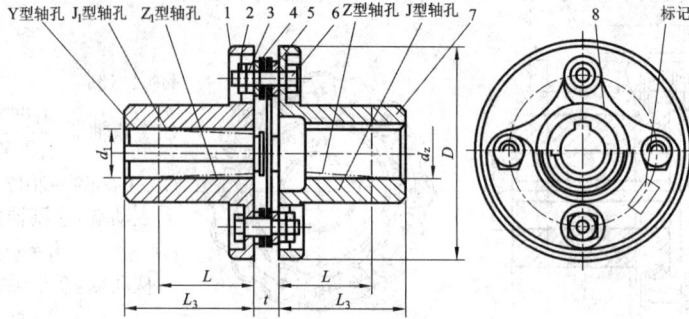

1、7—半联轴器
2—扣紧螺母
3—六角螺母
4—隔圈
5—支承圈
6—六角头铰制孔用螺栓
8—膜片

标记示例: JMI6 联轴器 $\dfrac{J_1B\,40 \times 84}{JB_1\,45 \times 84}$ JB/T 9147—1999

主动端: J_1 型孔, B 型键槽, d_1=40 mm, L=84 mm
从动端: J 型孔, B_1 型键槽, d_z=45 mm, L=84 mm

型号	公称转矩/(N·m)	瞬时最大转矩/(N·m)	许用转速/(r·min⁻¹)	轴孔直径 d_1、d_2	轴孔长度 Y型 L	J、J_1、Z、Z_1型 L	L_1	L_3推荐	D	t	质量/kg	转动惯量/(kg·m²)	许用补偿量 角向 Δa	轴向 Δx
JM I 1	25	80	6000	14	32		27	35	90	8.8	1	0.0007		
				16、18、19	42		30							
				20、22	52		38							
JM I 2	63	180	5000	18、19	42		30	45	100	9.5	2.3	0.001		
				20、22、24	52		38							
				25	62		44							
JM I 3	100	315	5000	20、22、24	52		38	50	120	11	2.3	0.0024		
				25、28	62		44							
				30	82		60							
JM I 4	160	500	4500	24	52		38	55	130	12.5	3.3	0.0024	1°	1
				25、28	62		44							
				30、32、35	82		60							
JM I 5	250	710	4000	28	62		44	60	150	14	5.3	0.0083		
				30、32、35、38	82		60							
				40	112		84							
JM I 6	400	1120	3600	32、35、38	82	82	60	65	170	15.5	8.7	0.0159		
				40、42、45、48、50	112	112	84							

注: 1. 该联轴器最大型号为 JMI19, 详见 JB/T 9147—1999。

2. 膜片联轴器是由几组薄的金属片(一般为不锈钢薄板)用螺栓交错地与两半联轴器连接, 每组膜片由若干片叠集而成膜片组。膜片联轴器是高性能的金属弹性元件挠性联轴器, 靠膜片的弹性变形来补偿所联两轴的相对位移。膜片联轴器不受温度和油污的影响, 具有耐酸、耐碱、耐腐蚀的特点, 适用于高温、高速、有腐蚀介质工况环境的轴系传动, 可广泛用于各种机械装置, 是我国重点推广的新型联轴器。

附表 4-10 凸缘联轴器(摘自 GB/T 5843—2003)　　　(单位：mm)

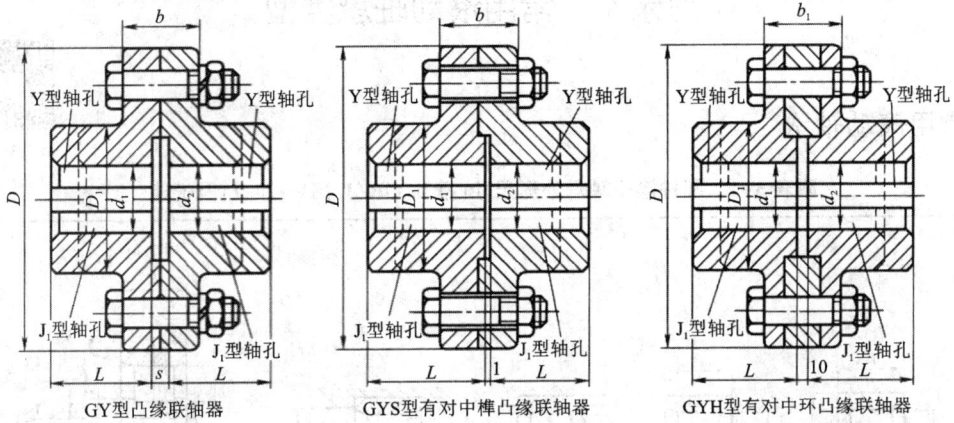

GY型凸缘联轴器　　GYS型有对中榫凸缘联轴器　　GYH型有对中环凸缘联轴器

标记示例：

GY5 联轴器 $\dfrac{30\times82}{J1\ 30\times60}$ GB/T 5843—2003

该联轴器：GY5 型凸缘联轴器，其

主动端为 Y 型轴孔，A 型键槽，$d_1=30$ mm，$L=82$ mm

从动端为 J1 型轴孔，A 型键槽，$d_2=30$ mm，$L=60$ mm

型号	公称转矩 /(N·m)	许用转速 /(r·min⁻¹)	轴孔直径 d_1，d_2	轴孔长度 L		D	D_1	b	b_1	s	转动惯量 /(kg·m²)
				Y 型	J_1 型						
GY1 GYS1 GYH1	25	12000	12，14	32	27	80	30	26	42	6	0.0008
			16，18，19	42	30						
GY2 GYS2 GYH2	63	10000	16，18，19	42	30	90	40	28	44	6	0.0015
			20，22，24	52	38						
			25	62	44						
GY3 GYS3 GYH3	112	9500	20，22，24	52	38	100	45	30	46	6	0.0025
			25，28	62	64						
GY4 GYS4 GYH4	224	9000	25，28	62	64	105	55	32	48	6	0.003
			30，32，35	82	60						
GY5 GYS5 GYH5	400	8000	30，32，35，38	82	60	120	68	36	52	8	0.007
			40，42	112	84						
GY6 GYS6 GYH6	900	6800	38	82	60	140	80	40	56	8	0.015
			40，42，45，48，50	112	84						
GY7 GYS7 GYH7	1600	6000	48，50，55，56	112	84	160	100	40	56	8	0.031
			60，63	142	107						
GY8 GYS8 GYH8	3150	4800	60，63，65，70，71，75	142	107	200	130	50	68	10	0.103
			80	172	132						
GY9 GYS9 GYH9	6300	3600	75	142	107	260	160	66	84	10	0.319
			80，83，90，95	172	132						
			100	212	167						

附录V 常用滚动轴承类型

一、常用滚动轴承

附表 5-1 圆柱滚子轴承外形尺寸(摘自 GB/T 283—2021)及性能

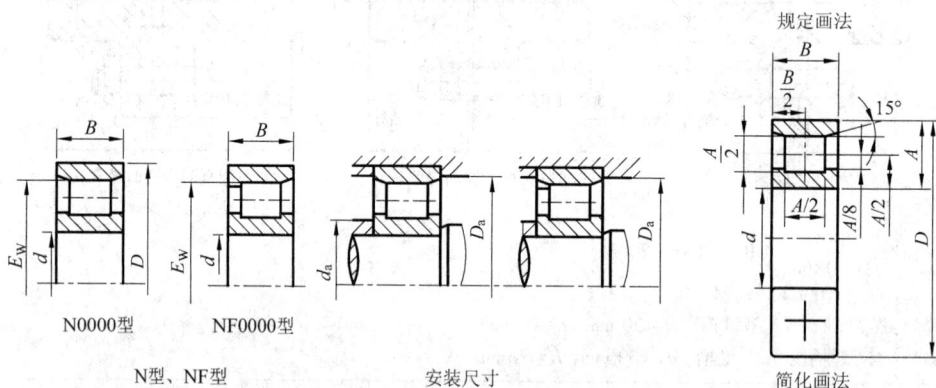

N0000型

NF0000型

N型、NF型

安装尺寸

规定画法

简化画法

标记示例: 滚动轴承 N216E GB/T 283—2021

轴承代号		尺 寸 /mm					安装尺寸 /mm		基本额定动载荷 C_r/kN		基本额定静载荷 C_{0r}/kN		极限转速 /(r·min^{-1})	
		d	D	B	E_W		d_a	D_a	N 型	NF 型	N 型	NF 型	脂润滑	油润滑
					N 型	NF 型	min							
(0)2 尺寸系列														
N204E	NF204	20	47	14	41.5	40	25	42	25.8	12.5	24.0	11.0	12000	16000
N205E	NF205	25	52	15	46.5	45	30	47	27.5	14.2	26.8	12.8	10000	14000
N206E	NF206	30	62	16	55.5	53.5	36	56	36.0	19.5	35.5	18.2	8500	11000
N207E	NF207	35	72	17	64	61.8	42	64	46.5	28.5	48.0	28.0	7500	9500
N208E	NF208	40	80	18	71.5	70	47	72	51.5	37.5	53.0	38.2	7000	9000
N209E	NF209	45	85	19	76.5	75	52	77	58.5	39.8	63.8	41.0	6300	8000
N210E	NF210	50	90	20	81.5	80.4	57	83	61.2	43.2	69.2	48.5	6000	7500
N211E	NF211	55	100	21	90	88.5	64	91	80.2	52.8	95.5	60.2	5300	6700
N212E	NF212	60	110	22	100	97.5	69	100	89.8	62.8	102	73.5	5000	6300
N213E	NF213	65	120	23	108.5	105.6	74	108	102	73.2	118	87.5	4500	5600
N214E	NF214	70	125	24	113.5	110.5	79	114	112	73.2	135	87.5	4300	5300
N215E	NF215	75	130	25	118.5	116.5	84	120	125	89.0	155	110	4000	5000
N216E	NF216	80	140	26	127.3	125.3	90	128	132	102	165	125	3800	4800
N217E	NF217	85	150	28	136.5	133.8	95	137	158	115	192	145	3600	4500
N218E	NF218	90	160	30	145	143	100	146	172	142	215	178	3400	4300
N219E	NF219	95	170	32	154.5	151.5	107	155	208	152	262	190	3200	4000
N220E	NF220	100	180	34	163	160	112	164	235	168	302	212	3000	3800

轴承代号		尺 寸 /mm					安装尺寸 /mm		基本额定动 载荷 C_r/kN		基本额定静 载荷 C_{0r}/kN		极限转速 /(r·min⁻¹)	
		d	D	B	E_w		d_a	D_a	N 型	NF 型	N 型	NF 型	脂润滑	油润滑
					N 型	NF 型	min							
(0)3 尺寸系列														
N304E	NF304	20	52	15	45.5	44.5	26.5	47	29.0	18.0	25.5	15.0	11000	15000
N305E	NF305	25	62	17	54	53	31.5	55	38.5	25.5	35.8	22.5	9000	12000
N306E	NF306	30	72	19	62.5	62	37	64	49.2	33.5	48.2	31.5	8000	10000
N307E	NF307	35	80	21	70.2	68.2	44	71	62.0	41.0	63.2	39.2	7000	9000
N308E	NF308	40	90	23	80	77.5	49	80	76.8	48.8	77.8	47.5	6300	8000
N309E	NF309	45	100	25	88.5	86.5	54	89	93.0	66.8	98.0	66.8	5600	7000
N310E	NF310	50	110	27	97	95	60	98	105	76.0	112	79.5	5300	6700
N311E	NF311	55	120	29	106.5	104.5	65	107	128	97.8	138	105	4800	6000
N312E	NF312	60	130	31	115	113	72	116	142	118	155	128	4500	5600
N313E	NF313	65	140	33	124.5	121.5	77	125	170	125	188	135	4000	5000
N314E	NF314	70	150	35	133	130	82	134	195	145	220	162	3800	4800
N315E	NF315	75	160	37	143	139.5	87	143	228	165	260	188	3600	4500
N316E	NF316	80	170	39	151	147	92	151	245	175	282	200	3400	4300
N317E	NF317	85	180	41	160	156	99	160	280	212	332	242	3200	4000
N318E	NF318	90	190	43	169.5	165	104	169	298	228	348	265	3000	3800
N319E	NF319	95	200	45	177.5	173.5	109	178	315	245	380	288	2800	3600
N320E	NF320	100	215	47	191.5	185.5	114	190	365	282	425	340	2600	3200
(0)4 尺寸系列														
N406		30	90	23	73		39	—	57.2		53.0		7000	9000
N407		35	100	25	83		44	—	70.8		68.2		6000	7500
N408		40	110	27	92		50	—	90.5		89.8		5600	7000
N409		45	120	29	100.5		55	—	102		100		5000	6300
N410		50	130	31	110.8		62	—	120		120		4800	6000
N411		55	140	33	117.2		67	—	128		132		4300	5300
N412		60	150	35	127		72	—	155		162		4000	5000
N413		65	160	37	135.3		77	—	170		178		3800	4800
N414		70	180	42	152		84	—	215		232		3400	4300
N415		75	190	45	160.5		89	—	250		272		3200	4000
N416		80	200	48	170		94	—	285		315		3000	3800
N417		85	210	52	177		103	—	312		345		2800	3600
N418		90	225	54	191.5		108	—	352		392		2400	3200
N419		95	240	55	201.5		113	—	378		428		2200	3000
N420		100	250	58	211		118	—	418		480		2000	2800

轴承代号	尺 寸 /mm					安装尺寸 /mm		基本额定动 载荷 C_r/kN		基本额定静 载荷 C_{0r}/kN		极限转速 /(r·min⁻¹)	
	d	D	B	E_W		d_a	D_a	N 型	NF 型	N 型	NF 型	脂润滑	油润滑
				N 型	NF 型	min							
22 尺寸系列													
N2204E	20	47	18	41.5		25	42	30.8		30.0		12000	16000
N2205E	25	52	18	46.5		30	47	32.8		33.8		11000	14000
N2206E	30	62	20	55.5		36	56	45.5		48.0		8500	11000
N2207E	35	72	23	64		42	64	57.5		63.0		7500	9500
N2208E	40	80	23	71.5		47	72	67.5		75.2		7000	9000
N2209E	45	85	23	76.5		52	77	71.0		82.0		6300	8000
N2210E	50	90	23	81.5		57	83	74.2		88.8		6000	7500
N2211E	55	100	25	90		64	91	94.8		118		5300	6700
N2212E	60	110	28	100		69	100	122		152		5000	6300
N2213E	65	120	31	108.5		74	108	142		180		4500	5600
N2214E	70	125	31	113.5		79	114	148		192		4300	5300
N2215E	75	130	31	118.5		84	120	155		205		4000	5000
N2216E	80	140	33	127.3		90	128	178		242		3800	4800
N2217E	85	150	36	136.5		95	137	205		272		3600	4500
N2218E	90	160	40	145		100	146	230		312		3400	4300
N2219E	95	170	43	154.5		107	155	275		368		3200	4000
N2220E	100	180	46	163		112	164	318		440		3000	3800

附表 5-2　深沟球轴承外形尺寸(摘自 GB/T 276—2013) 及性能

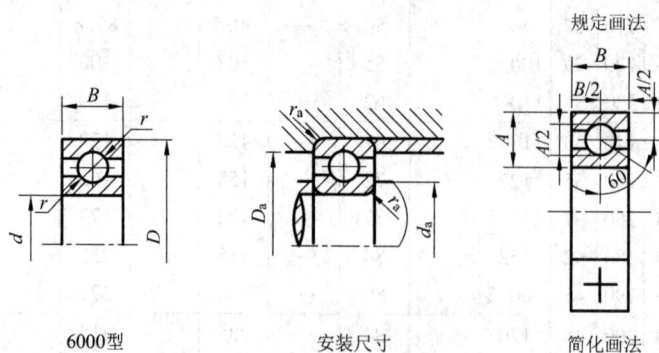

6000型　　　安装尺寸　　　简化画法

标记示例:滚动轴承 6210 GB/T 276—2013

轴承代号	基本尺寸/mm				安装尺寸/mm			基本额定动载荷 C_r/kN	基本额定静载荷 C_{0r}/kN	极限转速/(r·min^{-1})	
	d	D	B	r min	d_a min	D_a max	r_a max			脂润滑	油润滑
(0)0 尺寸系列											
6000	10	26	8	0.3	12.4	23.6	0.3	4.58	1.98	20000	28000
6001	12	28	8	0.3	14.4	25.6	0.3	5.10	2.38	19000	28000
6002	15	32	9	0.3	17.4	29.6	0.3	5.58	2.85	18000	24000
6003	17	35	10	0.3	19.4	32.6	0.3	6.00	3.25	17000	22000
6004	20	42	12	0.6	25	37	0.6	9.38	5.02	15000	19000
6005	25	47	12	0.6	30	42	0.6	10.0	5.85	13000	17000
6006	30	55	13	1	36	49	1	13.2	8.30	10000	14000
6007	35	62	14	1	41	56	1	16.2	10.5	9000	12000
6008	40	68	15	1	46	62	1	17.0	11.8	8500	11000
6009	45	75	16	1	51	69	1	21.0	14.8	8000	10000
6010	50	80	16	1	56	74	1	22.0	16.2	7000	9000
6011	55	90	18	1.1	62	83	1	30.2	21.8	6300	8000
6012	60	95	18	1.1	67	88	1	31.5	24.2	6000	7500
6013	65	100	18	1.1	72	93	1	32.0	24.8	5600	7000
6014	70	110	20	1.1	77	103	1	38.5	30.5	5300	6700
6015	75	115	20	1.1	82	108	1	40.2	33.2	5000	6300
6016	80	125	22	1.1	87	118	1	47.5	39.8	4800	6000
6017	85	130	22	1.1	92	123	1	50.8	42.8	4500	5600
6018	90	140	24	1.5	99	131	1.5	58.0	49.8	4300	5300
6019	95	145	24	1.5	104	136	1.5	57.8	50.0	4000	5000
6020	100	150	24	1.5	109	141	1.5	64.5	56.2	3800	4800
(0)2 尺寸系列											
6200	10	30	9	0.6	15	25	0.6	5.10	2.38	19000	26000
6201	12	32	10	0.6	17	27	0.6	6.82	3.05	18000	24000
6202	15	35	11	0.6	20	30	0.6	7.65	3.72	17000	22000
6203	17	40	12	0.6	22	35	0.6	9.58	4.78	16000	20000
6204	20	47	14	1	26	41	1	12.8	6.65	14000	18000
6205	25	52	15	1	31	46	1	14.0	7.88	12000	16000
6206	30	62	16	1	36	56	1	19.5	11.5	9500	13000
6207	35	72	17	1.1	42	65	1	25.5	15.2	8500	11000
6208	40	80	18	1.1	47	73	1	29.5	18.0	8000	10000
6209	45	85	19	1.1	52	78	1	31.5	20.5	7000	9000
6210	50	90	20	1.1	57	83	1	35.0	23.2	6700	8500

轴承代号	基本尺寸/mm				安装尺寸/mm			基本额定动载荷 C_r/kN	基本额定静载荷 C_{0r}/kN	极限转速/(r·min^{-1})	
	d	D	B	r min	d_a min	D_a max	r_a max			脂润滑	油润滑
(0)2 尺寸系列											
6211	55	100	21	1.5	64	91	1.5	43.2	29.2	6000	7500
6212	60	110	22	1.5	69	101	1.5	47.8	32.8	5600	7000
6213	65	120	23	1.5	74	111	1.5	57.2	40.0	5000	6300
6214	70	125	24	1.5	79	116	1.5	60.8	45.0	4800	6000
6215	75	130	25	1.5	84	121	1.5	66.0	49.5	4500	5600
6216	80	140	26	2	90	130	2	71.5	54.2	4300	5300
6217	85	150	28	2	95	140	2	83.2	63.8	4000	5000
6218	90	160	30	2	100	150	2	95.8	71.5	3800	4800
6219	95	170	32	2.1	107	158	2.1	110	82.8	3600	4500
6220	100	180	34	2.1	112	168	2.1	122	92.8	3400	4300
(0)3 尺寸系列											
6300	10	35	11	0.6	15	30	0.6	7.65	3.48	18000	24000
6301	12	37	12	1	18	31	1	9.72	5.08	17000	22000
6302	15	42	13	1	21	36	1	11.5	5.42	16000	20000
6303	17	47	14	1	23	41	1	13.5	6.58	15000	19000
6304	20	52	15	1.1	27	45	1	15.8	7.88	13000	17000
6305	25	62	17	1.1	32	55	1	22.2	11.5	10000	14000
6306	30	72	19	1.1	37	65	1	27.0	15.2	9000	12000
6307	35	80	21	1.5	44	71	1.5	33.2	19.2	8000	10000
6308	40	90	23	1.5	49	81	1.5	40.8	24.0	7000	9000
6309	45	100	25	1.5	54	91	1.5	52.8	31.8	6300	8000
6310	50	110	27	2	60	100	2	61.8	38.0	6000	7500
6311	55	120	29	2	65	110	2	71.5	44.8	5300	6700
6312	60	130	31	2.1	72	118	2.1	81.8	51.8	5000	6300
6313	65	140	33	2.1	77	128	2.1	93.8	60.5	4500	5600
6314	70	150	35	2.1	82	138	2.1	105	68.0	4300	5300
6315	75	160	37	2.1	87	148	2.1	112	76.8	4000	5000
6316	80	170	39	2.1	92	158	2.1	122	86.5	3800	4800
6317	85	180	41	3	99	166	2.5	132	96.5	3600	4500
6318	90	190	43	3	104	176	2.5	145	108	3400	4300
6319	95	200	45	3	109	186	2.5	155	122	3200	4000
6320	100	215	47	3	114	201	2.5	172	140	2800	3600

轴承代号	基 本 尺 寸 /mm				安 装 尺 寸 /mm			基本额定动载荷 C_r/kN	基本额定静载荷 C_{0r}/kN	极限转速 /(r·min^{-1})	
	d	D	B	r min	d_a min	D_a max	r_a max			脂润滑	油润滑
(0)4 尺寸系列											
6403	17	62	17	1.1	24	55	1	22.5	10.8	11000	15000
6404	20	72	19	1.1	27	65	1	31.0	15.2	9500	13000
6405	25	80	21	1.5	34	71	1.5	38.2	19.2	8500	11000
6406	30	90	23	1.5	39	81	1.5	47.5	24.5	8000	10000
6407	35	100	25	1.5	44	91	1.5	56.8	29.5	6700	8500
6408	40	110	27	2	50	100	2	65.5	37.5	6300	8000
6409	45	120	29	2	55	110	2	77.5	45.5	5600	7000
6410	50	130	31	2.1	62	118	2.1	92.2	55.2	5300	6700
6411	55	140	33	2.1	67	128	2.1	100	62.5	4800	6000
6412	60	150	35	2.1	72	138	2.1	108	70.0	4500	5600
6413	65	160	37	2.1	77	148	2.1	118	78.5	4300	5300
6414	70	180	42	3	84	166	2.5	140	99.5	3800	4800
6415	75	190	45	3	89	176	2.5	155	115	3600	4500
6416	80	200	48	3	94	186	2.5	162	125	3400	4300
6417	85	210	52	4	103	192	3	175	138	3200	4000
6418	90	225	54	4	108	207	3	192	158	2800	3600
6420	100	250	58	4	118	232	3	222	195	2400	3200

附表 5-3　角接触球轴承外形尺寸(摘自 GB/T 292—2023) 及性能

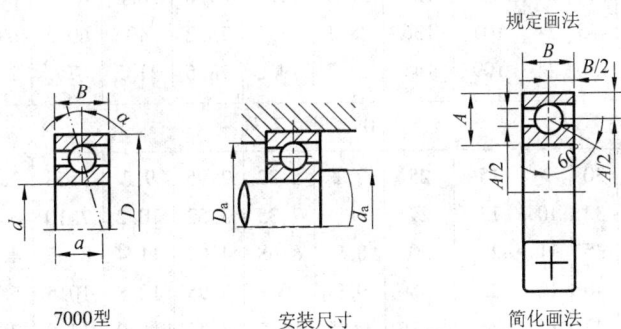

规定画法

7000型　　　安装尺寸　　　简化画法

标记示例：滚动轴承 7210C GB/T 292—2007

轴承代号		基本尺寸 /mm			安装尺寸 /mm		70000C (α=15°)			70000AC (α=25°)			极限转速 /(r·min⁻¹)	
		d	D	B	d_a min	D_a min	a /mm	基本额定负荷/kN		a /mm	基本额定负荷/kN		脂润滑	油润滑
								C_r	C_{0r}		C_r	C_{0r}		
(1)0 尺寸系列														
7000C	7000AC	10	26	8	12.4	23.6	6.4	4.92	2.25	8.2	4.75	2.12	19000	28000
7001C	7001AC	12	28	8	14.4	25.6	6.7	5.42	2.65	8.7	5.20	2.55	18000	26000
7002C	7002AC	15	32	9	17.4	29.6	7.6	6.25	3.42	10	5.95	3.25	17000	24000
7003C	7003AC	17	35	10	19.4	32.6	8.5	6.60	3.85	11.1	6.30	3.68	16000	22000
7004C	7004AC	20	42	12	25	37	10.2	10.5	6.08	13.2	10.0	5.78	14000	19000
7005C	7005AC	25	47	12	30	42	10.8	11.5	7.45	14.4	11.2	7.08	12000	17000
7006C	7006AC	30	55	13	36	49	12.2	15.2	10.2	16.4	14.5	9.85	9500	14000
7007C	7007AC	35	62	14	41	56	13.5	19.5	14.2	18.3	18.5	13.5	8500	12000
7008C	7008AC	40	68	15	46	62	14.7	20.0	15.2	20.1	19.0	14.5	8000	11000
7009C	7009AC	45	75	16	51	69	16	25.8	20.5	21.9	25.8	19.5	7500	10000
7010C	7010AC	50	80	16	56	74	16.7	26.5	22.0	23.2	25.2	21.0	6700	9000
7011C	7011AC	55	90	18	62	83	18.7	37.2	30.5	25.9	35.2	29.2	6000	8000
7012C	7012AC	60	95	18	67	88	19.4	38.2	32.8	27.1	36.2	31.5	5600	7500
7013C	7013AC	65	100	18	72	93	20.1	40.0	35.5	28.2	38.0	33.8	5300	7000
7014C	7014AC	70	110	20	77	103	22.1	48.2	43.5	30.9	45.8	41.5	5000	6700
7015C	7015AC	75	115	20	82	108	22.7	49.5	46.5	32.2	46.8	44.2	4800	6300
7016C	7016AC	80	125	22	89	116	24.7	58.5	55.8	34.9	55.5	53.2	4500	6000
7017C	7017AC	85	130	22	94	121	25.4	62.5	60.2	36.1	59.2	57.2	4300	5600
7018C	7018AC	90	140	24	99	131	27.4	71.5	69.8	38.8	67.5	66.5	4000	5300
7019C	7019AC	95	145	24	104	136	28.1	73.5	73.2	40	69.5	69.8	3800	5000
7020C	7020AC	100	150	24	109	141	28.7	79.2	78.5	41.2	75	74.8	3800	5000
(0)2 尺寸系列														
7200C	7200AC	10	30	9	15	25	7.2	5.82	2.95	9.2	5.58	2.82	18000	26000
7201C	7201AC	12	32	10	17	27	8	7.35	3.52	10.2	7.10	3.35	17000	24000
7202C	7202AC	15	35	11	20	30	8.9	8.68	4.62	11.4	8.35	4.40	16000	22000
7203C	7203AC	17	40	12	22	35	9.9	10.8	5.95	12.8	10.5	5.65	15000	20000
7204C	7204AC	20	47	14	26	41	11.5	14.5	8.22	14.9	14.0	7.82	13000	18000
7205C	7205AC	225	52	15	31	46	12.7	16.5	10.5	16.4	15.8	9.88	11000	16000
7206C	7206AC	30	62	16	36	56	14.2	23.0	15.0	18.7	22.0	14.2	9000	13000
7207C	7207AC	35	72	17	42	65	15.7	30.5	20.0	21	29.0	19.2	8000	11000
7208C	7208AC	40	80	18	47	73	17	36.8	25.8	23	35.2	24.5	7500	10000
7209C	7209AC	45	85	19	52	78	18.2	38.5	28.5	24.7	36.8	27.2	6700	9000

206

轴承代号		基本尺寸 /mm			安装尺寸 /mm		70000C (α=15°)			70000AC (α=25°)			极限转速 /(r·min⁻¹)	
		d	D	B	d_a min	D_a min	a /mm	基本额定负荷/kN C_r	C_{0r}	a /mm	基本额定负荷/kN C_r	C_{0r}	脂润滑	油润滑
(0)2 尺寸系列														
7210C	7210AC	50	90	20	57	83	19.4	42.8	32.0	26.3	40.8	30.5	6300	8500
7211C	7211AC	55	100	21	64	91	20.9	52.8	40.5	28.6	50.5	38.5	5600	7500
7212C	7212AC	60	110	22	69	101	22.4	61.0	48.5	30.8	58.2	46.2	5300	7000
7213C	7213AC	65	120	23	74	111	24.2	69.8	55.2	33.5	66.5	52.5	4800	6300
7214C	7214AC	70	125	24	79	116	25.3	70.2	60.0	35.1	69.2	57.5	4500	6000
7215C	7215AC	75	130	25	84	121	26.4	79.2	65.8	36.6	75.2	63.0	4300	5600
7216C	7216AC	80	140	26	90	130	27.7	89.5	78.2	38.9	85.0	74.5	4000	5300
7217C	7217AC	85	150	28	95	140	29.9	99.8	85.0	41.6	94.8	81.5	3800	5000
7218C	7218AC	90	160	30	100	150	31.7	122	105	44.2	118	100	3600	4800
7219C	7219AC	95	170	32	107	158	33.8	135	115	46.9	128	108	3400	4500
7220C	7220AC	100	180	34	112	168	35.8	148	128	49.7	142	122	3200	4300
(0)3 尺寸系列														
7301C	7301AC	12	37	12	18	31	8.6	8.10	5.22	12	8.08	4.88	16000	22000
7302C	7302AC	15	42	13	21	36	9.6	9.38	5.95	13.5	9.08	5.58	15000	20000
7303C	7303AC	17	47	14	23	41	10.4	12.8	8.62	14.8	11.5	7.08	14000	19000
7304C	7304AC	20	52	15	27	45	11.3	14.2	9.68	16.8	13.8	9.10	12000	17000
7305C	7305AC	25	62	17	32	55	13.1	21.5	15.8	19.1	20.8	14.8	9500	14000
7306C	7306AC	30	72	19	37	65	15	26.5	19.8	22.2	25.2	18.5	8500	12000
7307C	7307AC	35	80	21	44	71	16.6	34.2	26.8	24.5	32.8	24.8	7500	10000
7308C	7308AC	40	90	23	49	81	18.5	40.2	32.3	27.5	38.5	30.5	6700	9000
7309C	7309AC	45	100	25	54	91	20.2	49.2	39.8	30.2	47.5	37.2	6000	8000
7310C	7310AC	50	110	27	60	100	22	53.5	47.2	33	55.5	44.5	5600	7500
7311C	7311AC	55	120	29	65	110	23.8	70.5	60.5	35.8	67.2	56.8	5000	6700
7312C	7312AC	60	130	31	72	118	25.6	80.5	70.2	38.7	77.8	65.8	4800	6300
7313C	7313AC	65	140	33	77	128	27.4	91.5	80.5	41.5	89.8	75.5	4300	5600
7314C	7314AC	70	150	35	82	138	29.2	102	91.5	44.3	98.5	86.0	4000	5300
7315C	7315AC	75	160	37	87	148	31	112	105	47.2	108	97.0	3800	5000
7316C	7316AC	80	170	39	92	158	32.8	122	118	50	118	108	3600	4800
7317C	7317AC	85	180	41	99	166	34.6	132	128	52.8	125	122	3400	4500
7318C	7318AC	90	190	43	104	176	36.4	142	142	55.6	135	135	3200	4300
7319C	7319AC	95	200	45	109	186	38.2	152	158	58.5	145	148	3000	4000
7320C	7320AC	100	215	47	114	201	40.2	162	175	61.9	165	178	2600	3600

附表 5-4 圆锥滚子轴承外形尺寸（摘自 GB/T 297—2015）及性能

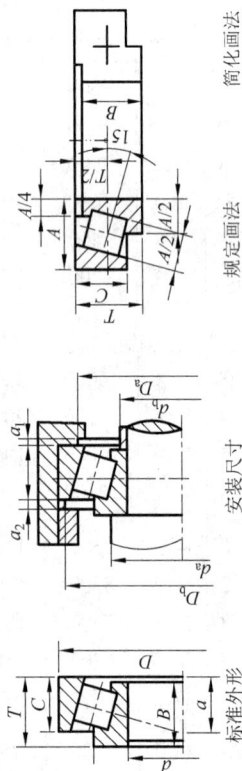

标准外形　　规定画法　　简化画法

安装尺寸

标记示例：滚动轴承 30208　GB/T 297—2015

02 尺寸系列

轴承代号	基本尺寸 /mm					a ≈	安装尺寸 /mm							计算系数			基本额定负荷/kN		极限转速 /(r·min⁻¹)	
	d	D	T	B	C		d_a min	d_b max	D_a min	D_a max	D_b min	a_1 min	a_2 min	e	Y	Y_0	C_r	C_{0r}	脂润滑	油润滑
30203	17	40	13.25	12	11	9.9	23	23	34	34	37	2	2.5	0.35	1.7	1	20.8	21.8	9000	12000
30204	20	47	15.25	14	12	11.2	26	27	40	41	43	2	3.5	0.35	1.7	1	28.2	30.5	8000	10000
30205	25	52	16.25	15	13	12.5	31	31	44	46	48	2	3.5	0.37	1.6	0.9	32.2	37.0	7000	9000
30206	30	62	17.25	16	14	13.8	36	37	53	56	58	2	3.5	0.37	1.6	0.9	43.2	50.5	6000	7500
30207	35	72	18.25	17	15	15.3	42	44	62	65	67	3	3.5	0.37	1.6	0.9	54.2	63.5	5300	6700
30208	40	80	19.75	18	16	16.9	47	49	69	73	75	3	4	0.37	1.6	0.9	63.0	74.0	5000	6300
30209	45	85	20.75	19	16	18.6	52	53	74	78	80	3	5	0.4	1.5	0.8	67.8	83.5	4500	5600
30210	50	90	21.75	20	17	20	57	58	79	83	86	3	5	0.42	1.4	0.8	73.2	92.0	4300	5300
30211	55	100	22.75	21	18	21	64	64	88	91	95	4	5	0.4	1.5	0.8	90.8	115	3800	4800
30212	60	110	23.75	22	19	22.3	69	69	96	101	103	4	5	0.4	1.5	0.8	102	130	3600	4500
30213	65	120	24.75	23	20	23.8	74	77	106	111	114	4	5	0.4	1.5	0.8	120	152	3200	4000
30214	70	125	26.75	24	21	25.8	79	81	110	116	119	4	5.5	0.42	1.4	0.8	132	175	3000	3800

续附表 5-4

轴承代号	基本尺寸/mm						安装尺寸/mm							计算系数			基本额定负荷/kN		极限转速/(r·min⁻¹)	
	d	D	T	B	C	$a\approx$	d_a min	d_b max	D_a min	D_a max	D_b min	a_1 min	a_2 min	e	Y	Y_0	C_r	C_{0r}	脂润滑	油润滑
30215	75	130	27.25	25	22	27.4	84	85	115	121	125	4	5.5	0.44	1.4	0.8	138	185	2800	3600
30216	80	140	28.25	26	22	28.1	90	90	124	130	133	4	6	0.42	1.4	0.8	160	212	2600	3400
30217	85	150	30.5	28	24	30.3	95	96	132	140	142	5	6.5	0.42	1.4	0.8	178	238	2400	3200
30218	90	160	32.5	30	26	32.3	100	102	140	150	151	5	6.5	0.42	1.4	0.8	200	270	2200	3000
30219	95	170	34.5	32	27	34.2	107	108	149	158	160	5	7.5	0.42	1.4	0.8	228	308	2000	2800
30220	100	180	37	34	29	36.4	112	114	157	168	169	5	8	0.42	1.4	0.8	255	350	1900	2600
03 尺寸系列																				
30302	15	42	14.25	13	11	9.6	21	22	36	36	38	2	3.5	0.29	2.1	1.2	22.8	21.5	9000	12000
30303	17	47	15.25	14	12	10.4	23	25	40	41	43	3	3.5	0.29	2.1	1.2	28.2	27.2	8500	11000
30304	20	52	16.25	15	13	11.1	27	28	44	45	48	3	3.5	0.3	2	1.1	33.0	33.2	7500	9500
30305	25	62	18.25	17	15	13	32	34	54	55	58	3	3.5	0.3	2	1.1	46.8	48.0	6300	8000
30306	30	72	20.75	19	16	15.3	37	40	62	65	66	3	5	0.31	1.9	1.1	59.0	63.0	5600	7000
30307	35	80	22.75	21	18	16.8	44	45	70	71	74	3	5	0.31	1.9	1.1	75.2	85.2	5000	6300
30308	40	90	25.25	23	20	19.5	49	52	77	81	84	3	5.5	0.35	1.7	1.1	90.8	108	4500	5600
30309	45	100	27.25	25	22	21.3	54	59	86	91	94	3	5.5	0.35	1.7	1.1	108	130	4000	5000
30310	50	110	29.25	27	23	23	60	65	95	100	103	4	6.5	0.35	1.7	1.1	130	158	3800	4800
30311	55	120	31.5	29	25	24.9	65	70	104	110	112	4	6.5	0.35	1.7	1.1	152	188	3400	4300
30312	60	130	33.5	31	26	26.6	72	76	112	118	121	5	7.5	0.35	1.7	1	170	210	3200	4000
30313	65	140	36	33	28	28.7	77	83	122	128	131	5	8	0.35	1.7	1	195	242	2800	3600
30314	70	150	38	35	30	30.7	82	89	130	138	141	5	8	0.35	1.7	1	218	272	2600	3400
30315	75	160	40	37	31	32	87	95	139	148	150	5	9	0.35	1.7	1	252	318	2400	3200
30316	80	170	42.5	39	33	34.4	92	102	148	158	160	5	9.5	0.35	1.7	1	278	352	2200	3000

轴承代号	基本尺寸 /mm						安装尺寸 /mm							计算系数			基本额定负荷 /kN		极限转速 /(r·min⁻¹)	
	d	D	T	B	C	$a \approx$	d_a min	d_b max	D_a min	D_a max	D_b min	a_1 min	a_2 min	e	Y	Y_0	C_r	C_{0r}	脂润滑	油润滑
30317	85	180	44.5	41	34	35.9	99	107	156	166	168	6	10.5	0.35	1.7	1	305	388	2000	2800
30318	90	190	46.5	43	36	37.5	104	113	165	176	178	6	10.5	0.35	1.7	1	342	440	1900	2600
30319	95	200	49.5	45	38	40.1	109	118	172	186	185	6	11.5	0.35	1.7	1	370	478	1800	2400
30320	100	215	51.5	47	39	42.2	114	127	184	201	199	6	12.5	0.35	1.7	1	405	525	1600	2000
22 尺寸系列																				
32206	30	62	21.25	20	17	15.6	36	36	52	56	58	3	4.5	0.37	1.6	0.9	51.8	63.8	6000	7500
32207	35	72	24.25	23	19	17.9	42	42	61	65	68	3	5.5	0.37	1.6	0.9	70.5	89.5	5300	6700
32208	40	80	24.75	23	19	18.9	47	48	68	73	75	3	6	0.37	1.6	0.9	77.8	97.2	5000	6300
32209	45	85	24.75	23	19	20.1	52	53	73	78	81	3	6	0.4	1.5	0.8	80.8	105	4500	5600
32210	50	90	24.75	23	19	21	57	57	78	83	86	3	6	0.42	1.4	0.8	82.8	108	4300	5300
32211	55	100	26.75	25	21	22.8	64	62	87	91	96	4	6	0.4	1.5	0.8	108	142	3800	4800
32212	60	110	29.75	28	24	25	69	68	95	101	105	4	6	0.4	1.5	0.8	132	180	3600	4500
32213	65	120	32.75	31	27	27.3	74	75	104	111	115	4	6	0.4	1.5	0.8	160	222	3200	4000
32214	70	125	33.25	31	27	28.8	79	79	108	116	120	4	6.5	0.42	1.4	0.8	168	238	3000	3800
32215	75	130	33.25	31	27	30	84	84	115	121	126	4	6.5	0.42	1.4	0.8	170	242	2800	3600
32216	80	140	35.25	33	28	31.4	90	89	122	130	135	5	7.5	0.42	1.4	0.8	198	278	2600	3400
32217	85	150	38.5	36	30	33.9	95	95	130	140	143	5	8.5	0.42	1.4	0.8	228	325	2400	3200
32218	90	160	42.5	40	34	36.8	100	101	138	150	153	5	8.5	0.42	1.4	0.8	270	395	2200	3000
32219	95	170	42.5	43	37	39.2	107	106	145	158	163	5	8.5	0.42	1.4	0.8	302	448	2000	2800
32220	100	180	49	46	39	41.9	112	113	154	168	172	5	10	0.42	1.4	0.8	340	512	1900	2600

续附表 5-4

轴承代号	基本尺寸/mm						安装尺寸/mm							计算系数			基本额定负荷/kN		极限转速/(r·min⁻¹)	
	d	D	T	B	C	$a\approx$	d_a min	d_b max	D_a min	D_a max	D_b min	a_1 min	a_2 min	e	Y	Y_0	C_r	C_{0r}	脂润滑	油润滑
									23 尺寸系列											
32303	17	47	20.25	19	16	12.3	23	24	39	41	43	3	4.5	0.29	2.1	1.2	35.2	36.2	8500	11000
32304	20	52	22.25	21	18	13.6	27	26	43	45	48	3	4.5	0.3	2	1.1	42.8	46.2	7500	9500
32305	25	62	25.25	24	20	15.9	32	32	52	55	58	3	5.5	0.3	2	1.1	61.5	68.8	6300	8000
32306	30	72	28.75	27	23	18.9	37	38	59	65	66	4	6	0.31	1.9	1.1	81.5	96.5	5600	7000
32307	35	80	32.75	31	25	20.4	44	43	66	71	74	4	8.5	0.31	1.9	1.1	99.0	118	5000	6300
32308	40	90	35.25	33	27	23.3	49	49	73	81	83	4	8.5	0.35	1.7	1	115	148	4500	5600
32309	45	100	38.25	36	30	25.6	54	56	82	91	93	4	8.5	0.35	1.7	1	145	188	4000	5000
32310	50	110	42.25	40	33	28.2	60	61	90	100	102	5	9.5	0.35	1.7	1	178	235	3800	4800
32311	55	120	45.5	43	35	30.4	65	66	99	110	111	5	10.0	0.35	1.7	1	202	270	3400	4300
32312	60	130	48.5	46	37	32.0	72	72	107	118	122	6	11.5	0.35	1.7	1	228	302	3200	4000
32313	65	140	51.0	48	39	34.3	77	79	117	128	131	6	12.0	0.35	1.7	1	260	350	2800	3600
32314	70	150	54.0	51	42	36.5	82	84	125	138	141	6	12.0	0.35	1.7	1	298	408	2600	3400
32315	75	160	58.0	55	45	39.4	87	91	133	148	150	7	13.0	0.35	1.7	1	348	482	2400	3200
32316	80	170	61.5	58	48	42.1	92	97	142	158	160	7	13.5	0.35	1.7	1	388	542	2200	3000
32317	85	180	63.5	60	49	43.5	99	102	150	166	168	8	14.5	0.35	1.7	1	422	592	2000	2800
32318	90	190	67.5	64	53	46.2	104	107	157	176	178	8	14.5	0.35	1.7	1	478	682	1900	2600
32319	95	200	71.5	67	55	49.0	109	114	166	186	187	8	16.5	0.35	1.7	1	515	738	1800	2400
32320	100	215	77.5	73	60	52.9	114	122	177	201	201	8	17.5	0.35	1.7	1	600	872	1600	2000

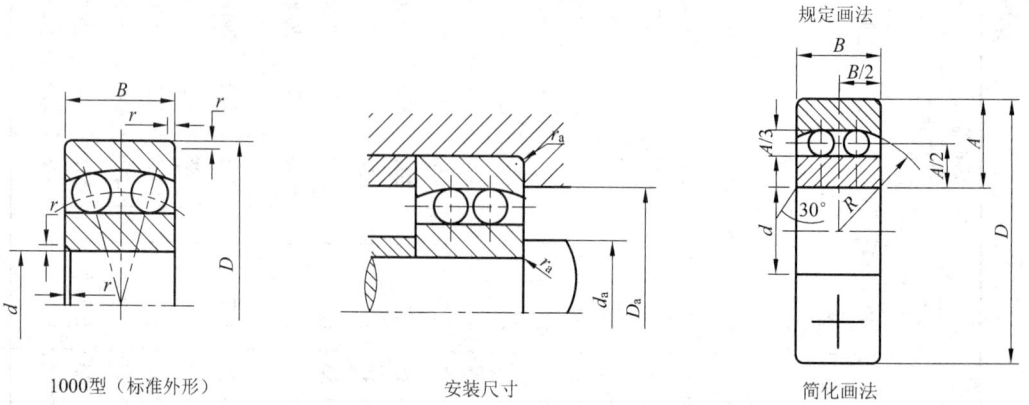

1000型（标准外形）　　　安装尺寸　　　简化画法

标记示例: 滚动轴承 1206 GB/T 281—2013

轴承代号	基 本 尺 寸 /mm				安 装 尺 寸 /mm			基本额定动载荷 C_r/kN	基本额定静载荷 C_{0r}/kN	极限转速 /(r·min^{-1})	
	d	D	B	r min	d_a min	D_a max	r_a max			脂润滑	油润滑
(0)2 尺寸系列											
1204	20	47	14	1	26	41	1	9.95	2.65	14000	17000
1205	25	52	15	1	31	46	1	12.0	3.30	12000	14000
1206	30	62	16	1	36	56	1	15.8	4.70	10000	12000
1207	35	72	17	1.1	42	65	1	15.8	5.08	8500	10000
1208	40	80	18	1.1	47	73	1	19.2	6.40	7500	9000
1209	45	85	19	1.1	52	78	1	21.8	7.32	7100	8500
1210	50	90	20	1.1	57	83	1	22.8	8.08	6300	8000
1211	55	100	21	1.5	64	91	1.5	26.8	10.0	6000	7100
1212	60	110	22	1.5	69	101	1.5	30.2	11.5	5300	6300
1213	65	120	23	1.5	74	111	1.5	31.0	12.5	4800	6000
1214	70	125	24	1.5	79	116	1.5	34.5	13.5	4800	5600
1215	75	130	25	1.5	84	121	1.5	38.8	15.2	4300	5300
1216	80	140	26	2	90	130	2	39.5	16.8	4000	5000
1217	85	150	28	2	95	140	2	48.8	20.5	3800	4500
1218	90	160	30	2	100	150	2	56.5	23.2	3600	4300
1219	95	170	32	2.1	107	158	2.1	63.5	27.0	3400	4000
1220	100	180	34	2.1	112	168	2.1	68.5	29.2	3200	3800

轴承代号	基 本 尺 寸 /mm				安 装 尺 寸 /mm			基本额定动载荷 C_r/kN	基本额定静载荷 C_{0r}/kN	极限转速 /(r·min^{-1})	
	d	D	B	r min	d_a min	D_a max	r_a max			脂润滑	油润滑
(0)3 尺寸系列											
1304	20	52	15	1.1	27	45	1	12.5	3.38	12000	15000
1305	25	62	17	1.1	32	55	1	17.8	5.05	10000	13000
1306	30	72	19	1.1	37	65	1	21.5	6.28	8500	11000
1307	35	80	21	1.5	44	71	1.5	25.0	7.95	7500	9500
1308	40	90	23	1.5	49	81	1.5	29.5	9.50	6700	8500
1309	45	100	25	1.5	54	91	1.5	38.0	12.8	6000	7500
1310	50	110	27	2	60	100	2	43.2	14.2	5600	6700
1311	55	120	29	2	65	110	2	51.5	18.2	5000	6300
1312	60	130	31	2.1	72	118	2.1	57.2	20.8	4500	5600
1313	65	140	33	2.1	77	128	2.1	61.8	22.8	4300	5300
1314	70	150	35	2.1	82	138	2.1	74.5	27.5	4000	5000
1315	75	160	37	2.1	87	148	2.1	79.0	29.8	3800	4500
1316	80	170	39	2.1	92	158	2.1	88.5	32.8	3600	4300
1317	85	180	41	3	99	166	2.5	97.8	37.8	3400	4000
1318	90	190	43	3	104	176	2.5	115	44.5	3200	3800
1319	95	200	45	3	109	186	2.5	132	50.8	3000	3600
1320	100	215	47	3	114	201	2.5	142	57.2	2800	3400
22 尺寸系列											
2204	20	47	18	1	26	41	1	12.5	3.28	14000	17000
2205	25	52	18	1	31	46	1	12.5	3.40	12000	14000
2206	30	62	20	1	36	56	1	15.2	4.60	10000	12000
2207	35	72	23	1.1	42	65	1	21.8	6.65	8500	1000
2208	40	80	23	1.1	47	73	1	22.5	7.38	7500	9000
2209	45	85	23	1.1	52	78	1	23.2	8.00	7100	8500
2210	50	90	23	1.1	57	83	1	23.2	8.45	6300	8000
2211	55	100	25	1.5	64	91	1.5	26.8	9.95	6000	7100
2212	60	110	28	1.5	69	101	1.5	34.0	12.5	5300	6300
2213	65	120	31	1.5	74	111	1.5	43.5	16.2	4800	6000
2214	70	125	31	1.5	79	116	1.5	44.0	17.0	4500	5600
2215	75	130	31	1.5	84	121	1.5	44.2	18.0	4300	5300
2216	80	140	33	2	90	130	2	48.8	20.2	4000	5000
2217	85	150	36	2	95	140	2	58.2	23.5	3800	4500
2218	90	160	40	2	100	150	2	70.0	28.5	3600	4300
2219	95	170	43	2.1	107	158	2.1	82.8	33.8	3400	4000
2220	100	180	46	2.1	112	168	2.1	97.2	40.5	3200	3800

轴承代号	基本尺寸 /mm				安装尺寸 /mm			基本额定动载荷 C_r/kN	基本额定静载荷 C_{0r}/kN	极限转速 /(r·min^{-1})	
	d	D	B	r min	d_a min	D_a max	r_a max			脂润滑	油润滑
23 尺寸系列											
2304	20	52	21	1.1	27	45	1	17.8	4.75	11000	14000
2305	25	62	24	1.1	32	55	1	24.5	6.48	9500	12000
2306	30	72	27	1.1	37	65	1	31.5	8.68	8000	10000
2307	35	80	31	1.5	44	71	1.5	39.2	11.0	7100	9000
2308	40	90	33	1.5	49	81	1.5	44.8	13.2	6300	8000
2309	45	100	36	1.5	54	91	1.5	55.0	16.2	5600	7100
2310	50	110	40	2	60	100	2	64.5	19.8	5000	6300
2311	55	120	43	2	65	110	2	75.2	23.5	4800	6000
2312	60	130	46	2.1	72	118	2.1	86.8	27.5	4300	5300
2313	65	140	48	2.1	77	128	2.1	96.0	32.5	3800	4800
2314	70	150	51	2.1	82	138	2.1	110	37.5	3600	4500
2315	75	160	55	2.1	87	148	2.1	122	42.8	3400	4300
2316	80	170	58	2.1	92	158	2.1	128	45.5	3200	4000
2317	85	180	60	3	99	166	2.5	140	51.0	3000	3800
2318	90	190	64	3	104	176	2.5	142	57.2	2800	3600
2319	95	200	67	3	109	186	2.5	162	64.2	2800	3400
2320	100	215	73	3	114	201	2.5	192	78.5	2400	3200

附表 5-6 调心滚子轴承外形尺寸(摘自 GB/T 288—2013)及性能

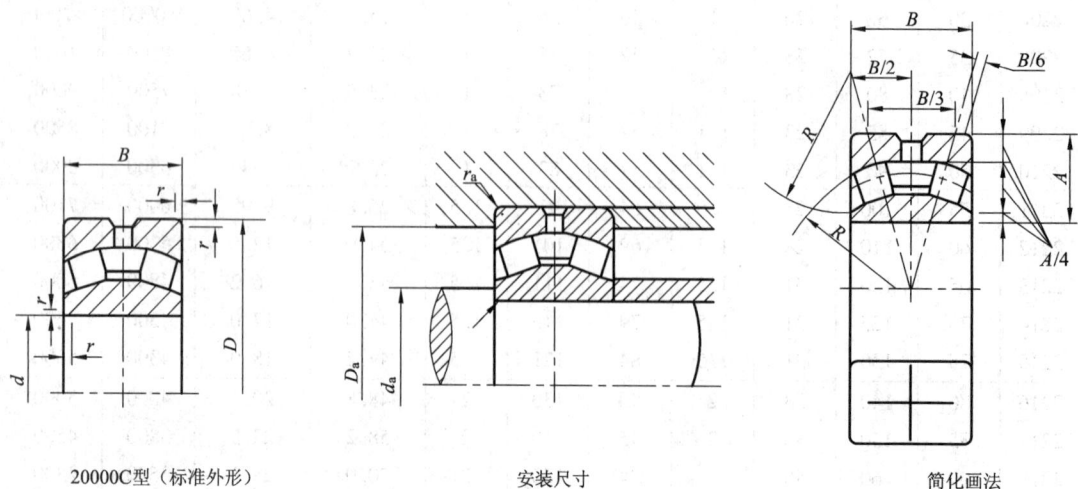

20000C型（标准外形）　　　　　　安装尺寸　　　　　　简化画法

标记示例：滚动轴承 22208C GB/T 288—2013

续附表 5-6

轴承代号	基本尺寸 /mm				安装尺寸 /mm			基本额定动载荷 C_r/kN	基本额定静载荷 C_{0r}/kN	极限转速 /(r·min^{-1})	
	d	D	B	r min	d_a min	D_a max	r_a max			脂润滑	油润滑
22 尺寸系列											
22206C	30	62	20	1	36	54	1	51.8	56.8	6500	8000
22207C	35	72	23	1.1	42	65	1	66.5	76.0	5500	6500
22208C	40	80	23	1.1	47	73	1	78.5	90.8	5000	6000
22209C	45	85	23	1.1	52	78	1	82.0	97.5	4500	5500
22210C	50	90	23	1.1	57	83	1	84.5	105	4000	5000
22211C	55	100	25	1.5	64	91	1.5	102	125	3600	4600
22212C	60	110	28	1.5	69	101	1.5	122	155	3200	4000
22213C	65	120	31	1.5	74	111	1.5	150	195	2800	3600
22214C	70	125	31	1.5	79	116	1.5	158	205	2600	3400
22215C	75	130	31	1.5	84	121	1.5	162	215	2400	3200
22216C	80	140	33	2	90	130	2	175	238	2200	3000
22217C	85	150	36	2	95	140	2	210	278	2000	2800
22218C	90	160	40	2	100	150	2	240	322	1900	2600
22219C	95	170	43	2.1	107	158	2.1	278	380	1800	2400
22220C	100	180	46	2.1	112	168	2.1	310	425	1700	2200
23 尺寸系列											
22308C	40	90	33	1.5	49	81	1.5	120	138	4300	5300
22309C	45	100	36	1.5	54	91	1.5	142	170	3800	4800
22310C	50	110	40	2	60	100	2	175	210	3400	4300
22311C	55	120	43	2	65	110	2	208	250	3000	3800
22312C	60	130	46	2.1	72	118	2.1	238	285	2800	3600
22313C	65	140	48	2.1	77	128	2.1	260	315	2400	3200
22314C	70	150	51	2.1	82	138	2.1	292	362	2200	3000
22315C	75	160	55	2.1	87	148	2.1	342	438	2000	2800
22316C	80	170	58	2.1	92	158	2.1	385	498	1900	2600
22317C	85	180	60	3	99	166	2.5	420	540	1800	2400
22318C	90	190	64	3	104	176	2.5	475	622	1800	2400
22319C	95	200	67	3	109	186	2.5	520	688	1700	2200
22320C	100	215	73	3	114	201	2.5	608	815	1400	1800

二、滚动轴承的配合及相配件精度

附表 5-7　与向心轴承配合轴颈的公差带(摘自 GB/T 275—2015)

运转状态		载荷状态	深沟球轴承、角接触球轴承	圆柱滚子轴承、圆锥滚子轴承	调心滚子轴承	轴公差带
说明	举例		轴承公差内径/mm			
内圈相对于载荷方向旋转或摆动	传送带、机床、泵、通风机	轻载荷	≤18 >18~100 >100~200	— ≤40 >40~140	— ≤40 >40~140	h5 j6① k6①
	变速箱、一般通用机械、电动机、内燃机、木工机械	正常载荷	>18~100 >100~140 >140~200	≤40 >40~100 >100~140	≤40 >40~100 >100~140	k5② m5② m6
	破碎机、铁路车辆、轧机	重载荷		>50~140 >140~200 >200	>50~100 >100~140 >140~200	n6 p6 r6
内圈相对于载荷方向静止	静止轴上的各种轮子、张紧轮绳轮、振动筛、惯性振动器	所有载荷	所有尺寸			f6① g6 h6 j6①
仅有轴向载荷			所有尺寸			j6、js6

注：① 凡对精度有较高要求的场合，应该用 j5、k5…代替 j6、k6…。
②　圆锥滚子轴承、角接触球轴承配合对游隙影响不大，可用 k6、m6 代替 k5、m5。

附表 5-8　与向心轴承配合外壳孔的公差带(摘自 GB/T 275—2015)

运转状态		载荷状态	其他状况	孔公差带①	
说明	举例			球轴承	滚子轴承
外内圈相对于载荷方向静止	一般机械、电动机、铁路机车车辆轴箱	轻、正常、重	轴向易移动，可采用剖分式外壳	H7、G7②	
		冲击	轴向能移动，可采用整体或剖分式外壳	J7、JS7②	
外内圈相对于载荷方向摆动	曲轴主轴承、泵、电动机	轻、正常			
		正常、重		K7	
		冲击		M7	
外内圈相对于载荷方向旋转	张紧滑轮、轮毂轴承	轻	轴向不能移动，采用整体式外壳	J7	K7
		正常		K7、M7	M7、N7
		重		—	N7、P7

注：①　并列公差带随尺寸的增大从左至右选择，对旋转精度有较高要求时，可相应提高一个公差等级。
②　不适用于剖分式外壳。

附表 5-9　与向心轴承配合轴颈和外壳孔的表面粗糙度(摘自 GB/T 275—2015)

轴颈或外壳孔的直径 /mm		轴颈和外壳孔表面公差等级								
		IT7			IT6			IT5		
		表面粗糙度参数的上限值/μm								
大于	到	Rz	Ra		Rz	Ra		Rz	Ra	
			磨	车		磨	车		磨	车
—	80	10	1.6	3.2	6.3	0.8	1.6	4	0.4	0.8
80	500	16	1.6	3.2	10	1.6	3.2	6.3	0.8	1.6
端面		25	3.2	6.3	25	3.2	6.3	10	1.6	3.2

附表 5-10　与向心轴承配合轴颈和外壳孔的形位公差(摘自 GB/T 275—2015)

轴颈或外壳孔的直径 /mm		圆柱度公差值				端面圆跳动公差值			
		轴颈		外壳孔		轴颈		外壳孔	
		轴 承 公 差 等 级							
		0	6(6X)	0	6(6X)	0	6(6X)	0	6(6X)
大于	到	公差值/μm							
18	30	4	2.5	6	4	10	6	15	10
30	50	4	2.5	7	4	12	8	20	12
50	80	5	3.0	8	5	15	10	25	15
80	120	6	4.0	10	6	15	10	25	15
120	180	8	5.0	12	8	20	12	30	20
180	250	10	7.0	14	10	20	12	30	20

三、滚动轴承的游隙

附表 5-11　角接触轴承的轴向游隙　　　　　　　　　　　　　(μm)

轴承内径 d/mm		角接触球轴承允许轴向游隙范围					
		接触角 $\alpha = 15°$				接触角 $\alpha = 25°$ 或 40°	
		I 型		II 型		I 型	
大于	到	min	max	min	max	min	max
—	30	20	40	30	50	10	20
30	50	30	50	40	70	15	30
50	80	40	70	50	100	20	40

轴承内径 d/mm		角接触球轴承允许轴向游隙范围					
		接触角 $\alpha = 15°$				接触角 $\alpha = 25°$ 或 40°	
		I 型		II 型		I 型	
大于	到	min	max	min	max	min	max
—	30	20	40	40	70	—	20
30	50	40	70	50	100	20	30
50	80	50	100	80	150	30	40

注：I 型为一端固定、一端游动支承式支承,轴承"面对面"或"背对背"安装；II 型为两端固定式支承,轴承"面对面"或"背对背"安装。

附录Ⅵ　常用电动机类型

电动机类型很多，其中异步电动机具有结构简单、维修方便、工作效率较高、重量较轻、成本较低等特点，能满足大多数工业生产机械的电气传动需要。

异步电动机的分类如下。

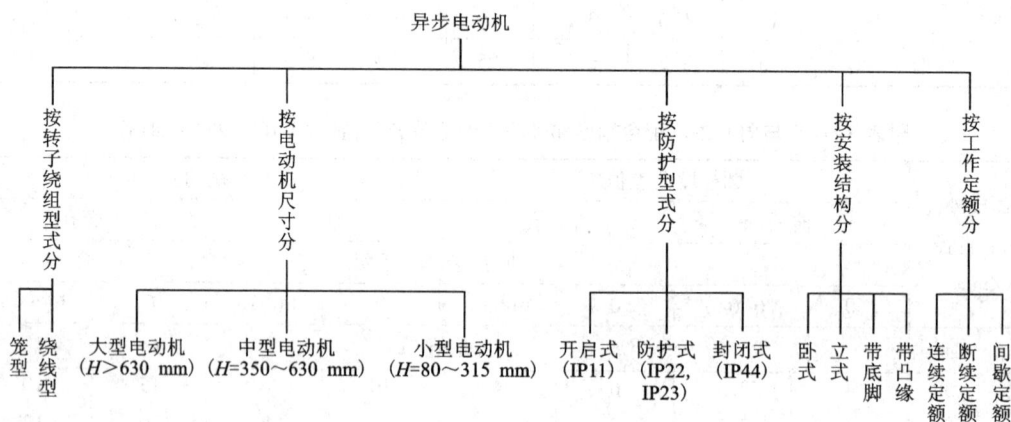

异步电动机型号含义如下。

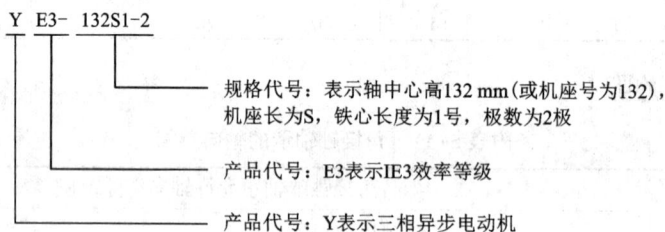

在减速器设计中最常用的电动机为 Y 系列电动机，它为全封闭自扇冷式笼型三相异步电动机，具有高效、节能、启动转矩大、性能好、噪声低、振动小、可靠性高、功率等级和安装尺寸符合国际电工委员会(IEC)标准及维护方便等优点。

一、YE3 系列(IP55)三相异步电动机(摘自 GB/T 28575—2020)

YE3 系列(IP55)电动机是一款超高效率三相异步电动机。GB/T 28575—2020(YE3 系列(IP55)三相异步电动机技术条件(机座号 63～355)规定了电动机的型式、基本参数与尺寸、技术要求、试验方法、检验规则、标志、包装及保用期的要求。其中包含：

(1)电动机型号由产品代号和规格代号两部分组成。

(2)电动机的外壳防护等级为 IP55。

(3)电动机的冷却方法为 IC411。

(4)电动机的定额是以连续工作制(S1)为基准的连续定额。

（5）电动机的额定频率为 50 Hz，额定电压为 380 V。额定功率在 3 kW 及以下者为 Y 接法，其他额定功率均为 △ 接法。

（6）电动机的型号与转速及额定功率的对应关系、安装尺寸及性能参数等（见附表 6-1、附表 6-2、附表 6-3 和附表 6-4）。

附表 6-1　YE3 系列电动机型号与转速及额定功率的对应关系（摘自 GB/T 28575—2020）

电动机型号	额定功率 /kW	满载转速* /(r · min⁻¹)	电动机型号	额定功率 /kW	满载转速* /(r · min⁻¹)
同步转速 3000 r/min，2 极			同步转速 1500 r/min，4 极		
YE3-80M1	0.75	2830	YE3-80M1	0.55	1390
YE3-80M2	1.1	2830	YE3-80M2	0.75	1390
YE3-90S	1.5	2840	YE3-90S	1.1	1400
YE3-90L	2.2	2840	YE3-90L	1.5	1400
YE3-100L	3	2870	YE3-100L1	2.2	1430
YE3-112M	4	2890	YE3-100L2	3	1430
YE3-132S1	5.5	2900	YE3-112M	4	1440
YE3-132S2	7.5	2900	YE3-132S	5.5	1440
YE3-160M1	11	2930	YE3-132M	7.5	1440
YE3-160M2	15	2930	YE3-160M	11	1460
YE3-160L	18.5	2930	YE3-160L	15	1460
YE3-180M	22	2940	YE3-180M	18.5	1470
YE3-200L1	30	2950	YE3-180L	22	1470
同步转速 1000 r/min，6 极			YE3-200L	30	1470
YE3-90S	0.75	910	同步转速 750 r/min，8 极		
YE3-90L	1.1	910	YE3-132S	2.2	710
YE3-100L	1.5	940	YE3-132M	3	710
YE3-112M	2.2	940	YE3-160M1	4	720
YE3-132S	3	960	YE3-160M2	5.5	720
YE3-132M1	4	960	YE3-160L	7.5	720
YE3-132M2	5.5	960	YE3-180L	11	730
YE3-160M	7.5	970	YE3-200L	15	730
YE3-160L	11	970	YE3-225S	18.5	730

电动机型号	额定功率 /kW	满载转速* /(r · min⁻¹)	电动机型号	额定功率 /kW	满载转速* /(r · min⁻¹)
YE3-180L	15	970	YE3-225M	22	730
YE3-200L1	18.5	970	YE3-250M	30	730
YE3-200L2	22	970			
YE3-225M	30	980			

注：1. *满载转速不来自本标准。

2. S、M、L分别表示短机座、中机座和长机座。

3. S、M、L后面的数字1、2分别代表同一机座号和转速下不同的功率。

附表 6-2   机座带地脚、端盖上无凸缘 YE3 系列电动机安装及外形尺寸(摘自 GB/T 28575—2020)

(mm)

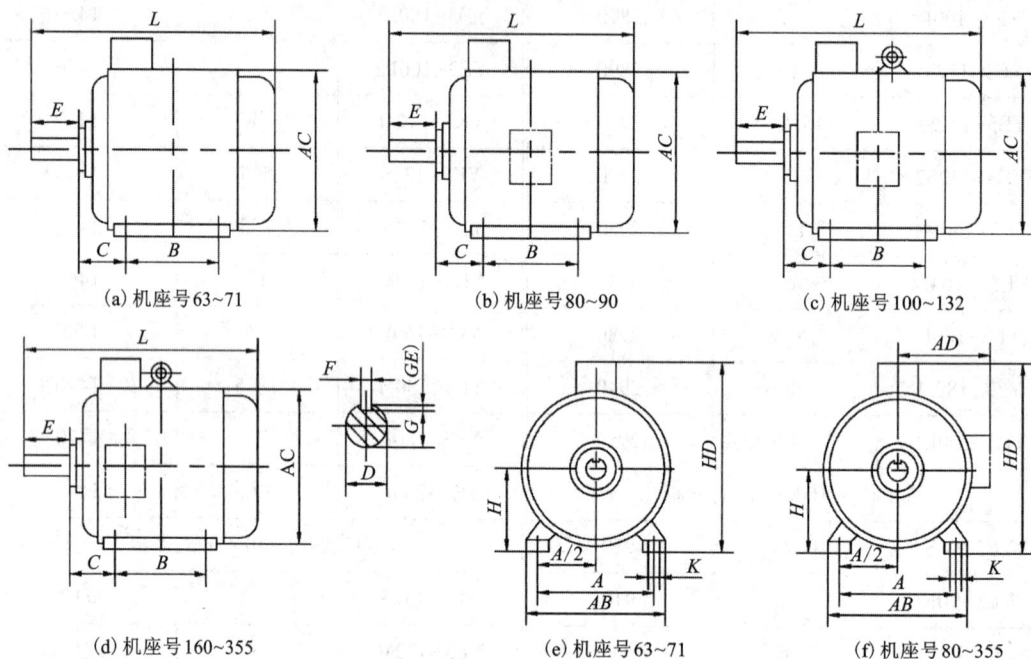

(a) 机座号63~71   (b) 机座号80~90   (c) 机座号100~132

(d) 机座号160~355   (e) 机座号63~71   (f) 机座号80~355

机座号	极数	A	B	C	D	E	F	G	H	K	AB	AC	AD	HD	L
63M	2, 4	100	80	40	11	+0.008 −0.003	23	4	8.5	63	7	135	130	—	180	230
71M	2, 4, 6	112	90	45	14		30	5	0 −0.030	11	0 −0.10	71		150	145	—	195	255
80M		125	100	50	19		40	6		15.5	80	10	165	175	145	220	305
90S		140		56	24	+0.009 −0.004	50	8		20	90		180	205	170	265	360
90L			125														390
100L		160		63	28		60		0 −0.036	24	100		205	215	180	270	435
112M		190	140	70							112	12	230	255	200	310	440
132S	2, 4, 6, 8	216		89	38		80	10		33	132		270	310	230	365	510
132M			178														550
160M		254	210	108	42	+0.018 +0.002		12		37	160		320	340	260	425	730
160L			254									14.5					760
180M		279	241	121	48		110	14		42.5	180		355	390	285	460	770
180L			279														800
200L		318	305	133	55			16		49	200		395	445	320	520	860
225S	4, 8		286		60		140	18	0 −0.043	53	225		435	495	350	575	830
225M	2	356	311	149	55		110	16		49		18.5					830
225M	4, 6				60					53							860
250M	2	406	349	168	60			18		53	250		490	550	390	635	990
250M	4, 6, 8				65				0 −0.20	58							
280S	2				65					58							990
280S	4, 6, 8	457	368	190	75		140	20	0 −0.052	67.5	280	24	550	630	435	705	
280M	2		419		65			18	0 −0.043	58							1040
280M	4, 6, 8				75	+0.030 +0.011		20	0 −0.052	67.5							
315S	2		406		65		140	18	0 −0.043	58							1180
315S	4, 6, 8, 10				80		170	22	0 −0.052	71							1290
315M	2	508	457	216	65		140	18	0 −0.043	58	315	28	635	645	530	845	1210
315M	4, 6, 8, 10				80		170	22	0 −0.052	71							1320
315L	2		508		65		140	18	0 −0.043	58							1210
315L	4, 6, 8, 10				80		170	22	0 −0.052	71							1320

机座号	极数	A	B	C	D		E	F	G	H	K	AB	AC	AD	HD	L
355M	2		560		75	+0.030 +0.011	140	20	67.5							1500
355M	4, 6, 8, 10	610		254	95	+0.035 +0.013	170	25	86	355	28	730	710	655	1010	1530
355L	2		630		75	+0.030 +0.011	140	20	67.5							1500
355L	4, 6, 8, 10				95	+0.035 +0.013	170	25	86							1530

注: F 列为 $\frac{0}{-0.052}$，G 列为 $\frac{0}{-0.20}$。

附表 6-3　效率和功率因数的保证值(摘自 GB/T 28575—2020)

额定功率/kW	同步转速/(r·min⁻¹)														
	3000	1500	1000	750	600	3000	1500	1000	750	600	3000	1500	1000	750	600
	效率 η/%					功率因数 cos φ					堵转电流/额定电流				
0.12	—	64.8	—	—		—	0.72	—	—						
0.18	65.9	69.9	63.9	58.7		0.8	0.73	0.66	0.61					5.2	
0.25	69.7	73.5	68.6	64.1		0.81	0.74	0.68	0.61					5.7	
0.37	73.8	77.3	73.5	69.3		0.81	0.75	0.7	0.61		7.0	6.6	6.0	6.2	
0.55	77.8	80.8	77.2	73		0.82	0.75	0.72	0.61					5.9	
0.75	80.7	82.5	78.9	75		0.82	0.75	0.71	0.67					6.2	
1.1	82.7	84.1	81	77.7		0.83	0.76	0.73	0.69		7.6	6.8			
1.5	84.2	85.3	82.5	79.7		0.84	0.77	0.73	0.7			7.0	6.5	6.7	
2.2	85.9	86.7	84.3	81.9		0.85	0.81	0.74	0.71		7.9	7.6	6.6		
3	87.1	87.7	85.6	83.5	—	0.87	0.82	0.74	0.73	—			6.8	6.9	
4	88.1	88.6	86.8	84.8		0.88	0.82	0.74	0.73			7.8			
5.5	89.2	89.6	88	86.2		0.88	0.83	0.75	0.74			7.9	7.0	6.6	
7.5	90.1	90.4	89.1	87.3		0.88	0.84	0.79	0.75			7.5			
11	91.2	91.4	90.3	88.6		0.89	0.85	0.8	0.75		8.5	7.7	7.2		
15	91.9	92.1	91.2	89.6		0.89	0.86	0.81	0.76				7.3	6.8	
18.5	92.4	92.6	91.7	90.1		0.89	0.86	0.81	0.76			7.8			
22	92.7	93	92.2	90.6		0.89	0.86	0.81	0.78				7.4	7.0	
30	93.3	93.6	92.9	91.3		0.89	0.86	0.83	0.79			7.3	6.9		
37	93.7	93.9	93.3	91.8		0.89	0.86	0.84	0.79				7.1	6.7	
45	94	94.2	93.7	92.2	92.0	0.9	0.86	0.85	0.79	0.75	8.0	7.4	7.3		6.2
55	94.3	94.6	94.1	92.5	92.0	0.9	0.86	0.86	0.81	0.75				6.8	

222

续附表6-3

额定功率/kW	同步转速/(r·min⁻¹)														
	3000	1500	1000	750	600	3000	1500	1000	750	600	3000	1500	1000	750	600
	效率 η/%					功率因数 cos φ					堵转电流/额定电流				
75	94.7	95	94.6	93.1	92.8	0.9	0.88	0.84	0.81	0.76	7.5	6.9	6.6	6.3	5.8
90	95	95.2	94.9	93.4	93.0	0.9	0.88	0.85	0.82	0.77			6.7		5.9
110	95.2	95.4	95.1	93.7	93.3	0.9	0.89	0.85	0.82	0.78		7.0		6.4	6.0
132	95.4	95.6	95.4	94	93.8	0.9	0.89	0.86	0.82	0.78			6.4		6.1
160	95.6	95.8	95.6	94.3	93.8	0.91	0.89	0.86	0.82	0.78		6.8			
200	95.8	96	95.8	94.6	—	0.91	0.9	0.87	0.83	—					—
250	95.8	96	95.8	—	—	0.91	0.9	0.87	—	—		7.1		—	
315	95.8	96	—	—	—	0.91	0.9	—	—	—			—		

附表 6-4　转矩对额定转矩之比的保证值(摘自 GB/T 28575—2020)

额定功率/kW	同步转速/(r·min⁻¹) 堵转转矩/额定转矩					同步转速/(r·min⁻¹) 最小转矩/额定转矩					同步转速/(r·min⁻¹) 最大转矩/额定转矩				
	3000	1500	1000	750	600	3000	1500	1000	750	600	3000	1500	1000	750	600
0.12	—		—	—		—		—	—		—		—	—	
0.18		2.1													
0.25	2.3						1.7					2.2			
0.37			1.9			1.6					2.2		2.0	1.9	
0.55		2.4													
0.75				1.8											
1.1						1.5	1.6	1.5	1.3						
1.5		2.3													
2.2	2.2														
3					—	1.4	1.5	1.3	1.2						—
4		2.2													
5.5				1.9									2.1		
7.5		2.0										2.3			
11		2.2		2.0		1.2	1.4								
15			2.0												
18.5	2.0							1.2	1.1		2.3			2.0	
22		2.0				1.1	1.2								
30				1.9											
37															
45								1.0	1.0						
55		2.2				1.0	1.1								
75															
90										0.8					2.0
110	1.8			1.8		0.9	1.0	1.0	0.9				2.0		
132		2.0		1.3											
160												2.2			
200			1.8				0.9	0.9							
250	1.6			—		0.8		—	—		—	2.2		—	
315			—			0.8	—	—					—	—	—

二、YZ、YZR 系列冶金及起重用三相异步电动机(摘自 JB/T 10104—2018 和 JB/T 10105—2017)

冶金及起重用三相异步电动机是用于驱动各种形式的起重机械和冶金设备中的辅助机械的专用系列产品。这种电动机具有较高的机械强度和较大的过载能力,能承受经常的机械冲击及振动,特别适用于短时或断续周期运行、频繁启动和制动、有过负荷及有显著的振动与冲击的设备。

YZ 系列为笼型转子电动机,YZR 系列为绕线转子电动机。冶金及起重用电动机大多采用绕线转子,但对于 30 kW 以下电动机以及在启动不是很频繁而电网容量又许可满压启动的场所,也可采用笼型转子。

根据负荷的不同性质,电动机常用的工作制分为 S2(短时工作制)、S3(断续周期工作制)、S4(包括启动的断续周期工作制)、S5(包括电制动的断续周期工作制)四种。电动机的额定工作制为 S3,每一工作周期为 10 min,即相当于每小时 6 次等效启动。电动机的基准负载持续率 $F_C = 40\%$,$F_C =$ 工作时间/一个工作周期,其中工作时间包括启动和制动时间。

电动机的各种启动和制动状态折算成每小时等效全启动次数的方法为:点动相当于 0.25 次全启动;电制动至全速反转相当于 1.8 次全启动;电制动至停转相当于 1.8 次全起动。

附表 6-5　YZ 系列三相异步电动机的技术数据(摘自 JB/T 10104—2018)

型号	S2				S3														
	30 min		60 min		6 次/h(热等效启动次数)														
					$F_C = 15\%$		$F_C = 25\%$		$F_C = 40\%$							$F_C = 60\%$		$F_C = 100\%$	
	额定功率/kW	转速/(r·min⁻¹)	额定功率/kW	转速/(r·min⁻¹)	额定功率/kW	转速/(r·min⁻¹)	额定功率/kW	转速/(r·min⁻¹)	额定功率/kW	转速/(r·min⁻¹)	最大转矩/额定转矩	堵转转矩/额定转矩	堵转电流/额定电流	效率/%	功率因数	额定功率/kW	转速/(r·min⁻¹)	额定功率/kW	转速/(r·min⁻¹)
YZ112M-6	1.8	892	1.5	920	2.2	810	1.8	892	1.5	920	2.0	2.0	4.47	69.5	0.765	1.1	946	0.8	980
YZ132M1-6	2.5	920	2.2	935	3.0	804	2.5	920	2.2	935	2.0	2.0	5.16	74	0.745	1.8	950	1.5	960
YZ132M2-6	4.0	915	3.7	912	5.0	890	4.0	915	3.7	912	2.0	2.0	5.54	79	0.79	3.0	940	2.8	945
YZ160M1-6	6.3	922	5.5	933	7.5	903	6.3	922	5.5	933	2.0	2.0	4.9	80.6	0.83	5.0	940	4.0	953
YZ160M2-6	8.5	943	7.5	948	11	926	8.5	943	7.5	948	2.3	2.3	5.52	83	0.86	6.3	956	5.5	961
YZ160L-6	15	920	11	953	13	920	13	936	11	953	2.3	2.3	6.17	84	0.852	9	964	7.5	972
YZ160L-8	9	694	7.5	705	11	675	9	694	7.5	705	2.3	2.3	5.1	82.4	0.766	6	717	5	724
YZ180L-8	13	675	11	694	15	654	13	675	11	694	2.3	2.3	4.9	80.9	0.811	9	710	7.5	718
YZ200L-8	18.5	697	15	710	22	686	18.5	697	15	710	2.5	2.5	6.1	86.2	0.80	13	714	11	720
YZ225M-8	26	701	22	712	33	687	26	701	22	712	2.5	2.5	6.2	87.5	0.834	18.5	718	17	720
YZ250M1-8	35	681	30	694	42	663	35	681	30	694	2.5	2.5	5.47	85.7	0.84	26	702	22	717

附表 6-6　机座带地脚、端盖上无凸缘（IM1001、IM1002、IM1003 及 IM1004 型）
YZ 系列电动机的安装及外形尺寸
（mm）

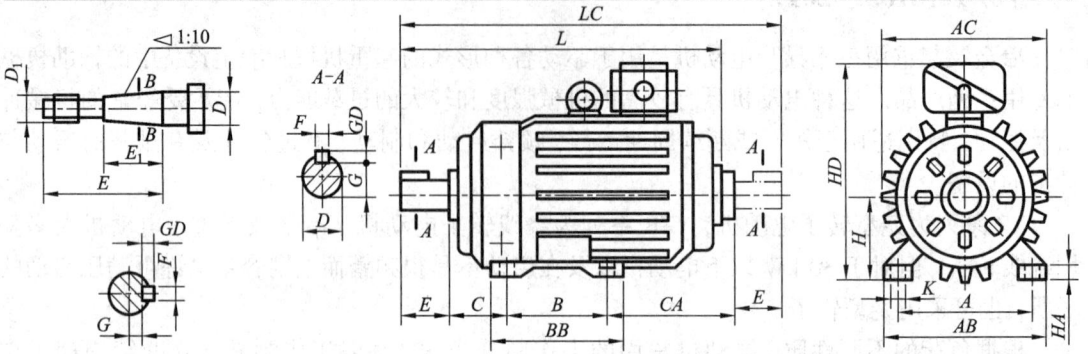

机座号	安装尺寸														外形尺寸						
	H	A	B	C	CA	K	螺栓直径	D	D_1	E	E_1	F	G	GD	AC	AB	HD	BB	L	LC	HA
112M	112	190	140	70	135	12	M10	32		80	10		27	8	245	250	335	235	420	505	18
132M	132	216	178	89	150	12	M10	38		80	10		33	8	285	275	365	260	495	577	20
160M	160	254	210	108	180	15	M12	48		110	14		42.5	9	325	320	425	290	608	718	25
160L	160	254	254	108	180	15	M12	48		110	14		42.5	9	325	320	425	335	650	762	25
180L	180	279	279	121		15	M12	55	M36×3	110	82		19.9	9	360	360	465	380	685	800	25
200L	200	318	305	133	210	19	M16	60	M42×3	140	105	16	21.4	10	405	405	510	400	780	928	28
225M	225	356	311	149	258	19	M16	65	M42×3	140	105	16	23.9	10	430	455	545	410	850	998	28
250M	250	406	349	168	295	24	M20	70	M48×3			18	25.4	11	480	515	605	510	935	1092	30

附表 6-7　YZR 系列三相异步电动机的技术数据（摘自 JB/T 10105—2017）

型号	S2				S3							
					6 次/h（热等效启动次数）							
	30 min		60 min		$F_C=15\%$		$F_C=25\%$		$F_C=40\%$		$F_C=60\%$	
	额定功率/kW	转速/(r·min^{-1})	额定功率/kW	转速/(r·min^{-1})	额定功率/kW	转速/(r·min^{-1})	额定功率/kW	转速/(r·min^{-1})	额定功率/kW	转速/(r·min^{-1})	额定功率/kW	转速/(r·min^{-1})
YZR112M-6	1.8	815	1.5	866	2.2	725	1.8	815	1.5	866	1.1	912
YZR132M1-6	2.5	892	2.2	908	3.0	855	2.5	892	2.2	908	1.3	924
YZR132M2-6	4.0	900	3.7	908	5.0	875	4.0	900	3.7	908	3.0	937
YZR160M1-6	6.3	921	5.5	930	7.5	910	6.3	921	5.5	930	5.0	935
YZR160M2-6	8.5	930	7.5	940	11	908	8.5	930	7.5	940	6.3	949
YZR160L-6	13	942	11	957	15	920	13	942	11	945	9.0	952
YZR180L-6	17	955	15	962	20	946	17	955	15	962	13	963

226

型号	S2 30 min 额定功率/kW	S2 30 min 转速/(r·min⁻¹)	S2 60 min 额定功率/kW	S2 60 min 转速/(r·min⁻¹)	S3 6次/h $F_C=15\%$ 额定功率/kW	转速/(r·min⁻¹)	$F_C=25\%$ 额定功率/kW	转速/(r·min⁻¹)	$F_C=40\%$ 额定功率/kW	转速/(r·min⁻¹)	$F_C=60\%$ 额定功率/kW	转速/(r·min⁻¹)
YZR200L-6	26	956	22	964	33	942	26	956	22	964	19	969
YZR225M-6	34	957	30	962	40	947	34	957	30	962	26	968
YZR160L-8	9	694	7.5	705	11	676	9	694	7.5	705	6	717
YZR180L-8	13	700	11	700	15	690	13	700	11	700	9	720
YZR200L-8	18.5	701	15	712	22	690	18.5	701	15	712	13	718
YZR225M-8	26	708	22	715	33	696	26	708	22	715	18.5	721
YZR250M1-8	35	715	30	720	42	710	35	715	30	720	26	725

型号	S3 6次/h $F_C=100\%$ 额定功率/kW	转速/(r·min⁻¹)	S4及S5 150次/h $F_C=25\%$ 额定功率/kW	转速/(r·min⁻¹)	$F_C=40\%$ 额定功率/kW	转速/(r·min⁻¹)	$F_C=60\%$ 额定功率/kW	转速/(r·min⁻¹)	300次/h $F_C=40\%$ 额定功率/kW	转速/(r·min⁻¹)	$F_C=60\%$ 额定功率/kW	转速/(r·min⁻¹)
YZR112M-6	0.8	940	1.6	845	1.3	890	1.1	920	1.2	900	0.9	930
YZR132M1-6	1.5	940	2.2	908	2.0	913	1.7	931	1.8	926	1.6	936
YZR132M2-6	2.5	950	3.7	915	3.3	925	2.8	940	3.4	925	2.8	940
YZR160M1-6	4.0	944	5.8	927	5.0	935	4.8	937	5.0	935	4.8	937
YZR160M2-6	5.5	956	7.5	940	7.0	945	6.0	954	6.0	954	5.5	959
YZR160L-6	7.5	970	11	950	10	957	8.0	969	8.0	969	7.5	971
YZR180L-6	11	975	15	960	13	965	12	969	12	969	11	972
YZR200L-6	17	973	21	965	18.5	970	17	973	17	973	—	977
YZR225M-6	22	975	28	965	25	969	22	973	22	973	20	977
YZR250M1-6	28	975	33	970	30	973	28	975	26	977	25	978
YZR250M2-6	33	974	42	967	37	971	33	975	31	976	30	977
YZR160L-8	5	724	7.5	712	7	716	5.8	724	6.0	722	5	727
YZR180L-8	7.5	726	11	711	10	717	8.0	728	8.0	728	7.5	729
YZR200L-8	11	723	15	713	13	718	12	720	12	720	11	724
YZR225M-8	17	723	21	718	18.5	721	17	724	17	724	15	727
YZR250M1-8	22	729	29	700	25	705	22	712	22	712	20	716
YZR250M2-8	27	729	33	725	30	727	28	728	26	730	25	731
YZR280S-10	27	582	33	578	30	579	28	580	26	582	25	583
YZR280M-10	33	587	42	—	37	—	33	—	31	—	28	—

227

附表6-8 机座带地脚、端盖上无凸缘(IM1001、IM1002、IM1003 及 IM1004 型)
YZR 系列电动机的安装及外形尺寸 （mm）

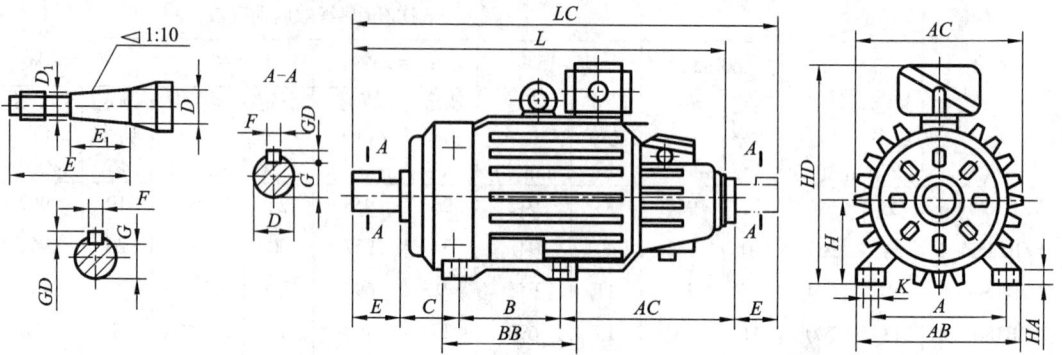

机座号	安装尺寸													外形尺寸						
	H	A	B	C	CA	K	螺栓直径	D	D_1	E	E_1	F	G	GD	AC	AB	HD	BB	L	LC	HA
112M	112	190	140	70	300	12	M10	32		80		10	27	8	245	250	335	235	590	670	18
132M	132	216	178	89				38					33		285	275	365	260	645	727	20
160M	160	254	210	108	330	15	M12	48		110		14	42.5	9	325	320	425	290	758	868	25
160L			254															335	800	912	
180L	180	279	279	121	360			55	M36×3		82		19.9		360	360	465	380	870	980	
200L	200	318	305	133	400	19	M16	60	M42×3	140	105	16	21.4	10	405	405	510	400	975	1118	28
225M	225	356	311	149	450			65					23.9		430	455	545	410	1050	1190	
250M	250	406	349	168				70	M48×3			18	25.4	11	480	515	605	510	1195	1337	30
280S	280	457	368	190	540	24	M20	85	M56×3	170	130	20	31.7	12	535	575	665	530	1265	1438	32
280M			419															580	1315	1489	

228

附录Ⅶ 公差配合、形位公差及表面粗糙度

一、公差与配合

1. 基本偏差系列及配合种类(摘自 GB/T 1800.1—2020)

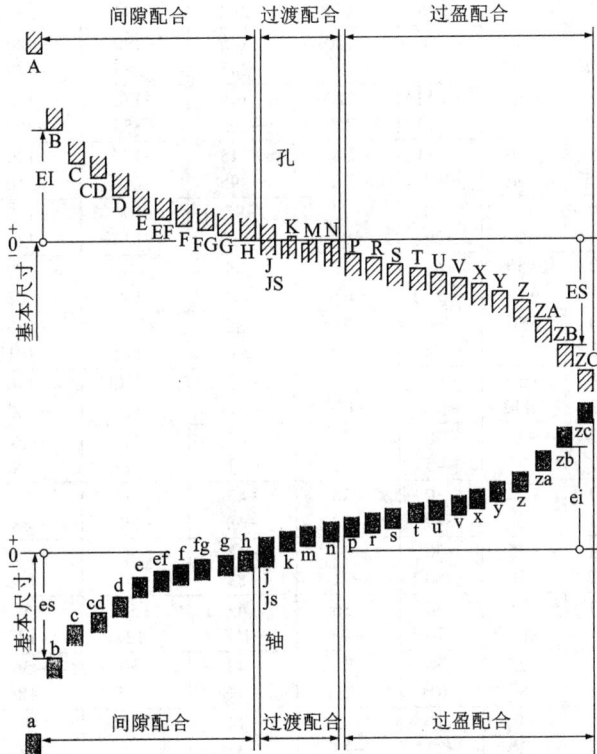

附图 7-1 基本偏差系列示意图

公差配合Ⅶ

2. 标准公差数值及孔和轴的极限偏差值(摘自 GB/T 1800.1—2020)

附表 7-1 标准公差数值(基本尺寸为大于 6 至 1000 mm) (μm)

基本尺寸 /mm	公差等级							
	IT5	IT6	IT7	IT8	IT9	IT10	IT11	IT12
>6～10	6	9	15	22	36	58	90	150
>10～18	8	11	18	27	43	70	110	180
>18～30	9	13	21	33	52	84	130	210
>30～50	11	16	25	39	62	100	160	250
>50～80	13	19	30	46	74	120	190	300
>80～120	15	22	35	54	87	140	220	350
>120～180	18	25	40	63	100	160	250	400
>180～250	20	29	46	72	115	185	290	460
>250～315	23	32	52	81	130	210	320	520
>315～400	25	36	57	89	140	230	360	570
>400～500	27	40	63	97	155	250	400	630
>500～630	32	44	70	110	175	280	440	700
>630～800	36	50	80	125	200	320	500	800
>800～1000	40	56	90	140	230	360	560	900

注:1. 基本尺寸小于或等于 1 mm 时,无 IT14 至 IT18。

2. 基本尺寸大于 500 mm 的 IT1 至 IT5 的标准公差数值为试行的。

附表 7-2　轴的极限偏差值(摘自 GB/T 1800. 2—2020)　　　　(μm)

公差带	等级	基本尺寸/mm									
		>10~18	>18~30	>30~50	>50~80	>80~120	>120~180	>180~250	>250~315	>315~400	>400~500
d	7	-50 / -68	-65 / -86	-80 / -105	-100 / -130	-120 / -155	-145 / -185	-170 / -216	-190 / -242	-210 / -267	-230 / -293
	8	-50 / -77	-65 / -98	-80 / -119	-100 / -146	-120 / -174	-145 / -208	-170 / -242	-190 / -271	-210 / -299	-230 / -327
	9	-50 / -93	-65 / -117	-80 / -142	-100 / -174	-120 / -207	-145 / -245	-170 / -285	-190 / -320	-210 / -350	-230 / -385
	10	-50 / -120	-65 / -149	-80 / -180	-100 / -220	-120 / -260	-145 / -305	-170 / -355	-190 / -400	-210 / -440	-230 / -480
	11	-50 / -160	-65 / -195	-80 / -240	-100 / -290	-120 / -340	-145 / -395	-170 / -460	-190 / -510	-210 / -570	-230 / -630
e	6	-32 / -43	-40 / -53	-50 / -66	-60 / -79	-72 / -94	-85 / -110	-100 / -129	-110 / -142	-125 / -161	-135 / -175
	7	-32 / -50	-40 / -61	-50 / -75	-60 / -90	-72 / -107	-85 / -125	-100 / -146	-110 / -162	-125 / -182	-135 / -198
	8	-32 / -59	-40 / -73	-50 / -89	-60 / -106	-72 / -126	-85 / -148	-100 / -172	-110 / -191	-125 / -214	-135 / -132
	9	-32 / -75	-40 / -92	-50 / -112	-60 / -134	-72 / -159	-85 / -185	-100 / -215	-110 / -240	-125 / -265	-135 / -290
f	5	-16 / -24	-20 / -29	-25 / -36	-30 / -43	-36 / -51	-43 / -61	-50 / -70	-56 / -79	-62 / -87	-68 / -95
	6	-16 / -27	-20 / -33	-25 / -41	-30 / -49	-36 / -58	-43 / -68	-50 / -79	-56 / -88	-62 / -98	-68 / -108
	7	-16 / -34	-20 / -41	-25 / -50	-30 / -60	-36 / -71	-43 / -83	-50 / -96	-56 / -108	-62 / -119	-68 / -131
	8	-16 / -43	-20 / -53	-25 / -64	-30 / -76	-36 / -90	-43 / -106	-50 / -122	-56 / -137	-62 / -151	-68 / -165
	9	-16 / -59	-20 / -72	-25 / -87	-30 / -104	-36 / -123	-43 / -143	-50 / -165	-56 / -186	-62 / -202	-68 / -223
g	5	-6 / -14	-7 / -16	-9 / -20	-10 / -23	-12 / -27	-14 / -32	-15 / -35	-17 / -40	-18 / -43	-20 / -47
	6	-6 / -17	-7 / -20	-9 / -25	-10 / -29	-12 / -34	-14 / -39	-15 / -44	-17 / -49	-18 / -54	-20 / -60
	7	-6 / -24	-7 / -28	-9 / -34	-10 / -40	-12 / -47	-14 / -54	-15 / -61	-17 / -69	-18 / -75	-20 / -83
	8	-6 / -33	-7 / -40	-9 / -48	-10 / -56	-12 / -66	-14 / -77	-15 / -87	-17 / -98	-18 / -107	-20 / -117
h	5	0 / -8	0 / -9	0 / -11	0 / -13	0 / -15	0 / -18	0 / -20	0 / -23	0 / -25	0 / -27
	6	0 / -11	0 / -13	0 / -16	0 / -19	0 / -22	0 / -25	0 / -29	0 / -32	0 / -36	0 / -40
	7	0 / -18	0 / -21	0 / -25	0 / -30	0 / -35	0 / -40	0 / -46	0 / -52	0 / -57	0 / -63
	8	0 / -27	0 / -33	0 / -39	0 / -46	0 / -54	0 / -63	0 / -72	0 / -81	0 / -89	0 / -97
	9	0 / -43	0 / -52	0 / -62	0 / -74	0 / -87	0 / -100	0 / -115	0 / -130	0 / -140	0 / -155
	10	0 / -70	0 / -84	0 / -100	0 / -120	0 / -140	0 / -160	0 / -185	0 / -210	0 / -230	0 / -250
	11	0 / -110	0 / -130	0 / -160	0 / -190	0 / -220	0 / -250	0 / -290	0 / -320	0 / -360	0 / -400

公差带	等级	基本尺寸/mm									
		>10~18	>18~30	>30~50	>50~80	>80~120	>120~180	>180~250	>250~315	>315~400	>400~500
j	5	+5 / −3	+5 / −4	+6 / −5	+6 / −7	+6 / −9	+7 / −11	+7 / −13	+7 / −16	+7 / −18	+7 / −20
	6	+8 / −3	+9 / −4	+11 / −5	+12 / −7	+13 / −9	+14 / −11	+16 / −13	—	—	—
	7	+12 / −6	+13 / −8	+15 / −10	+18 / −12	+20 / −15	+22 / −18	+25 / −21	—	+29 / −28	+31 / −32
js	5	±4	±4.5	±5.5	±6.5	±7.5	±9	±10	±11.5	±12.5	±13.5
	6	±5.5	±6.5	±8	±9.5	±11	±12.5	±14.5	±16	±18	±20
	7	±9	±10	±12	±15	±17	±20	±23	±26	±28	±31
k	5	+9 / +1	+11 / +2	+13 / +2	+15 / +2	+18 / +3	+21 / +3	+24 / +4	+27 / +4	+29 / +4	+32 / +5
	6	+12 / +1	+15 / +2	+18 / +2	+21 / +2	+25 / +3	+28 / +3	+33 / +4	+36 / +4	+40 / +4	+45 / +5
	7	+19 / +1	+23 / +2	+27 / +2	+32 / +2	+38 / +3	+43 / +3	+50 / +4	+56 / +4	+61 / +4	+68 / +5
m	5	+15 / +7	+17 / +8	+20 / +9	+24 / +11	+28 / +13	+33 / +15	+37 / +17	+43 / +20	+46 / +21	+50 / +23
	6	+18 / +7	+21 / +8	+25 / +9	+30 / +11	+35 / +13	+40 / +15	+46 / +17	+52 / +20	+57 / +21	+63 / +23
	7	+25 / +7	+29 / +8	+34 / +9	+41 / +11	+48 / +13	+55 / +15	+63 / +17	+72 / +20	+78 / +21	+86 / +23
n	5	+20 / +12	+24 / +15	+28 / +17	+33 / +20	+38 / +23	+45 / +27	+51 / +31	+57 / +34	+62 / +37	+67 / +40
	6	+23 / +12	+28 / +15	+33 / +17	+39 / +20	+45 / +23	+52 / +27	+60 / +31	+66 / +34	+73 / +37	+80 / +40
	7	+30 / +12	+36 / +15	+42 / +17	+50 / +20	+58 / +23	+67 / +27	+77 / +31	+86 / +34	+94 / +37	+103 / +40
p	6	+29 / +18	+35 / +22	+42 / +26	+51 / +32	+59 / +37	+68 / +43	+79 / +50	+88 / +56	+98 / +62	+108 / +68
	7	+36 / +18	+43 / +22	+51 / +26	+62 / +32	+72 / +37	+83 / +43	+96 / +50	+108 / +56	+119 / +62	+131 / +68

公差带	等级	基本尺寸/mm									
		>10~18	>18~30	>30~50	>50~65	>65~80	>80~100	>100~120	>120~140	>140~160	>160~180
r	6	+34 / +23	+41 / +28	+50 / +34	+60 / +41	+62 / +43	+73 / +51	+76 / +54	+88 / +63	+90 / +65	+93 / +68
	7	+41 / +23	+49 / +28	+59 / +34	+71 / +41	+73 / +43	+86 / +51	+89 / +54	+103 / +63	+105 / +65	+108 / +68
s	6	+39 / +28	+48 / +35	+59 / +43	+72 / +53	+78 / +59	+93 / +71	+101 / +79	+117 / +92	+125 / +100	+133 / +108
	7	+46 / +28	+56 / +35	+68 / +43	+83 / +53	+89 / +59	+106 / +71	+114 / +79	+132 / +92	+140 / +100	+148 / +108

公差带	等级	基本尺寸/mm								
		>180~200	>200~225	>225~250	>250~280	>280~315	>315~355	>355~400	>400~450	>450~500
r	6	+106 / +77	+109 / +80	+113 / +84	+126 / +94	+130 / +98	+144 / +108	+150 / +114	+166 / +126	+172 / +132
	7	+123 / +77	+126 / +80	+130 / +84	+146 / +94	+150 / +98	+165 / +108	+171 / +114	+189 / +126	+195 / +132
s	6	+151 / +122	+159 / +130	+169 / +140	+190 / +158	+202 / +170	+226 / +190	+244 / +208	+272 / +232	+292 / +252
	7	+168 / +122	+176 / +130	+186 / +140	+210 / +158	+222 / +170	+247 / +190	+265 / +208	+295 / +232	+315 / +252

公差带	等级	>10~18	>18~30	>30~50	>50~80	>80~120	>120~180	>180~250	>250~315	>315~400	>400~500
D	8	+77 / +50	+98 / +65	+119 / +80	+146 / +100	+174 / +120	+208 / +145	+242 / +170	+271 / +190	+299 / +210	+327 / +230
	9	+93 / +50	+117 / +65	+142 / +80	+174 / +100	+207 / +120	+245 / +145	+285 / +170	+320 / +190	+350 / +210	+385 / +230
	10	+120 / +50	+149 / +65	+180 / +80	+220 / +100	+260 / +120	+305 / +145	+355 / +170	+400 / +190	+440 / +210	+480 / +230
	11	+160 / +50	+195 / +65	+240 / +80	+290 / +100	+340 / +120	+395 / +145	+460 / +170	+510 / +190	+570 / +210	+630 / +230
E	7	+50 / +32	+61 / +40	+75 / +50	+90 / +60	+107 / +72	+125 / +85	+146 / +100	+162 / +110	+182 / +125	+198 / +135
	8	+59 / +32	+73 / +40	+89 / +50	+106 / +60	+126 / +72	+145 / +85	+172 / +100	+191 / +110	+214 / +125	+232 / +135
	9	+75 / +32	+92 / +40	+112 / +50	+134 / +60	+159 / +72	+185 / +85	+215 / +100	+240 / +110	+265 / +125	+290 / +135
	10	+102 / +32	+124 / +40	+150 / +50	+180 / +60	+212 / +72	+245 / +85	+285 / +100	+320 / +110	+355 / +125	+385 / +135
F	6	+27 / +16	+33 / +20	+41 / +25	+49 / +30	+58 / +36	+68 / +43	+79 / +50	+88 / +56	+98 / +62	+108 / +68
	7	+34 / +16	+41 / +20	+50 / +25	+60 / +30	+71 / +36	+83 / +43	+96 / +50	+108 / +56	+119 / +62	+131 / +68
	8	+43 / +16	+53 / +20	+64 / +25	+76 / +30	+90 / +36	+106 / +43	+122 / +50	+137 / +56	+151 / +62	+165 / +68
	9	+59 / +16	+72 / +20	+87 / +25	+104 / +30	+123 / +36	+143 / +43	+165 / +50	+186 / +56	+202 / +62	+223 / +68
G	6	+17 / +6	+20 / +7	+25 / +9	+29 / +10	+34 / +12	+39 / +14	+44 / +15	+49 / +17	+54 / +18	+60 / +20
	7	+24 / +6	+28 / +7	+34 / +9	+40 / +10	+47 / +12	+54 / +14	+61 / +15	+69 / +17	+75 / +18	+83 / +20
	8	+33 / +6	+40 / +7	+48 / +9	+56 / +10	+66 / +12	+77 / +14	+87 / +15	+98 / +17	+107 / +18	+117 / +20
H	5	+8 / 0	+9 / 0	+11 / 0	+13 / 0	+15 / 0	+18 / 0	+20 / 0	+23 / 0	+25 / 0	+27 / 0
	6	+11 / 0	+13 / 0	+16 / 0	+19 / 0	+22 / 0	+25 / 0	+29 / 0	+32 / 0	+36 / 0	+40 / 0
	7	+18 / 0	+21 / 0	+25 / 0	+30 / 0	+35 / 0	+40 / 0	+46 / 0	+52 / 0	+57 / 0	+63 / 0
	8	+27 / 0	+33 / 0	+39 / 0	+46 / 0	+54 / 0	+63 / 0	+72 / 0	+81 / 0	+89 / 0	+97 / 0
	9	+43 / 0	+52 / 0	+62 / 0	+74 / 0	+87 / 0	+100 / 0	+115 / 0	+130 / 0	+140 / 0	+155 / 0
	10	+70 / 0	+84 / 0	+100 / 0	+120 / 0	+140 / 0	+160 / 0	+185 / 0	+210 / 0	+230 / 0	+250 / 0
	11	+110 / 0	+130 / 0	+160 / 0	+190 / 0	+220 / 0	+250 / 0	+290 / 0	+320 / 0	+360 / 0	+400 / 0
J	7	+10 / −8	+12 / −9	+14 / −11	+18 / −12	+22 / −13	+26 / −14	+30 / −16	+36 / −16	+39 / −18	+43 / −20
	8	+15 / −12	+20 / −13	+24 / −15	+28 / −18	+34 / −20	+41 / −22	+47 / −25	+55 / −26	+60 / −29	+66 / −31
JS	6	±5.5	±6.5	±8	±9.5	±11	±12.5	±14.5	±16	±18	±20
	7	±9	±10	±12	±15	±17	±20	±23	±26	±28	±31
	8	±13	±16	±19	±23	±27	±31	±36	±40	±44	±48
	9	±21	±26	±31	±37	±43	±50	±57	±65	±70	±77
K	6	+2 / −9	+2 / −11	+3 / −13	+4 / −15	+4 / −18	+4 / −21	+5 / −24	+5 / −27	+7 / −29	+8 / −32
	7	+6 / −12	+6 / −15	+7 / −18	+9 / −21	+10 / −25	+12 / −28	+13 / −33	+16 / −36	+17 / −40	+18 / −45
	8	+8 / −19	+10 / −23	+12 / −27	+14 / −32	+16 / −38	+20 / −43	+22 / −50	+25 / −56	+28 / −61	+29 / −68
N	6	−9 / −20	−11 / −24	−12 / −28	−14 / −33	−16 / −38	−20 / −45	−22 / −51	−25 / −57	−26 / −62	−27 / −67
	7	−5 / −23	−7 / −28	−8 / −33	−9 / −39	−10 / −45	−12 / −52	−14 / −60	−14 / −66	−16 / −73	−17 / −80
	8	−3 / −30	−3 / −36	−3 / −42	−4 / −50	−4 / −58	−4 / −67	−5 / −77	−5 / −86	−5 / −94	−6 / −103
	9	0 / −43	0 / −52	0 / −62	0 / −74	0 / −87	0 / −100	0 / −115	0 / −130	0 / −140	0 / −155

公差带	等级	基本尺寸/mm									
		>10～18	>18～30	>30～50	>50～80	>80～120	>120～180	>180～250	>250～315	>315～400	>400～500
P	6	-15 -26	-18 -31	-21 -37	-26 -45	-30 -52	-36 -61	-41 -70	-47 -79	-51 -87	-55 -95
	7	-11 -29	-14 -35	-17 -42	-21 -51	-24 -59	-28 -68	-33 -79	-36 -88	-41 -98	-45 -108
	8	-18 -45	-22 -55	-26 -65	-32 -78	-37 -91	-43 -106	-50 -122	-56 -137	-62 -151	-68 -165
	9	-18 -61	-22 -74	-26 -88	-32 -106	-37 -124	-43 -143	-50 -165	-56 -186	-62 -202	-68 -223

附表 7-4　线性尺寸的极限偏差数值（摘自 GB/T 1804—2000）　　　　　（mm）

公差等级	基本尺寸分段						
	0.5～3	>3～6	>6～30	>30～120	>120～400	>400～1000	>1000～2000
f(精密级)	±0.05	±0.05	±0.1	±0.15	±0.2	±0.3	±0.5
m(中等级)	±0.1	±0.1	±0.2	±0.3	±0.5	±0.8	±1.2
c(粗糙级)	±0.2	±0.3	±0.5	±0.8	±1.2	±2	±3
v(最粗级)	—	±0.5	±1	±1.5	±2.5	±4	±6

在图样上，技术文件或标准中的表示方法示例：GB/T 1804—m（表示选用中等级）

注：线性尺寸未注公差值为设备一般加工能力可保证的公差，主要用于较低精度的非配合尺寸，一般不检验。

二、形状和位置公差

附表 7-5　形位公差特征项目的符号（摘自 GB/T 1182—2018）

分类	形状公差				位置公差							
项目	直线度	平面度	圆　度	圆柱度	平行度	垂直度	倾斜度	同轴度	对称度	位置度	圆跳动	全跳动
符号	—	▱	○	⌭	//	⊥	∠	◎	＝	⊕	↗	⌰

主参数L、d(D)图例

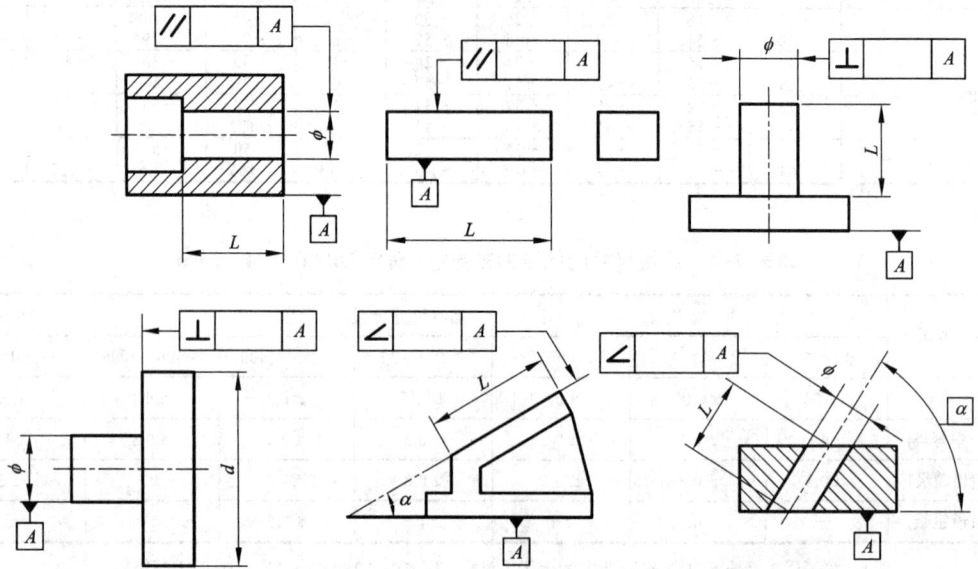

公差等级	主参数 L、d(D)/mm										应用举例	
	≤10	>10~16	>16~25	>25~40	>40~63	>63~100	>100~160	>160~250	>250~400	>400~630	平行度	垂直度和倾斜度
5	5	6	8	10	12	15	20	25	30	40	用于重要轴承孔对基准面的要求,一般减速器箱体孔的中心线等	用于装C、D级轴承的箱体凸肩,发动机轴和离合器的凸缘
6	8	10	12	15	20	25	30	40	50	60	用于一般机械中箱体孔中心线间的要求,如减速器箱体的轴承孔,7~10级精度齿轮传动箱体孔的中心线	用于装F、G级轴承的箱体孔的中心线,低精度机床主要基准面和工作面
7	12	15	20	25	30	40	50	60	80	100		
8	20	25	30	40	50	60	80	100	120	150	用于重型机械轴承盖的端面,手动传动装置中的传动轴	用于一般导轨,普通传动箱体中的轴肩
9	30	40	50	60	80	100	120	150	200	250	用于低精度零件、重型机械滚动轴承端盖	用于花键轴肩端面,减速器箱体平面等
10	50	60	80	100	120	150	200	250	300	400		

附表 7-7 同轴度、对称度、圆跳动和全跳动公差（摘自 GB/T 1184—1996）　　　　　(μm)

主参数$d(D)$、B、L图例

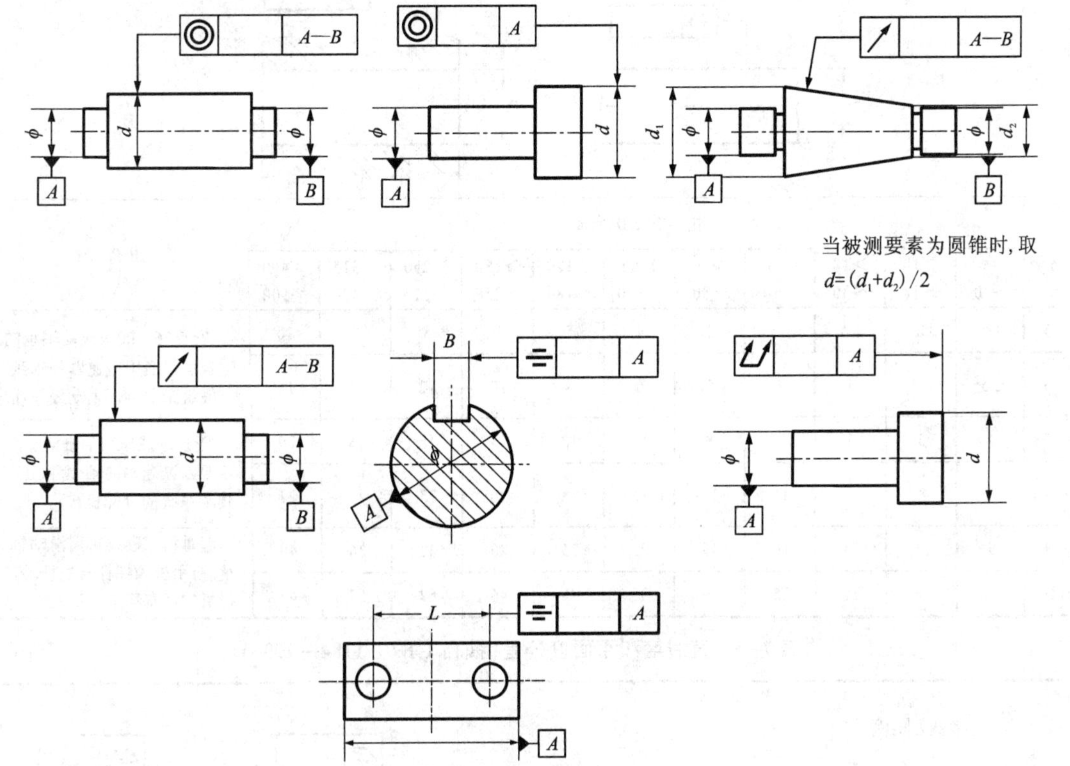

当被测要素为圆锥时，取
$d=(d_1+d_2)/2$

公差等级	主参数$d(D)$、B、L/mm								应用举例
	>3~6	>6~10	>10~18	>18~30	>30~50	>50~120	>120~250	>250~500	
5	3	4	5	6	8	10	12	15	6和7级精度齿轮轴的配合面,较高精度的高速轴,汽车发动机曲轴和分配轴的支承轴颈,较高精度机床的轴套
6	5	6	8	10	12	15	20	25	
7	8	10	12	15	20	25	30	40	8和9级精度齿轮轴的配合面,普通精度的高速轴(1000r/min以下),长度在1m以下的主传动轴,起重运输机的鼓轮配合孔和导轮的滚动面
8	12	15	20	25	30	40	50	60	
9	25	30	40	50	60	80	100	120	9级精度以下齿轮轴、发动机汽缸套、摩托车活塞,自行车中轴的配合面
10	50	60	80	100	120	150	200	250	

附表 7-8　圆度和圆柱度公差(摘自 GB/T 1184—1996)

(μm)

主参数 d(D)图例

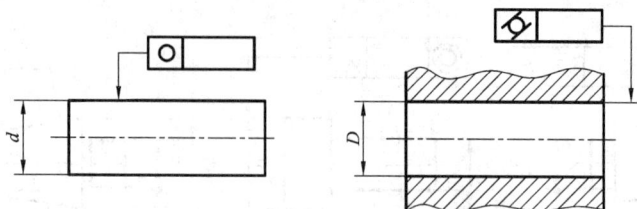

公差等级	主参数 d(D)/mm											应 用 举 例
	>6 ~10	>10 ~18	>18 ~30	>30 ~50	>50 ~80	>80 ~120	>120 ~180	>180 ~250	>250 ~315	>315 ~400	>400 ~500	
5	1.5	2	2.5	2.5	3	4	5	7	8	9	10	安装P6、P0级滚动轴承的配合面,通用减速器的轴颈,一般机床主轴,主动绞车曲轴
6	2.5	3	4	4	5	6	8	10	12	13	15	
7	4	5	6	7	8	10	12	14	16	18	20	千斤顶或压力油缸活塞,水泵及减速器的轴颈,液压传动系统的分配机构
8	6	8	9	11	13	15	18	20	23	25	27	
9	9	11	13	16	19	22	25	29	32	36	40	起重机、卷扬机用滑动轴承,通用机械杠杆与拉杆,拖拉机的活塞环与套筒孔
10	15	18	21	25	30	35	40	46	52	57	63	

附表 7-9　直线度和平面度公差(摘自 GB/T 1184—1996)

(μm)

主参数 L 图例

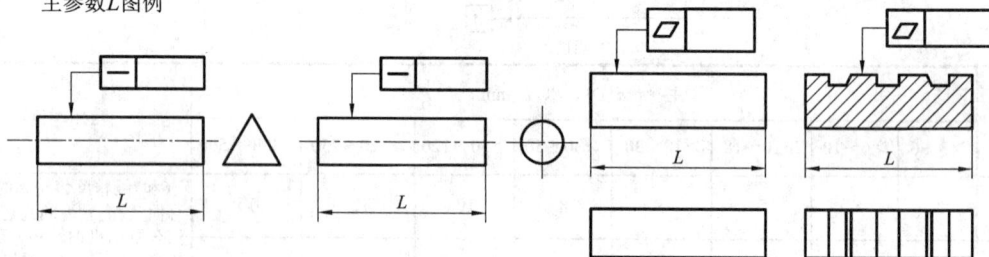

公差等级	主参数 L/mm										应 用 举 例
	≤10	>10~16	>16~25	>25~40	>40~63	>63~ 100	>100~ 160	>160~ 250	>250~ 400	>400~ 630	
5	2	2.5	3	4	5	6	8	10	12	15	普通精度的机床导轨,柴油机的进、排气门导杆,及其机体上部的结合面等
6	3	4	5	6	8	10	12	15	20	25	
7	5	6	8	10	12	15	20	25	30	40	轴承体的支承面,减速器箱体、油泵、轴系支承轴承的接合面,压力机导轨及滑块
8	8	10	12	15	20	25	30	40	50	60	
9	12	15	20	25	30	40	50	60	80	100	辅助机构及手动机械的支承面,液压管件和法兰的连接面
10	20	25	30	40	50	60	80	100	120	150	

236

附表 7-10 加工方法与表面粗糙度 *Ra* 的关系 （μm）

加工方法		*Ra*	加工方法		*Ra*	加工方法		*Ra*
砂模铸造		80 ~ 20 *	铰孔	粗铰	40 ~ 20	钳工加工	粗锉	40 ~ 10
模型锻造		80 ~ 10		半精铰和精铰	2.5 ~ 0.32 *		细锉	10 ~ 2.5
车外圆	粗车	20 ~ 10	拉削	半精拉	2.5 ~ 0.63		刮削	2.5 ~ 0.63
	半精车	10 ~ 2.5		精拉	0.32 ~ 0.16		研磨	1.25 ~ 0.08
	精车	1.25 ~ 0.32	圆柱铣和端铣	粗铣	20 ~ 5 *	切螺纹	板牙	10 ~ 2.5
镗孔	粗镗	40 ~ 10		精铣	1.25 ~ 0.63 *		铣	5 ~ 1.25 *
	半精镗	2.5 ~ 0.63 *	刨削	粗刨	20 ~ 10		磨削	2.5 ~ 0.32 *
	精镗	0.63 ~ 0.32		精刨	1.25 ~ 0.63	磨削		5 ~ 0.01 *
钻孔、扩孔		20 ~ 5	插削		40 ~ 2.5	镗磨		0.32 ~ 0.04
			齿轮加工	插齿	5 ~ 1.25 *	研磨		0.63 ~ 0.16
				滚齿	2.5 ~ 1.25 *	精研磨		0.08 ~ 0.02
锪孔、锪端面		5 ~ 1.25		剃齿	1.25 ~ 0.32 *	抛光	一般抛	1.25 ~ 0.16
							精抛	0.08 ~ 0.04

注：1. 表中数据系指钢材加工而言。

2. * 为该加工方法可达到的 *Ra* 极限值。

3. 本表仅供设计时参考。

三、表面粗糙度

附表 7-11　表面粗糙度 *Ra* 的选择　　（μm）

表面特性	部位		表面粗糙度 Ra/μm(不大于)			
螺纹	类别		螺纹精度等级			
			4	5	6	
	粗牙普通螺纹		0.4～0.8	0.8	1.6～3.2	
	细牙普通螺纹		0.2～0.4	0.8	1.6～3.2	
键结合	结合形式		键	轴槽	毂槽	
	工作表面	沿毂槽移动	0.2～0.4	1.6	0.4～0.8	
		沿轴槽移动	0.2～0.4	0.4～0.8	1.0	
		不动	1.6	1.6	1.6～3.2	
	非工作表面		6.3	6.3	6.3	
矩形花键	定心方式		外径	内径	键侧	
	外径 D	内花键	1.6	6.3	3.2	
		外花键	0.8	6.3	0.8～3.2	
	内径 d	内花键	6.3	0.8	3.2	
		外花键	3.2	0.8	0.8	
	键宽 B	内花键	0.4	6.3	3.2	
		外花键	3.2	6.3	0.8～3.2	
链轮	部位		精度等级			
			一般		高	
	链齿工作表面		1.6～3.2		0.8～1.6	
	齿底		3.2		1.6	
	齿顶		1.6～6.3		1.6～6.3	
带轮	带轮工作表面		带轮直径/mm			
			≤120	≤300	>300	
			0.8	1.6	3.2	
带密封的轴颈表面	密封方式		轴颈表面速度/(m·s⁻¹)			
			≤3	≤5	>5	≤4
	橡胶		0.4～0.8	0.2～0.4	0.1～0.2	
	毛毡					0.4～0.8
	迷宫		1.6～3.2			
	油槽		1.6～3.2			
圆锥结合	表面		密封结合	定心结合	其他	
	外圆锥表面		0.1	0.4	1.6～3.2	
	内圆锥表面		0.2	0.8	1.6～3.2	

附录Ⅷ　齿轮及蜗杆、蜗轮的精度

一、圆柱齿轮传动精度（摘自 GB/T 10095.1—2022/ISO 1328-1：2013、GB/T 10095.2—2023/ISO 1328-2：2020、GB/Z 18620.2—2008、GB/Z 18620.4—2008）

1. 圆柱齿轮 ISO 齿面公差分级制

GB/T 10095《圆柱齿轮 ISO 齿面公差分级制》在我国齿轮行业广泛使用，完善了我国的齿轮标准体系，促进了我国齿轮产品与国际接轨。

依据测量原理、测量装备和评价方法的不同，GB/T 10095 由两个部分构成。

第 1 部分：GB/T 10095.1-2022/ISO 1328-1：2013 齿面偏差的定义和允许值。目的在于给出单个齿轮齿面的基本偏差（齿距偏差、齿廓偏差、螺旋线偏差和径向跳动）的定义，以及各个精度等级的公差（从 1 到 11，共分为 11 级）的计算方法；测量方法基于单个圆柱齿轮单侧齿面的坐标式测量；被测齿轮分度圆直径的范围为 5~15000 mm。

第 2 部分：GB/T 10095.2—2023/ISO 1328-2：2020 径向综合偏差的定义和允许值。目的在于给出单个齿轮径向综合偏差的定义，以及各个精度等级的公差（从 R30 到 R50，共分为 21 级）的计算方法；测量方法基于码特齿轮与产品齿轮双面啮合综合测量；被测齿轮分度圆直径的范围为不大于 600 mm。

以上两个部分共同构成了我国圆柱齿轮精度等级评价体系。但需要说明的是，第 1 部分与第 2 部分的评价体系没有相关性。配套的指导性技术文件 GB/Z 18620 系列给出了具体的检测方法及建议，可以相互结合，一起使用。

2. 齿面公差（摘自 GB/T 10095.1—2022/ISO 1328-1：2013）

2.1　齿面精度等级及其选择和评定标注

GB/T 10095—2022 规定单个齿轮齿面的基本偏差的精度等级为 11 级，从高到低为 1 级到 11 级。

齿轮精度等级的选择，应根据传动的用途、使用要求、工作条件和经济性等来确定。遵循在满足使用要求的前提下，尽量选用较低的精度等级原则。

齿面公差等级的标识或规定应按下述格式表示：GB/T 10095.1—2022，等级 A。A 表示设计齿面公差等级。对于给定的具体齿轮，各偏差项目可使用不同的齿面公差等级。齿轮总的公差等级由所有偏差项目中最大公差等级数来确定。指定齿面公差等级的齿轮的各项公差值可根据本章 2.3 节的公式计算或本章 4 节查表取得。

2.2　齿面精度的偏差项目

齿轮部分术语和符号见附表 8-1。

附表 8-1　齿轮的术语和符号（部分）

代号	名称	单位	代号	名称	单位
d	分度圆直径	mm	s	齿厚	mm
d_M	测量圆直径	mm	b	齿宽（轴向）	mm

代号	名称	单位	代号	名称	单位
d_a	齿顶圆直径	mm	d_b	基圆直径	mm
m_n	齿轮法面模数	mm	z_c	计算齿数	—
A	齿面公差等级	—	z	齿数	—
R	径向综合公差等级	—	β	螺旋角	(°)
f_{pi}	任一单个齿距偏差	μm	$f_{H\beta}$	螺旋线倾斜偏差	μm
f_p	单个齿距偏差	μm	$f_{f\beta}$	螺旋线形状偏差	μm
f_{fa}	齿廓形状偏差	μm	F_r	径向跳动	μm
f_{Ha}	齿廓倾斜偏差	μm	F_a	齿廓总偏差	μm
f_{id}	一齿径向综合偏差	μm	F_{id}	径向综合总偏差	μm
f_{is}	一齿切向综合偏差	μm	F_{is}	切向综合总偏差	μm
f_u	相邻齿距差	μm	F_{pi}	任一齿距累积总偏差	μm
F_β	螺旋线总偏差	μm	F_p	齿距累积总偏差	μm

注：测量圆直径 d_M：在测量螺旋线、齿距和齿厚偏差时，测头与齿面接触所在圆的直径，该圆与基准轴线同心。通常测量圆靠近齿面中部。对于外齿轮：$d_M = d_a - 2m_n$；对于内齿轮：$d_M = d_a + 2m_n$。

2.3 齿面公差的定义和计算

1）单个齿距公差 f_{pT}

在齿轮的端平面内、测量圆上，实际齿距与理论齿距的代数差为任一单个齿距偏差 f_{pi}，所有任一单个齿距偏差的最大绝对值为单个齿距偏差 f_{pT}。

$$f_{pT} = (0.001d + 0.4m_n + 5)\sqrt{2}^{A-5} \tag{附8-1}$$

2）齿距累积总公差 F_{pT}

齿轮所有齿的指定齿面的任一齿距累积偏差的最大代数差为齿距累积总偏差 F_{pT}。

$$F_{pT} = (0.002d + 0.55\sqrt{d} + 0.7m_n + 12)\sqrt{2}^{A-5} \tag{附8-2}$$

3）齿廓倾斜公差 f_{HaT}

以齿廓控制圆直径 d_{cf} 为起点，以平均齿廓线的延长线与齿顶圆直径 d_a 的交点为终点，与这两点相交的两条设计齿廓平行线间的距离为齿廓倾斜偏差 f_{HaT}。

$$f_{HaT} = (0.4m_n + 0.001d + 4)\sqrt{2}^{A-5} \tag{附8-3}$$

4）齿廓形状公差 f_{faT}

在齿廓计值范围内，包容被测齿廓的两条平均齿廓线平行线之间的距离为齿廓形状偏差 f_{fa}。

$$f_{faT} = (0.55m_n + 5)\sqrt{2}^{A-5} \tag{附8-4}$$

5）齿廓总公差 F_{aT}

在齿廓计值范围内，包容被测齿廓的两条设计齿廓平行线之间的距离为齿廓总偏差 F_a。

$$F_{aT} = \sqrt{f_{HaT}^2 + f_{faT}^2} \tag{附8-5}$$

6）螺旋线倾斜公差 $f_{H\beta T}$

在齿轮全齿宽 b 内，通过平均螺旋线的延长线和两端面的交点的、两条设计螺旋线平行线之间的距离为螺旋线倾斜偏差 $f_{H\beta}$。

$$f_{H\beta T} = (0.05\sqrt{d} + 0.35\sqrt{b} + 4)\sqrt{2}^{A-5} \qquad （附 8-6）$$

7）螺旋线形状公差 $f_{f\beta T}$

在螺旋线计算范围内，包括被测螺旋线的两条平均螺旋线平行线之间的距离为螺旋线倾斜偏差 $f_{f\beta}$。

$$f_{f\beta T} = (0.07\sqrt{d} + 0.45\sqrt{b} + 4)\sqrt{2}^{A-5} \qquad （附 8-7）$$

8）螺旋线总公差 $F_{\beta T}$

在螺旋线计值范围内，包容被测螺旋线的两条设计螺旋线平行线之间的距离为螺旋线总偏差 F_{β}。

$$F_{\beta T} = \sqrt{f_{H\beta T}^2 + f_{f\beta T}^2} \qquad （附 8-8）$$

9）径向跳动 F_{rT}

齿轮任一径向测量距离 r_i；最大值与最小值的差为径向跳动 F_r。

$$F_{rT} = 0.9F_{PT} = 0.9(0.002d + 0.55\sqrt{d} + 0.7m_n + 12)\sqrt{2}^{A-5} \qquad （附 8-9）$$

2.4　公式的使用

（1）级间公比：两相邻公差等级的级间公比是 $\sqrt{2}$，本公差级数值乘以（或除以）$\sqrt{2}$ 可得到相邻较大（或较小）一级的数值。5 级精度的未圆整的计算值乘以 $\sqrt{2}^{A-5}$ 即可得任一齿面公差等级的待求值，其中 A 为指定齿面公差等级。

（2）圆整规则：公式（附录 8-1）~ 公式（附录 8-9）的计算值应按下述规则圆整：如果计算值大于 10 μm，圆整到最接近的整数值；如果计算值不大于 10 μm，且不小于 5 μm，圆整到最接近的尾数为 0.5 μm 的值；如果计算值小于 5 μm，圆整到最接近的尾数为 0.1 μm 的值。

（3）齿廓倾斜公差 $f_{H\alpha T}$ 应加上正负号（±）。

（4）齿廓倾斜公差 $f_{H\alpha T}$ 和齿廓形状公差 $f_{f\alpha T}$ 使用未圆整的公差值。

（5）螺旋线倾斜公差 $f_{H\beta T}$ 应加上正负号（±）。

（6）螺旋线倾斜公差 $f_{H\beta T}$ 和螺旋线形状公差 $f_{f\beta T}$ 使用未圆整的公差值。

2.5　被测量参数

附表 8-2 中列出了符合标准要求应进行测量的最少参数。当供需双方同意时，可用备选参数表代替默认参数表。选择默认参数表还是备选参数表取决于可用的测量设备。评价齿轮时可使用更高精度的齿面公差等级的参数列表。

通常，齿轮两侧采用相同的公差。在某些情况下，承载齿面可比非承载齿面或者轻承载齿面规定更高的精度等级。此时，应在齿轮工程图上说明，并注明承载齿面。

分度圆直径/mm	齿面公差等级	最小可接受的默认参数
$d \leqslant 4000$	$10 \sim 11$	$F_p, f_P, s, F_a, F_\beta$
	$7 \sim 9$	$F_p, f_P, s, F_a, F_\beta$
	$1 \sim 6$	F_p, f_P, s
		F_a, f_{fa}, f_{Ha}
		$F_\beta, f_{f\beta}, f_{H\beta}$
$d > 4000$	$7 \sim 11$	$F_p, f_P, s, F_a, F_\beta$

注：s 为齿厚，按 ISO 21771 规定。

3. 径向综合公差(摘自 GB/T 10095.2—2023/ISO 1328-2：2020)

3.1　径向综合公差等级及标注

GB/T 10095.2—2023 规定径向综合公差的精度等级共分为 21 级(从 $R30$ 到 $R50$)。产品齿轮的径向综合公差等级指 GB/T 10095—2023 规定的各项公差的最大等级。

径向综合公差等级标注方式为：GB/T 10095.2—2023, $R\times\times$级，其中××为设计的径向综合公差等级。

3.2　径向综合公差的定义和计算

1)圆柱齿轮—齿径向综合公差 f_{idT}

产品齿轮的所有轮齿与码特齿轮双面啮合测量中，中心距在任一齿距内的最大变动量为一齿径向综合偏差 f_{id}。

$$f_{idT} = \left(0.08 \frac{z_c m_n}{\cos \beta} + 64\right) 2^{[(R - R_x - 44)/4]} = \frac{F_{idT}}{2^{(R_x/4)}} \qquad (\text{附 8-10})$$

$$z_c = \min(|z|, 200) \qquad (\text{附 8-11})$$

$$R_x = 5\{1 - 1.12^{[(1-z_c)/1.12]}\} \qquad (\text{附 8-12})$$

式中：R_x——基于齿数的公差等级修正系数。

2)圆柱齿轮径向综合总公差 F_{idT}

产品齿轮的所有轮齿与码特齿轮双面啮合测量中，中心距的最大值与最小值之差为径向综合总偏差 F_{id}。

$$F_{idT} = \left(0.08 \frac{z_c m_n}{\cos \beta} + 64\right) 2^{[(R-44)/4]} \qquad (\text{附 8-13})$$

3)k 齿径向综合公差 F_{idkT}

通过双面啮合测量产品齿轮的所有齿后得到的任一 k 个齿距范围内中心距最大变动量为 k 齿径向综合偏差 F_{idk}。

$$F_{idkT} = \left(0.08 \frac{z_c m_n}{\cos \beta} + 64\right) 2^{[(R-44)/4]} \left[\left(1 - 1.5 \frac{k-1}{|z|}\right) 2^{\left(-\frac{R_x}{4}\right)} + 1.5 \frac{k-1}{|z|}\right]$$

$$(\text{附 8-14})$$

4)扇形齿轮径向综合总公差

对于齿数小于或等于 2/3 整圆齿数的扇形齿轮：

242

当扇形齿轮 $|z_k/z|>2/3$ 时，与完整圆柱齿轮一致，应按公式(附8-13)进行径向综合公差 F_{idT} 的计算。

当扇形齿轮 $|z_k/z| \leqslant 2/3$ 时，应通过公式(附8-15)进行径向综合公差 F_{idT} 的计算，并对其扇形尺寸进行补偿，其中 R_x 通过公式(附8-12)进行计算。

$$F_{idT} = \left(0.08\frac{z_c m_n}{\cos \beta}+64\right)2^{\left[(R-44)/4\right]}\left[\left(1-1.5\frac{|z_k|-1}{|z|}\right)2^{\left(\frac{-R_x}{4}\right)}+1.5\frac{|z_k|-1}{|z|}\right]$$

$$(附8-15)$$

注：1)公差计算所用的齿数：对于200齿以上的齿轮(扇形齿轮除外)，计算齿数应使用默认值200。对于扇形齿轮，z 是将扇形扩展到360°后的当量齿数。

2)圆整规则：根据公式(附录8-10)~公式(附录8-13)计算的公差值应圆整到最接近的整数值。如果小数部分为0.5，应向上圆整到最近的整数值。

3)圆柱齿轮齿数大于2/3整圆齿数的扇形齿轮的径向综合总公差 F_{idT} 按公式(附录8-13)进行计算。

3.3 径向综合公差的转换

要将其他的齿面综合公差等级转换为 GB/T 10095.2—2023/ISO 1328-2：2020 中的公差等级，宜先查询到实际的公差数值。新的公差等级可通过公式(附8-16)和公式(附8-17)进行转换。

对于径向综合总公差等级：

$$R = 4\left[\frac{1}{\ln 2} \cdot \ln \frac{F_{idT}}{\left(0.08\frac{z_c m_n}{\cos \beta}+64\right)}\right]+44 \qquad (附8-16)$$

对于一齿径向公差等级：

$$R = 4\left[\frac{1}{\ln 2} \cdot \ln \frac{f_{idT}}{\left(0.08\frac{z_c m_n}{\cos \beta}+64\right)}\right]+44+R_x \qquad (附8-17)$$

式中：z_c——来自公式(附8-11)；

R_x——来自公式(附8-12)。

3.4 示例——从 GB/T 10095.2—2008 转换为 R 公差等级

齿数40、法向模数0.7 mm、螺旋角25°、GB/T 10095.2—2008中精度9级的斜齿轮。

第一步，计算现有公差：

径向综合公差：

$$d = \frac{|z|m_n}{\cos \beta} = \frac{40 \times 0.7}{\cos 25°} = 30.8946 \text{ mm}$$

$$F_{idT} = (3.2m_n+1.01\times\sqrt{d}+6.4)2^{\left(\frac{Q-5}{2}\right)} = (3.2\times0.7+1.01\times\sqrt{30.8946}+6.4)\times2^{\left(\frac{Q-5}{2}\right)}$$

$$= 57.02 \text{ μm}$$

第二步，计算 R 公差等级：

径向综合总公差等级：

$$z_c = \min(|z|, 200) = \min(|40|, 200) = 40$$

$$R = 4\left[\frac{1}{\ln 2} \cdot \ln \frac{F_{idT}}{0.08 \dfrac{z_c m_n}{\cos \beta} + 64}\right] + 44 = 4\left[\frac{1}{\ln 2} \cdot \ln \frac{F_{idT}}{(0.08 \times 30.8946 + 64)}\right] + 44 = 43.1$$

一齿径向综合公差等级：

$$R_x = 5\{1 - 1.12^{(1-z_c)/1.12}\} = 4.9034$$

$$R = 4\left[\frac{1}{\ln 2} \cdot \ln \frac{f_{idT}}{0.08 \dfrac{z_c m_n}{\cos \beta} + 64}\right] + 44 + R_x$$

$$= 4 \times \left[\frac{1}{\ln 2} \cdot \ln \frac{11.71}{0.08 \times 30.9846 + 64}\right] + 44 + 4.9034$$

$$= 38.9$$

第三步，确定公差等级：

设计人员需要确定是否使用当前版本文件中规定的径向综合总公差 $R43$ 级和一齿径向综合公差 $R39$ 级来修改图纸。如果实际应用中能够接受一齿径向综合公差为 $R43$ 时计算得到的 $24~\mu m$，而不是原来旧版中的 $12~\mu m$，则可确定该公差等级为 $R43$。

4. 查表取得圆柱齿轮偏差的允许值

为了方便设计，依据 GB/T 10095.1—2022/ISO 1328—1：2013、GB/T 10095.2—2023/ISO 1328-2：2020 取得圆柱齿轮偏差的允许值见附表 8-3~附表 8-13。

附表 8-3　单个齿距偏差 $\pm f_p$　　　　　　　　　　　　　　（μm）

分度圆直径 d/mm	模数 m_n/mm	精度等级										
		1	2	3	4	5	6	7	8	9	10	11
$5 \leq d \leq 20$	$0.5 \leq m_n \leq 2$	1.2	1.7	2.3	3.3	4.7	6.5	9.5	13.0	19.0	26.0	37.0
	$2 < m_n \leq 3.5$	1.3	1.8	2.6	3.7	5.0	7.5	10.0	15.0	21.0	29.0	41.0
$20 < d \leq 50$	$0.5 \leq m_n \leq 2$	1.2	1.8	2.5	3.5	5.0	7.0	10.0	14.0	20.0	28.0	40.0
	$2 < m_n \leq 3.5$	1.4	1.9	2.7	3.9	5.5	7.5	11.0	15.0	22.0	31.0	44.0
	$3.5 < m_n \leq 6$	1.5	2.1	3.0	4.3	6.0	8.5	12.0	17.0	24.0	34.0	48.0
	$6 < m_n \leq 10$	1.7	2.5	3.5	4.9	7.0	10.0	14.0	20.0	28.0	40.0	56.0
$50 < d \leq 125$	$0.5 \leq m_n \leq 2$	1.3	1.9	2.7	3.8	5.5	7.5	11.0	15.0	21.0	30.0	43.0
	$2 < m_n \leq 3.5$	1.5	2.1	2.9	4.1	6.0	8.5	12.0	17.0	23.0	33.0	47.0
	$3.5 < m_n \leq 6$	1.6	2.3	3.2	4.6	6.5	9.0	13.0	18.0	26.0	36.0	52.0
	$6 < m_n \leq 10$	1.8	2.6	3.7	5.0	7.5	10.0	15.0	21.0	30.0	42.0	59.0
$125 < d \leq 280$	$0.5 \leq m_n \leq 2$	1.5	2.1	3.0	4.2	6.0	8.5	12.0	17.0	24.0	34.0	48.0
	$2 < m_n \leq 3.5$	1.6	2.3	3.2	4.6	6.5	9.0	13.0	18.0	26.0	36.0	51.0
	$3.5 < m_n \leq 6$	1.8	2.5	3.5	5.0	7.0	10.0	14.0	20.0	28.0	40.0	56.0
	$6 < m_n \leq 10$	2.0	2.8	4.0	5.5	8.0	11.0	16.0	23.0	32.0	45.0	64.0
$280 < d \leq 560$	$0.5 \leq m_n \leq 2$	1.7	2.4	3.3	4.7	6.5	9.5	13.0	19.0	27.0	38.0	54.0
	$2 < m_n \leq 3.5$	1.8	2.5	3.6	5.0	7.0	10.0	14.0	20.0	29.0	41.0	57.0
	$3.5 < m_n \leq 6$	1.9	2.7	3.9	5.5	8.0	11.0	16.0	22.0	31.0	44.0	62.0
	$6 < m_n \leq 10$	2.2	3.1	4.4	6.0	8.5	12.0	17.0	25.0	35.0	49.0	70.0

附表 8-4　齿距累积总偏差 F_p　　　　　　　　　　　　　　　　（μm）

分度圆直径 d/mm	模数 m_n/mm	精度等级										
		1	2	3	4	5	6	7	8	9	10	11
5<d≤20	0.5≤m_n≤2	2.8	4.0	5.5	8.0	11.0	16.0	23.0	32.0	45.0	64.0	90.0
	2<m_n≤3.5	2.9	4.2	6.0	8.5	12.0	17.0	23.0	33.0	47.0	66.0	94.0
20<d≤50	0.5≤m_n≤2	3.5	5.0	7.0	10.0	14.0	20.0	29.0	41.0	57.0	81.0	115.0
	2<m_n≤3.5	3.7	5.0	7.5	10.0	15.0	21.0	30.0	42.0	59.0	84.0	119.0
	3.5<m_n≤6	3.9	5.5	7.5	11.0	15.0	22.0	31.0	44.0	62.0	87.0	123.0
	6<m_n≤10	4.1	6.0	8.0	12.0	16.0	23.0	33.0	46.0	65.0	93.0	131.0
50<d≤125	0.5≤m_n≤2	4.6	6.5	9.0	13.0	18.0	26.0	37.0	52.0	74.0	104.0	147.0
	2<m_n≤3.5	4.7	6.5	9.5	13.0	19.0	27.0	38.0	53.0	76.0	107.0	151.0
	3.5<m_n≤6	4.9	7.0	9.5	14.0	19.0	28.0	39.0	55.0	78.0	110.0	156.0
	6<m_n≤10	5.0	7.0	10.0	14.0	20.0	29.0	41.0	58.0	82.0	116.0	164.0
125<d≤280	0.5≤m_n≤2	6.0	8.5	12.0	17.0	24.0	35.0	49.0	69.0	98.0	138.0	195.0
	2<m_n≤3.5	6.0	9.0	12.0	18.0	25.0	35.0	50.0	70.0	100.0	141.0	199.0
	3.5<m_n≤6	6.5	9.0	13.0	18.0	25.0	36.0	51.0	72.0	102.0	144.0	204.0
	6<m_n≤10	6.5	9.5	13.0	19.0	26.0	37.0	53.0	75.0	106.0	149.0	211.0
280<d≤560	0.5≤m_n≤2	8.0	11.0	16.0	23.0	32.0	46.0	64.0	91.0	129.0	182.0	257.0
	2<m_n≤3.5	8.0	12.0	16.0	23.0	33.0	46.0	65.0	92.0	131.0	185.0	261.0
	3.5<m_n≤6	8.5	12.0	17.0	24.0	33.0	47.0	66.0	94.0	133.0	188.0	266.0
	6<m_n≤10	8.5	12.0	17.0	24.0	34.0	48.0	68.0	97.0	137.0	193.0	274.0

附表 8-5　齿廓总偏差 F_α　　　　　　　　　　　　　　　　（μm）

分度圆直径 d/mm	模数 m_n/mm	精度等级										
		1	2	3	4	5	6	7	8	9	10	11
5≤d≤20	0.5≤m_n≤2	1.1	1.6	2.3	3.2	4.6	6.5	9.0	13.0	18.0	26.0	37.0
	2<m_n≤3.5	1.7	2.3	3.3	4.7	6.5	9.5	13.0	19.0	26.0	37.0	53.0
20<d≤50	0.5≤m_n≤2	1.3	1.8	2.6	3.6	5.0	7.5	10.0	15.0	21.0	29.0	41.0
	2<m_n≤3.5	1.8	2.5	3.6	5.0	7.0	10.0	14.0	20.0	29.0	40.0	57.0
	3.5<m_n≤6	2.2	3.1	4.4	6.0	9.0	12.0	18.0	25.0	35.0	50.0	70.0
	6<m_n≤10	2.7	3.8	5.5	7.5	11.0	15.0	22.0	31.0	43.0	61.0	87.0
50<d≤125	0.5≤m_n≤2	1.5	2.1	2.9	4.1	6.0	8.5	12.0	17.0	23.0	33.0	47.0
	2<m_n≤3.5	2.0	2.8	3.9	5.5	8.0	11.0	16.0	22.0	31.0	44.0	63.0
	3.5<m_n≤6	2.4	3.4	4.8	6.5	9.5	13.0	19.0	27.0	38.0	54.0	76.0
	6<m_n≤10	2.9	4.1	6.0	8.0	12.0	16.0	23.0	33.0	46.0	65.0	92.0
125<d≤280	0.5≤m_n≤2	1.7	2.4	3.5	4.9	7.0	10.0	14.0	20.0	28.0	39.0	55.0
	2<m_n≤3.5	2.2	3.2	4.5	6.5	9.0	13.0	18.0	25.0	36.0	50.0	71.0
	3.5<m_n≤6	2.6	3.7	5.5	7.5	11.0	15.0	21.0	30.0	42.0	60.0	84.0
	6<m_n≤10	3.2	4.5	6.5	9.0	13.0	18.0	25.0	36.0	50.0	71.0	101.0
280<d≤560	0.5≤m_n≤2	2.1	2.9	4.1	6.0	8.5	12.0	17.0	23.0	33.0	47.0	66.0
	2<m_n≤3.5	2.6	3.6	5.0	7.5	10.0	15.0	21.0	29.0	41.0	58.0	82.0
	3.5<m_n≤6	3.0	4.2	6.0	8.5	12.0	17.0	24.0	34.0	48.0	67.0	95.0
	6<m_n≤10	3.5	4.9	7.0	10.0	14.0	20.0	28.0	40.0	56.0	79.0	112.0

附表 8-6　齿廓形状偏差 $f_{f\alpha}$　　　　　　　　　　　　　　（μm）

分度圆直径 d/mm	模数 m_n/mm	精度等级										
		1	2	3	4	5	6	7	8	9	10	11
$5 \leqslant d \leqslant 20$	$0.5 \leqslant m_n \leqslant 2$	0.9	1.3	1.8	2.5	3.5	5.0	7.0	10.0	14.0	20.0	28.0
	$2 < m_n \leqslant 3.5$	1.3	1.8	2.6	3.6	5.0	7.0	10.0	14.0	20.0	29.0	41.0
$20 < d \leqslant 50$	$0.5 \leqslant m_n \leqslant 2$	1.0	1.4	2.0	2.8	4.0	5.5	8.0	11.0	16.0	22.0	32.0
	$2 < m_n \leqslant 3.5$	1.4	2.0	2.8	3.9	5.5	8.0	11.0	16.0	22.0	31.0	44.0
	$3.5 < m_n \leqslant 6$	1.7	2.4	3.4	4.8	7.0	9.5	14.0	19.0	27.0	39.0	54.0
	$6 < m_n \leqslant 10$	2.1	3.0	4.2	6.0	8.5	12.0	17.0	24.0	34.0	48.0	67.0
$50 < d \leqslant 125$	$0.5 \leqslant m_n \leqslant 2$	1.1	1.6	2.3	3.2	4.5	6.5	9.0	13.0	18.0	26.0	36.0
	$2 < m_n \leqslant 3.5$	1.5	2.1	3.0	4.3	6.0	8.5	12.0	17.0	24.0	34.0	49.0
	$3.5 < m_n \leqslant 6$	1.8	2.6	3.7	5.0	7.5	10.0	15.0	21.0	29.0	42.0	59.0
	$6 < m_n \leqslant 10$	2.2	3.2	4.5	6.5	9.0	13.0	18.0	25.0	36.0	51.0	72.0
$125 < d \leqslant 280$	$0.5 \leqslant m_n \leqslant 2$	1.3	1.9	2.7	3.8	5.5	7.5	11.0	15.0	21.0	30.0	43.0
	$2 < m_n \leqslant 3.5$	1.7	2.4	3.4	4.9	7.0	9.5	14.0	19.0	28.0	39.0	55.0
	$3.5 < m_n \leqslant 6$	2.0	2.9	4.1	6.0	8.0	12.0	16.0	23.0	33.0	46.0	65.0
	$6 < m_n \leqslant 10$	2.4	3.5	4.9	7.0	10.0	14.0	20.0	28.0	39.0	55.0	78.0
$280 < d \leqslant 560$	$0.5 \leqslant m_n \leqslant 2$	1.6	2.3	3.2	4.5	6.5	9.0	13.0	18.0	26.0	36.0	51.0
	$2 < m_n \leqslant 3.5$	2.0	2.8	4.0	5.5	8.0	11.0	16.0	22.0	32.0	45.0	64.0
	$3.5 < m_n \leqslant 6$	2.3	3.3	4.6	6.5	9.0	13.0	18.0	26.0	37.0	52.0	74.0
	$6 < m_n \leqslant 10$	2.7	3.8	5.5	7.5	11.0	15.0	22.0	31.0	43.0	61.0	87.0

附表 8-7　齿廓倾斜偏差 $\pm f_{H\alpha}$　　　　　　　　　　　　　（μm）

分度圆直径 d/mm	模数 m_n/mm	精度等级										
		1	2	3	4	5	6	7	8	9	10	11
$5 \leqslant d \leqslant 20$	$0.5 \leqslant m_n \leqslant 2$	0.7	1.0	1.5	2.1	2.9	4.2	6.0	8.5	12.0	17.0	24.0
	$2 < m_n \leqslant 3.5$	1.0	1.5	2.1	3.0	4.2	6.0	8.5	12.0	17.0	24.0	34.0
$20 < d \leqslant 50$	$0.5 \leqslant m_n \leqslant 2$	0.8	1.2	1.6	2.3	3.3	4.6	6.5	9.5	13.0	19.0	26.0
	$2 < m_n \leqslant 3.5$	1.1	1.6	2.3	3.2	4.5	6.5	9.0	13.0	18.0	26.0	36.0
	$3.5 < m_n \leqslant 6$	1.4	2.0	2.8	3.9	5.5	8.0	11.0	15.0	22.0	32.0	45.0
	$6 < m_n \leqslant 10$	1.7	2.4	3.4	4.8	7.0	9.5	14.0	19.0	27.0	39.0	55.0
$50 < d \leqslant 125$	$0.5 \leqslant m_n \leqslant 2$	0.9	1.3	1.9	2.6	3.7	5.5	7.5	11.0	15.0	21.0	30.0
	$2 < m_n \leqslant 3.5$	1.2	1.8	2.5	3.5	5.0	7.0	10.0	14.0	20.0	28.0	40.0
	$3.5 < m_n \leqslant 6$	1.5	2.1	3.0	4.3	6.0	8.5	12.0	17.0	24.0	34.0	48.0
	$6 < m_n \leqslant 10$	1.8	2.6	3.7	5.0	7.5	10.0	15.0	21.0	29.0	41.0	58.0
$125 < d \leqslant 280$	$0.5 \leqslant m_n \leqslant 2$	1.1	1.6	2.2	3.1	4.4	6.0	9.0	12.0	18.0	25.0	35.0
	$2 < m_n \leqslant 3.5$	1.4	2.0	2.8	4.0	5.5	8.0	11.0	16.0	23.0	32.0	45.0
	$3.5 < m_n \leqslant 6$	1.7	2.4	3.3	4.7	6.5	9.5	13.0	19.0	27.0	38.0	54.0
	$6 < m_n \leqslant 10$	2.0	2.8	4.0	5.5	8.0	11.0	16.0	23.0	32.0	45.0	64.0
$280 < d \leqslant 560$	$0.5 \leqslant m_n \leqslant 2$	1.3	1.9	2.6	3.7	5.5	7.5	11.0	15.0	21.0	30.0	42.0
	$2 < m_n \leqslant 3.5$	1.6	2.3	3.3	4.6	6.5	9.0	13.0	18.0	26.0	37.0	52.0
	$3.5 < m_n \leqslant 6$	1.9	2.7	3.8	5.5	7.5	11.0	15.0	21.0	30.0	43.0	61.0
	$6 < m_n \leqslant 10$	2.2	3.1	4.4	6.5	9.0	13.0	18.0	25.0	35.0	50.0	71.0

附表 8-8　螺旋线总偏差 F_β　　　　　（μm）

分度圆直径 d/mm	齿宽 b/mm	精度等级										
		1	2	3	4	5	6	7	8	9	10	11
5≤d≤20	4≤b≤10	1.5	2.2	3.1	4.3	6.0	8.5	12.0	17.0	24.0	35.0	49.0
	10<b≤20	1.7	2.4	3.4	4.9	7.0	9.5	14.0	19.0	28.0	39.0	55.0
	20<b≤40	2.0	2.8	3.9	5.5	8.0	11.0	16.0	22.0	31.0	45.0	63.0
	40<b≤80	2.3	3.3	4.6	6.5	9.5	13.0	19.0	26.0	37.0	52.0	74.0
20<d≤50	4≤b≤10	1.6	2.2	3.2	4.5	6.5	9.0	13.0	18.0	25.0	36.0	51.0
	10<b≤20	1.8	2.5	3.6	5.0	7.0	10.0	14.0	20.0	29.0	40.0	57.0
	20<b≤40	2.0	2.9	4.1	5.5	8.0	11.0	16.0	23.0	32.0	46.0	65.0
	40<b≤80	2.4	3.4	4.8	6.5	9.5	13.0	19.0	27.0	38.0	54.0	76.0
50<d≤125	4≤b≤10	1.7	2.4	3.3	4.7	6.5	9.5	13.0	19.0	27.0	38.0	53.0
	10<b≤20	1.9	2.6	3.7	5.5	7.5	11.0	15.0	21.0	30.0	42.0	60.0
	20<b≤40	2.1	3.0	4.2	6.0	8.5	12.0	17.0	24.0	34.0	48.0	68.0
	40<b≤80	2.5	3.5	4.9	7.0	10.0	14.0	20.0	28.0	39.0	56.0	79.0
125<d≤280	4≤b≤10	1.8	2.5	3.6	5.0	7.0	10.0	14.0	20.0	29.0	40.0	57.0
	10<b≤20	2.0	2.8	4.0	5.5	8.0	11.0	16.0	22.0	32.0	45.0	63.0
	20<b≤40	2.2	3.2	4.5	6.5	9.0	13.0	18.0	25.0	36.0	50.0	71.0
	40<b≤80	2.6	3.6	5.0	7.5	10.0	15.0	21.0	29.0	41.0	58.0	82.0
280<d≤560	10<b≤20	2.1	3.0	4.3	6.0	8.5	12.0	17.0	24.0	34.0	48.0	68.0
	20<b≤40	2.4	3.4	4.8	6.5	9.5	13.0	19.0	27.0	38.0	54.0	76.0
	40<b≤80	2.7	3.9	5.5	7.5	11.0	15.0	22.0	31.0	44.0	62.0	87.0

附表 8-9　螺旋线形状偏差 $f_{f\beta}$ 和螺旋线倾斜偏差 $\pm f_{H\beta}$　　　　　（μm）

分度圆直径 d/mm	齿宽 b/mm	精度等级										
		1	2	3	4	5	6	7	8	9	10	11
5≤d≤20	4≤b≤10	1.1	1.5	2.2	3.1	4.4	6.0	8.5	12.0	17.0	25.0	35.0
	10<b≤20	1.2	1.7	2.5	3.5	4.9	7.0	10.0	14.0	20.0	28.0	39.0
	20<b≤40	1.4	2.0	2.8	4.0	5.5	8.0	11.0	16.0	22.0	32.0	45.0
	40<b≤80	1.7	2.3	3.3	4.7	6.5	9.5	13.0	19.0	26.0	37.0	53.0
20<d≤50	4≤b≤10	1.1	1.6	2.3	3.2	4.5	6.5	9.0	13.0	18.0	26.0	36.0
	10<b≤20	1.3	1.8	2.5	3.6	5.0	7.0	10.0	14.0	20.0	29.0	41.0
	20<b≤40	1.4	2.0	2.9	4.1	6.0	8.0	12.0	16.0	23.0	33.0	46.0
	40<b≤80	1.7	2.4	3.4	4.8	7.0	9.5	14.0	19.0	27.0	38.0	54.0
50<d≤125	4≤b≤10	1.2	1.7	2.4	3.4	4.8	6.5	9.5	13.0	19.0	27.0	38.0
	10<b≤20	1.3	1.9	2.7	3.8	5.5	7.5	11.0	15.0	21.0	30.0	43.0
	20<b≤40	1.5	2.1	3.0	4.3	6.0	8.5	12.0	17.0	24.0	34.0	48.0
	40<b≤80	1.8	2.5	3.5	5.0	7.0	10.0	14.0	20.0	28.0	40.0	56.0
125<d≤280	4≤b≤10	1.3	1.8	2.5	3.6	5.0	7.0	10.0	14.0	20.0	29.0	41.0
	10<b≤20	1.4	2.0	2.8	4.0	5.5	8.0	11.0	16.0	23.0	32.0	45.0
	20<b≤40	1.6	2.2	3.2	4.5	6.5	9.0	13.0	18.0	25.0	36.0	51.0
	40<b≤80	1.8	2.6	3.7	5.0	7.5	10.0	15.0	21.0	29.0	42.0	59.0
280<d≤560	10<b≤20	1.5	2.2	3.0	4.3	6.0	8.5	12.0	17.0	24.0	34.0	49.0
	20<b≤40	1.7	2.4	3.4	4.8	7.0	9.5	14.0	19.0	27.0	38.0	54.0
	40<b≤80	1.9	2.7	3.9	5.5	8.0	11.0	16.0	22.0	31.0	44.0	62.0

附表 8-10　f_{is}/k 的比值　　　　　　　　　　（μm）

分度圆直径 d/mm	模数 m_n/mm	精度等级										
		1	2	3	4	5	6	7	8	9	10	11
5≤d≤20	0.5≤m_n≤2	3.4	4.8	7.0	9.5	14.0	19.0	27.0	38.0	54.0	77.0	109.0
	2<m_n≤3.5	4.0	5.5	8.0	11.0	16.0	23.0	32.0	45.0	64.0	91.0	129.0
20<d≤50	0.5≤m_n≤2	3.6	5.0	7.0	10.0	14.0	20.0	29.0	41.0	58.0	82.0	115.0
	2<m_n≤3.5	4.2	6.0	8.5	12.0	17.0	24.0	34.0	48.0	68.0	96.0	135.0
	3.5<m_n≤6	4.8	7.0	9.5	14.0	19.0	27.0	38.0	54.0	77.0	108.0	153.0
	6<m_n≤10	5.5	8.0	11.0	16.0	22.0	31.0	44.0	63.0	89.0	125.0	177.0
50<d≤125	0.5≤m_n≤2	3.9	5.5	8.0	11.0	16.0	22.0	31.0	44.0	62.0	88.0	124.0
	2<m_n≤3.5	4.5	6.5	9.0	13.0	18.0	25.0	36.0	51.0	72.0	102.0	144.0
	3.5<m_n≤6	5.0	7.0	10.0	14.0	20.0	29.0	40.0	57.0	81.0	115.0	162.0
	6<m_n≤10	6.0	8.0	12.0	16.0	23.0	33.0	47.0	66.0	93.0	132.0	186.0
125<d≤280	0.5≤m_n≤2	4.3	6.0	8.5	12.0	17.0	24.0	34.0	49.0	69.0	97.0	137.0
	2<m_n≤3.5	4.9	7.0	10.0	14.0	20.0	28.0	39.0	56.0	79.0	111.0	157.0
	3.5<m_n≤6	5.5	7.5	11.0	15.0	22.0	31.0	44.0	62.0	88.0	124.0	175.0
	6<m_n≤10	6.0	9.0	12.0	18.0	25.0	35.0	50.0	70.0	100.0	141.0	199.0
280<d≤560	0.5≤m_n≤2	4.8	7.0	9.5	14.0	19.0	27.0	39.0	54.0	77.0	109.0	154.0
	2<m_n≤3.5	5.5	7.5	11.0	15.0	22.0	31.0	44.0	62.0	87.0	123.0	174.0
	3.5<m_n≤6	6.0	8.5	12.0	17.0	24.0	34.0	48.0	68.0	96.0	136.0	192.0
	6<m_n≤10	6.5	9.5	13.0	19.0	27.0	38.0	54.0	76.0	108.0	153.0	216.0

附表 8-11　径向综合总偏差 F_{id}　　　　　　　　　　（μm）

分度圆直径 d/mm	模数 m_n/mm	精度等级							
		4	5	6	7	8	9	10	11
5≤d≤20	0.2≤m_n≤0.5	7.5	11	15	21	30	42	60	85
	0.5<m_n≤0.8	8.0	12	16	23	33	46	66	93
	0.8<m_n≤1.0	9.0	12	18	25	35	50	70	100
	1.0<m_n≤1.5	10	14	19	27	38	54	76	108
	1.5<m_n≤2.5	11	16	22	32	45	63	89	126
	2.5<m_n≤4.0	14	20	28	39	56	79	112	158
20<d≤50	0.2≤m_n≤0.5	9.0	13	19	26	37	52	74	105
	0.5<m_n≤0.8	10	14	20	28	40	56	80	113
	0.8<m_n≤1.0	11	15	21	30	42	60	85	120
	1.0<m_n≤1.5	11	16	23	32	45	64	91	128
	1.5<m_n≤2.5	13	18	26	37	52	73	103	146
	2.5<m_n≤4.0	16	22	31	44	63	89	126	178
	4.0<m_n≤6.0	20	28	39	56	79	111	157	222
	6.0<m_n≤10.0	26	37	52	74	104	147	209	295

248

分度圆直径 d/mm	模数 m_n/mm	精度等级							
		4	5	6	7	8	9	10	11
50<d≤125	0.2≤m_n≤0.5	12	16	23	33	46	66	93	131
	0.5<m_n≤0.8	12	17	25	35	49	70	98	139
	0.8<m_n≤1.0	13	18	26	36	52	73	103	146
	1.0<m_n≤1.5	14	19	27	39	55	77	109	154
	1.5<m_n≤2.5	15	22	31	43	61	86	122	173
	2.5<m_n≤4.0	18	25	36	51	72	102	144	204
	4.0<m_n≤6.0	22	31	44	62	88	124	176	248
	6.0<m_n≤10.0	28	40	57	80	114	161	227	321
125<d≤280	0.2≤m_n≤0.5	15	21	30	42	60	85	120	170
	0.5<m_n≤0.8	16	22	31	44	63	89	126	178
	0.8<m_n≤1.0	16	23	33	46	65	92	131	185
	1.0<m_n≤1.5	17	24	34	48	68	97	137	193
	1.5<m_n≤2.5	19	26	37	53	75	106	149	211
	2.5<m_n≤4.0	21	30	43	61	86	121	172	243
	4.0<m_n≤6.0	25	36	51	72	102	144	203	287
	6.0<m_n≤10.0	32	45	64	90	127	180	255	360
280<d≤560	0.2≤m_n≤0.5	19	28	39	55	78	110	156	220
	0.5<m_n≤0.8	20	29	40	57	81	114	161	228
	0.8<m_n≤1.0	21	29	42	59	83	117	166	235
	1.0<m_n≤1.5	22	30	43	61	86	122	172	243
	1.5<m_n≤2.5	23	33	46	65	92	131	185	262
	2.5<m_n≤4.0	26	37	52	73	104	146	207	293
	4.0<m_n≤6.0	30	42	60	84	119	169	239	337
	6.0<m_n≤10.0	36	51	73	103	145	205	290	410

附表8-12　一齿径向综合偏差 f_{id} （μm）

分度圆直径 d/mm	模数 m_n/mm	精度等级							
		4	5	6	7	8	9	10	11
5≤d≤20	0.2≤m_n≤0.5	1.0	2.0	2.5	3.5	5.0	7.0	10	14
	0.5<m_n≤0.8	2.0	2.5	4.0	5.5	7.5	11	15	22
	0.8<m_n≤1.0	2.5	3.5	5.0	7.0	10	14	20	28
	1.0<m_n≤1.5	3.0	4.5	6.5	9.0	13	18	25	36
	1.5<m_n≤2.5	4.5	6.5	9.5	13	19	26	37	53
	2.5<m_n≤4.0	7.0	10	14	20	29	41	58	82
20<d≤50	0.2≤m_n≤0.5	1.5	2.0	2.5	3.5	5.0	7.0	10	14
	0.5<m_n≤0.8	2.0	2.5	4.0	5.5	7.5	11	15	22
	0.8<m_n≤1.0	2.5	3.5	5.0	7.0	10	14	20	28
	1.0<m_n≤1.5	3.0	4.5	6.5	9.0	13	18	25	36
	1.5<m_n≤2.5	4.5	6.5	9.5	13	19	26	37	53
	2.5<m_n≤4.0	7.0	10	14	20	29	41	58	82
	4.0<m_n≤6.0	11	15	22	31	43	61	87	123
	6.0<m_n≤10.0	17	24	34	48	67	95	135	190

分度圆直径 d/mm	模数 m_n/mm	精度等级							
		4	5	6	7	8	9	10	11
50<d≤125	0.2≤m_n≤0.5	1.5	2.0	2.5	3.5	5.0	7.5	10	15
	0.5<m_n≤0.8	2.0	3.0	4.0	5.5	8.0	11	16	22
	0.8<m_n≤1.0	2.5	3.5	5.0	7.0	10	14	20	28
	1.0<m_n≤1.5	3.0	4.5	6.5	9.0	13	18	26	36
	1.5<m_n≤2.5	4.5	6.5	9.5	13	19	26	37	53
	2.5<m_n≤4.0	7.0	10	14	20	29	41	58	82
	4.0<m_n≤6.0	11	15	22	31	44	62	87	123
	6.0<m_n≤10.0	17	24	34	48	67	95	135	191
125<d≤280	0.2≤m_n≤0.5	1.5	2.0	2.5	3.5	5.5	7.5	11	15
	0.5<m_n≤0.8	2.0	3.0	4.0	5.5	8.0	11	16	22
	0.8<m_n≤1.0	2.5	3.5	5.0	7.0	10	14	20	29
	1.0<m_n≤1.5	3.0	4.5	6.5	9.0	13	18	26	36
	1.5<m_n≤2.5	4.5	6.5	9.5	13	19	27	38	53
	2.5<m_n≤4.0	7.5	10	15	21	29	41	58	82
	4.0<m_n≤6.0	11	15	22	31	44	62	87	124
	6.0<m_n≤10.0	17	24	34	48	67	95	135	191
280<d≤560	0.2≤m_n≤0.5	1.5	2.0	2.5	4.0	5.5	7.5	11	15
	0.5<m_n≤0.8	2.0	3.0	4.0	5.5	8.0	11	16	23
	0.8<m_n≤1.0	2.5	3.5	5.0	7.5	10	15	21	29
	1.0<m_n≤1.5	3.5	4.5	6.5	9.0	13	18	26	37
	1.5<m_n≤2.5	5.0	6.5	9.5	13	19	27	38	54
	2.5<m_n≤4.0	7.5	10	15	21	29	41	59	83
	4.0<m_n≤6.0	11	15	22	31	44	62	88	124
	6.0<m_n≤10.0	17	24	34	48	68	96	135	191

附表8-13 径向跳动 F_r （μm）

分度圆直径 d/mm	模数 m_n/mm	精度等级										
		1	2	3	4	5	6	7	8	9	10	11
5≤d≤20	0.5≤m_n≤2.0	2.5	3.0	4.5	6.5	9.0	13	18	25	36	51	72
	2.0<m_n≤3.5	2.5	3.5	4.5	6.5	9.5	13	19	27	38	53	75
20<d≤50	0.5≤m_n≤2.0	3.0	4.0	5.5	8.0	11	16	23	32	46	65	92
	2.0<m_n≤3.5	3.0	4.5	6.0	8.5	12	17	24	34	47	67	95
	3.5<m_n≤6.0	3.0	4.5	6.0	8.5	12	17	25	35	49	70	99
	6.0<m_n≤10	3.5	4.5	6.5	9.5	13	19	26	37	52	74	105
50<d≤125	0.5≤m_n≤2.0	5.0	7.5	10	15	21	29	42	59	83	118	
	2.0<m_n≤3.5	4.0	5.5	7.5	11	15	21	30	43	61	86	121
	3.5<m_n≤6.0	4.0	5.5	8.0	11	16	22	31	44	62	88	125
	6.0<m_n≤10	4.0	6.0	8.0	12	16	23	33	46	65	92	131

分度圆直径 d/mm	模数 m_n/mm	精度等级										
		1	2	3	4	5	6	7	8	9	10	11
125<d≤280	0.5≤m_n≤2.0	5.0	7.0	10	14	20	28	39	55	78	110	156
	2.0<m_n≤3.5	5.0	7.0	10	14	20	28	40	56	80	113	159
	3.5<m_n≤6.0	5.0	7.0	10	14	20	29	41	58	82	115	163
	6.0<m_n≤10	5.5	7.5	11	15	21	30	42	60	85	120	169
280<d≤560	0.5≤m_n≤2.0	6.5	9.0	13	18	26	36	51	73	103	146	206
	2.0<m_n≤3.5	6.5	9.0	13	18	26	37	52	74	105	148	209
	3.5<m_n≤6.0	6.5	9.5	13	19	27	38	53	75	106	150	213
	6.0<m_n≤10	7.0	9.5	14	19	27	39	55	77	109	155	219

5. 齿轮副的中心距偏差

GB/Z 18620.3—2008 未给出齿轮副的中心距偏差$\pm f_a$的值。附表8-14可作参考。

附表8-14　齿轮副的中心距偏差$\pm f_a$　　　　　　　　　　　（μm）

项目			精度等级		
			5、6	7、8	8	9
中心距极限偏差 $\pm f_a$	齿轮副的中心距 /mm	>50~80	15	23		37
		>80~120	17.5	27		43.5
		>120~180	20	31.5		50
		>180~250	23	36		57.5
		>250~315	26	40.5		65
		>315~400	28.5	44.5		70
		>400~500	31.5	48.5		77.5
		>500~630	35	55		87

6. 齿轮副的接触斑点

齿轮装配后的接触斑点见附表8-15。

附表8-15　齿轮装配后的接触斑点（摘自 GB/Z 18620.4—2008）

精度等级	占齿宽的百分比	占有效齿面高度的百分比
4级及更高	50%	70%（50%）
5和6级	45%	50%（40%）
7和8级	35%	50%（40%）
9~12级	25%	50%（40%）

7. 齿坯的要求与公差

齿坯的加工精度对齿轮的加工、检验及安装精度影响很大，因此，应控制齿坯的精度，以保证齿轮的精度。齿轮在加工、检验和安装时的径向基准面和轴向辅助基准面应尽可能一致，并在零件图上予以标注。齿坯公差见附表8-16。

附表8-16　齿坯公差

齿轮精度等级		6	7和8	9
孔	尺寸公差	IT6	IT7	IT8
	形状公差			
轴	尺寸公差	IT5	IT6	IT7
	形状公差			
顶圆直径	作测量基准	IT8		IT9
	不作测量基准	按IT11给定，但不大于0.1m_n		
基准面的径向圆跳动和端面圆跳动 /μm	分度圆直径 /mm	≤125	11	18	28
		>125~400	14	22	36
		>400~800	20	32	50

8. 齿侧间隙检验项目的计算

（1）齿厚极限偏差 E_{sns} 和 E_{sni} 的计算

①确定最小法向侧隙 j_{bnmin}。

在设计齿轮传动时，必须保证有足够的最小侧隙 j_{bnmin} 以保证齿轮机构正常工作。对于中、大模数齿轮最小侧隙为

$$j_{bnmin} = \frac{2}{3}(0.06 + 0.0005a_i + 0.03m_n)$$

式中：a_i——最小中心矩。

按上式计算可以得出附表8-17所示的推荐数据。

附表8-17　对于中、大模数齿轮最小侧隙 j_{bnmin} 的推荐数据（摘自 GB/Z 18620.2—2008）　　（mm）

模数 m_n	中心距 a_i					
	50	100	200	400	800	1600
1.5	0.09	0.11	—	—	—	—
2	0.10	0.12	0.15	—	—	—
3	0.12	0.14	0.17	0.24	—	—
5	—	0.18	0.21	0.28	—	—
8	—	0.24	0.27	0.34	0.47	—
12	—	—	0.35	0.42	0.55	—
18	—	—	—	0.54	0.67	0.94

②计算为补偿齿轮和齿轮箱体的加工和安装误差所引起的侧隙减小量 J_{bn}。

$$J_{bn}=\sqrt{0.88(f_{pT1}^2+f_{pT2}^2)+[2+0.34(L/b)]F_{\beta T}^2}\quad(\text{mm})$$

式中：f_{pT1}、f_{pT2}——分别为齿轮 1 和齿轮 2 的单个齿距公差，mm，按公式(附 8-1)计算；

L——轴承跨距，mm；

b——齿宽，mm；

$F_{\beta T}$——螺旋线总公差，mm，按公式(附 8-8)计算。

③查取中心距极限偏差值 $|f_a|$，mm，见附表 8-3。

④计算齿厚极限上偏差 E_{sns}。

$$E_{sns}=-\left(\frac{j_{bnmin}+J_{bn}}{2\cos\alpha_n}+|f_a|\tan\alpha_n\right)\quad(\text{mm})$$

式中：α_n——法面压力角。

⑤确定齿厚公差 T_{sn}。

$$T_{sn}=\sqrt{b_r^2+F_{rT}^2}\cdot 2\tan\alpha_n\quad(\text{mm})$$

式中：b_r——切齿径向进刀公差值，见附表 8-18；

F_{rT}——径向跳动，按公式(附 8-9)计算。

附表 8-18　切齿径向进刀公差 b_r 值

齿轮精度等级	4	5	6	7	8	9
b_r 值	1.26IT7	IT8	1.26IT8	IT9	1.26IT9	IT10

注：IT 值按齿轮分度圆直径查附表 7-1。

⑥计算齿厚下偏差 E_{sni}。

$$E_{sni}=E_{sns}-T_{sn}$$

2)公法线长度偏差 E_{bns} 和下偏差 E_{bni} 的计算

①计算公式。

$$E_{bns}=E_{sns}-0.72F_r\sin\alpha_n$$
$$E_{bni}=E_{sni}+0.72F_r\sin\alpha_n$$

式中：F_{rT}——径向跳动，mm，按公式(附 8-9)计算。

②公法线长度 W_k 的计算。

W_k 是 k 个齿的公称公法线长度，mm，其中 $k=\dfrac{Z}{9}+0.5$，k 四舍五入成整数，Z 是齿轮的齿数。

$$W_k=m_n[2.952\times(k-0.5)+0.014Z]$$

注：W_k 值也可通过查附表 8-19 至附表 8-20 并计算获得。

附表 8-19　公法线长度 W_k^* ($m_n = 1$ mm，$\alpha_n = 20°$)

齿轮齿数 Z	跨测齿数 k	公法线长度 W_k^*/mm	齿轮齿数 Z	跨测齿数 k	公法线长度 W_k^*/mm	齿轮齿数 Z	跨测齿数 k	公法线长度 W_k^*/mm	齿轮齿数 Z	跨测齿数 k	公法线长度 W_k^*/mm	齿轮齿数 Z	跨测齿数 k	公法线长度 W_k^*/mm	齿轮齿数 Z	跨测齿数 k	公法线长度 W_k^*/mm
11	2	4.582	46	6	16.881	81	10	29.180	116	13	38.526	151	17	50.825			
12	2	4.596	47	6	16.895	82	10	29.194	117	14	41.492	152	17	50.839			
13	2	4.610	48	6	16.909	83	10	29.208	118	14	41.506	153	18	53.805			
14	2	4.624	49	6	16.923	84	10	29.222	119	14	41.520	154	18	53.819			
15	2	4.638	50	6	16.937	85	10	29.236	120	14	41.534	155	18	53.833			
16	2	4.652	51	6	16.951	86	10	29.250	121	14	41.548	156	18	53.847			
17	2	4.666	52	6	16.966	87	10	29.264	122	14	41.562	157	18	53.861			
18	3	7.632	53	6	16.979	88	10	29.278	123	14	41.577	158	18	53.875			
19	3	7.646	54	7	19.945	89	10	29.292	124	14	41.591	159	18	53.889			
20	3	7.660	55	7	19.959	90	11	32.258	125	14	41.605	160	18	53.903			
21	3	7.674	56	7	19.973	91	11	32.272	126	15	44.571	161	18	53.917			
22	3	7.688	57	7	19.987	92	11	32.286	127	15	44.585	162	19	56.883			
23	3	7.703	58	7	20.001	93	11	32.300	128	15	44.599	163	19	56.897			
24	3	7.717	59	7	20.015	94	11	32.314	129	15	44.613	164	19	56.911			
25	3	7.731	60	7	20.029	95	11	32.328	130	15	44.627	165	19	56.925			
26	3	7.745	61	7	20.043	96	11	32.342	131	15	44.641	166	19	56.939			
27	4	10.711	62	7	20.057	97	11	32.356	132	15	44.655	167	19	56.953			
28	4	10.725	63	8	23.023	98	11	32.370	133	15	44.669	168	19	56.967			
29	4	10.739	64	8	23.037	99	12	35.336	134	15	44.683	169	19	56.981			
30	4	10.753	65	8	23.051	100	12	35.350	135	16	47.649	170	19	56.995			
31	4	10.767	66	8	23.065	101	12	35.364	136	16	47.663	171	20	59.961			
32	4	10.781	67	8	23.079	102	12	35.378	137	16	47.677	172	20	59.976			
33	4	10.795	68	8	23.093	103	12	35.392	138	16	47.691	173	20	59.990			
34	4	10.809	69	8	23.107	104	12	35.406	139	16	47.705	174	20	60.004			
35	4	10.823	70	8	23.121	105	12	35.420	140	16	47.719	175	20	60.018			
36	5	13.789	71	8	23.135	106	12	35.434	141	16	47.733	176	20	60.032			
37	5	13.803	72	9	26.102	107	12	35.448	142	16	47.747	177	20	60.046			
38	5	13.817	73	9	26.116	108	13	38.414	143	16	47.761	178	20	60.060			
39	5	13.831	74	9	26.130	109	13	38.428	144	17	50.727	179	20	60.073			
40	5	13.845	75	9	26.144	110	13	38.442	145	17	50.741	180	21	63.040			
41	5	13.859	76	9	26.158	111	13	38.456	146	17	50.755	181	21	63.054			
42	5	13.873	77	9	26.172	112	13	38.470	147	17	50.769	182	21	63.068			
43	5	13.887	78	9	26.186	113	13	38.484	148	17	50.783	183	21	63.082			
44	5	13.901	79	9	26.200	114	13	38.498	149	17	50.797	184	21	63.096			
45	6	16.867	80	9	26.214	115	13	38.512	150	17	50.811	185	21	63.110			

注：1. 对于标准直齿圆柱齿轮，公法线长度 $W_k = W_k^* m_n$，其中 W_k^* 为 $m_n = 1$ mm、$\alpha_n = 20°$ 时的公法线长度，可查本表；

254

跨测齿数 k 可查本表。

2. 对于标准斜齿圆柱齿轮,先由 β 从附表 8-20 查出 K_β 值,计算出 $Z' = ZK_\beta$ (Z' 取到小数点后两位),再按 Z' 的整数部分查附表 8-19 得 W_k^*,按 Z' 的小数部分由附表 8-21 查出对应的 ΔW_n^*,则 $W_k = (W_k^* + \Delta W_n^*)m_n$; $k = 0.1111Z' + 0.5$, k 值应四舍五入成整数。

3. 对于变位直齿圆柱齿轮,$W_K = [2.9521 \times (k - 0.5) + 0.014Z + 0.684x]m$; $k = 0.1111Z + 0.5 - 0.2317x$, k 值应四舍五入成整数。

附表 8-20 假想齿数系数 K_β ($\alpha_n = 20°$)

$\beta/(°)$	K_β	$\beta/(°)$	K_β	$\beta/(°)$	K_β	$\beta/(°)$	K_β	$\beta/(°)$	K_β
1	1.000	5	1.011	9	1.036	13	1.077	17	1.136
2	1.002	6	1.016	10	1.045	14	1.090	18	1.154
3	1.004	7	1.022	11	1.054	15	1.104	19	1.173
4	1.007	8	1.028	12	1.065	16	1.119	20	1.194

注:对于 β 为中间值的系数 K_β 可按内插法求出。

附表 8-21 $\Delta Z'$ 对应的公法线长度修正值 ΔW_n^* (mm)

$\Delta Z'$	0.00	0.01	0.02	0.03	0.04	0.05	0.06	0.07	0.08	0.09
0.0	0.0000	0.0001	0.0003	0.0004	0.0006	0.0007	0.0008	0.0010	0.0011	0.0013
0.1	0.0014	0.0015	0.0017	0.0018	0.0020	0.0021	0.0022	0.0024	0.0025	0.0027
0.2	0.0028	0.0029	0.0031	0.0032	0.0034	0.0035	0.0036	0.0038	0.0039	0.0041
0.3	0.0042	0.0043	0.0045	0.0046	0.0048	0.0049	0.0051	0.0052	0.0053	0.0055
0.4	0.0056	0.0057	0.0059	0.0060	0.0061	0.0063	0.0064	0.0066	0.0067	0.0069
0.5	0.0070	0.0071	0.0073	0.0074	0.0076	0.0077	0.0079	0.0080	0.0081	0.0083
0.6	0.0084	0.0085	0.0087	0.0088	0.0089	0.0091	0.0092	0.0094	0.0095	0.0097
0.7	0.0098	0.0099	0.0101	0.0102	0.0104	0.0105	0.0106	0.0108	0.0109	0.0111
0.8	0.0112	0.0114	0.0115	0.0116	0.0118	0.0119	0.0120	0.0122	0.0123	0.0124
0.9	0.0126	0.0127	0.0129	0.0130	0.0132	0.0133	0.0135	0.0136	0.0137	0.0139

注:例如,当 $\Delta Z' = 0.65$ 时,由此表查得 $\Delta W_n^* = 0.0091$。

二、锥齿轮的精度(摘自 GB/T 11365—2019)

1. 精度等级及其选择

该标准对齿轮及其齿轮副规定了 12 个精度等级,第 1 级的精度最高,其余的依次降低。

按照误差特性及其对传动性能的影响,将锥齿轮及其齿轮副的公差项目分成三个公差组。选择精度时,应考虑圆周速度、使用条件及其他技术要求等有关因素。选用时,允许各公差组选用相同或不同的精度等级。但对齿轮副中大、小齿轮的同一公差组,应规定相同的精度等级。

根据锥齿轮的工作要求,可在各公差组中任选一个检验组评定和验收齿轮的精度,推荐的锥齿轮和锥齿轮副的检测项目见附表 8-22,锥齿轮和锥齿轮副检测项目的公差值和极限偏差值见附表 8-23 至附表 8-26。

附表 8-22　推荐的锥齿轮和锥齿轮副的检验项目

项　目			精　度　等　级		
			7	8	9
锥齿轮	公差组	Ⅰ	F_p		F_r
		Ⅱ	$\pm f_{pt}$		
		Ⅲ	接触斑点		
锥齿轮副	对齿轮		$E_{\overline{ss}}$, $E_{\overline{si}}$		
	对箱体		$\pm f_a$		
	对传动		$\pm f_{AM}$, $\pm f_a$, $\pm E_\Sigma$, j_{nmin}		
	齿轮毛坯		齿坯锥顶母线跳动公差,基准端面跳动公差,外径尺寸极限偏差,齿坯轮冠距和顶锥角极限偏差		

附表 8-23　锥齿轮齿圈径向跳动公差 F_r 和齿距极限偏差 $\pm f_{pt}$ 值　　　　　（μm）

齿宽中点分度圆直径 d_m/mm		齿宽中点法向模数 /mm	齿圈径向跳动公差 F_r			齿距极限偏差 $\pm f_{pt}$		
			第Ⅰ组精度等级			第Ⅱ组精度等级		
>	到		7	8	9	7	8	9
—	125	≥1~3.5	36	45	56	14	20	28
		>3.5~6.3	40	50	63	18	25	36
		>6.3~10	45	56	71	20	28	40
125	400	≥1~3.5	50	63	80	16	20	32
		>3.5~6.3	56	71	90	20	28	40
		>6.3~10	63	80	100	22	32	45
400	800	≥1~3.5	63	80	100	18	25	36
		>3.5~6.3	71	90	112	20	28	40
		>6.3~10	80	100	125	25	36	50

注:对于标准直齿圆锥齿轮,齿宽中点法向模数即为齿宽中点模数 m_m, $m_m = m(1-0.5\phi_R)$, ϕ_R 为齿宽系数, $\phi_R = b/R$, b 为齿宽, R 为锥矩。

附表 8-24 锥齿轮齿距累积公差 F_p 值

(μm)

中点分度圆弧长 L_m/mm		第Ⅰ组精度等级			中点分度圆弧长 L_m/mm		第Ⅰ组精度等级		
>	到	7	8	9	>	到	7	8	9
32	50	32	45	63	315	630	90	125	180
50	80	36	50	71	630	1000	112	160	224
80	160	45	63	90	1000	1600	140	200	280
160	315	63	90	125	1600	2500	160	224	315

注：F_p 按中点分度圆弧长 L_m 查表，对于标准直齿圆锥齿轮，取 $L_m=\dfrac{\pi d_m}{2}=\dfrac{\pi}{2}m_m z$。式中：$d_m$ 为齿宽中点分度圆直径。$d_m=d(1-0.5\phi_R)$；m_m 为齿宽中点模数，$m_m=m(1-0.5\phi_R)$。

附表 8-25 锥齿轮副检验安装误差项目 $\pm f_a$、$\pm f_{AM}$ 与 $\pm E_\Sigma$

中点锥距 R_m /mm		轴间距极限偏差 $\pm f_a$ 第Ⅲ组精度等级			齿圈轴向位移极限偏差 $\pm f_{AM}$ 分锥角 /(°)		第Ⅱ组精度等级 7 齿宽中点法向模数/mm			8			9			轴交角极限偏差 $\pm E_\Sigma$ 小轮分锥角 δ/(°)		最小法向间隙种类				
>	到	7	8	9	>	到	≥1~3.5	>3.5~6.3	>6.3~10	≥1~3.5	>3.5~6.3	>6.3~10	≥1~3.5	>3.5~6.3	>6.3~10	>	到	h、e	d	c	b	a
					—	20	20	11		28	16		40	22		—	15	7.5	11	18	30	45
—	50	18	28	36	20	45	17	9.5		24	13		34	19		15	25	10	16	26	42	63
					45	—		7	4		10	5.6		14	8	25	—	12	19	30	50	80
					—	20	67	38	24	95	53	34	140	75	50	—	15	10	16	26	42	63
50	100	20	30	45	20	45	56	32	21	80	45	30	120	63	42	15	25	12	19	30	50	80
					45	—	24	13	8.5	34	17	12	48	26	17	25	—	15	22	32	50	95
					—	20	150	80	53	200	120	75	300	160	105	—	15	12	18	30	50	80
100	200	25	36	55	20	45	130	71	45	180	100	63	260	140	90	15	25	17	26	45	71	110
					45	—	53	30	19	75	40	26	105	60	38	25	—	20	32	50	80	125
					—	20	340	180	120	480	250	170	670	360	240	—	15	15	22	32	60	95
200	400	30	45	75	20	45	280	150	100	400	210	140	560	300	200	15	25	24	36	56	90	140
					45	—	120	63	40	170	90	60	240	130	85	25	—	26	40	63	100	160
					—	20	750	400	250	1050	560	360	1500	800	500	—	15	20	32	50	80	125
400	800	36	60	90	20	45	630	340	210	900	480	300	1300	670	440	15	25	28	45	71	110	180
					45	45	270	140	90	380	200	125	530	280	180	25	—	34	56	85	140	220

注：齿宽中点法向模数 m_m 同附表 8-23 中注释。

附表 8-26 接触斑点

精度等级	6~7	8~9
沿齿长方向/%	50~70	35~65
沿齿高方向/%	55~75	40~70

注：表中数值范围用于齿面修形的齿轮，对齿面不作修形的齿轮，其接触斑点的大小应不小于其平均值。

2. 齿轮副侧隙

标准规定齿轮副的最小法向侧隙种类为六种：a、b、c、d、e 和 h；齿轮副法向侧隙公差种类为五种：A、B、C、D 和 H，推荐法向侧隙公差种类与最小法向侧隙种类的对应关系如附图 8-1 所示。最小法向侧隙的种类与精度等级无关。

最小法向侧隙的种类确定后，按附表 8-27 选取齿厚上偏差 $E_{\overline{ss}}$，最小法向侧隙 j_{nmin} 按附表 8-28 选取，齿厚下偏差 $E_{\overline{si}} = E_{\overline{ss}} - T_{\overline{s}}$，$T_{\overline{s}}$ 为齿厚公差，按附表 8-29 选取。

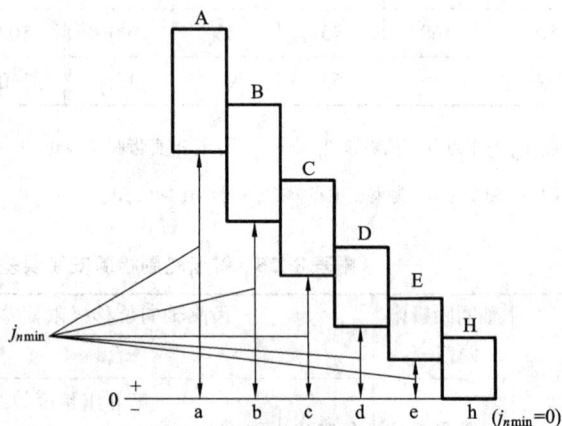

附图 8-1 推荐法向侧隙公差种类与最小法向侧隙种类的对应关系

附表 8-27 齿厚上偏差 $E_{\overline{ss}}$ 值（μm）

	齿宽中点法向模数/mm	齿宽中点分度圆直径 d_m/mm								
		≤125			>125~400			>400~800		
		分锥角 δ/(°)								
基本值		≤20	>20~45	>45	≤20	>20~45	>45	≤20	>20~45	>45
	≥1~3.5	-20	-20	-22	-28	-32	-30	-36	-50	-45
	>3.5~6.3	-22	-22	-25	-32	-32	-30	-38	-55	-45
	>6.3~10	-25	-28	-28	-36	-36	-34	-40	-55	-50

	最小法向侧隙种类		h	e	d	c	b	a
系数	第Ⅱ公差组精度等级	7	1.0	1.6	2.0	2.7	3.8	5.5
		8	—	—	2.2	3.0	4.2	6.0
		9	—	—	3.2	3.2	4.6	6.6

注：1. 齿宽中点法向模数同附表 8-23 中注释。2. 各最小法向侧隙种类和各精度等级齿轮的 $E_{\overline{ss}}$ 值，由基本值一栏查出的数值乘以系数得出。

258

附表 8-28 传动的最小法向侧隙 $j_{n\min}$ 值 （μm）

中点锥距 R_m/mm		小轮分锥角 δ_1/(°)		最小法向侧隙种类					
大于	至	大于	至	h	e	d	c	b	a
—	50	—	15	0	15	22	36	58	90
		15	25	0	21	33	52	84	130
		25	—	0	25	39	62	100	160
50	100	—	15	0	21	33	52	84	130
		15	25	0	25	39	62	100	160
		25	—	0	30	46	74	120	190
100	200	—	15	0	25	39	62	100	160
		15	25	0	35	54	87	140	220
		25	—	0	40	63	100	160	250
200	400	—	15	0	30	46	74	120	190
		15	25	0	46	72	115	185	290
		25	—	0	52	81	130	210	320
400	800	—	15	0	40	63	100	160	250
		15	25	0	57	89	140	230	360
		25	—	0	70	110	175	280	440

附表 8-29 齿厚公差 T_s 值 （μm）

齿圈径向跳动公差 F_r		法向侧隙公差种类				
大于	至	H	D	C	B	A
25	32	38	48	60	75	95
32	40	42	55	70	85	110
40	50	50	65	80	100	130
50	60	60	75	95	120	150
60	80	70	90	110	130	180
80	100	90	110	140	170	220
100	125	110	130	170	200	260
125	160	120	160	200	250	320

3. 齿坯检验与公差

齿轮在加工、检验和安装时的定位基准面应尽量一致，并在齿轮零件图上予以标注。各项齿坯公差见附表 8-30。

附表 8-30　齿坯公差值

齿坯尺寸公差						齿坯轮冠距和顶锥角极限偏差			
精度等级	6	7	8	9	10	齿宽中点法向模数 /mm	≤1.2	>1.2 ~10	>10
轴径尺寸公差	IT5	IT6			IT7	轮冠距极限偏差 /μm	0 -50	0 -75	0 -100
孔径尺寸公差	IT6	IT7			IT8				
外径尺寸极限偏差	0 -IT8			0 -IT9		顶锥角极限偏差 /(′)	-15 0	+8 0	+8 0

齿坯顶锥母线跳动公差/μm						基准端面跳动公差/μm					
精度等级		6	7	8	9	10	精度等级		6	7	8	9	10

	外径 /mm						基准端面直径 /mm				
外径 /mm	≤30	15	25		50		≤30	6	10		15
	>30~50	20	30		60		>30~50	8	12		20
	>50~120	25	40		80		>50~120	10	15		25
	>120~250	30	50		100		>120~250	12	20		30
	>250~500	40	60		120		>250~500	15	25		40
	>500~800	50	80		150		>500~800	20	30		50
	>800~1250	60	100		200		>800~1250	25	40		60

注：1. 当三个公差组精度等级不同时，按最高精度等级确定公差值。2. 齿宽中点法向模数同附表 8-23 中注释。

三、圆柱蜗杆、蜗轮精度(摘自 GB/T 10089—2018)

1. 精度等级及其选择

GB/T 10089—2018 对蜗杆蜗轮传动规定取成了 12 个精度等级，第 1 级的精度最高，第 12 级的精度最低，蜗杆和配对蜗轮的精度等级一般相同，也允许取成不相同。

蜗杆、蜗轮的部分偏差代号及名称见附表 8-31，蜗杆、蜗轮的精度等级可参考附表 8-32 进行选择。

附表 8-31　蜗杆、蜗轮偏差代号及名称(仅供参考)

代号	名称	代号	名称
$f_{f\alpha1}$	蜗杆齿廓形状偏差	F_{PZ}	蜗杆导程偏差
$f_{f\alpha2}$	蜗轮齿廓形状偏差	F_{P2}	蜗轮齿距累积总偏差
f_{px}	蜗杆轴向齿距偏差	F_{r1}	蜗杆径向跳动偏差
f_{p2}	蜗轮单个齿距偏差	F_{r2}	蜗轮径向跳动偏差
f_{ux}	蜗杆相邻轴向齿距偏差	F_a	齿廓总偏差
f_{u2}	蜗轮相邻齿距偏差	F_{pz}	蜗杆导程偏差

代号	名称	代号	名称
f'_{i1}	用标准蜗轮测量得到的单面一齿啮合偏差	F'_{i1}	用标准蜗轮测量得到的单面啮合偏差
f'_{i2}	用标准蜗杆测量得到的单面一齿啮合偏差	F'_{i2}	用标准蜗杆测量得到的单面啮合偏差

附表8-32　蜗杆、蜗轮精度等级与圆周速度的关系(仅供参考)

精度等级	7	8	9
蜗轮圆周速度 $v/(\text{m}\cdot\text{s}^{-1})$	≤7.5	≤3	≤1.5
适用范围	用于运输和一般工业中的中等速度的动力传动	用于每天只有短时工作的次要传动	用于低速传动或手动机构

2. 蜗杆、蜗轮和蜗杆传动的检验与公差

对于5~9级精度的圆柱蜗杆传动，各检验项目的公差值和极限偏差值见附表8-33~附表8-37。

附表8-33　5级精度轮齿偏差的允许值(摘自 GB/T 10089—2018)　　(μm)

模数 $m(m_t, m_x)$ /mm	偏差		分度圆直径 d/mm			
	F_α		>10~50	>50~125	>125~280	>280~560
>0.5~2.0	5.5	f_u	6.0	6.5	7.0	7.5
		f_p	4.5	5.0	5.5	6.0
		F_{p2}	13.0	17.0	21.0	24.0
		F_r	9.0	11.0	12.0	14.0
		F'_i	15.0	18.0	21.0	24.0
		f'_i	7.0	7.5	7.5	8.0
>2.0~3.55	7.5	f_u	6.5	7.0	7.5	8.0
		f_p	5.0	5.5	6.0	6.5
		F_{p2}	16.0	20.0	24.0	28.0
		F_r	11.0	14.0	16.0	18.0
		F'_i	18.0	22.0	25.0	28.0
		f'_i	9.0	9.0	9.5	10.0

模数 $m(m_t, m_x)$ /mm	偏差 F_α		分度圆直径 d/mm			
			>10~50	>50~125	>125~280	>280~560
>3.55~6.0	9.5	f_u	7.5	7.5	8.0	9.0
		f_p	6.0	6.0	6.5	7.0
		F_{p2}	17.0	22.0	26.0	30.0
		F_r	13.0	16.0	18.0	20.0
		F_i'	21.0	25.0	28.0	31.0
		f_i'	11.0	11.0	11.0	12.0
>6.0~10	12.0	f_u	8.5	9.0	9.5	10.0
		f_p	7.0	7.0	7.5	8.0
		F_{p2}	18.0	23.0	28.0	32.0
		F_r	15.0	18.0	20.0	23.0
		F_i'	24.0	28.0	32.0	35.0
		f_i'	13.0	13.0	14.0	14.0

偏差 F_{pz}					
测量长度/mm		15	25	45	75
轴向模数 m_x/mm		>0.5~2	>2~3.55	>3.55~6	>6~10
蜗杆头数 z_1	1	4.5	5.5	6.5	8.5
	2	5.0	6.0	8.0	10.0
	3 和 4	5.5	7.0	9.0	12.0

附表 8-34　6 级精度轮齿偏差的允许值(摘自 GB/T 10089—2018)　　　　　　　(μm)

模数 $m(m_t, m_x)$ /mm	偏差 F_α		分度圆直径/mm			
			>10~50	>50~125	>125~280	>280~560
>0.5~2.0	7.5	f_u	8.5	9.0	10.0	11.0
		f_p	6.5	7.0	7.5	8.5
		F_{p2}	18.0	24.0	29.0	34.0
		F_r	13.0	15.0	17.0	20.0
		F_i'	21.0	25.0	29.0	34.0
		f_i'	10.0	11.0	11.0	11.0

模数 $m(m_t, m_x)$ /mm	偏差 F_α		分度圆直径/mm			
			>10~50	>50~125	>125~280	>280~560
>2.0~3.55	11.0	f_u	9.0	10.0	11.0	11.0
		f_p	7.0	7.5	8.5	9.0
		F_{p2}	22.0	28.0	34.0	39.0
		F_r	15.0	20.0	22.0	25.0
		F_i'	25.0	31.0	35.0	39.0
		f_i'	13.0	13.0	13.0	14.0
>3.55~6.0	13.0	f_u	11.0	11.0	11.0	13.0
		f_p	8.5	8.5	9.0	10.0
		F_{p2}	24.0	31.0	36.0	42.0
		F_r	18.0	22.0	25.0	28.0
		F_i'	29.0	35.0	39.0	43.0
		f_i'	15.0	15.0	15.0	17.0
>6.0~10	17.0	f_u	12.0	13.0	13.0	14.0
		f_p	10.0	10.0	11.0	11.0
		F_{p2}	25.0	32.0	39.0	45.0
		F_r	21.0	25.0	28.0	32.0
		F_i'	34.0	39.0	45.0	49.0
		f_i'	18.0	18.0	20.0	20.0

偏差 F_{pz}

测量长度/mm		15	25	45	75
轴向模数 m_x/mm		>0.5~2	>2~3.55	>3.55~6	>6~10
蜗杆头数 z_1	1	6.5	7.5	9.0	12.0
	2	7.0	8.5	11.0	14.0
	3和4	7.5	10.0	13.0	17.0

附表 8-35　7 级精度轮齿偏差的允许值(摘自 GB/T 10089—2018)　　　　(μm)

模数 $m(m_t, m_x)$ /mm	偏差 F_α		分度圆直径 d/mm			
			>10~50	>50~125	>125~280	>280~560
>0.5~2.0	11.0	f_u	12.0	13.0	14.0	15.0
		f_p	9.0	10.0	11.0	12.0
		F_{p2}	25.0	33.0	41.0	47.0
		F_r	18.0	22.0	24.0	27.0
		F_i'	29.0	35.0	41.0	47.0
		f_i'	14.0	15.0	15.0	16.0
>2.0~3.55	15.0	f_u	13.0	14.0	15.0	16.0
		f_p	10.0	11.0	12.0	13.0
		F_{p2}	31.0	39.0	47.0	55.0
		F_r	22.0	27.0	31.0	35.0
		F_i'	35.0	43.0	49.0	55.0
		f_i'	18.0	18.0	19.0	20.0
>3.55~6.0	19.0	f_u	15.0	15.0	16.0	18.0
		f_p	12.0	12.0	13.0	14.0
		F_{p2}	33.0	43.0	51.0	59.0
		F_r	25.0	31.0	35.0	39.0
		F_i'	41.0	49.0	55.0	61.0
		f_i'	22.0	22.0	22.0	24.0
>6.0~10	24.0	f_u	17.0	18.0	19.0	20.0
		f_p	14.0	14.0	15.0	16.0
		F_{p2}	35.0	45.0	55.0	63.0
		F_r	29.0	35.0	39.0	45.0
		F_i'	47.0	55.0	63.0	69.0
		f_i'	25.0	25.0	27.0	27.0

偏差 F_{pz}

测量长度/mm		15	25	45	75
轴向模数 m_x/mm		>0.5~2	>2~3.55	>3.55~6	>6~10
蜗杆头数 z_1	1	9.0	11.0	13.0	17.0
	2	10.0	12.0	16.0	20.0
	3 和 4	11.0	14.0	18.0	24.0

264

附表 8-36　8 级精度轮齿偏差的允许值(摘自 GB/T 10089—2018) (μm)

模数 $m(m_t, m_x)$ /mm	偏差 F_α		分度圆直径 d/mm			
			>10~50	>50~125	>125~280	>280~560
>0. 5~2. 0	15. 0	f_u	16. 0	18. 0	19. 0	21. 0
		f_p	12. 0	14. 0	15. 0	16. 0
		F_{p2}	36. 0	47. 0	58. 0	66. 0
		F_r	25. 0	30. 0	33. 0	38. 0
		F_i'	41. 0	49. 0	58. 0	66. 0
		f_i'	19. 0	21. 0	21. 0	22. 0
>2. 0~3. 55	21. 0	f_u	18. 0	19. 0	21. 0	22. 0
		f_p	14. 0	15. 0	16. 0	18. 0
		F_{p2}	44. 0	55. 0	66. 0	77. 0
		F_r	30. 0	38. 0	44. 0	49. 0
		F_i'	49. 0	60. 0	69. 0	77. 0
		f_i'	25. 0	25. 0	26. 0	27. 0
>3. 55~6. 0	26. 0	f_u	21. 0	21. 0	22. 0	25. 0
		f_p	16. 0	16. 0	18. 0	19. 0
		F_{p2}	47. 0	60. 0	71. 0	82. 0
		F_r	36. 0	44. 0	49. 0	55. 0
		F_i'	58. 0	69. 0	77. 0	85. 0
		f_i'	30. 0	30. 0	30. 0	33. 0
>6. 0~10	33. 0	f_u	23. 0	25. 0	26. 0	27. 0
		f_p	19. 0	19. 0	21. 0	22. 0
		F_{p2}	49. 0	63. 0	77. 0	88. 0
		F_r	41. 0	49. 0	55. 0	63. 0
		F_i'	66. 0	77. 0	88. 0	96. 0
		f_i'	36. 0	36. 0	38. 0	38. 0

偏差 F_{pz}						
测量长度/mm			15	25	45	75
轴向模数 m_x/mm			>0. 5~2	>2~3. 55	>3. 55~6	>6~10
蜗杆头数 z_1		1	12. 0	15. 0	18. 0	23. 0
		2	14. 0	16. 0	22. 0	27. 0
		3 和 4	15. 0	19. 0	25. 0	33. 0

附表 8-37 9级精度轮齿偏差的允许值(摘自 GB/T 10089—2018) (μm)

模数 $m(m_t, m_x)$ /mm	偏差 F_α		分度圆直径 d/mm			
			>10~50	>50~125	>125~280	>280~560
>0.5~2.0	21.0	f_u	23.0	25.0	27.0	29.0
		f_p	17.0	19.0	21.0	23.0
		F_{p2}	50.0	65.0	81.0	92.0
		F_r	35.0	42.0	46.0	54.0
		F_i'	58.0	69.0	81.0	92.0
		f_i'	27.0	29.0	29.0	31.0
>2.0~3.55	29.0	f_u	25.0	27.0	29.0	31.0
		f_p	19.0	21.0	23.0	25.0
		F_{p2}	61.0	77.0	92.0	108.0
		F_r	42.0	54.0	61.0	69.0
		F_i'	69.0	85.0	96.0	108.0
		f_i'	35.0	35.0	36.0	38.0
>3.55~6.0	36.0	f_u	29.0	29.0	31.0	35.0
		f_p	23.0	23.0	25.0	27.0
		F_{p2}	65.0	85.0	100.0	115.0
		F_r	50.0	61.0	69.0	77.0
		F_i'	81.0	96.0	108.0	119.0
		f_i'	42.0	42.0	42.0	46.0
>6.0~10	46.0	f_u	33.0	35.0	36.0	38.0
		f_p	27.0	27.0	29.0	31.0
		F_{p2}	69.0	88.0	108.0	123.0
		F_r	58.0	69.0	77.0	88.0
		F_i'	92.0	108.0	123.0	134.0
		f_i'	50.0	50.0	54.0	54.0

偏差 F_{pz}

测量长度/mm		15	25	45	75
轴向模数 m_x/mm		>0.5~2	>2~3.55	>3.55~6	>6~10
蜗杆头数 z_1	1	17.0	21.0	25.0	33.0
	2	19.0	23.0	31.0	38.0
	3 和 4	21.0	27.0	35.0	46.0

3. 蜗杆副的接触斑点要求
蜗杆副的接触斑点

安装好的蜗杆副中，在轻微力的制动下，蜗杆与蜗轮啮合运转后，在蜗轮齿面上分布的接触痕迹。

蜗杆副的接触斑点主要按其形状、分布位置与面积大小来评定。接触斑点的要求应符合附表 8-38 的规定。

附表 8-38　蜗杆副接触斑点的要求（摘自 GB/T 10089—2018）

精度等级	接触面积的百分比/%		接触形状	接触位置
	沿齿高不小于	沿齿长不小于		
5 和 6	65	60	接触斑点在齿高方向无断缺，不允许成带状条纹	接触斑点痕迹的分布位置趋近齿面中部，允许略偏于啮入端。在齿顶和啮入、啮出端的棱边处不允许接触
7 和 8	55	50	不作要求	接触斑点痕迹应偏于啮出端，但不允许在齿顶和啮入、啮出端的棱边接触
9 和 10	45	40		

注：采用修形齿面的蜗杆传动，接触斑点的接触形状要求可不受表中规定的限制。

附录Ⅸ 参考图例

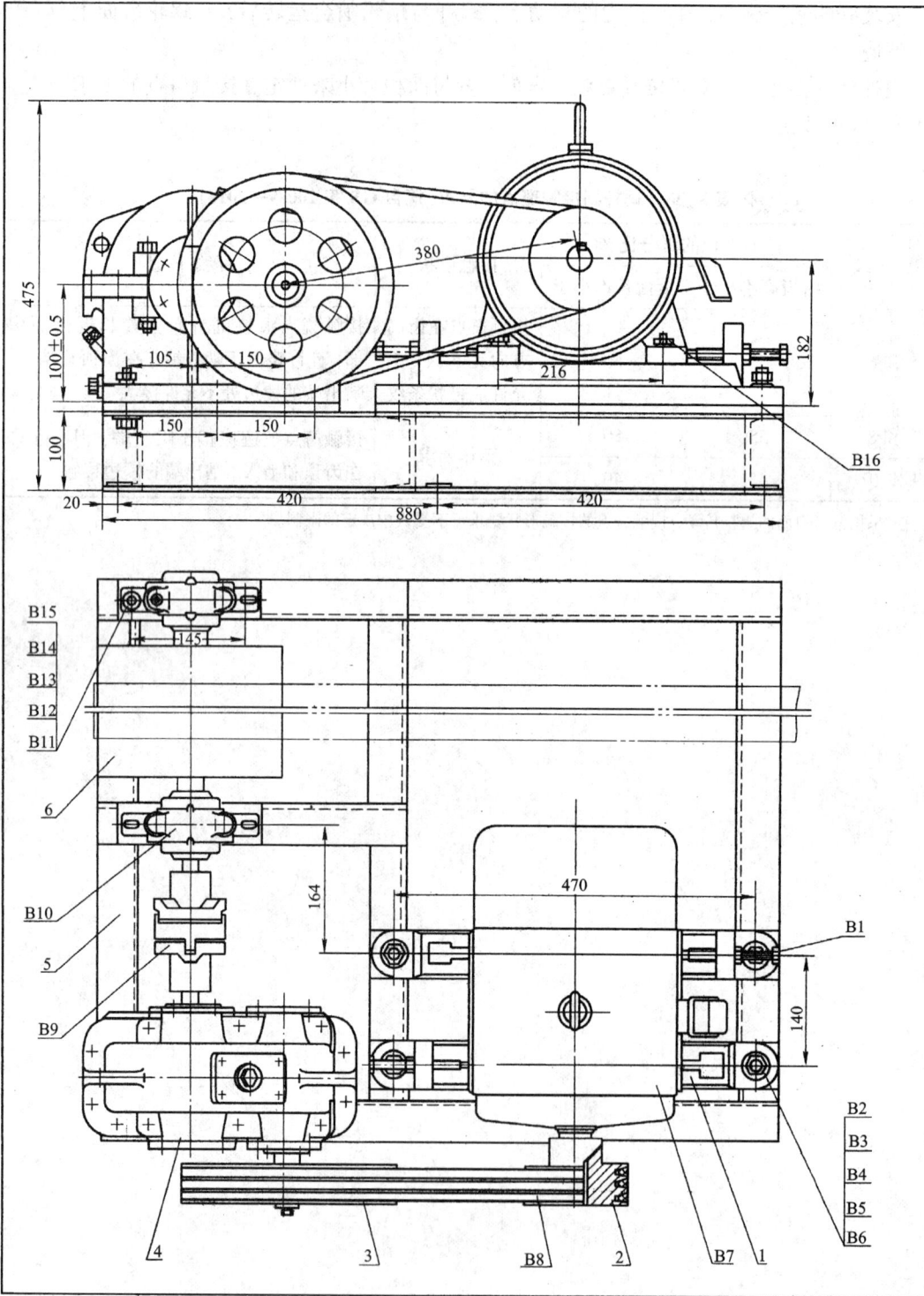

附图 **9-1** 带式

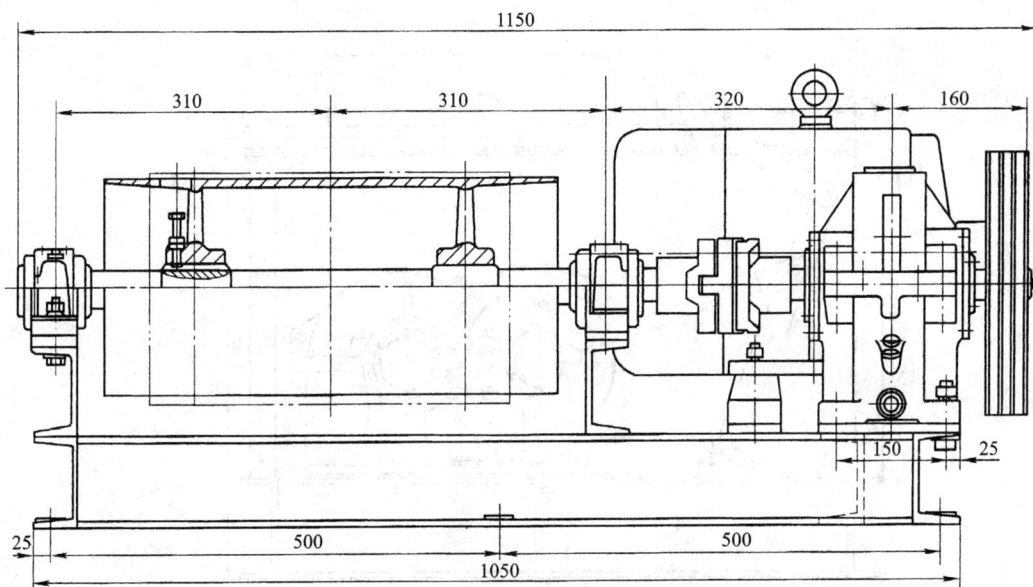

技术要求

电动机		牵引力 /N	带速 /(m·s⁻¹)	滚筒直径 /mm
功率/kW	转速/(r·min⁻¹)			
3	960	2200	1.1	240

说明：电动机通过V带传动带驱动减速器输入轴，减速器输出轴
通过十字滑块联轴器带动滚筒，滚筒轴的两端为独立支承。

序号	名称	数量	材料	标准	备注
B4	垫圈16	4	Q235A	GB/T 97.0—2002	
B3	螺母M16	10	5	GB/T 6170—2015	
B2	螺栓M16×75	10	5.8	GB/T 5782—2016	
B1	螺栓M12×120	2	5.8	GB/T 5783—2016	
6	滚筒	1			焊接件
5	机架	1			焊接件
4	减速器	1			组合件
3	大带轮	1	HT200		$d_{d2}=280$
2	小带轮	1	HT200		$d_{d1}=125$
1	滑轨	2	HT150		
序号	名称	数量	材料	标准	备注

(标题栏)

序号	名称	数量	材料	标准	备注
B16	螺栓M10×50	4	8.8	GB/T 5782—2016	
B15	垫圈12	8	65Mn	GB 93—87	
B14	垫圈12	4	Q235A	GB 853—88	
B13	垫圈12	4	Q235A	GB/T 97.1—2002	
B12	螺母M12	8	5	GB/T 6170—2015	
B11	螺栓M12×65	4	5.8	GB/T 5782—2016	
B10	滑动轴承座	2	H2045	JB/T 2561—2017	组合件
B9	滑块联轴器	1		JB/ZQ 4384—2006	组合件
B8	V带A1400	3		GB/T 11544—2012	
B7	电动机Y132S—6	1			
B6	垫圈16	10	65Mn	GB 93—87	
B5	垫圈16	10	Q235A	GB 853—88	

输送机总图

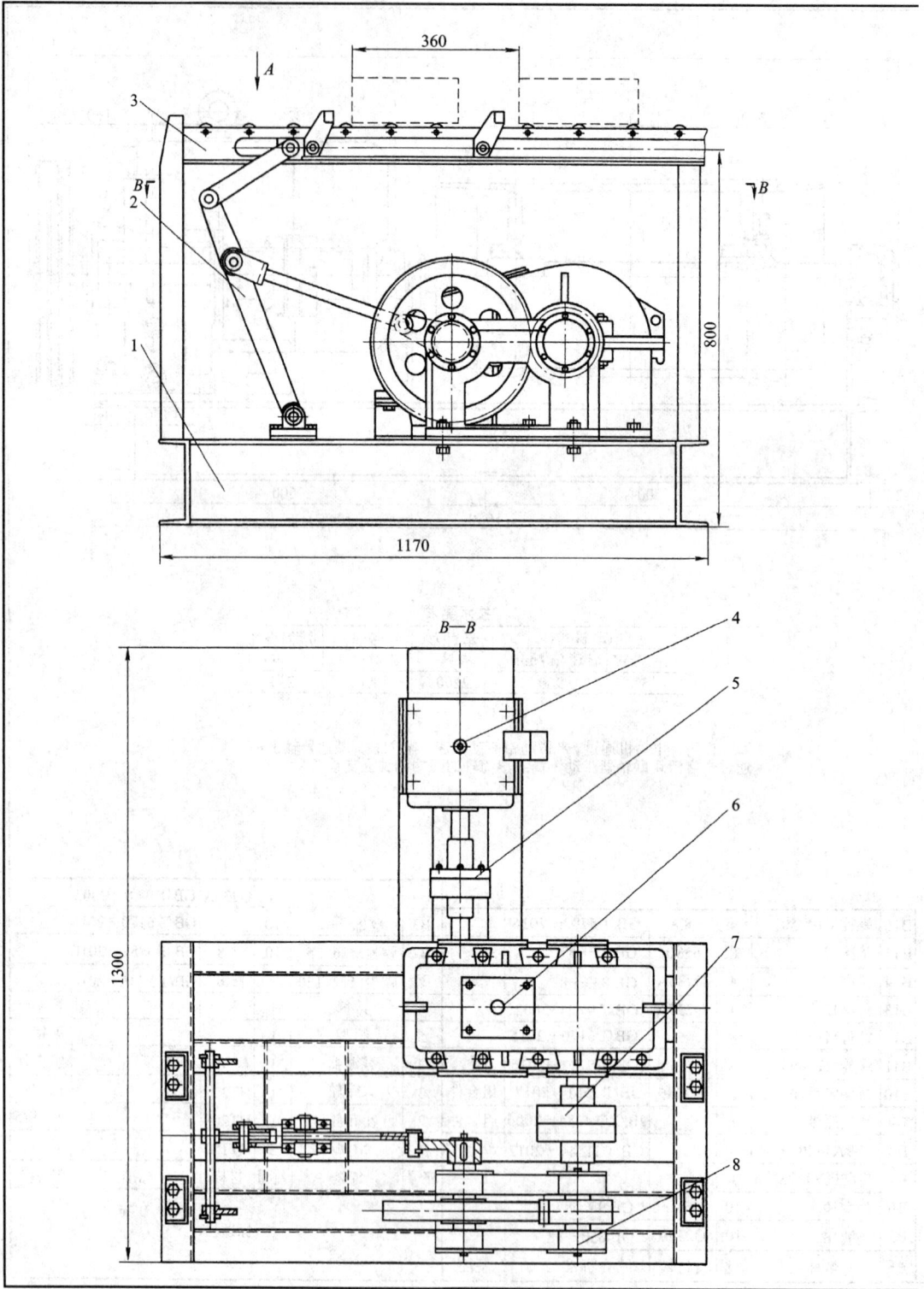

附图 9-2 工件

滑架部分*A*

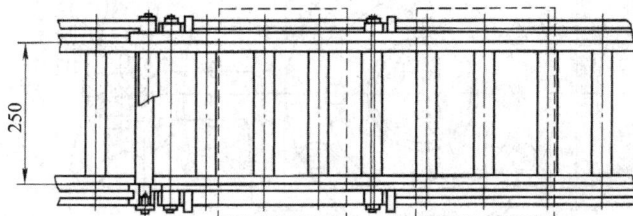

250

技术要求

电动机		推力	步长	往返次数
功率/kW	转速/(r·min⁻¹)	/N	/mm	/(r·min⁻¹)
4	1440	3000	360	65

说明：本机间歇输送工作。电动机通过传动装置、六杆机构,驱动滑架往复运动, 工作行程时滑架上的推爪推动工件前移一个步长, 当滑架返回时, 推爪从工件下滑过, 工件不动。当滑架再次向前移动时, 推爪已复位, 并推动新工件前移, 前方推爪也推动前一工件前移。周而复始, 工件不断前移。

六杆机构简图

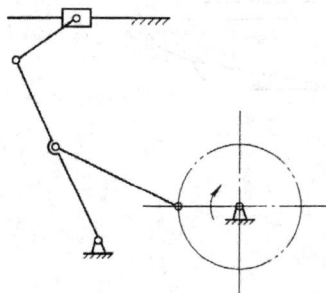

8	开式齿轮	1			
7	联轴器 LX3	1		GB/T 5014—2003	
6	减速器	1			*a*=250, *i*=9
5	联轴器 LT5	1		GB/T 4323—2002	
4	电动机 Y112M-4	1			
3	滑架	1			
2	六杆机构	1			
1	机架	1			
序号	名称	数量	材料	标准	备注
(标题栏)					

运输机总图

271

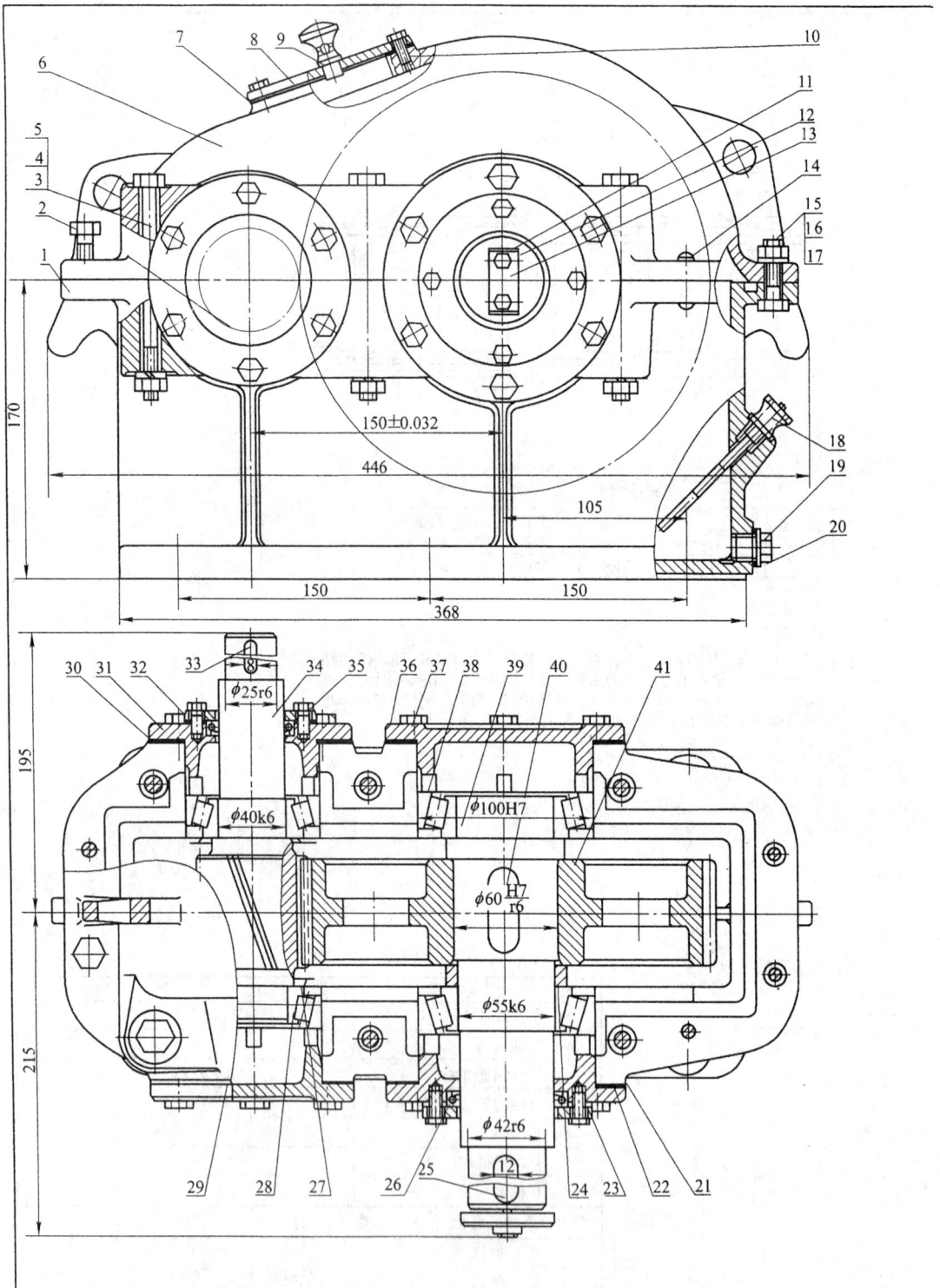

附图 9-3　单级圆柱齿轮

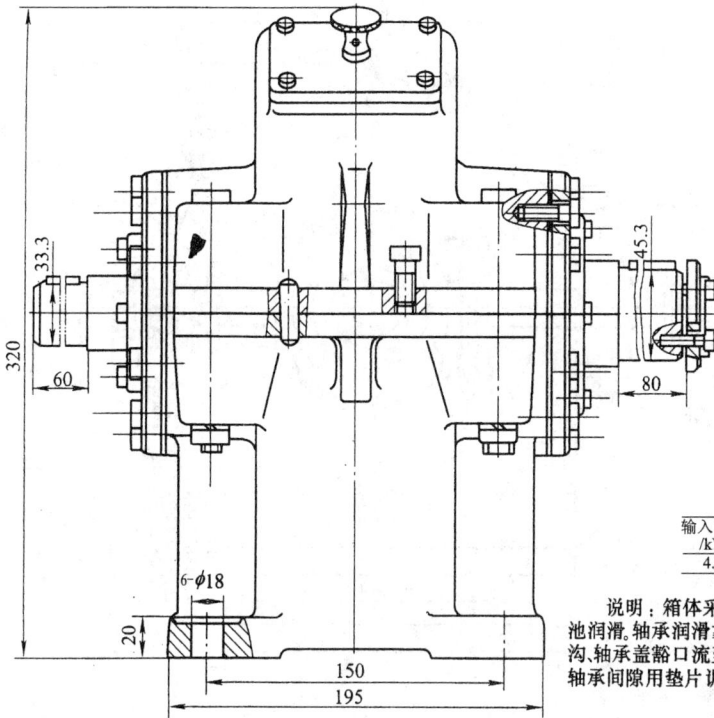

技术条件

1. 装配前,全部零件用煤油清洗,箱体内不许有杂物存在。在内壁涂两次不被机油浸蚀的涂料。
2. 用涂色法检验斑点,齿高接触斑点不小于40%;齿长接触斑点不小于50%;必要时可以研磨啮合齿面,以便改善接触情况。
3. 调整轴承时所留轴向间隙如下:ϕ40为0.05～0.1;ϕ55为0.08～0.15。
4. 装配时,剖分面不允许使用任何填料,可涂以密封油漆或水玻璃。试转时,应检查剖分面,各接触面及密封处,均不准漏油。
5. 箱座内选用SH0357-1992中的50号润滑油,装至规定高度。
6. 表面涂灰色油漆。

技术要求

输入功率/kW	输入转速/(r·min⁻¹)	传动比 i
4.5	480	4.16

说明:箱体采用铸造剖分式结构。齿轮用油池润滑,轴承润滑靠飞溅到箱盖上的油,经箱座油沟、轴承盖豁口流至轴承处。轴用唇形密封圈密封。轴承间隙用垫片调节。

尺寸标注: 320, 33.3, 60, 150, 195, 20, 6-ϕ18, 45.3, 80

序号	名称	数量	材料	标准	备注
41	大齿轮	1	45		
40	键18×50	1	Q275A	GB/T1096—2003	
39	轴	1	45		
38	轴承30211	2		GB/T297—2015	
37	螺栓M8×25	24	Q235A	GB/T 5782—2016	
36	轴承端盖	1	HT200		
35	J型油封35×60×12	1	耐油橡胶	HG4-338—66	
34	齿轮轴	1	45		
33	键8×50	1	Q275A	GB/T1096—2003	
32	密封盖板	1	Q235A		
31	轴承端盖	1	HT200		
30	调整垫片	2	08F		成组
29	轴承端盖	1	HT200		
28	轴承30208	2		GB/T297—2015	
27	挡油环	2	Q215A		
26	J型油封50×75×12	1	耐油橡胶		
25	键12×56	1	Q275A	GB/T1096—2003	
24	套筒	1	Q235A		
23	密封盖板	1	Q235A		
22	轴承端盖	1	HT200		
21	调整垫片	2组	08F		
20	油圈25×18	1	工业用革	ZB 70-6	
序号	名称	数量	材料	标准	备注

序号	名称	数量	材料	标准	备注
19	六角螺塞M18×1.5	1	Q235A	JB/ZQ 4450—2006	
18	油标	1	Q235A		
17	垫圈10	2	65Mn	GB 93—87	
16	螺母M10	2	5	GB/T6170—2015	
15	螺栓M10×35	4	5.8	GB/T 5782—2016	
14	销A8×30	2	35	GB/T 117—2000	
13	垫圈6	1	65Mn	GB 93—87	
12	轴端挡圈	1	Q235A	GB 892—86	
11	螺栓M6×25	1	5.8	GB/T 5782—2016	
10	螺栓M6×20	4	5.8	GB/T 5782—2016	
9	通气器	1	Q235A		
8	视孔盖	1	Q215A		
7	垫片	1	石棉橡胶纸		
6	箱盖	1	HT200		
5	垫圈12	6	65Mn	GB 93—87	
4	螺母M12	6	5	GB/T6170—2015	
3	螺栓M12×100	6	5.8	GB/T 5782—2016	
2	起盖螺钉M10×30	1	5.8	GB/T 5782—2016	
1	箱座	1	HT200		
序号	名称	数量	材料	标准	备注

(标题栏)

减速器装配图

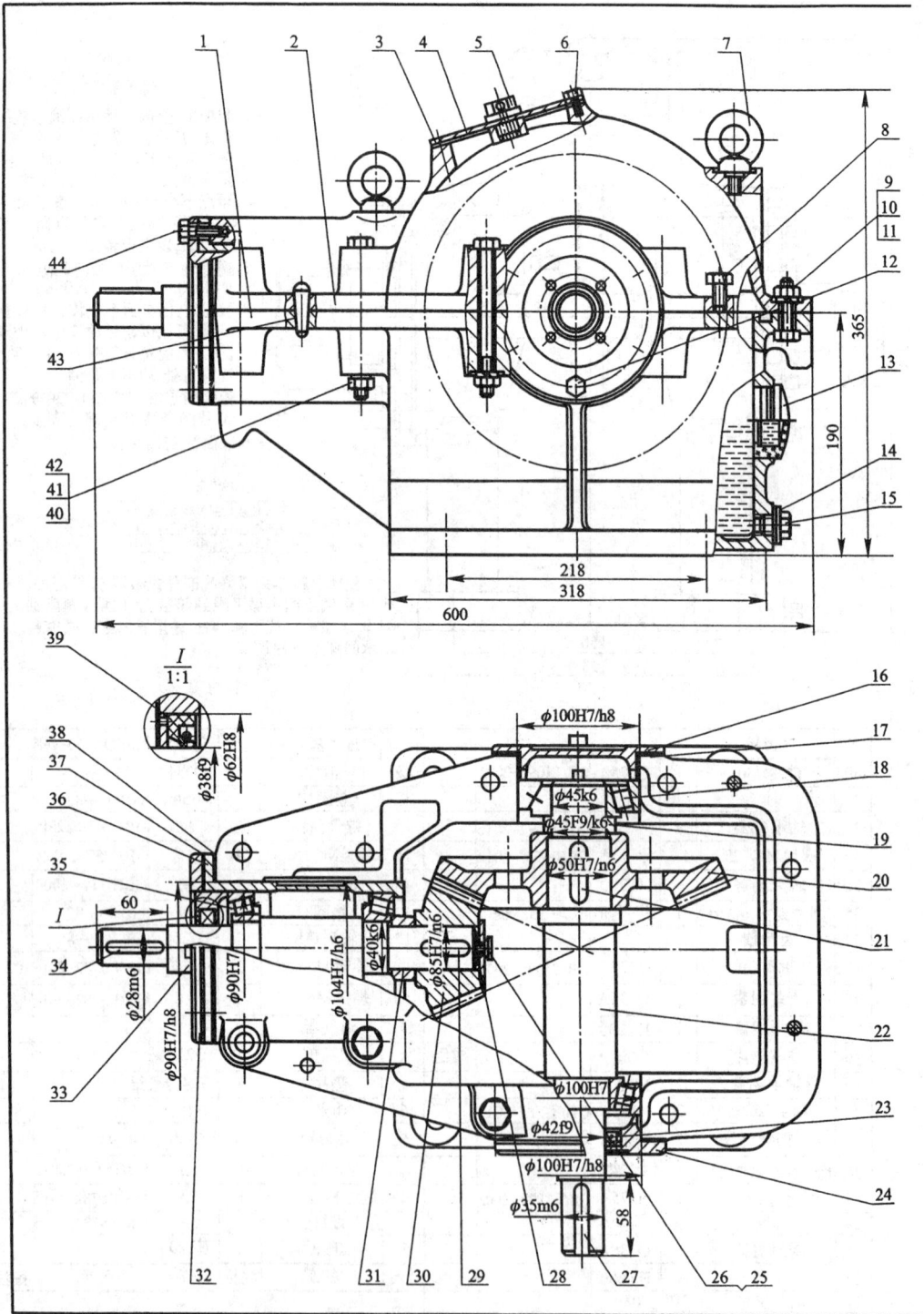

附图 9-4 单级锥齿轮

274

拆去视孔盖部件

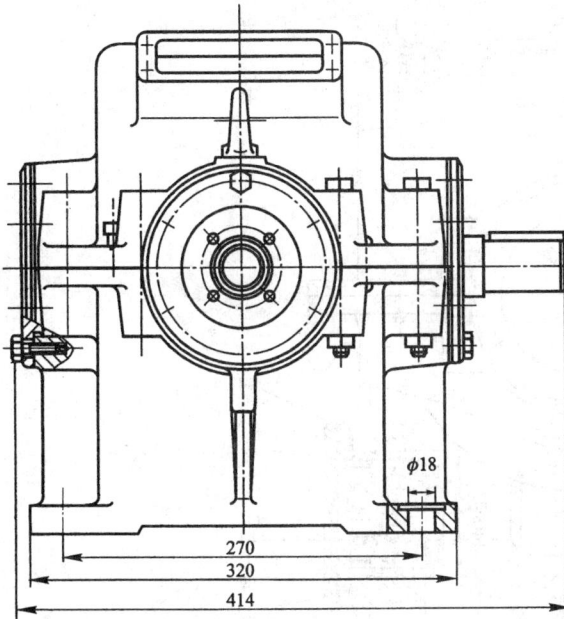

$\phi18$

270
320
414

技术特性

输入功率/kW	输入转速/(r·min⁻¹)	传动比 i	效率 η	传动特性		
				m	齿数	精度等级
4.0	480	2.38	0.93	5	z_1 21	8c GB/T 11365—2019
					z_2 52	8c GB/T 11365—2019

技术要求

1. 装配前,所有零件需进行清洗,箱体内壁涂耐油油漆,减速器外表面涂灰色油漆。
2. 齿轮啮合侧隙不得小于0.1 mm,用铅丝检查时其直径不得大于最小侧隙的两倍。
3. 齿面接触斑点沿齿面高度不得小于50%,沿齿长不得小于50%。
4. 齿轮副安装误差检验:齿圈轴向位移极限偏差±f_{AM}为0.1 mm,轴间距极限偏差±f_a为0.036 mm,轴交角极限偏差±E_Σ为0.045 mm。
5. 圆锥滚子轴承的轴向调整游隙为0.05~0.10 mm。
6. 箱盖与箱座接触面之间禁止使用任何垫片,允许涂密封胶和水玻璃,各密封处不允许漏油。
7. 减速器内装 CKC150 工业齿轮油至规定的油面高度。
8. 按减速器试验规程进行试验。

44	螺栓	6	Q235A	螺栓 GB/T 5783—2016-M8×30	
43	锥销	2	35	销 GB/T 117—2000-B8×30	
42	螺栓	8	Q235A	螺栓 GB/T 5782—2016-M12×120	
41	弹簧垫圈	8	65Mn	垫圈 GB 93—87-12	
40	螺母	8	35	螺母 GB/T 6170—2015-M12	
39	唇型密封圈	1		B38×62×8 GB/T 13871.1—2007	
38	调整垫片	1组	08F		
37	调整垫片	1组	08F		
36	套杯	1	HT200		
35	圆锥滚子轴承	2		滚动轴承 30309 GB/T 297—2015	
34	键	1	45	键 8×50 GB/T 1096—2003	
33	轴	1	45		
32	轴承端盖	1	HT200		
31	套筒	1	45		
30	小锥齿轮	1	45		
29	键	1	45	键 10×40 GB/T 1096—2003	
28	挡圈	1	Q235A	挡圈 B45 GB 892—86	
27	键	1	45	键 C10×56 GB/T 1096—2003	
26	螺栓	1	Q235A	螺栓 GB/T 5783—2016-M6×20	
25	弹簧垫圈	1	65Mn	垫圈 GB 93—87 16	
24	轴承端盖	1	HT200		
23	唇型密封圈	1		B42×62×8 GB/T 13871.1—2007	
22	轴	1	45		
21	键	1	45	键 10×50 GB/T 1096—2003	
20	大锥齿轮	1	45		
19	套筒	1	45		
18	圆锥滚子轴承	2		滚动轴承 30309 GB/T 297—2015	
17	调整垫片	2组	08F		
16	轴承端盖	1	HT200		
15	油塞	1	Q235A	M16×1.5	
14	封油圈	1	工业用革		
13	油标	1		A32 JB/T 7941.1—1995	
12	螺栓	6	Q235A	螺栓 GB/T 5783—2016-M8×20	
11	螺母	2	35	螺母 GB/T 6170—2015-M10	
10	弹簧垫圈	2	65Mn	垫圈 GB 93—87 16	
9	螺栓	2	Q235A	螺栓 GB/T 5782—2016-M10×40	
8	起盖螺钉	1	Q235A	螺栓 GB/T 5783—2016-M10×25	
7	吊环螺钉	2	20	螺钉 GB 825—88-M10	
6	螺栓	4	Q235A	螺栓 GB/T 5783—2016-M6×16	
5	通气器	1	Q235A		
4	视孔盖	1	Q235A		
3	垫片	1	石棉橡胶纸		
2	箱盖	1	HT200		
1	箱座	1	HT200		
序号	名称	数量	材料	标准及规格	备注

单级锥齿轮减速器		图号	比例	质量	第 张
					共 张
设计		年 月	机械设计课程设计	(校名)	
绘图					
审核				(班名)	

减速器装配图

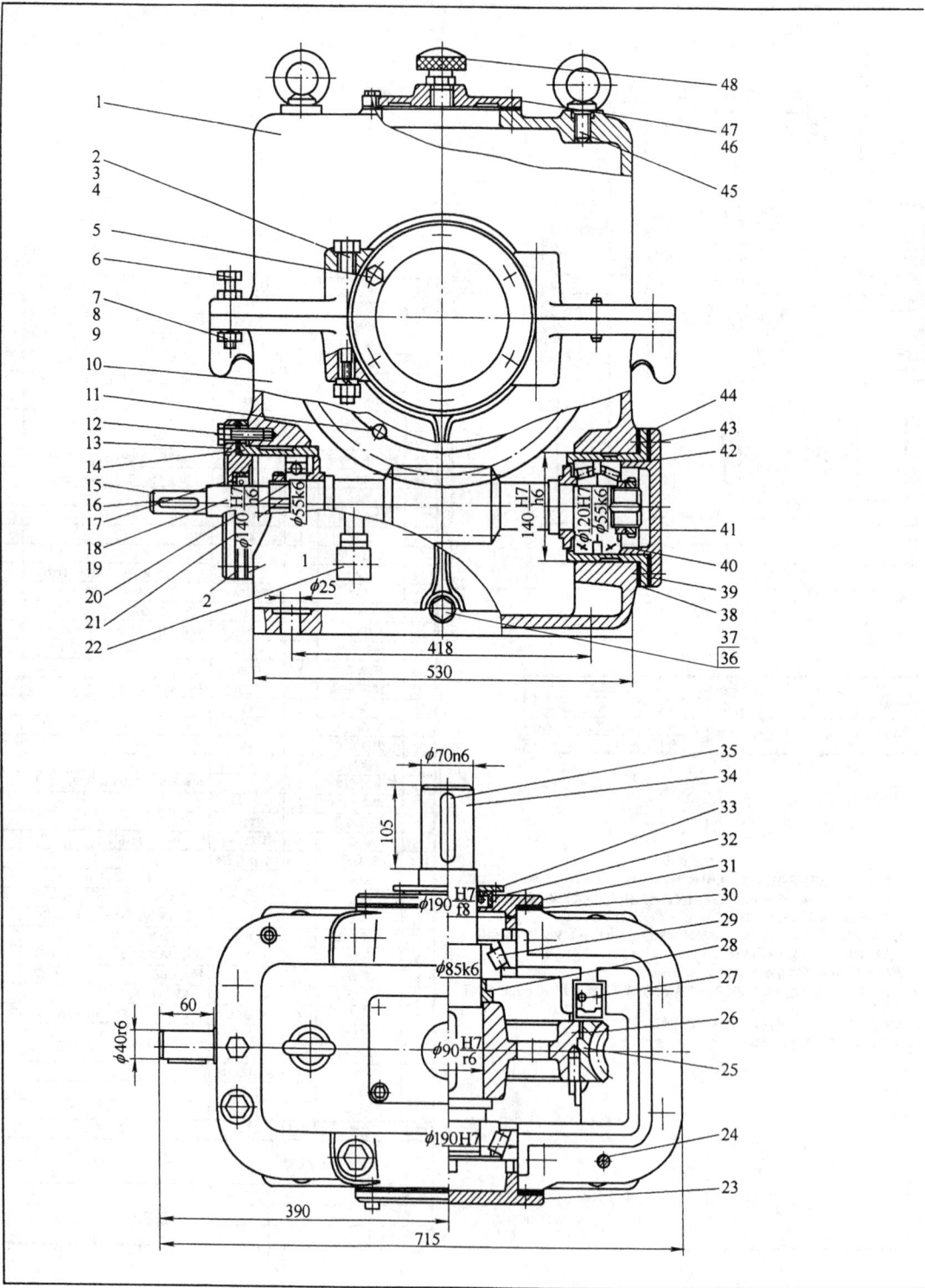

附图 9-5　单级

276

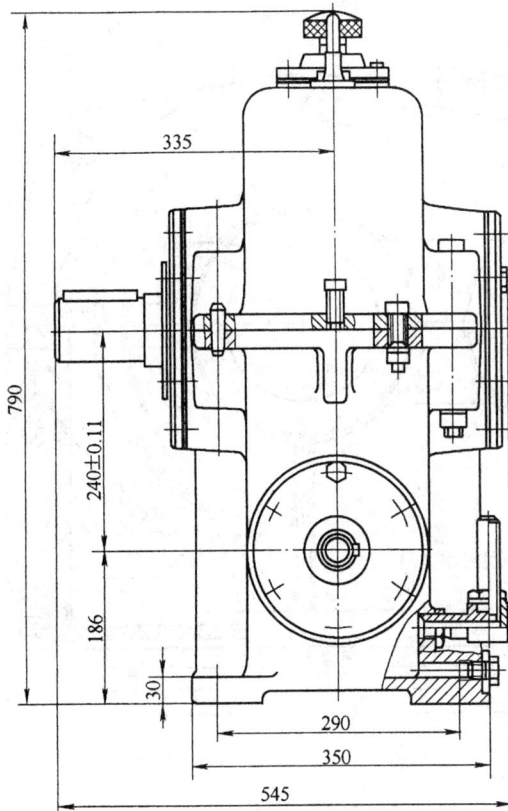

技术要求

1. 装配前所有零件进行清洗，箱体内涂耐油油漆。
2. 要求最小极限法向侧隙为0.072。
3. 在齿长和齿高方向接触斑点不得小于60%和65%。
4. 蜗杆轴承的轴向游隙为0.05～0.1；蜗轮轴承的轴向游隙为0.12～0.20。
5. 减速器剖分面及密封处均不许漏油，剖分面可涂水玻璃或密封胶。
6. 装成后进行空负荷试验。条件为：高速级转速 $n=1\,000$ r/min，正反转各运转1 h。运转平稳，无噪声，温升不超过60 ℃。
7. 润滑油选用SH 0094-1991蜗轮蜗杆油680号。
8. 减速器表面涂灰色油漆。

说明：蜗杆下置，适用于蜗杆圆周速度 $v<5$ m/s 的场合。箱体采用剖分式结构。蜗杆轴承的支承形式是一端固定、一端游动。在固定端采用一对正装圆锥滚子轴承。垫片1用来调整蜗杆位置，垫片2用来调整轴承间隙。靠安装在箱座剖分面处的两个刮油板将蜗轮端面上的油引入油沟润滑蜗轮的轴承。

蜗杆减速器装配图

46	检查孔盖	1	HT150		
45	螺钉M16	2	5.8	GB/T 825—1988	
44	套杯	1	HT150		
43	轴承端盖	1	HT150		
42	轴承30211	2		GB/T 297—2015	
41	套杯	1	Q235A		
40	挡油环	1	Q235A		
39	调整垫片	2组	08F		
38	调整垫片	2组	08F		
37	油圈 40×27	1	工业用革	ZB7062	
36	六角螺塞M27×2	1	Q235A	JB/ZQ 4450—2006	
35	键20×95	1	45	GB/T 1096—2003	
34	轴	1	45		
33	密封盖板	1	Q235A		
32	J型油封75×100×12	1	耐油橡胶	HG4—338—86	
31	轴承端盖	1	HT150		
30	调整垫片	2	08F		
29	轴承30217	2		GB/T 297—2015	
28	定距环	1	Q235A		
27	刮油装置	1			组件
26	蜗轮轮毂	1	HT200		
25	蜗轮轮缘	1	ZCuSN10P1		
24	销B8×35	2	Q235A	GB/T 117—2000	
23	轴承端盖	1	HT150		
22	油标	1			组件
21	挡油环	1	Q235A		
20	轴承6211	1		GB/T 276—2013	
19	垫圈52	2	Q235A	GB 858—88	
18	螺母M52×1.5	2	45	GB 812—88	
17	J型油封45×70×12	2	耐油橡胶	HG 4—338—86	
16	键12×40	1	45	GB/T 1096—2003	
15	蜗杆	1	45		
14	套杯	1	Q235A		
13	轴承端盖	1	HT150		
12	螺栓M8×30	12	5.8	GB/T 5782—2016	
11	螺栓M6×12	14	5.8	GB/T 5782—2016	
10	箱座	1	HT200		
9	垫圈12	4	65Mn	GB 93—87	
8	螺母M12	4	5	GB/T 6170—2015	
7	螺栓M12×40	4	5.8	GB/T 5782—2016	
6	螺栓M12×25	4	5.8	GB/T 5782—2016	
5	螺栓M8×16	12	5.8	GB/T 5782—2016	
4	垫圈16	4	65Mn	GB 93—87	
3	螺母M16	4	5	GB/T 6170—2015	
2	螺栓M16×100	4	5.8	GB/T 5782—2015	
1	箱盖	1	HT200		
序号	名称	数量	材料	标准	备注

48	通气器	1			组件
47	垫片	1	软钢纸板		
序号	名称	数量	材料	标准	备注

(标题栏)

277

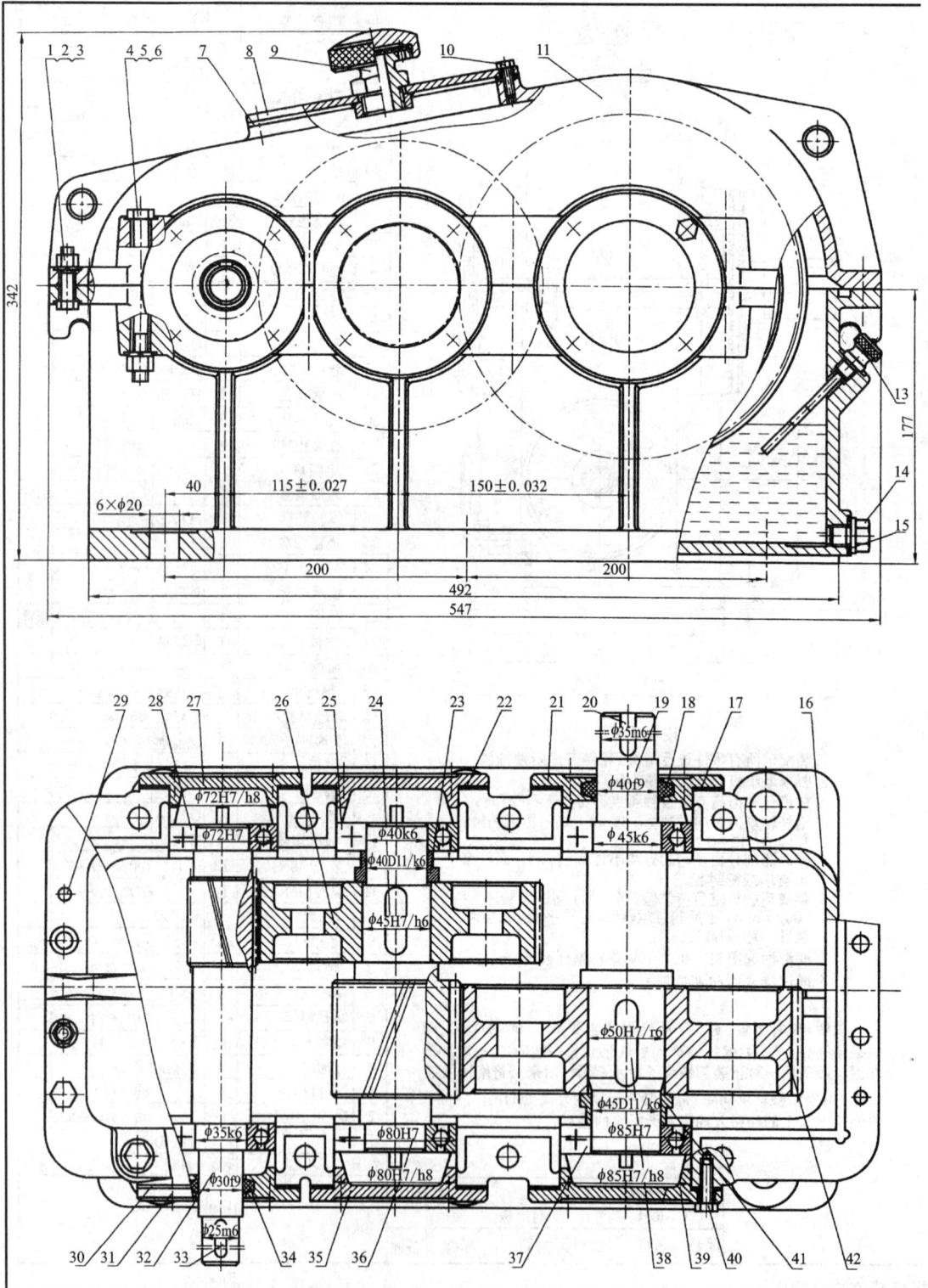

附图 9-6 两级圆柱

278

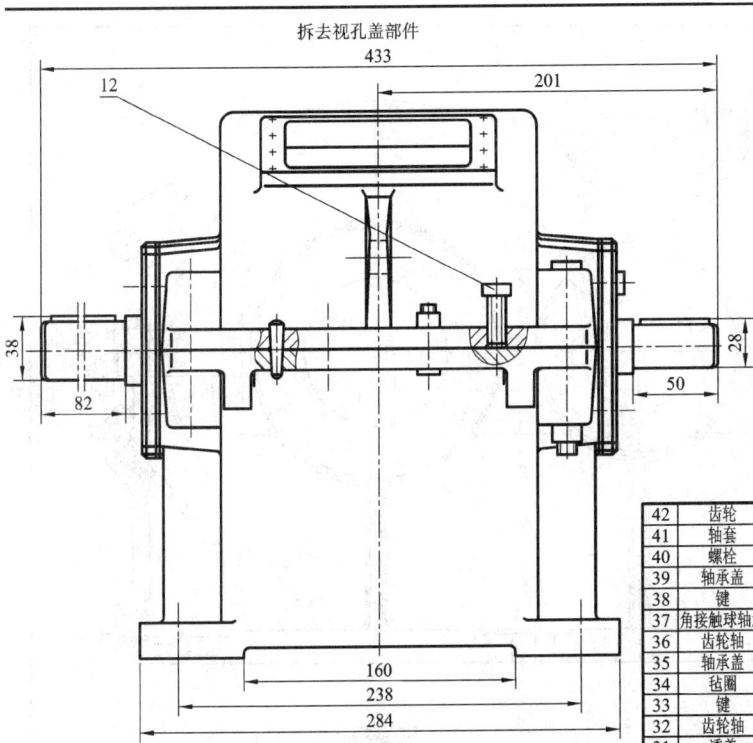

拆去视孔盖部件

技术特性

输入功率 /kW	输入转速 /(r·min⁻¹)	总传动比 i	效率 η	传动特性				
				级别	β	m_n	齿数	精度等级
2.05	568	12.48	0.93	第一级	13°6′57″	2	z_1 21	8GJ GB/T 10095.1—2008
							z_2 91	8GK GB/T 10095.1—2008
				第二级	14°4′21″	3	z_3 25	8GJ GB/T 10095.1—2008
							z_4 72	8HK GB/T 10095.1—2008

技术要求

1. 装配前，所用零件用煤油清洗，滚动轴承用汽油清洗，箱体内不允许有杂物存在，箱体内壁涂耐油油漆。
2. 齿轮啮合侧隙用铅丝检验，隙值第一级应不小于0.14 mm，第二级不小于0.16 mm，铅丝不得大于最小侧隙的两倍。
3. 检验齿面接触斑点，按齿高方向不少于40%，按齿长方向不少于50%。
4. 滚动轴承7207C、7208C、7209C的轴向调整隙为0.04～0.07 mm。
5. 减速器剖分面、各接触面及密封处均不允许漏油、渗油，箱体剖分面允许涂密封胶或水玻璃，不允许使用任何填料。
6. 减速器内装L-CKC220工业齿轮油(GB/T 5903—2011)，油量达到规定的高度。
7. 减速器外表面涂灰色油漆。
8. 按减速器的试验规程进行试验。

42	齿轮	1	45	
41	轴套	1	45	
40	螺栓	24	Q235-A	螺栓GB/T 5783-M8×25
39	轴承盖	1	HT150	
38	键	1	45	键14×50 GB/T 1096
37	角接触球轴承	2		7209C GB/T 292　外购
36	齿轮轴	1	45	
35	轴承盖	2	HT150	
34	毡圈	1	半粗羊毛毡	毡圈30 JB/ZQ 4606
33	键	1		键8×40 GB/T 1096
32	齿轮轴	1	45	
31	透盖	1	HT150	
30	调整垫片	2组	08F	
29	圆锥销	2	35	销GB/T117 A8×30
28	角接触球轴承	2		7207C GB/T 292　外购
27	轴承盖	1	HT150	
26	齿轮	1	45	
25	角接触球轴承	2		7208C GB/T 292　外购
24	键	1	45	键14×40 GB/T 1096
23	轴套	1	45	
22	调整垫片	2组	08F	
21	透盖	1	HT150	
20	键	1	45	键10×70 GB/T 1096
19	螺母	1	45	
18	毡圈	1	半粗羊毛毡	毡圈40 JB/ZQ 4606
17	调整垫片	2组	08F	
16	箱座	1	HT150	
15	封油垫	1	石棉橡胶纸	
14	螺塞	1	Q235-A	M14×1.5
13	油尺	1	Q235-A	M12
12	启盖螺钉	2	35	螺栓GB/T 5783 M10×30
11	箱盖	1	HT150	
10	螺栓	8	Q235-A	螺栓GB/T 5783 M6×20
9	通气器	1		组合件
8	视孔盖	1	Q235-A	
7	垫片	1	软钢纸板	QB365
6	螺母	8	Q235-A	螺母GB/T 41 M10
5	弹簧垫圈	8	65Mn	垫圈GB/T 93 10
4	螺栓	8	Q235-A	螺栓GB/T 5780 M10×100
3	螺母	4	Q235-A	螺母GB/T 41 M8
2	弹簧垫圈	4	65Mn	垫圈GB/T 93 8
1	螺栓	4	Q235-A	螺栓GB/T 5780 M8×40
序号	名称	数量	材料	标准及规格　备注

双级圆柱齿轮减速器

设计		年 月 日	机械设计	(校名)
绘图			课程设计	(班名)
审核				

齿轮减速器装配图

279

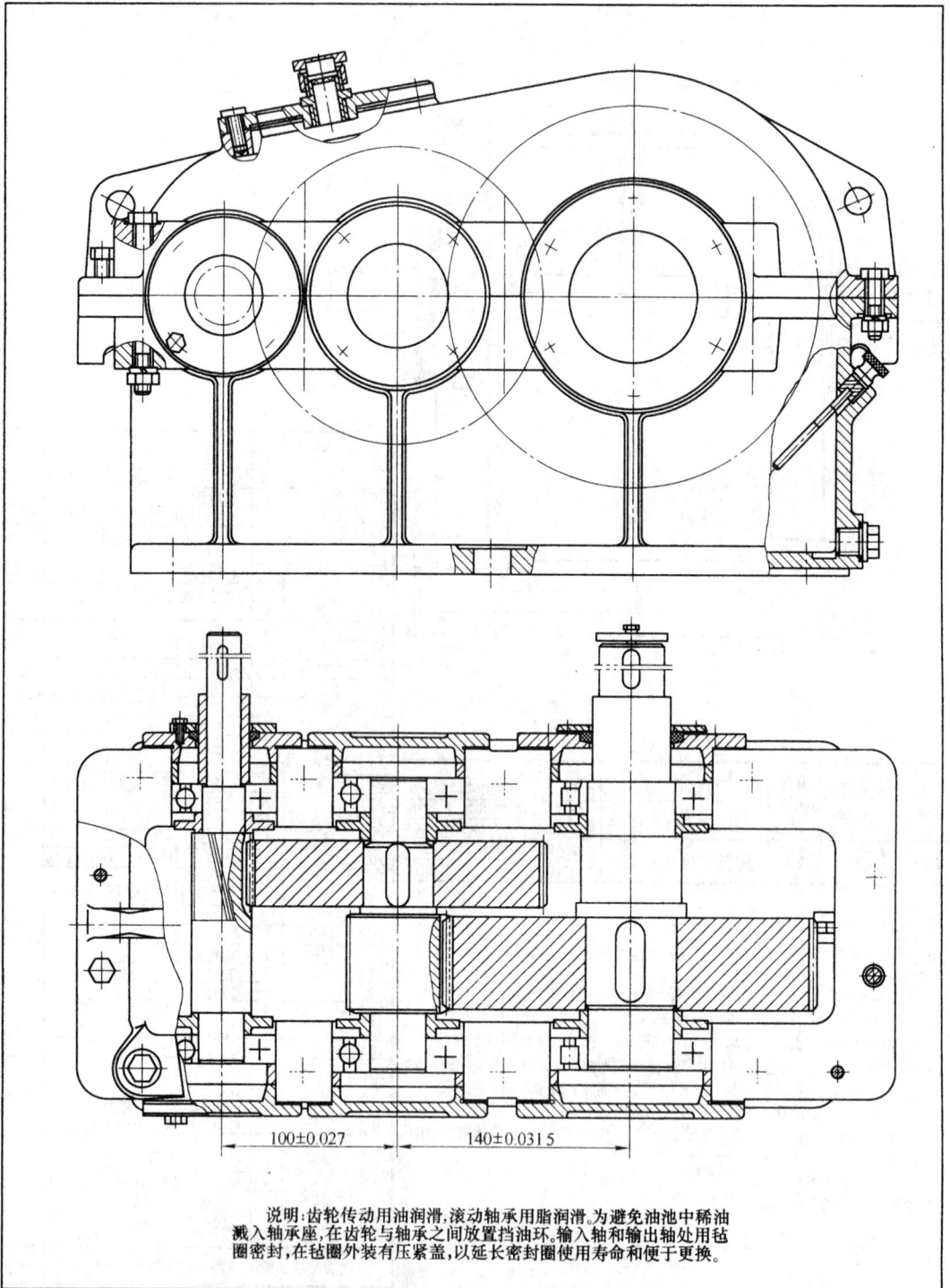

说明:齿轮传动用油润滑,滚动轴承用脂润滑。为避免油池中稀油
溅入轴承座,在齿轮与轴承之间放置挡油环。输入轴和输出轴处用毡
圈密封,在毡圈外装有压紧盖,以延长密封圈使用寿命和便于更换。

100±0.027   140±0.0315

附图 9-7   两级圆柱齿轮减速器结构图(展开式)

280

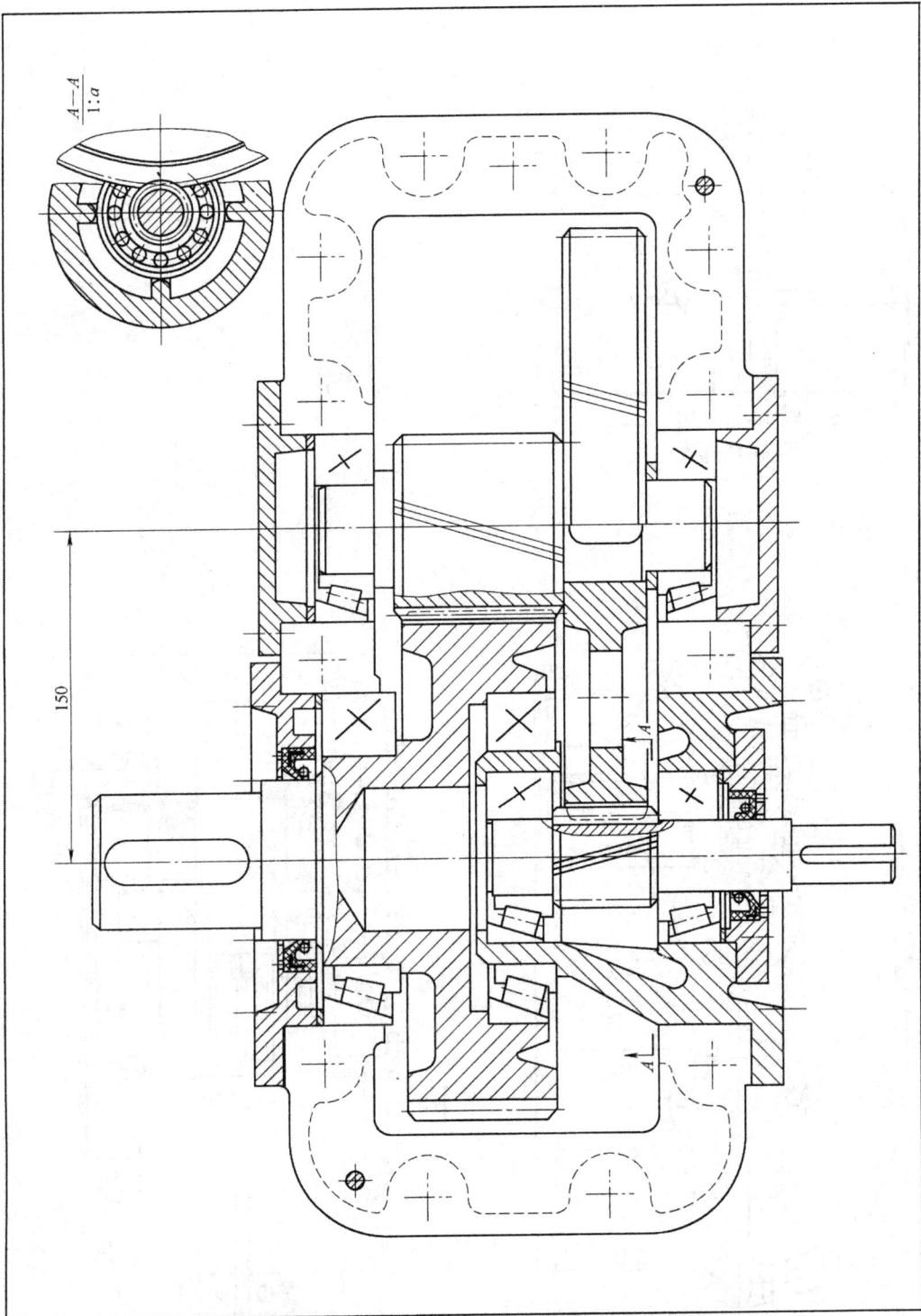

附图 9-8　两级圆柱齿轮减速器结构图(同轴式套装轴承)

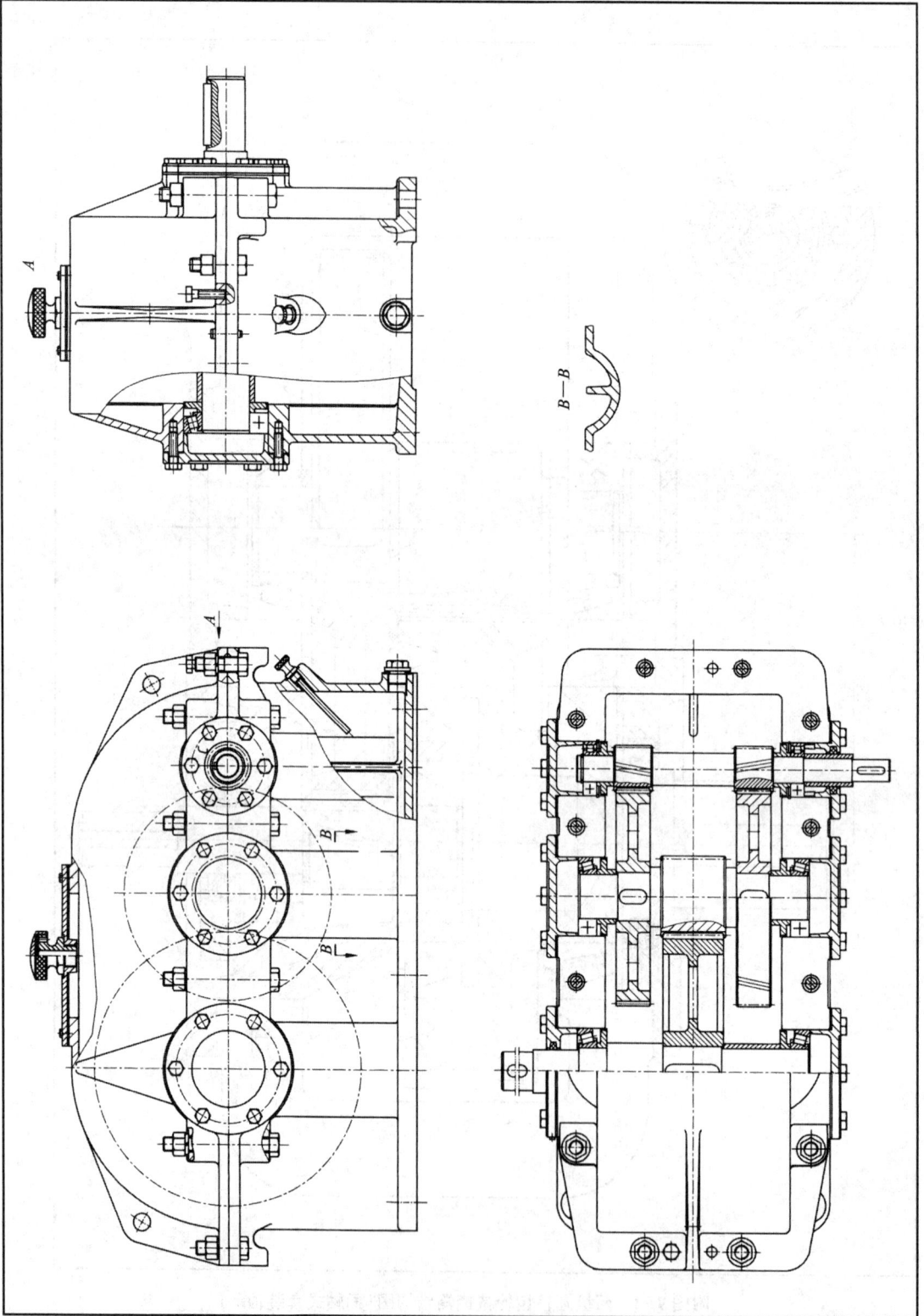

B—B

附图 9-9　两级圆柱齿轮减速器(分流式)

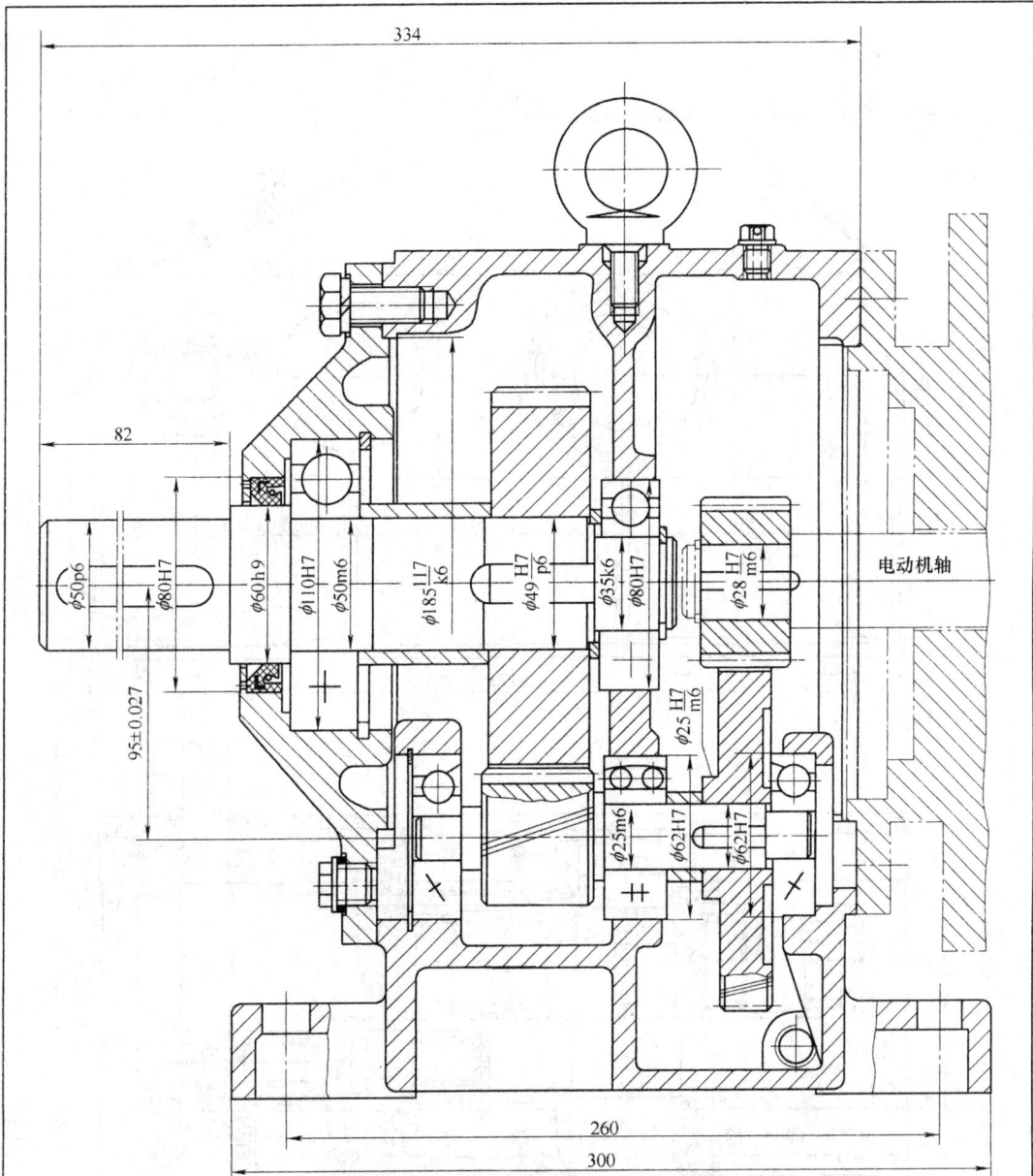

说明:电动机安装在减速器箱体上,其输出轴直接与高速级小
齿轮相连,比附图9-11减速器和轴向尺寸更紧凑。

箱体是铸造的,采用大端盖结构,结构简单、重量轻。中间轴是
三支点,中间支承采用调心轴承,以便适应轴的变形。中间轴的三个
轴承座都在箱座上,便于镗孔,保证同心度。中间轴上的大齿轮与
轴配合不宜过紧。

附图 9-10　两级同轴式圆柱齿轮减速器结构图(电动机减速器)

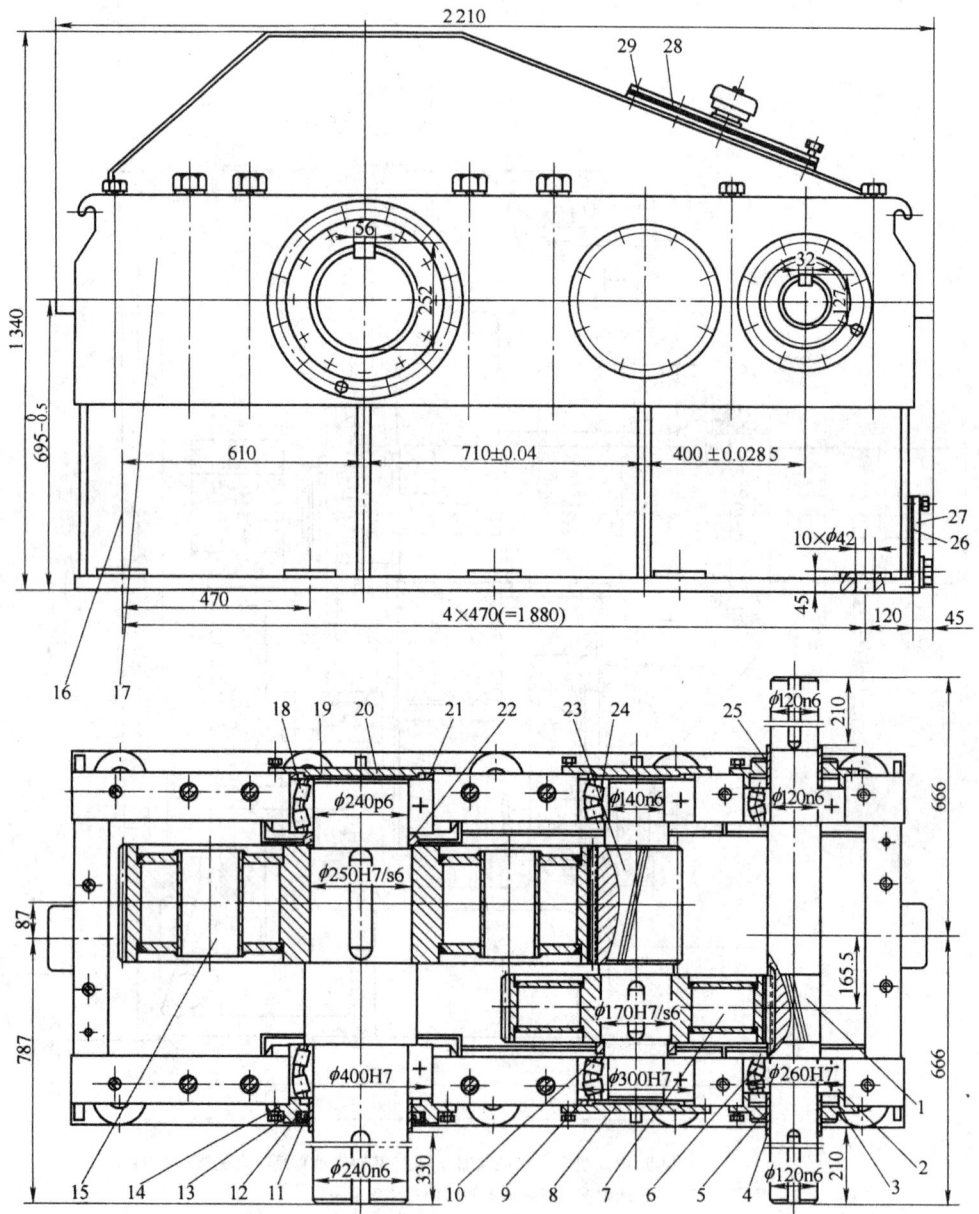

附图 9-11 两级圆柱齿轮

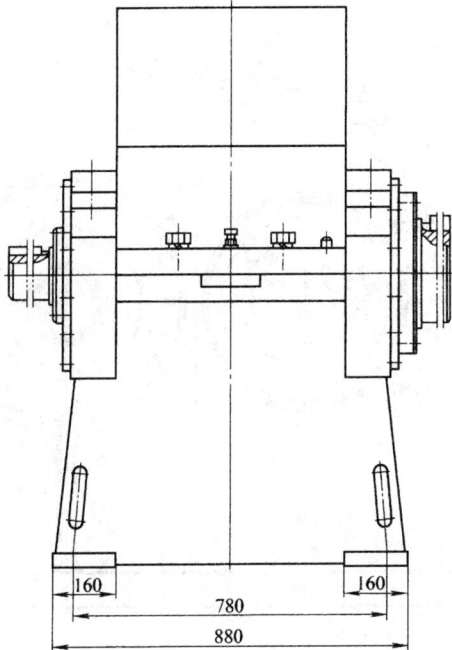

技术要求

1. 轴承轴向间隙应符合下表规定:

轴承内径	120	140	240
轴向间隙	0.12~0.2	0.2~0.3	0.25~0.35

2. 圆柱齿轮副最小极限侧隙应符合下表规定:

中心距	400	710
最小极限侧隙	0.230	0.320

3. 空载时齿轮副接触斑点按高度不小于50%，按长度不小于70%；

4. 润滑油选用按GB 5903中的L-CKC220或L-CKC320。

技术特性

输入功率/kW	输入转速/(r·min⁻¹)	传动比 i	传动特性							
			第一级				第二级			
			m_n	Z_2	Z_1	β	m_n	Z_2	Z_1	β
200	941	30.85	5	131	24	12⁰	9	130	23	12⁰

说明：减速器箱体和大齿轮都采用焊接结构，比铸造箱体和铸造齿轮的重量大大减轻。由于齿轮采用双腹板，外表整齐，便于清洗。各轴支承采用调心滚子轴承，可减缓因斜齿圆柱齿轮的螺旋角加工误差和轴的变形引起的齿轮传动的偏载，这对大、中型减速器尤为重要。为保证轴承的润滑油量，在箱座的每一个轴承座处都有储油盒。采用变位齿轮，取螺旋角、中心距为整数。明细表中只列出主要零件。

22	定距环	1	25		
21	定距环	1	25		
20	轴	1	42CrMoA		
19	端盖	1	Q235A		
18	轴承23148	2		GB/T 288	
17	上箱体	1			焊接件
16	下箱体	1			焊接件
15	齿轮	1			焊接件
14	透盖	1	Q235A		
13	盖	1	Q235A		
12	密封圈	1		GB 9877.1	
11	定距环	1	25		
10	定距环	2	25		
9	定距环	2	25		
8	端盖	2	Q235A		
7	齿轮	1			焊接件
6	轴承23124	2		GB/T 288	
5	盖	2	Q235A		
4	定距环	2	25		
3	透盖	2	Q235A		
2	定距环	1	25		
1	齿轮轴	1	20CrNi2MoA		
序号	名称	数量	材料	标准	备注

(标题栏)

29	垫片	1	08F		
28	视孔盖	1	Q235A		
27	清洗盖	1	Q235A		
26	垫片	1	08F		
25	密封圈	2		GB 9877.1	
24	轴承23128	2		GB/T 288	
23	齿轮轴	1	20CrNi2MoA		
序号	名称	数量	材料	标准	备注

减速器装配图(焊接箱体)

285

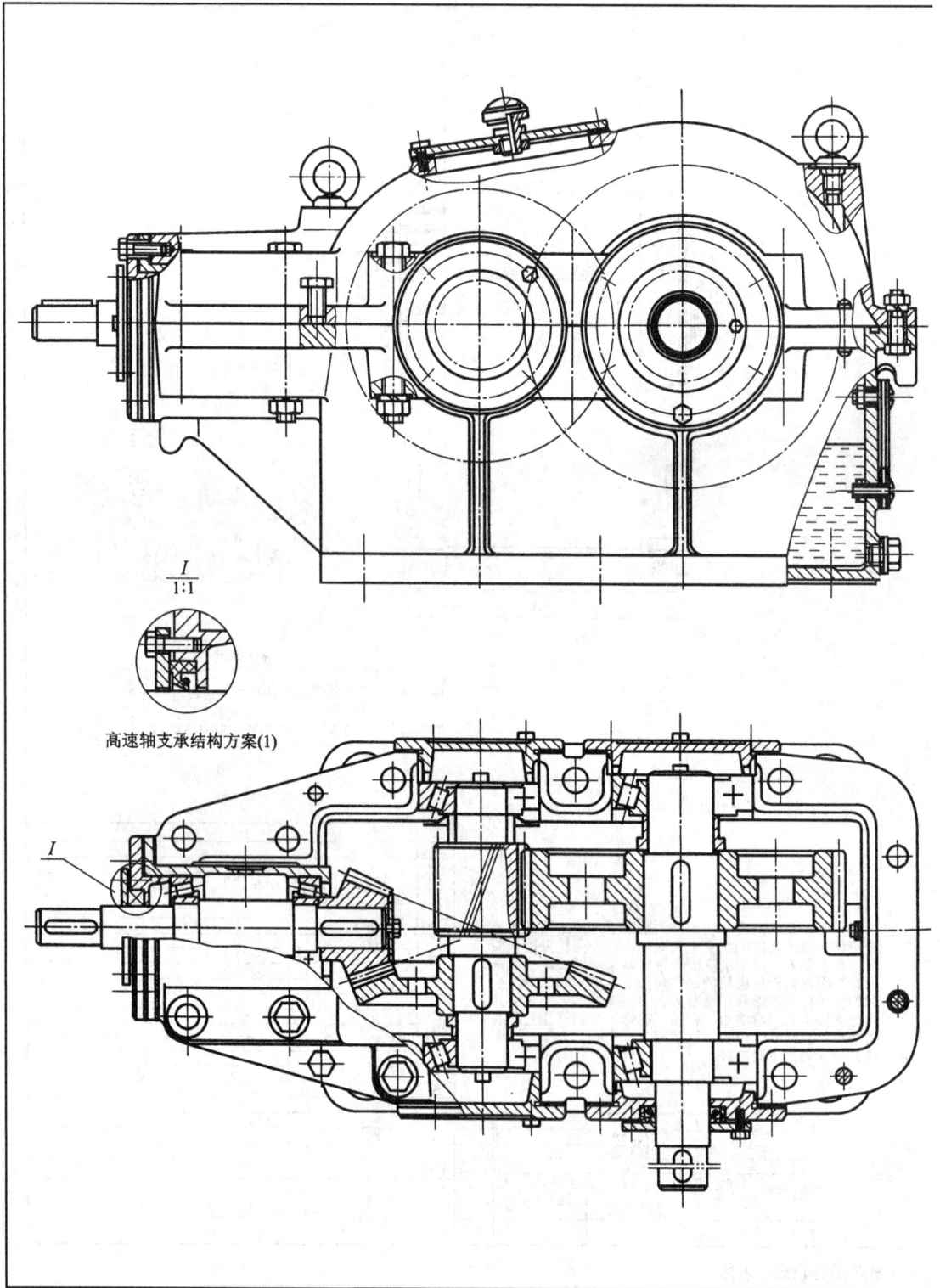

$\dfrac{I}{1:1}$

高速轴支承结构方案(1)

I

附图 **9-12** 两级圆锥-圆柱

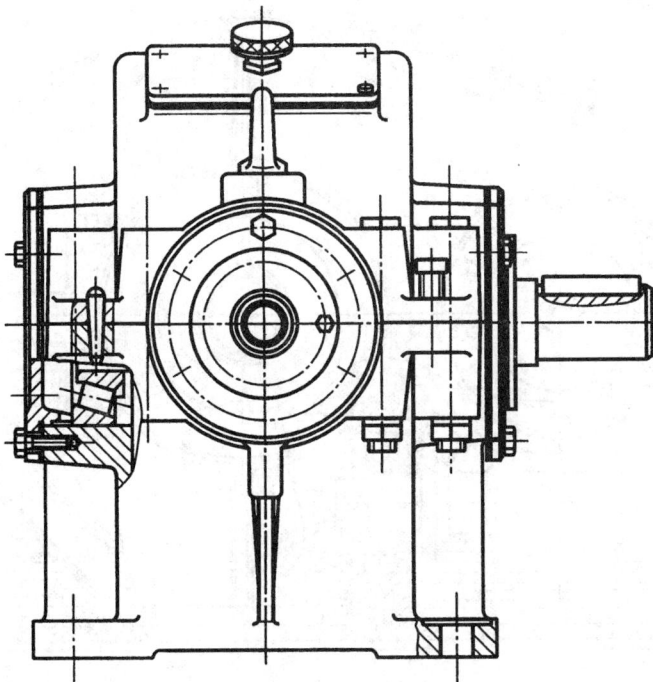

高速轴支承结构方案(2)

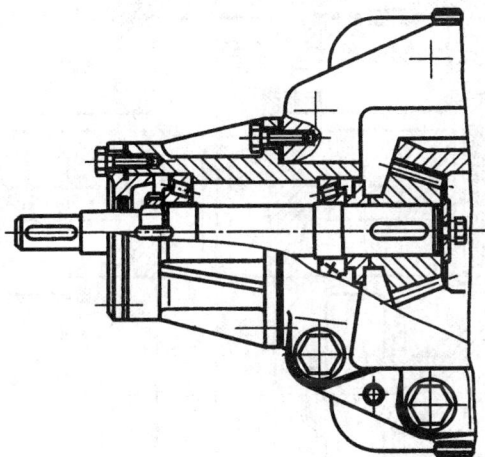

结构特点

1. 结构方案(1)图中高速轴承装在轴承套杯内,支承部分与箱体连为整体,支承刚性好。
2. 轴承利用齿轮转动时飞溅起的油进行润滑,在箱盖内壁上制有斜口,箱体剖分面上开有导油沟,用来收集并输送沿箱盖斜口流入的润滑油,轴承盖上开有十字形缺口,油经此缺口流入轴承。为防止斜齿圆柱齿轮啮合时挤出的润滑油冲向轴承,带入杂质,故在小斜齿圆柱齿轮处的轴承前面安装了挡油盘。
3. 箱体内的最低、最高油面,通过安装在箱体上的长形油标观察,既直观又方便。
4. 高速轴的支承也可采用结构方案(2)所示结构,高速轴承部分做成独立部件,用螺钉与减速器的机体连接,此种结构既减小了机体尺寸,又可简化机体结构,但刚性较差。

齿轮减速器结构图

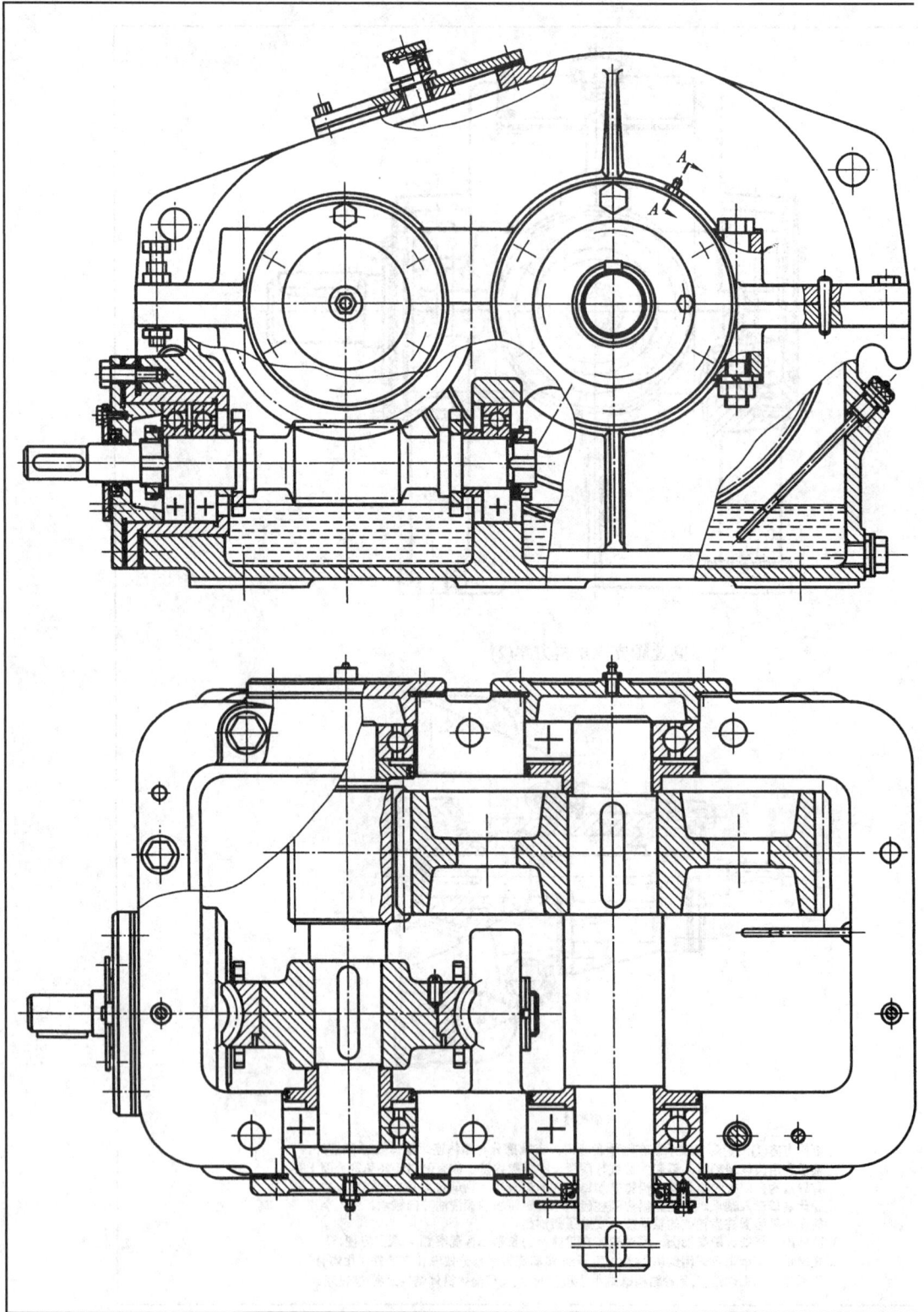

附图 9-13　蜗杆-圆柱齿轮

拆去视孔盖部件

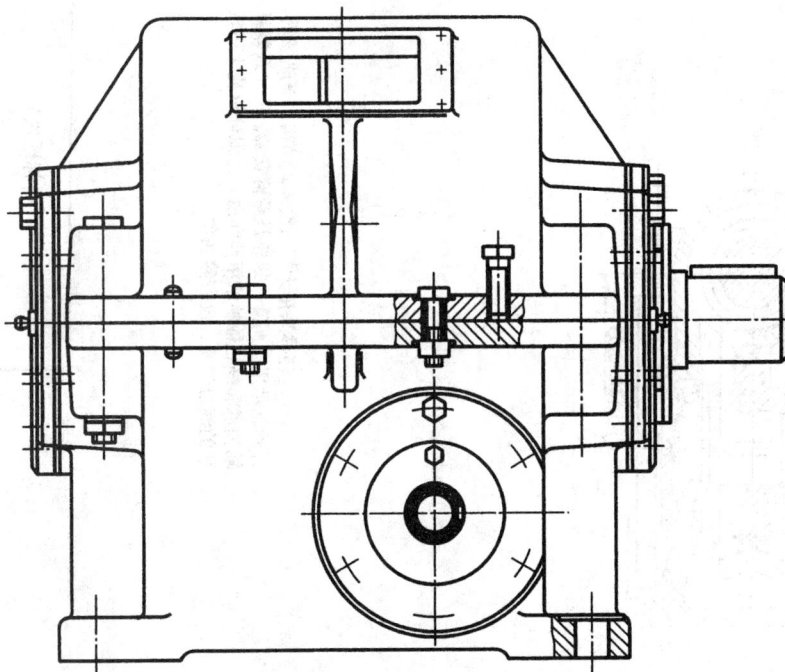

蜗杆轴支承结构参考方案

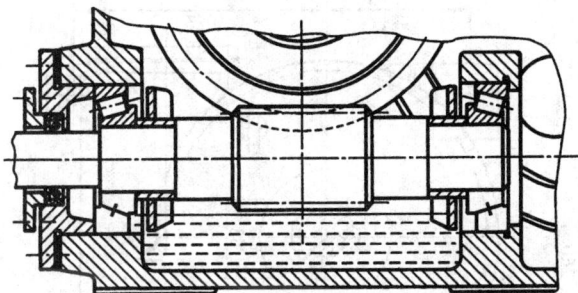

结构特点

　　图示为蜗杆—圆柱齿轮减速器结构。蜗杆传动放在高速级，啮合齿面易于形成油膜，可提高传动效率，但与圆柱齿轮—蜗杆减速器相比，本图所示结构尺寸较大。蜗杆轴采用一端固定一端游动的支承形式，工作温升较高时，游动端可保证轴受热伸长时能自由游动，避免轴承受到附加载荷的作用。为了防止轴承松脱，内圈应作轴向固定。当温升不高时，也可采用两端固定的支承结构，如参考方案图所示。

　　蜗杆轴承采用稀油润滑，而蜗轮轴、齿轮轴的轴承均采用脂润滑。为便于添加润滑脂，轴承端盖、轴承座上开有注油孔，见俯视图及*A*—*A*剖视图。

A—A
2:1

减速器结构图

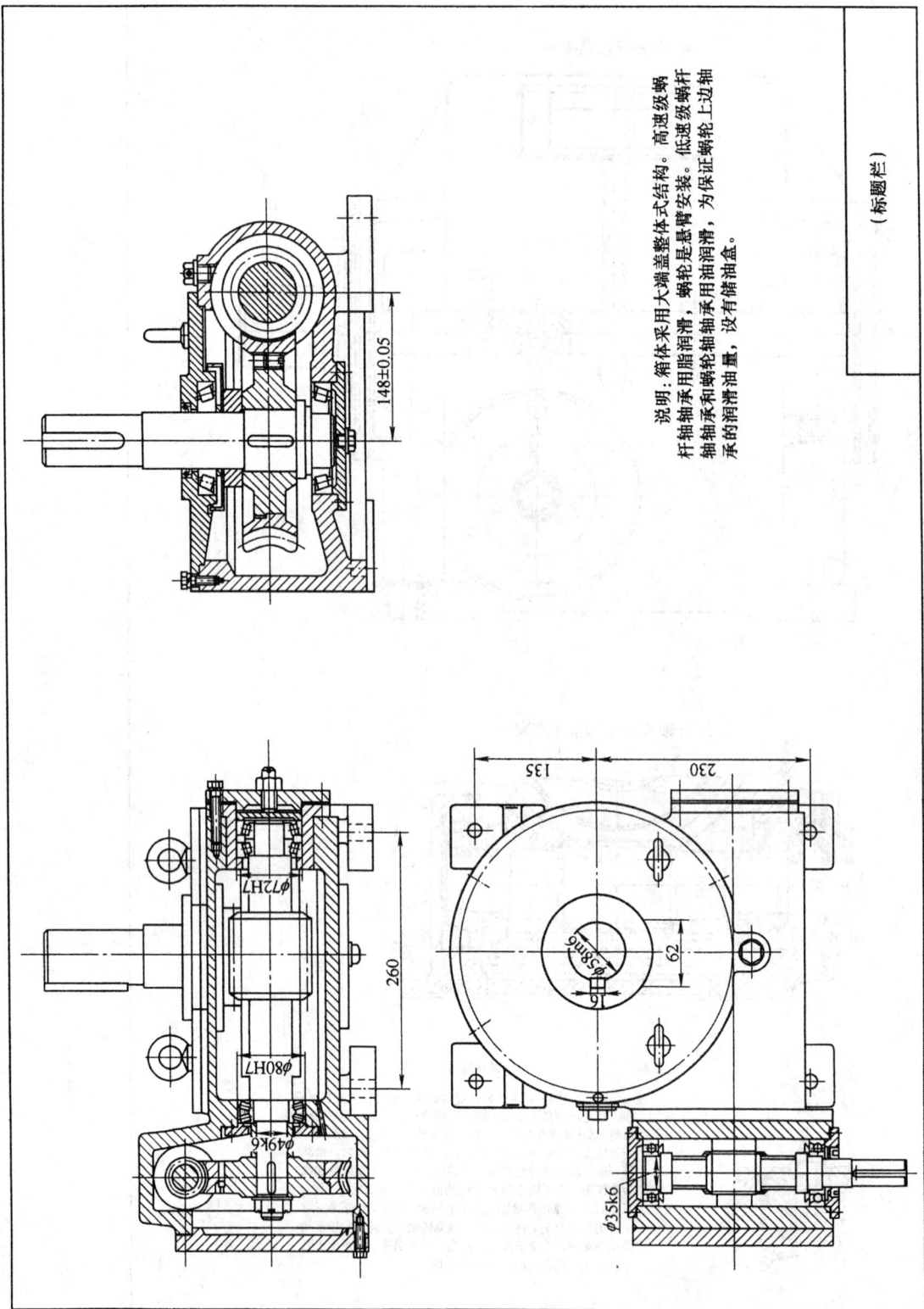

说明：箱体采用大端盖整体式结构。高速级蜗杆轴轴承采用脂润滑，蜗轮是悬臂安装。低速级蜗杆轴轴承和蜗轮轴轴承采用油润滑，为保证蜗轮上边轴承的润滑油量，设有储油盒。

148±0.05

φ72H7

260

φ80H7

φ91K6

135

230

62

φ58m6

φ35k6

（标题栏）

附图9-14　两级蜗杆减速器（立式）结构图

290

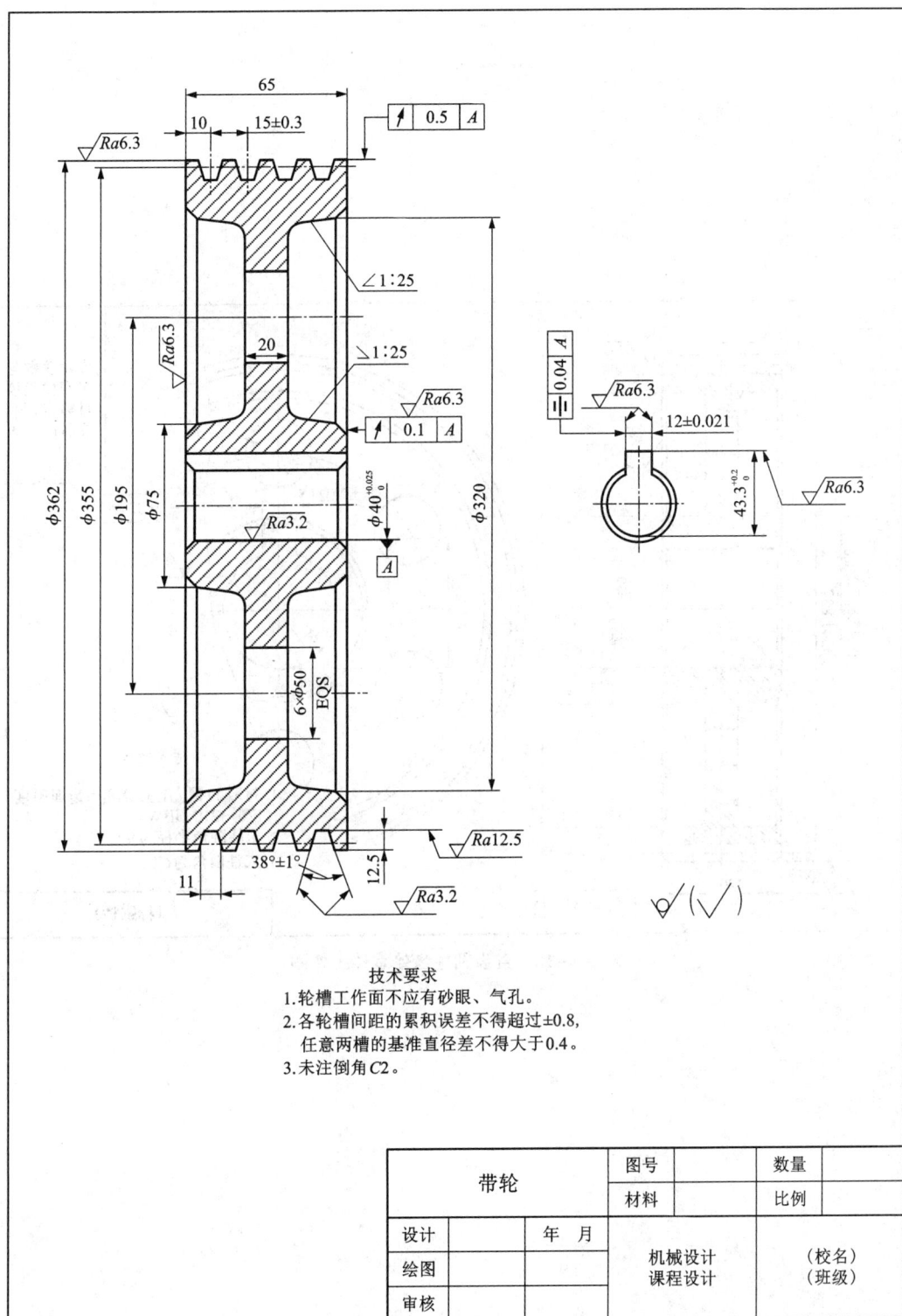

技术要求
1. 轮槽工作面不应有砂眼、气孔。
2. 各轮槽间距的累积误差不得超过±0.8，
   任意两槽的基准直径差不得大于0.4。
3. 未注倒角 C2。

带轮		图号		数量	
		材料		比例	
设计		年 月		机械设计 课程设计	(校名) (班级)
绘图					
审核					

附图 9-15 带轮零件工作图

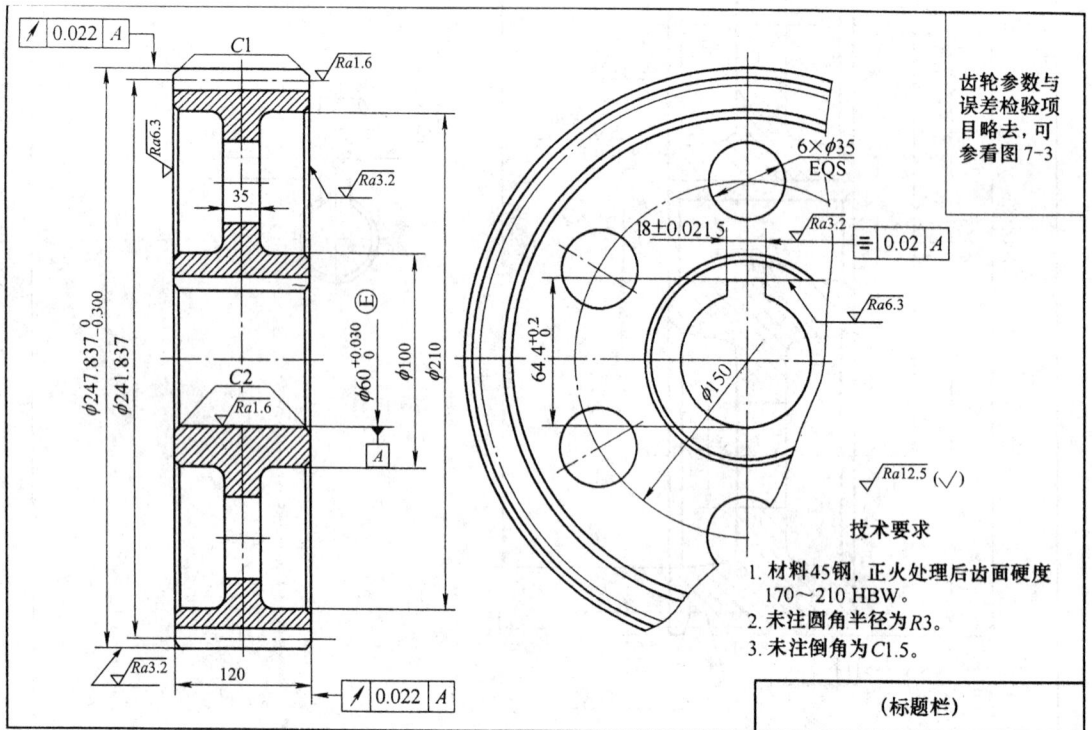

附图 9-16　直齿圆柱齿轮零件工作图

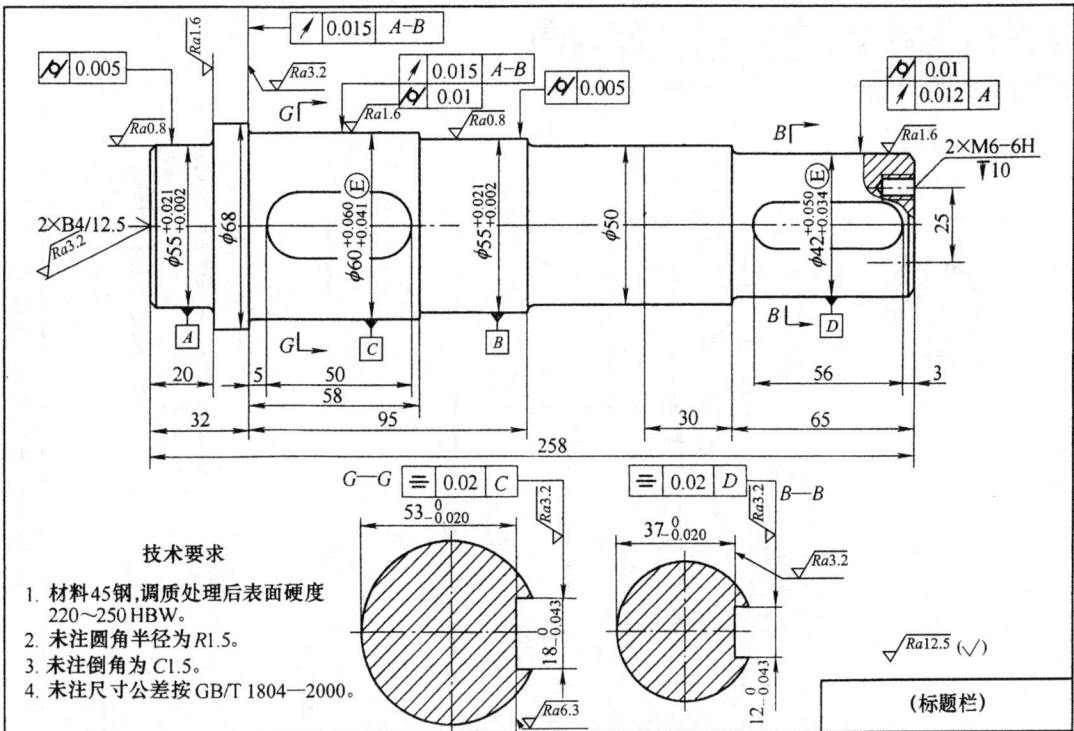

附图 **9-17** 轴零件工作图

技术要求

1. 材料45钢,调质处理后表面硬度 220~250 HBW。
2. 未注圆角半径为R1.5。
3. 未注倒角为C1.5。
4. 未注尺寸公差按GB/T 1804—2000。

附图9-18 齿轮轴零件工作图 data table:

参数名称	代号	数值
齿廓		渐开线
齿数	z	19
法向模数	m_n	3
螺旋角	β	11°28'42"
螺旋角方向	—	左
压力角	α	20°
齿顶高系数	h_a^*	1
顶隙系数	c_a^*	0.25
径向变位系数	x	0
中心距	a	150
配对齿轮 图号		
齿轮 齿数	z	79
齿面精度等级 GB/T 10095.1—2022 ISO 1328—1:2013		7
径向综合精度等级 GB/T10095.2—2023 ISO 1328—2:2020		R44
单个齿距偏差	f_p	±0.012
齿距累积总偏差	F_p	0.038
齿廓总偏差	F_a	0.016
径向跳动总偏差	F_r	0.03
螺旋线总偏差	F_β	0.02
跨测齿数	k	3
径向综合总偏差	F_{id}	0.051
端面齿厚	s	4.81

$\sqrt{Ra12.5}$ (√)

(标题栏)

技术条件

1.材料45钢,调质处理,表面硬度200~250 HBW。
2.未注圆角半径R2。
3.未注倒角为C1.5。
4.未注尺寸公差按GB/T 1804—2000。

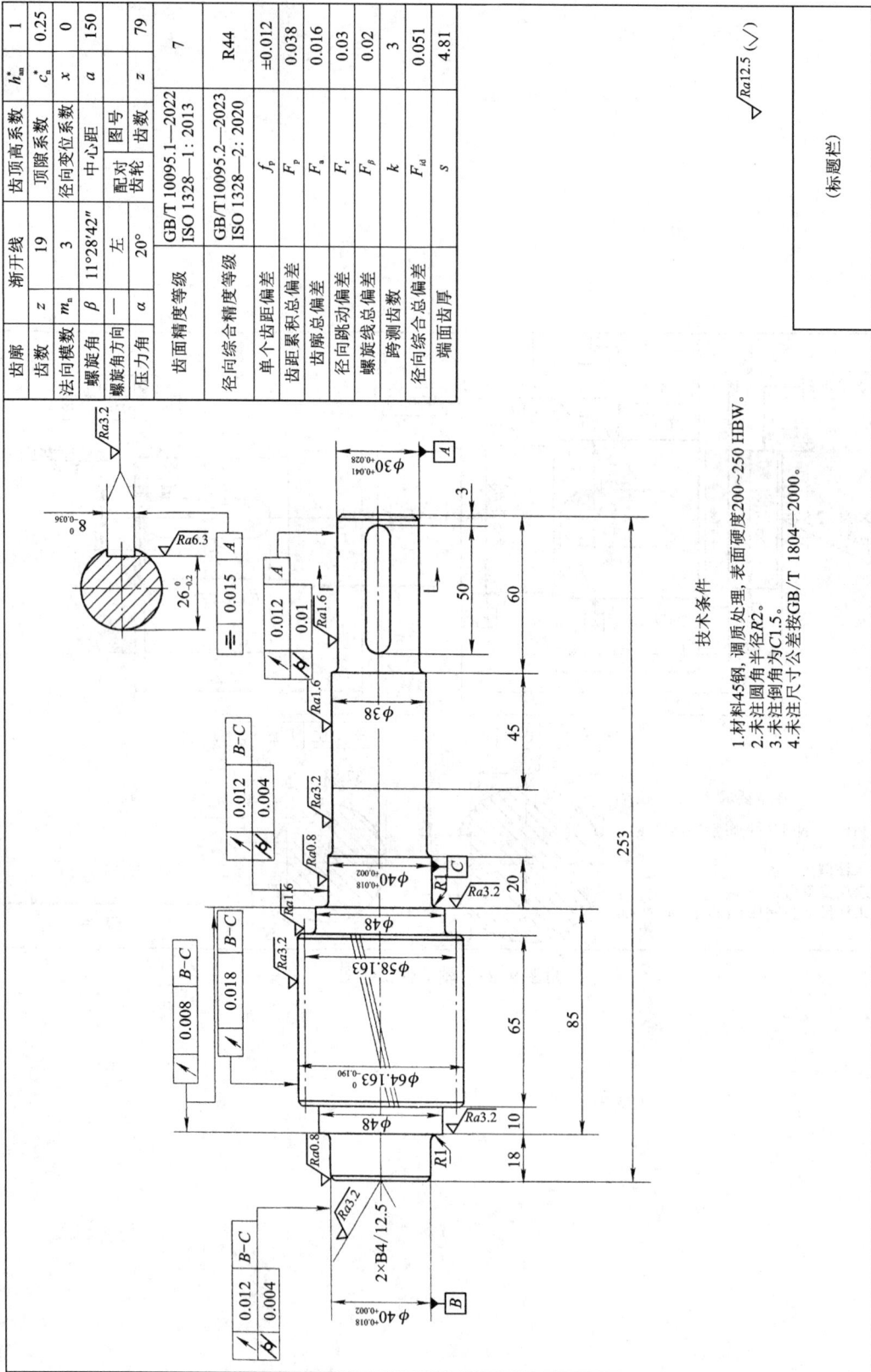

附图9-18 齿轮轴零件工作图

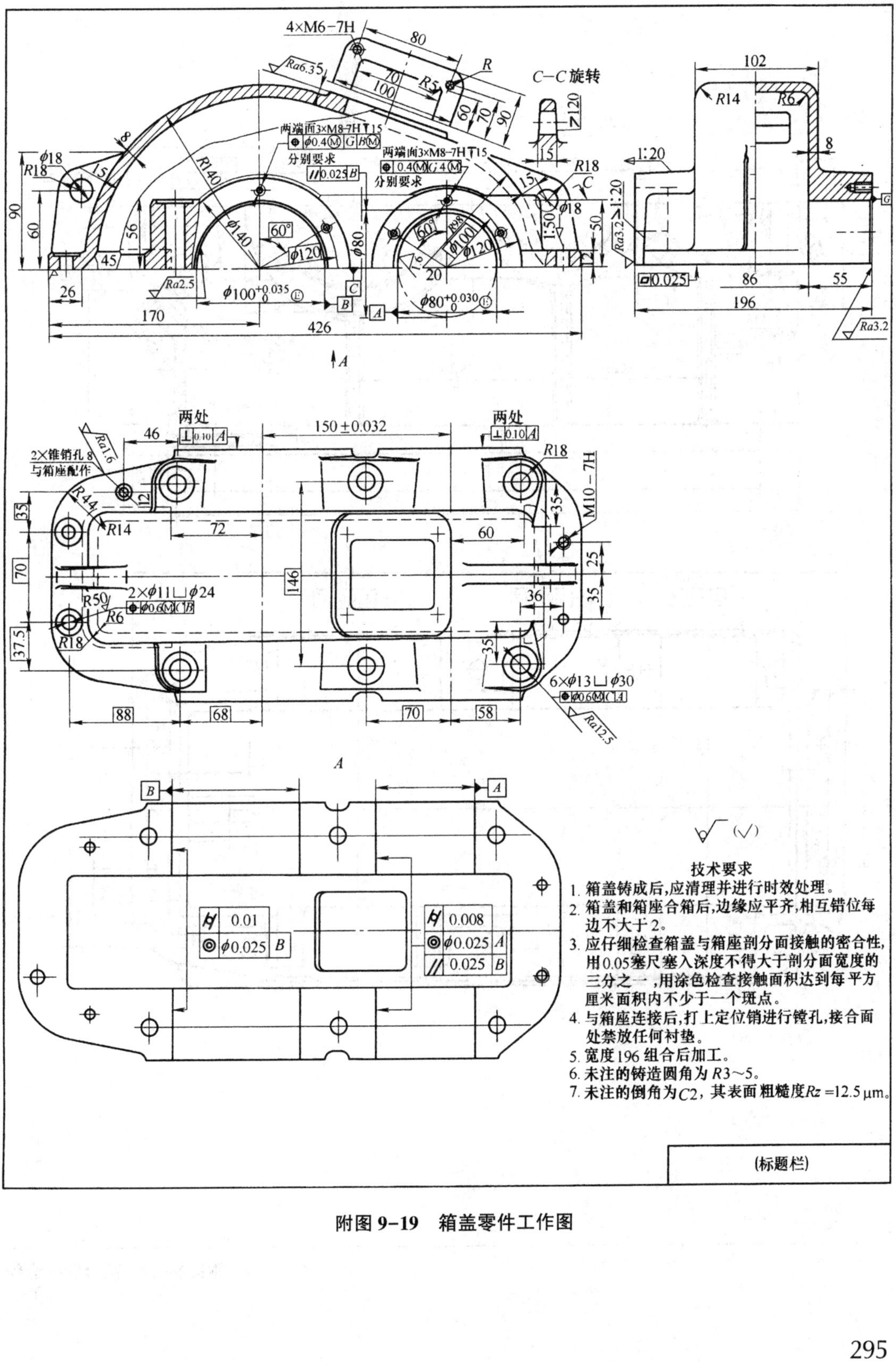
C–C 旋转
两处
技术要求
1. 箱盖铸成后，应清理并进行时效处理。
2. 箱盖和箱座合箱后，边缘应平齐，相互错位每边不大于2。
3. 应仔细检查箱盖与箱座剖分面接触的密合性，用0.05塞尺塞入深度不得大于剖分面宽度的三分之一，用涂色检查接触面积达到每平方厘米面积内不少于一个斑点。
4. 与箱座连接后，打上定位销进行镗孔，接合面处禁放任何衬垫。
5. 宽度196组合后加工。
6. 未注的铸造圆角为R3～5。
7. 未注的倒角为C2，其表面粗糙度Rz =12.5 μm。
(标题栏)

附图 9–19 箱盖零件工作图

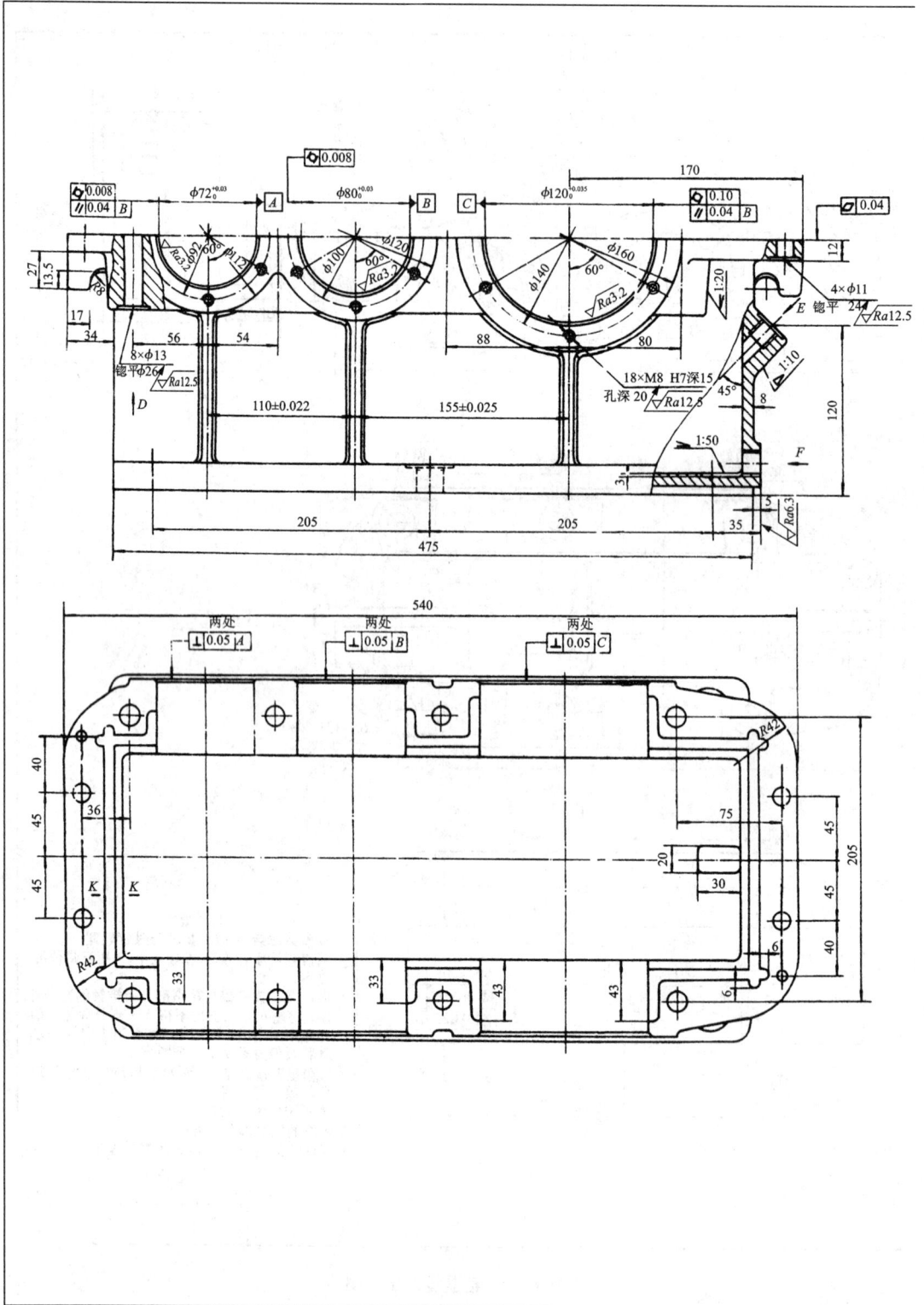

附图 9-20 两级圆柱齿轮

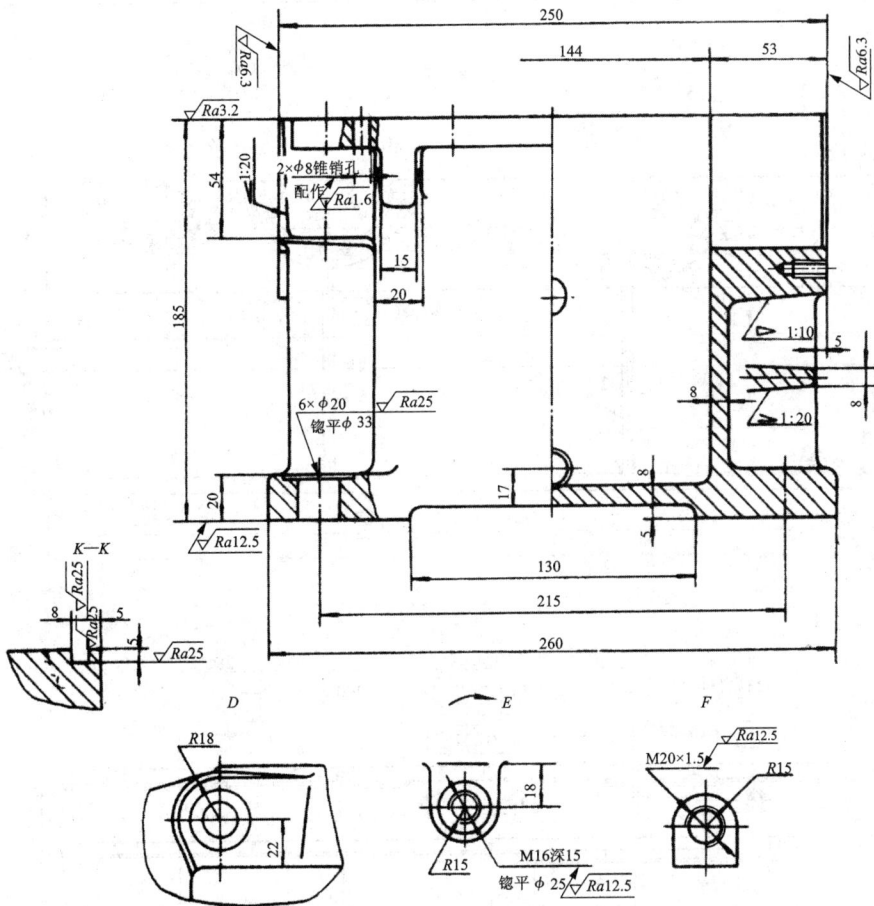

技术要求

1. 铸件须清砂，不得有砂眼、疏松、缩孔等明显铸造缺陷，并须进行时效处理。
2. 箱盖与箱座合箱后，边缘应平齐，相互错位每边不大于1 mm。
3. 用0.05 mm塞尺检查箱座与箱盖接合面的贴合性，其塞尺旋入深度不大于剖分面宽度的1/3；用涂色法检查其接触面积，保证每平方厘米不少于一个斑点。
4. 箱盖与箱座结合后，先打上定位销，并用螺栓紧固，再进行镗孔。
5. 轴承孔中心线与剖分面的不重合度应小于0.15 mm。
6. 未注明铸造圆角R=5～10 mm。
7. 未注明倒角为C2。
8. 未注明的拔模斜度为1:20。

箱座		图号		比例	
		材料	HT200	数量	
设计		年 月	机械设计 课程设计		(校名)
绘图					(班名)
审核					

减速器箱座零件工作图

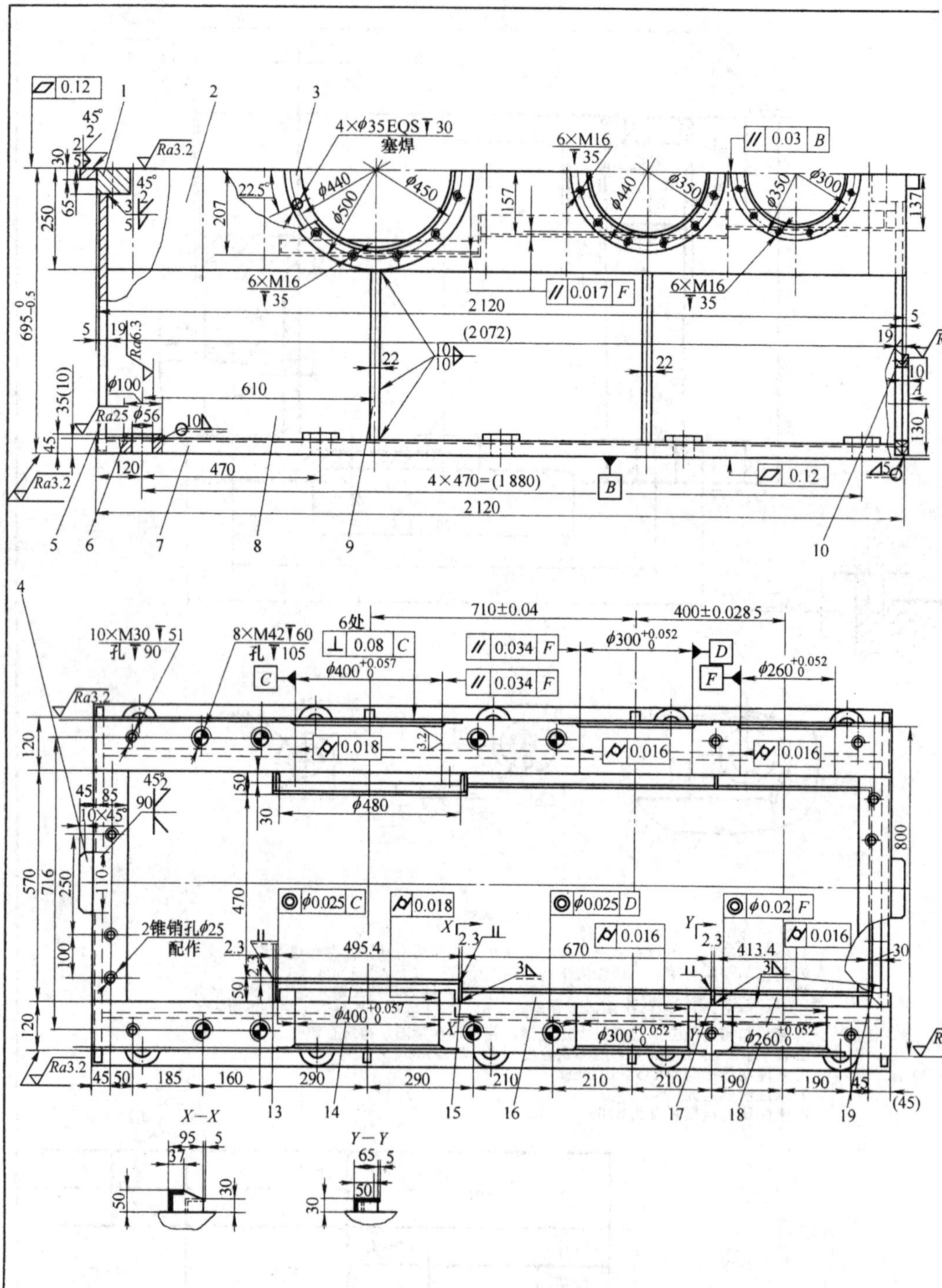

附图 9-21　焊接箱座

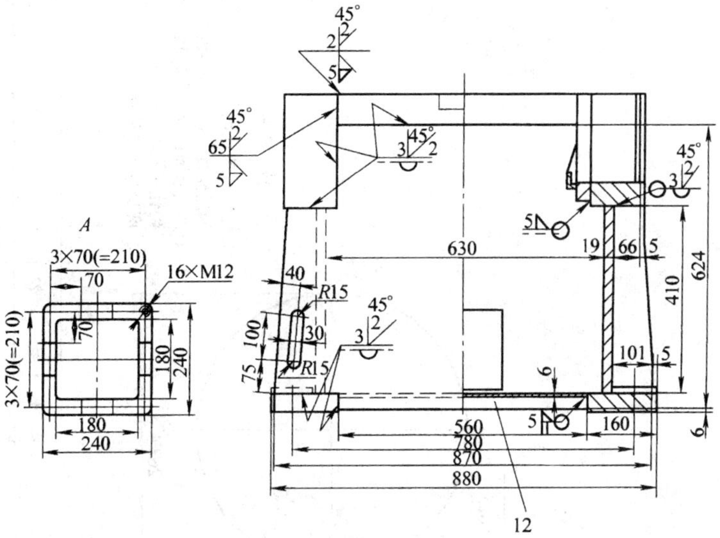

技术要求
1. 加工面留余量。
2. 时效处理。

19	钢板2.3×80×570	1	Q235A		
18	钢板2.3×80×443.7	2	Q235A		
17	钢板2.3×30×65	2	Q235A		
16	钢板2.3×80×670	2	Q235A		
15	钢板2.3×50×95	2	Q235A		
14	钢板2.3×87×495.4	2	Q235A		
13	钢板2.3×30×50	2	Q235A		
12	钢板6×560×2070	1	Q235A		
11	钢板10×240×240	1	Q235A		
10	钢板19	1	Q235A		
9	钢板22	4	Q235A		
8	钢板19×411×2020	2	Q235A		
7	钢板35×160×2120	2	Q235A		
6	钢板10×φ100×φ56	10	Q235A		
5	钢板19	1	Q235A		
4	钢板35×45×110	2	Q235A		
3	钢板35×R240×R200	2	Q235A		
2	钢板120×250×2120	2	Q235A		
1	钢板65×85×570	2	Q235A		
序号	名称	数量	材料	标准	备注

焊接件技术要求	
通用技术条件	JB/QZ 4000.3
焊缝质量评定级别	BK，BS
尺寸公差精度等级	c
形位公差精度等级	G
密封性试验	是
耐压试验	否
未注角焊缝高度	5

(标题栏)

零件工作图

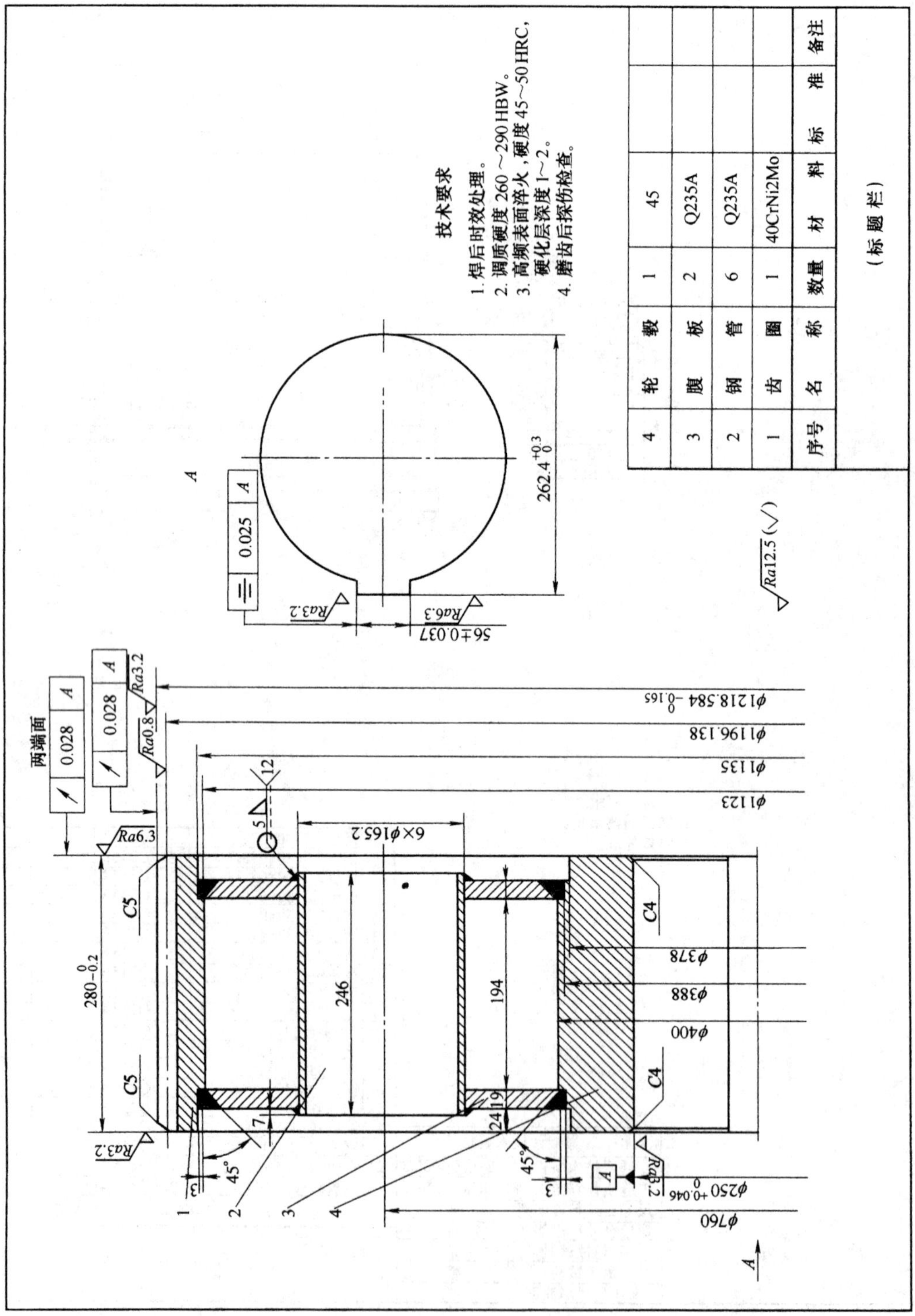

附图9-22　焊接齿轮零件工作图

技术要求
1. 焊后时效处理。
2. 调质后硬度 260~290 HBW。
3. 高频表面淬火，硬度 45~50 HRC，
   硬化层深度 1~2。
4. 磨齿后探伤检查。

序号	名称	数量	材料	标准	备注
4	轮毂	1	45		
3	腹板	2	Q235A		
2	钢管	6	Q235A		
1	齿圈	1	40CrNi2Mo		

（标题栏）

$\sqrt{Ra12.5}$ ($\sqrt{}$)

300

蜗杆类型		Z.A	精度等级	7级	GB/T 10089—2018
蜗杆头数	z_1	2	蜗杆齿廓总偏差	F_a	0.024
轴向模数	m	8	蜗杆导程偏差	F_P	0.020
轴截面齿形角	α	20°	蜗杆径向跳动偏差	F_r	0.035
变位系数	x_1	0	用标准蜗轮测量得到的单面啮合合偏差	F_i'	0.055
分度圆柱导程角	γ	11°18′36″	蜗杆相邻轴向齿距偏差	f_u	0.018
螺旋线导向方向		右	蜗杆轴向齿距偏差	f_p	0.014
			用标准蜗轮测量得到的单面啮合一齿啮合合偏差	f_i'	0.025
			相啮合蜗轮图号		19—30

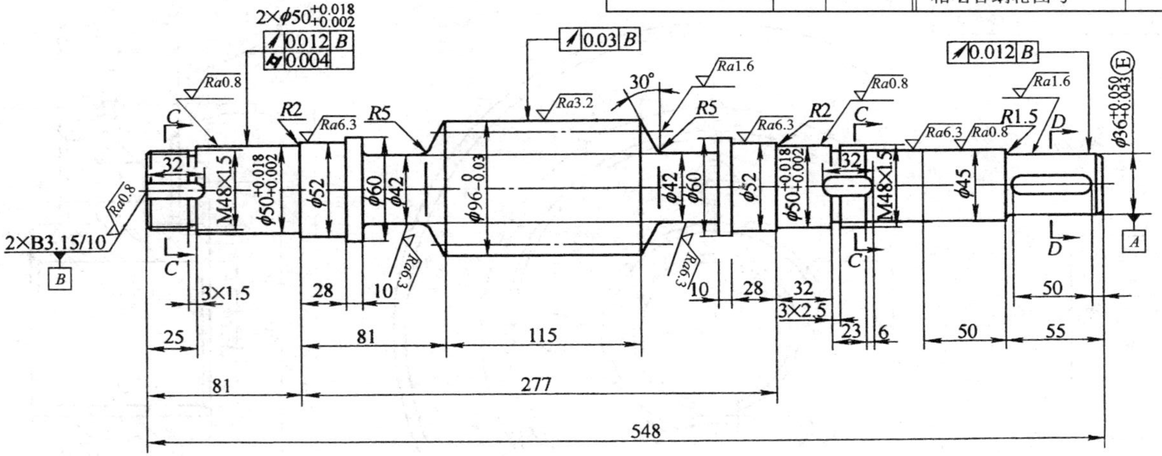

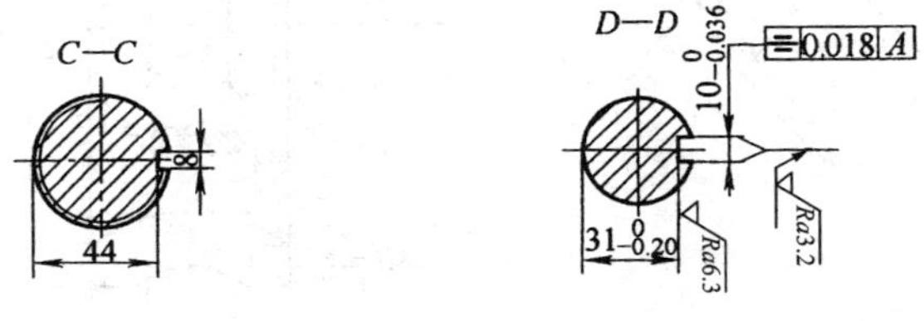

技术要求

1. 材料40Cr,调质处理220～240HBS。
2. 未注倒角为C2。
3. 未注尺寸偏差处精度为IT12。
4. 未注圆角半径为R3。

（标题栏）

附图9—23　蜗杆零件工作图

301

齿数	z_2	37
端面模数	m	8
分度圆直径	d_2	296
齿顶高系数	h_a^*	1
变位系数	x_2	0
分度圆螺旋角	γ	14°15'0"
螺旋线方向		右旋
配对齿轮	图号	19-29
	齿数	1
蜗轮齿廓总偏差	F_α	0.024
蜗轮齿距累计总偏差	F_P	0.063
蜗轮径向跳动公差	F_r	0.045
用标准蜗杆测量得到的单面啮合综合公差	F_i''	0.069
蜗轮相邻齿距偏差	f_u	0.02
蜗轮单个齿距偏差	f_p	0.016
用标准蜗杆测量得到的单面一齿啮合综合偏差	f_i''	0.027

技术要求

轮缘和轮辐装配后，再精车和车制轮齿。

$\sqrt{}\ (\sqrt{})$

3	轮芯	1	HT-200		备注
2	螺栓	6	GB/T 5783 M10×40	标准	
1	轮缘	1	ZCuSu10P1		
序号	名称	数量	材料		
蜗轮				图号	比例 1:1
				材料	数量
设计			机械设计(基础)		(校名)
绘图			课程设计	标准	(班级)
审核		年 月		设计	

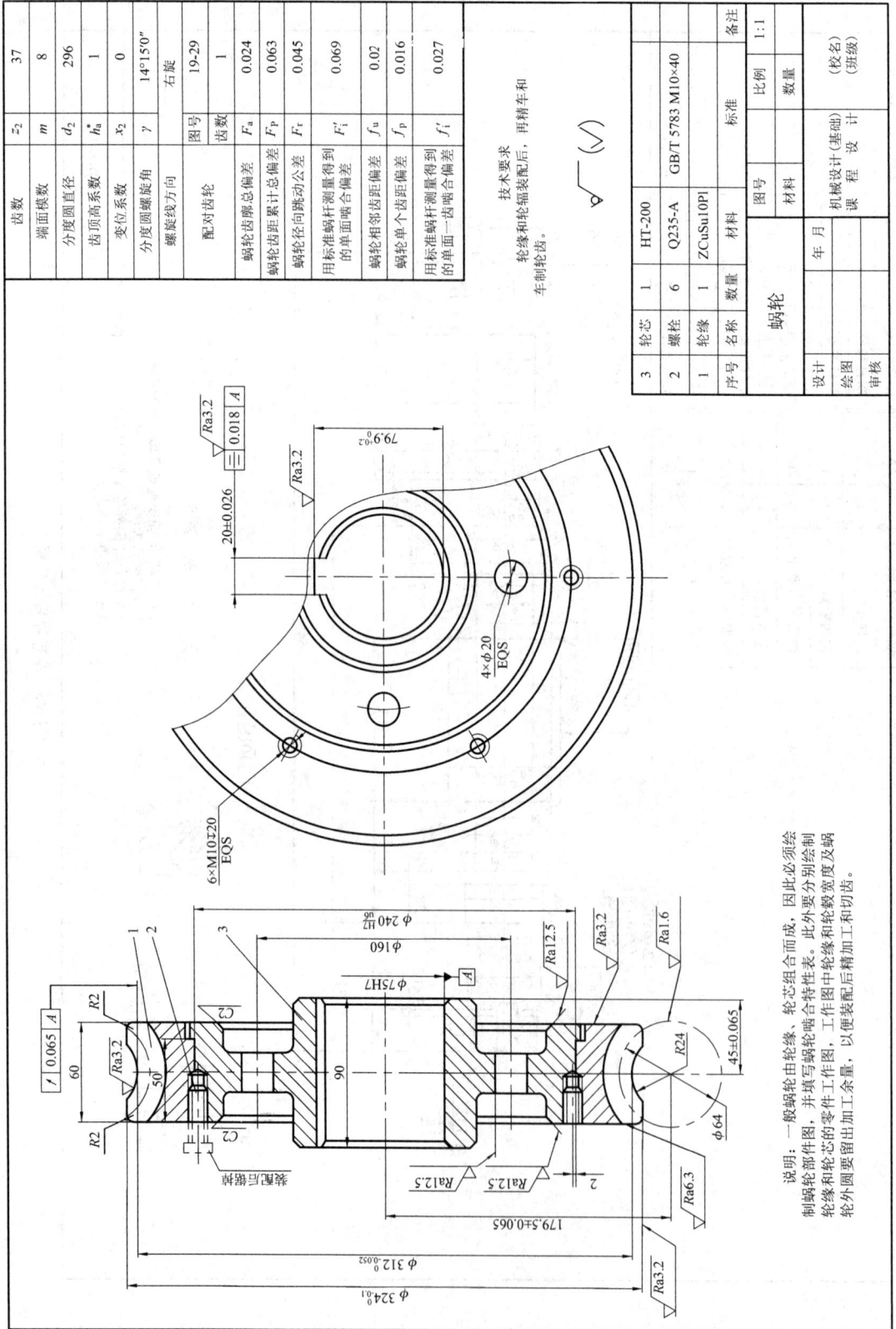

附图9-24 蜗轮部件装配图

说明：一般蜗轮部件图，由轮缘、轮芯组合而成，因此必须绘制蜗轮部件图，并填写蜗轮啮合特性表。此外要分别绘制轮缘和轮芯的零件工作图。工作图中轮缘、轮毂宽度及蜗轮外圆要留出加工余量，以便装配后精加工轮齿和切齿。

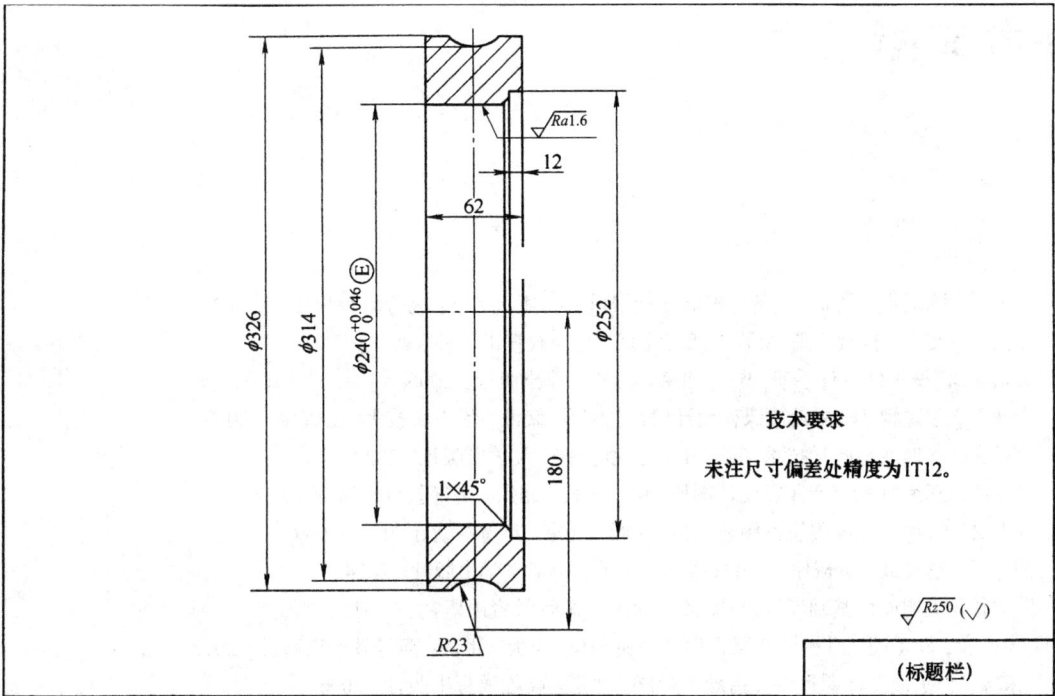

技术要求

未注尺寸偏差处精度为IT12。

（a）蜗轮轮缘零件工作图

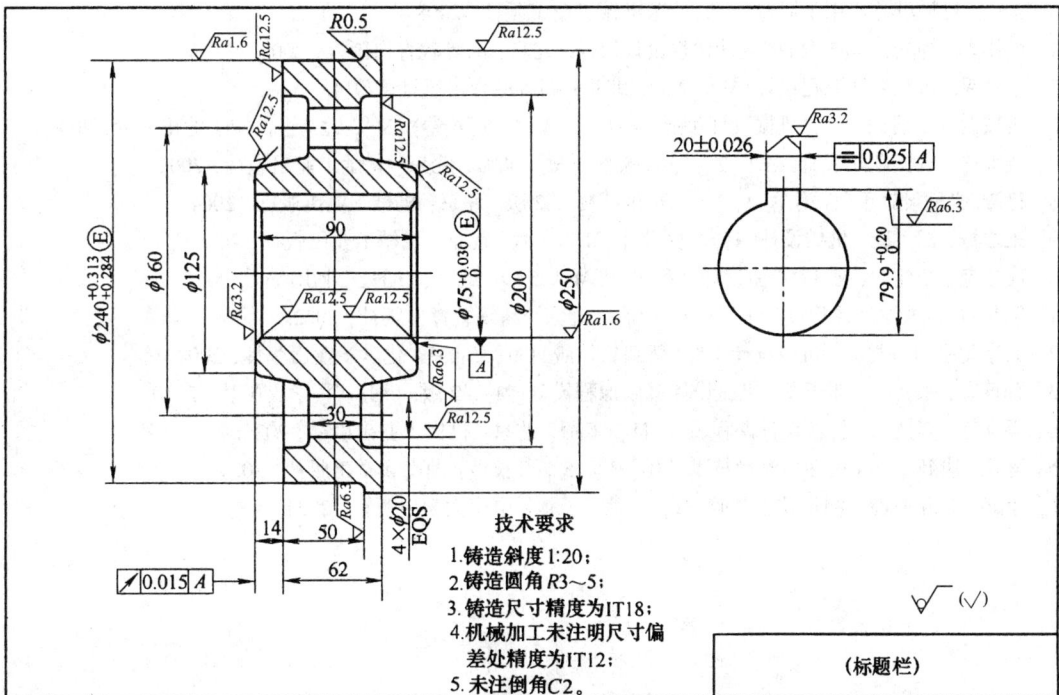

技术要求

1.铸造斜度1:20；
2.铸造圆角R3～5；
3.铸造尺寸精度为IT18；
4.机械加工未注明尺寸偏差处精度为IT12；
5.未注倒角C2。

（b）蜗轮轮芯零件工作图

附图9-25 蜗轮零件工作图

参考文献

[1] 濮良贵，陈国定，吴立言，等. 机械设计[M]. 11 版. 北京：高等教育出版社，2024.

[2] 孙恒，葛文杰. 机械原理[M]. 9 版. 北京：高等教育出版社，2021.

[3] 吴宗泽. 机械零件设计手册[M]. 北京：机械工业出版社，2006.

[4] 唐增宝，常建娥. 机械设计课程设计[M]. 5 版. 武汉：华中科技大学出版社，2018.

[5] 李必文. 互换性与测量技术基础[M]. 长沙：中南大学出版社，2022.

[6] 陈铁鸣. 新编机械设计课程设计图册[M]. 2 版. 北京：高等教育出版社，2009.

[7] 龚溎义. 机械设计课程设计图册[M]. 3 版. 北京：高等教育出版社，1989.

[8] 潘存云，赵又红. 机械原理[M]. 4 版. 长沙：中南大学出版社，2024.

[9] 陈立德. 机械设计基础课程设计[M]. 北京：高等教育出版社，2007.

[10] 吴宗泽，罗圣国. 机械设计课程设计手册[M]. 4 版. 北京：高等教育出版社，2012.

[11] 宋宝玉. 机械设计课程设计指导书[M]. 北京：高等教育出版社，2006.

[12] 陈立新. 机械设计（基础）课程设计[M]. 2 版. 北京：中国电力出版社，2002.

[13] 张展. 机械设计通用手册[M]. 北京：机械工业出版社，2008.

[14] 席伟光，杨光，李波. 机械设计课程设计[M]. 北京：高等教育出版社，2004.

[15] 李育锡. 机械设计课程设计[M]. 2 版. 北京：高等教育出版社，2014.

[16] 机械设计手册编委会. 机械设计手册（第 1、2、3、4、5、6 卷）[M]. 北京：机械工业出版社，2006.

[17] 成大先. 机械设计手册（第 1、2、3、4、5 卷）[M]. 4 版. 北京：化学工业出版社，2002.

[18] 徐灏. 机械设计手册（第 1、2、3、4、5 卷）[M]. 2 版. 北京：机械工业出版社，2004.

[19] 王之栎，王大康. 机械设计综合课程设计[M]. 3 版. 北京：机械工业出版社，2021.

[20] 冯之艳，李建功，陆玉. 机械设计课程设计[M]. 5 版. 北京：机械工业出版社，2017.

[21] 邹慧君. 机械原理课程设计手册[M]. 3 版. 北京：高等教育出版社，2022.

[22] 数字化手册编委会. 机械设计手册（新编软件版）[M]. 北京：化学工业出版社，2008.

[23] 孙德志，张伟华，邓子龙. 机械设计基础课程设计[M]. 2 版. 北京：科学出版社，2010.

[24] 冯立艳，李建功. 机械设计课程设计[M]. 6 版. 北京：机械工业出版社，2021.

[25] 陈飞，唐新姿. 互换性与测量技术基础[M]. 5 版. 长沙：湖南大学出版社，2024.

[26] 李必文. 互换性与测量技术基础[M]. 2 版. 长沙：中南大学出版社，2024.

图书在版编目(CIP)数据

机械设计基础课程设计指导书 / 赵又红,李佳豪
主编. --长沙:中南大学出版社,2025.6. --ISBN 978-
7-5487-6267-6

Ⅰ. TH122-41

中国国家版本馆 CIP 数据核字第 2025143TX4 号

机械设计基础课程设计指导书

主　编　赵又红　李佳豪
副主编　何丽红　牛秋林　周　炬　郭文敏　伍丽群
　　　　张　伟　杜青林　向　锋　吴　茵　秦长江

□出 版 人　林绵优
□责任编辑　谭　平
□责任印制　唐　曦
□出版发行　中南大学出版社
　　　　　　社址:长沙市麓山南路　　　　邮编:410083
　　　　　　发行科电话:0731-88876770　　传真:0731-88710482
□印　　装　长沙印通印刷有限公司

□开　　本　787 mm×1092 mm　1/16　□印张 20.25　□字数 520 千字
□版　　次　2025 年 6 月第 5 版　　　□印次 2025 年 6 月第 1 次印刷
□书　　号　ISBN 978-7-5487-6267-6
□定　　价　49.80 元